沧州蝗虫灾害史

CANGZHOU HUANGCHONG ZAIHAISHI

张志强　刘金良　寇奎军　主编

U0256512

中国农业出版社

《沧州蝗虫灾害史》
编 委 会

主　任　王玉印

副主任　郭虎将　张志强

主　编　张志强　刘金良　寇奎军

副主编　沈继梅　王保廷　白仕静　潘秀芬　武洪生
　　　　刘永震　贾　宁　祁　婧　李小勋　秦立杰
　　　　戴素雅　付　明

编　委　班红卫　曹华宁　陈　罗　陈喜昌　崔　栗
　　　　董宪梅　段文岗　付茂动　高学利　高增利
　　　　高志刚　郭晓东　韩连贞　何济坤　胡国律
　　　　贾树均　金　磊　李　粲　李军祥　李书贵
　　　　李晓香　李兴钊　李艳霞　刘　博　刘浩升
　　　　刘志强　刘奎森　马书强　米淑玲　潘宝军
　　　　齐立学　任艳慧　苏艳超　孙春兰　孙甲智
　　　　孙泽信　王洪岗　王晓梅　王玉刚　王玉萍
　　　　王月德　王艳玲　魏　娜　温艳英　吴树强
　　　　徐珊珊　闫丽丽　杨忠妍　尹建房　于朝辉
　　　　张丽萍　张明娟　张满义　张巧丽　张永胜
　　　　张承礼　张俊岭　赵　栋　赵桂玲　赵丽娜
　　　　甄萃艳　郑　倩　付爱娜　郭　洁　施文浩

　　沧州市位于河北省东南部，东临渤海，北靠天津，南与山东接壤，西与衡水保定为邻，面积 1.4 万平方公里。沧州市虽然只辖有十几个县（市、区），但因其所占的地理位置、气候及环境条件，自古以来就是全国著名的老蝗区之一，本书在卷之四蝗灾治理当中均有介绍。

　　本书对沧州市全市的新、老县志和二十五史中的蝗虫资料进行了系统整理，此外还参阅了《资治通鉴》《续资治通鉴》《文献通考》《古今图书集成》《中国历代蝗患之记载》等大量文献，对沧州境内发生的蝗灾及治理情况进行了总结，与此同时还记载了民间所发生的一些与蝗虫相关的"蝗事"。

　　本书共分七卷，卷之一沧州蝗灾大事记，概述了公元前 136 年至今与蝗虫相关的一些大事。卷之二历代蝗灾记载，记述了自公元前 136 年至 1949 年发生在沧州的蝗灾情况，并对不同历史时期蝗灾频率及分布情况进行了分析。附录了中华人民共和国成立后至 2016 年的蝗灾记载。卷之三蝗虫种类，对沧州常见的 21 种蝗虫成虫进行了简单介绍，以便读者识别。卷之四蝗灾治理，简述了沧州蝗区的形成与分布，描述了不同历史时期蝗虫防治技术的发展过程。卷之五艺文志，收集了蝗灾碑记、诗歌、蝗事杂谈、考证及论述文章等。卷之六参考文献，包括沧州、天津、畿辅等地方志，以及二十五史等历史文献。卷之七沧州治蝗图片，包括蝗区类型及其分布、东亚飞蝗生活史、东亚飞蝗调查监测、东亚飞蝗的发生、东亚飞蝗防控、蝗区改造与生态监控制、蝗虫天敌、防蝗体系建设、防蝗农药和领导关怀等方面的珍贵资料。

　　本书从历史的角度对沧州公元前 136 年至今有关蝗虫灾害的情况进行了全方位分析，每一卷每一节都有其资料的来源，相当于是一部有关蝗虫灾害的地方史志，可为今后的蝗虫监测防控工作和蝗灾可持续治理提供有益的参考。

CONTENTS

目 录

沧 州 建 置 沿 革

蝗灾发生必有其地，但部分蝗灾发生地地名在历史沿革中发生了变化。为了解不同时期蝗灾确切的发生地，现以《沧州市志·建置沿革》等资料为主，将沧州建置沿革整理如下。

春秋战国时期，《青县志》载春秋时为清国；《史记》中记载了燕庄公二十七年（前664年）齐桓公因割地予燕，而建有燕留城，燕留城在今沧县东北；《任丘县志》载鲁昭公七年（前535年）齐侯次于虢，燕人行成。虢古与郭通，虢为任丘高郭地（今任丘西北）；《史记》又载赵孝成王六年（前260年）已有武垣令（肃宁县垣城南村）；又载赵悼襄王四年（前241年）庞暖将攻齐取饶安（今盐山县西南千童镇）。还记载筑有鄚（任丘北鄚州镇）、狸（任丘东北）等城邑。《南皮县志》载，战国时齐桓公筑有南皮城。《史记》载：秦始皇三年（前244年），使甘罗于赵，赵襄王从甘罗言，"自割五城以广河间"。在战国时河间也已有其名。秦始皇二十六（前221年），秦实行郡县制，在今沧州境设置有南皮、饶安、鄚、柳等县，南皮县在南皮东北张三拨南，饶安县在今盐山县西南千童镇，鄚县在任丘北鄚州镇，柳县在海兴县东海丰村。

西汉仍实行郡县制。汉高祖五年（前202年），始置勃海郡，治所浮阳（沧县东南旧州镇），勃海郡在今沧州地的辖县（侯国）有浮阳、东光（东光县东）、千童（盐山西南千童镇）、南皮、章武（黄骅西南常郭乡）、中邑（沧县旧州镇）、高成（盐山县东南赵村故城）、高乐（南皮县东南董村乡）、参户侯国（青县木门店镇）、成平（在泊头市北）、柳侯国、景成侯国（沧县西景城村）、建成（泊头西北齐桥镇）、章乡侯国（饶安县东南童乡亭）；另涿郡辖县在今沧州的有州乡侯国（河间东北）、中水（献县西北）、武垣、阿陵（任丘东北陵城）、阿武侯国（献县西北）、高郭侯国（任丘西北）；及属平原郡的安侯国（吴桥县北窑厂店村）。汉文帝前元二年（前178年），分故赵地置河间国，治乐成（在今献县河城街），辖乐成、候井（在今泊头市）等县；元始二年（公元2年）汉巡检海使中郎将任丘，在任丘筑城以防海寇，即以任丘城为名。

东汉建武十三年（37年）省河间国并入信都国；撤销千童、章乡、中邑、高乐、参户、柳县、景成、候井、建成、州乡、阿陵、阿武、高郭、安县等县和侯国；永元二年（90年）复置河间国，治乐成，辖乐成、武垣（在今河间市南）、鄚县、成平、中水等县；延光元年（122年）勃海郡徙治南皮县，辖境面积已缩小，只辖浮阳、南皮、高城（东汉改高成县置）、东光、章武等县。汉灵帝时以千童其地丰饶，可以安人改千童置饶安县。至汉末年，沧州境内辖县有：浮阳、南皮、东光、章武、高城、乐成、武垣、鄚县、成平、中水。

西晋泰始元年（265年）复置勃海郡，治南皮，辖有沧州、浮阳、章武、东光、南皮、高城、东安陵（今吴桥桑园镇北安陵村）等县。

北魏太和十一年（487年），分冀、定二州地取瀛海为名始置瀛州，治赵都军城，辖河间郡、章武郡（在今沧县西景城村南）。太和二十一年（497年）改勃为渤，始置渤海郡，治南皮。辖南皮、东光、东安陵等县；延昌二年（513年）成平县移治景成县。熙平二年（517年）析瀛、冀二州地取沧海之名始置沧州，治饶安县。时，浮阳郡辖浮阳、饶安、高城、章武等县；正光年间（520—525年）分章武地置西章武县（在今青县西），东安陵县去东字改名安陵县；永熙元年（532年）河间郡辖武垣、乐城、中水、鄚县；章武郡辖成平、束州、西章武等县。北齐文宣帝始置任丘县（在今任丘县南），北周大象二年（580年）置长芦县（在今沧州市运河西）。

隋开皇初于长芦县置漳河郡（今沧州市西），寻废。隋开皇三年（583年）废郡制，以州统县，开皇六年（586年）废沧州改置棣州，辖浮阳、高城、饶安等县；开皇九年（589年）置观州于东光，辖安陵；开皇十六年（596年）于长芦县置景州，增置浮水县（在今孟村县南新县镇）、弓高县（在今泊头市南、阜城县东北）、鲁城（在今黄骅市乾符村）等县。以束州地置束城县（今河间东北束城镇），改武垣县置河间县，为瀛州治所；开皇十八年（598年）改高城县为盐山县（在今黄骅旧城镇），改浮阳县为清池县（在今沧县东南旧州镇），改乐成县为广城县（在今献县西南隅），改成平县为景城县；仁寿元年（601年）又改广城县为乐寿县（在今献县）；大业二年（606年）改棣州为沧州；大业三年（607年）废沧州复名渤海郡，辖清池、饶安、盐山、南皮等县；废瀛州复名河间郡，辖河间、乐寿、景城、束城、鄚、鲁城、长芦等县；废景州及观州，又废安陵并入东光，属平原郡。

唐武德元年（618年）改渤海郡为沧州，治饶安，辖饶安、清池、长芦、鲁城（在今黄骅市西北乾符村）、盐山等县。武德四年（621年）于盐山置东盐州（今黄骅西南旧城乡）；复于长芦县置景州，辖长芦、鲁城、清池县；于弓高置观州，辖东光、安陵县；改河间郡为瀛州，领河间、乐寿、景城等县。武德五年（622年）复置浮水、武垣、任丘县。贞观元年（627年）沧州还治清池县，时辖清池、长芦、盐山、鲁城、景城等县；废东盐州，省浮水入盐山，废景州，省武垣入河间。贞观十二年（638年）饶安县移治浮水（在今孟村回族自治县新县镇）。贞观十七年（643年）废观州，东光来隶属沧州。永徽二年（651年）安陵县迁至白社桥（东光县地）。景云二年（711年）分任丘、鄚县等地置鄚州，治所鄚县。开元十三年（725年）以鄚与郑字近，改鄚为莫。开元十四年（726年）置横海军于沧州。开元十九年（731年）置长丰县（在今任丘长丰镇）。天宝元年（742年）改瀛州为河间郡；置沧州景城郡（在今沧县旧州镇）。乾元元年（758年）又复名沧州；河间郡又复名瀛州；改文安郡为莫州。贞元三年（787年）复置景州于弓高，置横海军于沧州（在今沧县旧州镇），领沧、景二州。长庆元年（821年）废景州，长庆二年（822年）又置景州，东光属焉。大和四年（830年）又废景州，南皮、东光还属沧州。乾符二年（875年）敕改鲁城为乾符县。乾宁三年（896年）置乾宁军于今青县。天祐五年（908年）景州移治东光。终唐之世，沧州辖清池、盐山、长芦、饶安、乾符等县；景州辖南皮、东光、弓高等县；瀛州辖河间、束城、景城等县；莫州辖莫县、任丘、长丰等县。后周显德二年（955年）废景州置定远军于东光，又废弓高入东光；三年（956年）废乾符入清池县；六年（959年）改乾宁军为永安县（在今青县）。

宋乾德二年（964年）长芦省入清池；太平兴国六年（981年）割东光隶属定远军；太平兴国七年（982年）复置乾宁军，改永安县为乾宁县；景德元年（1004年）改定远军为永静军，治东光；景祐二年（1035年）废安陵入将陵县（在今德州）；熙宁四年（1071年）饶安省入清池县；熙宁六年（1073年）废长丰为镇、省鄚县入任丘县，省景城为镇入乐寿县；

大观二年（1108年）瀛州升为河间府，治河间，升乾宁县为清州；金天会七年（1129年）升乐寿县置寿州，治乐寿（在今献县）；天德三年（1151年）乐寿改名献州；贞元元年（1153年）改乾宁为会川县；贞元二年（1154年）升永静军为景州，治东光；正隆二年（1157年）析河间地始置肃宁县（在今肃宁县）；大定二年（1162年）析将陵地始置吴桥县（在今吴桥县东铁城镇）；大定七年（1167年）析乐寿地始置交河县（今泊头市西交河镇），析会川地置兴济县（在今沧县兴济镇）；崇庆元年（1212年）改景州为观州；贞祐二年（1214年）废莫州改置莫亭县（在今任丘市北鄚州镇）。宋之沧境有1府3州1军，属之河北东路。河间府辖河间、乐寿、束城；沧州辖清池、盐山、南皮等县；莫州辖任丘；清州辖乾宁；永静军辖东光县。金之沧境有1府7州，亦属之河北东路。河间府辖河间、肃宁县，束城镇等；沧州辖清池、盐山、南皮等县；莫州辖任丘、莫亭等县；清州辖会川、兴济等县；献州辖乐寿、交河等县；观州辖东光、吴桥等县。

元有路、府、州、县四等编制。蒙古至元二年（1265年）改观州为景州（在今景县）。元改河间府为路，治河间，辖河间录事司及沧州等6州。元时期，河间路录事司辖河间、肃宁县；沧州辖清池、南皮、盐山等县；清州辖会川、兴济等县；献州辖乐寿、交河县；莫州辖莫亭、任丘县；景州辖东光、吴桥等县。

明洪武元年（1368年）改河间路为河间府，治河间。洪武二年（1369年）沧州移治长芦，属河间府，省清池入沧州。洪武八年（1375年）降献州为献县，降清州改名青县；明时期，河间府辖沧州、河间、肃宁、献县、任丘、交河、青县、兴济、南皮、盐山、东光、庆云、吴桥等县。基本上相当于今沧州市所辖区域之范围。

清顺治十六年（1659年）省兴济入青县。雍正三年（1725年）青县改隶天津州。雍正七年（1729年）升沧州为直隶州，辖南皮、东光、盐山、庆云县，隶属河间府。雍正九年（1731年）升天津州为天津府，沧州不再辖县，革河间府之沧州、南皮、盐山、庆云划归天津府，东光还隶河间府。时河间府尚领河间、肃宁、献县、任丘、交河、吴桥、东光等县。天津府辖沧州、青县、南皮、盐山、庆云等县。

1913年废州府，县归省直辖。沧州改称沧县，1928年废除道制，沧境各县均隶属河北省。1935年，民国政府析盐山、沧县地置新海设治局，治所韩村（在今黄骅市）。1937年，河北省设置行政督察区，河间、献县、肃宁、任丘属第六行政督察区；青县、沧县、盐山、南皮、新海设治局属第七行政督察区；东光、吴桥、交河属第八行政督察区；改新海设治局为新海县。1938年，抗日政权建立，冀中区下设行政督察专员区，第一行政督察专员区辖河间、肃宁、献县、交河、青县；第三行政督察专员区辖任丘等县；冀南区在铁路东设置第六行政督察专员区。1939年，析河间、献县、沧县地置建国县（在今沧县杜生镇）。1940年，析交河、献县地置献交县；在盐山南部置靖远县；析任丘、河间地置任河县。1942年，析新海、沧县地置青城县。是年青城县与新海县合并为新青县；1944年，将东光、南皮、吴桥县合并组建东南吴县，是年又撤销，分建东南县和东吴县，析青县、沧县、交河地置青沧交县。1945年新青县改称黄骅县，废盐山县改称靖远县，撤销东南县和东吴县，恢复原东光、南皮、吴桥县建制。1946年河间县改置河间市，析泊头镇设置泊头市。1947年渤海区设置沧市。1949年撤销河间市，冀中八专区改称河北省沧县专区，驻沧镇（在今沧州市），撤销任河、青沧交、献交县，靖远县复称盐山县。废泊头市、沧市改为县级镇，时沧县专区辖沧县、青县、黄骅、建国、任丘、河间、献县、肃宁、交河及沧镇、泊镇。沧南专区驻南皮，辖南皮、盐山、东光、吴桥、庆云县。

1950年，沧南专区撤销，南皮、盐山、东光、吴桥、庆云县划归德县专区。1952年任丘、青县划归天津专区；肃宁划归定县专区。德县专区的东光、吴桥、南皮、盐山、庆云划归沧县专区。1953年将泊镇设泊头市，沧镇并归沧县。1954年，肃宁划归沧县专区，撤销建国县。1955年析沧县、盐山、黄骅地增置孟村回族自治县。1956年中捷友谊农场成立。1958年3月，沧县专区已辖有河间、肃宁、献县、交河、沧县、黄骅、南皮、盐山、东光、吴桥、宁津、庆云、孟村、饶阳、景县、故城、阜城、武强等18县及泊头市。4月，废沧县专区改称天津专区，驻沧镇。原沧县专区所辖县统属天津专区。9月复置沧州市，12月，即撤市并入沧县。庆云、孟村并入盐山县；南皮、东光及泊头并入交河县；青县并入静海县；肃宁并入河间；吴桥县移治桑园镇。是年，撤消天津专区并入天津市。1959年南大港国营农场成立。1961年复置沧州专区建制，驻沧州市，复置沧市、青县、南皮、庆云、东光县。1962年复置肃宁、孟村县。1965年析山东无棣、河北盐山、黄骅等地置海兴县。1967年沧州专区改称沧州地区，时沧州地区辖有沧州市、沧县、盐山、孟村、南皮、东光、吴桥、河间、肃宁、献县、任丘、交河、黄骅、青县、海兴等县市。1982年恢复泊头市建制。1983年撤销交河县并入泊头市，沧州市升为省辖市，辖沧县。1986年青县划归沧州市，撤销任丘县改设任丘市。1989年撤销黄骅县改设黄骅市。1990年撤销河间县改设河间市。1993年撤销沧州地区，将原沧州地区所辖各县转归沧州市管辖，时，沧州市辖有泊头市、任丘市、黄骅市、河间市、沧县、青县、盐山、献县、肃宁、东光、南皮、吴桥、孟村、海兴等市县及沧州市市内辖区至今。2003年7月，南大港国营农场改为沧州市南大港管理区。2003年5月，中捷友谊农场改名为河北沧州临港化工产业园区（省级开发区），2010年11月改为沧州临港经济技术开发区（国家级经济技术开发区）。

 卷之一

沧州蝗灾大事记

前 136 年　西汉建元五年

　　夏，海兴蝗灾。这是沧州地区蝗灾的最早记载。

338 年　东晋咸康四年

　　夏五月，任丘、河间、献县、吴桥、东光大蝗，司隶请坐守宰，赵王虎曰：此朕失政所致，委咎守宰岂罪己之意耶，司隶不进谠言，而欲妄陷无辜可乎？佐朕不逮，可白衣领职。这是沧州对发生蝗灾的地方官员进行处分的最早记载。

382 年　前秦建元十八年

　　五月，河间、任丘大蝗，广袤千里，苻坚遣刘兰持节为使者，发两地百姓讨之，经秋冬不灭，有司奏请治刘兰讨蝗不灭之罪，苻坚曰："灾降自天，非人力可除，兰无罪也。"政府派遣治蝗官员组织人民群众捕蝗，开始了有组织与蝗灾斗争的历史。

837 年　唐开成二年

　　六月，沧州蝗害稼；秋七月，以蝗诏诸司遣使下诸道巡复蝗虫。

992 年　宋淳化三年

　　七月，沧州、东光、吴桥、盐山等地蝗，俄抱草自死。这是沧州大面积发生蝗虫抱草瘟病的最早记载。

1103 年　宋崇宁二年

　　交河县大蝗，命有司醮祭勿捕，及至官舍之馨香来焉，而田间之苗已无矣。

1163 年　金大定三年

　　三月，沧州、交河、盐山、海兴蝗害稼，诏尚书省遣官捕之。

1282 年　元至元十九年

　　沧州、河间、献县、东光、吴桥、盐山、海兴等处大蝗，食苗稼草木俱尽，所至蔽日，碍人马不能行，填坑堑皆盈，饥民捕蝗以食或曝干积之，又尽，则人相食。沧州开始使用掘坑埋蝗的治蝗办法，饥民捕蝗以食或把蝗虫曝干积存起来。

1292 年　元至元二十九年

　　八月，广济署屯田①蝗，免田租。沧州开始了开垦荒地，改造蝗区的工作。

---

　　①　广济署屯田，元代屯田署名，相似于现今的农场，在今河北沧州、青县一带。

1309 年　元至大二年

夏四月，沧州、河间、献县、任丘、盐山、海兴等处蝗毁稼；秋八月，沧州、河间、献县、东光复蝗。命有司赈之。这是沧州发生夏蝗和秋蝗两代蝗虫的最早记载。

1325 年　元泰定二年

六月，河间蝗；十二月，以宋董煟所编"救荒活民书"颁州县。

1359 年　元至正十九年

河间、交河等县蝗，食禾稼草木俱尽，所至蔽日，碍人马不能行，填坑堑皆盈，饥民捕蝗以食或曝干积之，又尽，则人相食。

1374 年　明洪武七年

是岁，沧州、河间、献县、任丘、莫州、青州、海兴蝗，命捕之。

1440 年　明正统五年

是岁，沧州、河间、献县、东光、吴桥、盐山、海兴等县蝗。

1524 年　明嘉靖三年

六月，河间府蝗，部请敕有司捕蝗，上曰：蝗蝻损户稼，小民艰食，朕心恻然。八月，以旱蝗减免河间府夏税。

是岁，沧州、兴济、青县、河间、任丘、交河、献县、东光、南皮、盐山、孟村、黄骅、海兴等县蝗灾。

1610 年　明万历三十八年

任丘蝗灾，任丘之人言，蝗起于赵堡口，或言来从苇地。

1639 年　明崇祯十二年

秋，交河、盐山、孟村、海兴蝗蝻遍野，食禾稼殆尽。

1647 年　清顺治四年

秋，河间、献县、肃宁、交河、吴桥、东光、盐山、孟村、海兴等县蝗飞蔽天，落地尺许，树枝坠折，食禾几尽。

1672 年　清康熙十一年

是年，河间、任丘、献县、肃宁、交河、青县、盐山、庆云、海兴等县大蝗。

1719 年　清康熙五十八年

沧州、青县等处飞蝗蔽天，力无所施，守道李维钧默以三事，祷于刘猛将军庙，蝗果不为害。雍正二年（1724 年）春，事闻于上，遂命江南、山东、河南、陕西、山西各建庙，将军讳承忠。这是清代在全国兴建刘猛将军庙的开始。

1734 年　清雍正十二年

直隶河间属县蝗生，六月，飞至乐陵及商河。首次记载了河北蝗虫大面积跨省迁飞的情形。

1744 年　清乾隆九年

六月，大面积蝗虫自山东迁飞至献县、河间、肃宁和吴桥，翛翛然昼夜不停，蔽空不下，凡三、四日乃绝，然不为灾。

1751 年　清乾隆十六年

六月，河间、献县、交河、吴桥蝗灾，捕不能尽，有鸟数千从南来啄食之，蝗尽。

1752 年　清乾隆十七年

五月，沧州、青县、河间、盐山、庆云等县蝗蝻萌生，乾隆帝令侍郎前往河间等县督率捕除；随即赴青县、沧州等处募民捕蝗，收效颇高。

1753 年　清乾隆十八年

四月，沧州等处蝗孽复萌；五月，直隶总督奏报沧州等处蝗，用以米易蝗办法分路设立厂局，凡捕蝗一斗给米五升，村民踊跃搜捕。这是沧州在发生蝗灾后，建立治蝗指挥部并采用以米易蝗办法的最早记载。

1799 年　清嘉庆四年

夏，青县蝗蝻初生遍野，忽一夕大风，次日蝗净。

1821 年　清道光元年

五月，渤海沿岸沧州、盐山、海兴各属蝗蝻生。六月，直隶省颁发《康济录·捕蝗十宜》交地方官仿照施行。《康济录》所载设厂收买，以钱米易蝗，立法最为简易，令交该府尹及该督抚各饬所属迅速筹办，将蝗蝻搜除净尽，以保田禾。

1856 年　清咸丰六年

七月，献县、盐山、海兴蝗，直隶布政使钱炘和印发《捕蝗要诀》一书发州县仿照扑捕蝗虫。该书图文并茂，其《捕蝗图说》十二幅，为沧州首次刊发。

1874 年　清同治十三年

河间知府陈崇砥撰写《治蝗书》，由保定莲池书局刻印发行。书中刊有治蝗论三篇，治蝗说九篇，捕蝗虫图十帧。该书提出的用"毒水"除治蝗卵的办法，是中国治蝗史上用药剂治蝗的最早记载。其"蝗为旱虫，故飞蝗之患多在旱年，殊不知其萌孽则多由于水，水继以旱，其患成矣"的论述，对以后的治蝗工作起到了重要作用。

1890 年　清光绪十六年

五月，沧县蝗大至，居民捕蝗交官，每斗换仓谷五升，仓中积蝗如阜。

1920 年

四月，东光、吴桥蝗灾。南皮东区蝗蝻生，县署令各村村正副督率扑打。

1929 年

五月，沧县、青县、河间、任丘、肃宁、交河、南皮、东光、吴桥、海兴等县蝗灾，督促捕蝗不力的肃宁县县长谎报成绩，受到记大过处分。

1931 年

五月，沧县、青县、河间、任丘、献县、肃宁、盐山、庆云、东光、海兴等县大蝗，白洋淀及运河、滹沱河两岸分布更多。六月，南皮飞蝗起，县令捕打，用钱收买，未几蝻生又收买，费洋 5 000 余元，不为灾。河北省政府派员分赴各县调查蝗虫。是年，在省政府 258 次会议上，通过"治蝗暂行简章"十三条公布之。河北省第一部地方治蝗法规颁布实行。

1933 年

是年，沧县、青县、河间、任丘、献县、肃宁、交河、盐山、庆云、东光、海兴等县发生蝗灾。盐山县人民在与蝗虫的斗争中创造出了"幼蝻驱捕器"，除治蝗蝻十分便利，还不伤害禾苗，被实业部中央农业实验所刊文向全国推广。

1949 年

11 月，成立了沧县专区行政督察专员公署农建科，并主抓全区的治蝗工作。

1951 年

沧县专区 9 个县夏秋蝗大发生，发生蝗虫 231 万亩[①]，除治 179.2 万亩，其中飞机除治 2 万亩。

6 月 2 日，政务院财政经济委员会在发布的《关于防治蝗蝻工作的紧急指示》中指出：河北省黄骅、吴桥等县，均已发生大批蝗蝻，开始为害作物，凡已发生蝗蝻的地区，当地人民政府应立即发动和组织广大人民，按照当地环境，用掘沟、围打、火烧、网捕、药杀等办法，紧急进行捕杀，坚决贯彻"打小、打少、打了"的精神，干净、彻底、全部把蝗虫消灭在幼蝻阶段，做到"蝗蝻发生在哪里，立即消灭在哪里"。

6 月 14～23 日，中央人民政府派往黄骅县参加治蝗工作的飞机 1 架，先后除治 2 万亩，成为新中国治蝗史上的伟大创举。农业部杨显东副部长率领中外治蝗专家，参加了黄骅县的飞机治蝗工作。

是月，黄骅县蝗虫发生后，沧县专区抽调专、县干部 160 人，地方部队两个连，参加黄骅县治蝗工作，并建立了各级治蝗指挥部，专区以王路明专员和王慎民副参谋长分任正副指挥，开赴蝗区领导治蝗工作，黄骅县以县委书记刘宝庆任指挥，县长王春生、武装部长王清廉任副指挥。

8 月 25 日，由中共沧县地委撰写的《河北黄骅治蝗工作总结》在《中国农报》上发表，这是中华人民共和国成立后沧州发表的第一篇治蝗文章。并首次提出了沧州"依靠群众、发动群众，积极捕打"的治蝗方针。

是年，河北省农业试验场尹善、傅桂川在《农业科学通讯》1951 年第 8 期上发表《黄骅县扑灭蝗虫工作情况介绍》，介绍了黄骅县 1951 年除治夏蝗的经验。

是年，黄骅县评选出治蝗劳动模范 185 人。

1952 年

3 月 26 日，政务院下达《关于 1952 年防治农作物病害虫害的指示》，要求在历年蝗虫发生严重的地区建立治蝗站，必须把蝗蝻消灭在三龄以前。

4 月，黄骅治蝗站成立，并配备了防蝗侦查人员，推广"查卵、查孵化、查蝗蝻"的侦查方法。使各级领导能及时掌握蝗虫动态，更好地组织人民群众治蝗。

5 月，黄骅苇草洼和献县河泛区发现蝗蝻，黄骅 6.18 万亩，每平方尺[②] 200～300 个；献县 1.27 万亩，每平方尺 100 个以上。至 6 月 4 日，蝗蝻基本消灭。是月，海兴境内发生大面积蝗蝻，政府组织捕杀，灭蝗人员达万人。

11 月 4～10 日，农业部在济南首次召开全国治蝗座谈会。会上，农业部提出了"以药剂除治为主"的治蝗方针。黄骅县治蝗劳动模范刘淑涛在会上介绍了黄骅县通过"查蝗卵、查孵化、查蝗蝻"的"三查"办法，和把蝗虫消灭在三龄以前点片集中阶段的治蝗经验。

1953 年

1 月 29 日至 2 月 7 日，河北省农林厅在保定召开河北省第一届蝗虫防治会议，黄骅、沧县等蝗虫防治站的代表出席了会议。

---

① 亩为非法定计量单位，15 亩＝1 公顷。——编者注
② 尺为非法定计量单位，3 尺＝1 米。——编者注

4月，沧县专区蝗虫防治站建立，李志山任站长。

7月6日，黄骅县副县长杜楹台，因刁难河北省农林厅赴黄骅治蝗工作人员等问题，受到沧县地委给予的党内当众劝告处分。

9月15日，河北省农林厅在《关于除治秋蝗的几点意见》中要求："群居型飞蝗必须消灭在三龄以前，散居型可于大部三龄时再行除治，并争取做到一次消灭。"同时指出："飞蝗无论发生在荒地或作物地，除治时所用之一切物资，均由国家负担，所用人工，政府予以补助。"开始在全省实行治蝗经费由省开支，治蝗农药、器械由国家统一供应的政策。

是年，黄骅县在治蝗中创造出定时、定员、定亩、定药的四定治蝗经验，受到河北省农林厅的表扬与推广。

是年，根据治蝗工作的开展和需要，农业部要求在全国执行"防重于治，药剂为主"的治蝗方针，从而，治蝗工作开始进入了以药剂除治为主的新阶段。

是年，河北省撤销了治蝗站，致使1954年蝗情无法掌握。

1954 年

沧县专区建农林局，原专区农建科并入农林局。防蝗站隶属沧县专区农林局。

是年，河北省农林厅印发《河北省1954年治蝗工作意见》，规定了飞蝗每平方米0.2头以上应及时除治；0.2头以下要严密监视，待集中后再除治的防治指标，和喷粉治蝗原则上按0.5%六六六粉每亩1.25千克计算的用药量标准，在除治时间上，还提出了"地下蝗卵大部孵化，出土时争取一次消灭""地上蝗蝻要消灭在三龄以前"的要求。

1955 年

沧县、河间、肃宁、任丘、献县、交河、青县、盐山、孟村、东光、吴桥、南皮、黄骅等县夏蝗发生53.2万亩。秋蝗发生220.6万亩。总共除治110.4万亩，其中飞机除治47万亩。黄骅发生蝗虫80万亩，其中夏蝗28万亩；秋蝗52万亩。孟村发生蝗虫13.88万亩。青县发生蝗虫20万亩，国家派飞机灭蝗。

8月2日至9月27日，河北、天津两省、市的12个县，使用4架飞机治蝗，建设临时机场9个，先后飞行1844架次，作业746小时，喷药92.2万千克，飞机除治151.8万亩，杀虫效果90%～97%。并创造出在积水苇洼蝗区用船只固定信号指挥飞机治蝗的经验。

8月，建立南大港垦荒改造指挥部，当年开垦荒地1.7万亩。

1956 年

5月10日，南大港水库围堤工程开工。

6月10日，河北省农业厅为加强治蝗工作，开始在黄骅县设立河北省第三蝗虫防治站；蝗虫防治站受省、专区农业部门的双重领导。开始有计划的使用飞机治蝗。

8月2日，中捷友谊农场建立。至1958年开荒30万亩，种水稻6万亩。

是月，沧县专区植保科建立，王树彬任科长。防蝗工作由植保科负责。

1957 年

4月2日，河北省农业厅、中共河北省委农村工作部联合下达《关于解决治蝗侦查员、民工补助和记工问题的通知》，对蝗虫侦查员、治蝗民工的使用、补助及记工办法做出了明确规定：长期侦查员每人每月由国家补助24元，全年使用不超过6个月；临时侦查员出勤期每人每天补助8角，全年使用不超过50天；内涝农田蝗区治蝗民工，国家不予补助；苇洼蝗区远征民工，每人每天补助6角。在补助费使用上，是否交队记工或全归个人，由有关社队自行讨论决定。

1958 年

7 月，河北省在天津筹建农业航空队，由省农林厅具体领导，并投资 400 万元，购置安 2 型农用飞机 10 架。

是年，因机构调整、专区合并等原因，河北省农林厅治蝗组、区域蝗虫防治站及大部分专、县治蝗专业机构被撤销。

1959 年

4 月，河北省 1959 年灭蝗工作会议召开，会议规定：今后治蝗仍然采用每平方米 0.2 头以上除治的药治治蝗标准，人工喷粉一律使用 0.75％六六六粉，每亩 1.5～2 千克；飞机喷粉一律使用 2％六六六粉，每亩 0.75 千克的标准。

8 月 24 日、25 日，黄骅岐口公社沿海岸滩发现飞蝗；9 月 9 日，盐山大浪淀发现飞入蝗虫 3 000 亩。

12 月 13 日，河北省农林厅在《1959 年飞机灭蝗总结提纲》中，总结了河北省发挥机群作业的威力，组织 11 架飞机机群灭蝗的经验。31 日，农业部要求河北省今冬明春改造蝗区 300 万亩。

是年，黄骅县划新石碑河以北 26 村成立南大港农场，属黄骅县。

1960 年

10 月 7 日，河北省提出的"巧打初生，猛攻主力，彻底扫残"的治蝗策略，受到了农业部的肯定与推广。

是年，河北省财政厅拨款在献县、黄骅建成骨干固定灭蝗机场 2 处。

1961 年

6 月，恢复沧州专区植保科建置，王振民任科长，防蝗工作由植保科负责。

是年，划黄骅、中捷农场地扩建南大港农场，并归地属。1962 年属河北省农垦局。

1962 年

是年，全区夏蝗发生 202.5 万亩，秋蝗发生 227.5 万亩，总共除治 414.5 万亩，其中飞机除治 284.5 万亩。有 0.8 万亩庄稼被蝗虫吃光了叶子。海兴、盐山发生蝗虫，国家派飞机治蝗，未成灾。

1963 年

4 月上旬，全国植物保护会议在北京召开，会上成立了治蝗小组，研究了治蝗工作。毛泽东主席、周恩来总理等党和国家领导人，在中南海接见了与会代表，沧州代表丁复生受到了亲切接见。

4 月 13 日，农业部要求，原有的治蝗机构要迅速得到恢复和加强，已调走的技术干部应该归队。是年，恢复了黄骅、献县 2 个治蝗技术站，并配备治蝗技术干部。

6 月 1 日，河北省农业厅发出通知，要求各地蝗区使用专用密码电报汇报蝗情。

6 月 8 日，河北省农业厅、河北省财政厅联合下达《关于河北省治蝗经费、物资使用管理办法的通知》，明确规定了治蝗经费的使用范围、开支项目及标准，以及相关的财物管理制度、治蝗物资管理制度等。

6 月 15 日，河北省农业厅发出《关于黄骅县节约治蝗经验的通报》，推广黄骅县采用领导、专家、侦查员三结合核实蝗区的措施，使用"大面普查、定点取样、取小样、多取样"

的侦查方法及执行"间歇治、点线治"的策略，实现了节约治蝗等经验。

7月13日，河北省治蝗指挥部召开第一次治蝗指挥部会议，决定在黄骅县搞一个4万亩节约治蝗试验示范区。

7月17日，河北省粮食厅针对治蝗干部的口粮补助办法发出了通知。8月20日，河北省农业厅、财政厅又联合发文，对治蝗干部的雨衣、交通工具等问题做出了规定。

是月，河北省农业厅召开有8专（市）农业局参加的全省治蝗工作座谈会，会议提出了《关于普遍建立治蝗示范区的工作意见（草案）》。26日，河北省农业厅转发了这个工作意见，望各地参照执行。

10月14日，河北省农业厅安排机场修建费用于修建、扩建黄骅、献县、吴桥、盐山等12个农用治蝗机场。

1964年

1月3日，河北省农业厅在《关于1963年治蝗工作的总结报告》中提出了积极执行"两治"（即：间歇治，点线治）策略。对黄骅县进一步核实蝗情，对大面连片，密度大的使用飞机除治；对点片零星发生的，坚决采用代药侦查，人工巧治；对密度很稀的大面积蝗区，通过定期普查与点片挑治相结合的办法，做到严密监视。收到了经济有效的控制蝗害的效果。该县将原计划飞机除治夏、秋蝗54万亩，压缩到10万亩，直接为国家节约经费16万元的事迹进行了表扬。

4月21日，河北省农业厅转发《黄骅县农林局关于勤俭治蝗的几点体会》，向全省介绍了黄骅县节约开支、勤俭治蝗的经验。

6月26日，河北省农业厅下达自1964年7月1日开始实施的中国民航河北省管理局拟定的《农业机场管理细则》，要求所有治蝗机场的专、县农业部门认真执行。

7月12日，在《河北省1964年除治夏蝗工作总结及除治秋蝗工作意见》中，提出了人工施药除治蝗虫，必须使用手摇喷粉器，工具不足的地区，可采用麻袋等土制工具，严禁手撒农药，杜绝浪费等要求。还提出了人工治蝗用药标准为：①有蝗样点必须达到总样点的70％以上；②全部样点虫口密度要达到平均每平方米0.2头以上；用药量：飞机治蝗使用2.5％六六六粉每亩0.625～0.75千克，地面人工喷粉治蝗使用1％或0.75％六六六粉，每亩1.5～2千克，三用机治蝗使用2.5％六六六粉，每亩0.75千克。同时，还提出了飞机治蝗必须达到的五项规定。

7月27日，河北省农业厅、河北省财政厅在下达除治秋蝗经费时，根据中央"荒地蝗区全补助，农田蝗区不补助，受灾蝗区酌情补助"的精神，针对除治农田蝗区秋蝗的经费补助办法，制定了五项严格的规定。

1965年

沧县、河间、肃宁、献县、任丘、交河、东光、吴桥、南皮、盐山、孟村、黄骅、海兴、青县夏蝗发生157.5万亩。秋蝗发生283.5万亩，不少地方蝗蝻漆黑一片，呼呼作响。总共除治348.8万亩，其中飞机除治77.7万亩。

3月4日，河北省在治蝗中提出的"药治为主，毒饵为主，挑治为主"的口号和大面积推广麦糠、麦麸毒饵治蝗等勤俭治蝗的经验，受到农业部植物保护局的表扬与推广。河北省勤俭治蝗的经验还被农业部朱荣副部长写入全国的治蝗方针中，并在全国执行。

1966 年

沧县、河间、献县、盐山、孟村、黄骅、海兴、青县夏蝗发生 140.1 万亩，夏蝗密度之大，为近些年罕见，很多地方蝗蝻一出土，就盖地一层，行如流水，哗哗作响；黄骅县秋蝗发生 45.5 万亩。总共除治 99.2 万亩，其中飞机除治 34.4 万亩。黄骅发生夏秋蝗 55 万亩，虫口密度多的地方每平方米达千头以上。

3 月，海兴兴建青先、青锋两个国营农场，改造蝗区面积 4 万余亩。

11 月 12 日，河北省农业厅在《关于 1966 年治蝗工作总结报告》中，提出了"坚定不移地认真贯彻中央'依靠群众，自力更生，勤俭治蝗'方针"的要求，推广了沧州沿海蝗区采用带药武装侦查、反复挑治，节约治蝗的方法。

是年，海兴县防蝗机场建成并投入使用，吴桥县防蝗飞机场改建为县良繁场。

1967 年

随着"文化大革命"的开展，地、县各级治蝗专业机构大部分撤销，群众中的治蝗专业队伍也随之解散，蝗虫测报工作处于停顿状态。

1971 年

6 月 23 日，黄骅县防蝗站防蝗员、县级特等劳动模范刘淑涛在治蝗中因长期接触六六六农药，造成苯中毒，引起造血功能破坏，被天津市中医院确诊为再生障碍性贫血，南大港农场在工作及生活上对刘淑涛同志都进行了照顾。

1972 年

秋，沧州地区秋残蝗严重回升，据黄骅、海兴、南大港农场等县（农场）调查，秋残蝗面积已达 30 余万亩。沿海地区不少芦苇被吃成光秆，秋蝗产卵期间，仅黄骅县人工捕捉成虫就有 6 000 千克。

12 月 6 日，中国农业科学院向国务院及农林部汇报了关于河北省沧州沿海地区明年夏蝗将是大发生趋势的调查报告，引起了中央各级领导的高度重视。

是年，献县防蝗机场被县工业局改建为砖瓦厂宣告报废。

是年，南大港农场围堤修建 9.3 万亩的水库，蓄水能力达 7 800 万米^3。

1973 年

4 月 4 日，河北省财政局、河北省农林局联合发文，重申了国有荒洼国家治蝗；集体荒地，确有困难的适当补助；农田蝗区，由生产队自己负担治蝗的防蝗经费使用政策。

4 月 8~12 日，河北省农林局在沧州召开全省治蝗工作经验交流会议，省农林局副局长华践向全省提出了要认真执行"依靠群众，勤俭治蝗，改治并举，根除蝗害"治蝗方针的要求。

是月，河北省与天津市本着主动协商、互相支援、联防联治、团结治蝗的精神，建立了河北黄骅县与天津市南郊区的治蝗联防区。

6 月，黄骅、海兴、任丘、中捷、南大港农场夏蝗发生 67.6 万亩，出现了点片高密度蝗蝻群 3.1 万亩，最高密度每平方米达上千头。除治 44.7 万亩，其中黄骅、海兴、中捷、南大港农场飞机除治 30.4 万亩，占除治面积的 68%。由于机场条件及天气等原因，飞机空治面积达 50% 以上，又发动 3 000 余人进行扫残拾零 30 余万头。

是年，黄骅、海兴、南大港农场、中捷农场等县（场）治蝗站共配备治蝗干部 30 余人，使用防蝗侦查员达 100 余人。

是年，沧州地区植物保护检疫站成立，李朝阳任站长。防蝗工作由植保站领导。

1974 年

3 月 30 日，沧州地区农业局在《1974 年夏蝗防治工作意见》中，强调推行国有荒地由国家负担，有收益的地方谁收益谁治蝗，有困难的社队国家可酌情给予适当支援的治蝗政策，提出了"沿海蝗区的黄骅、海兴、中捷、南大港农场要把防蝗站迅速恢复、充实起来，发挥其积极作用，同时要逐渐完善地面治蝗机械化的力量，合理配备机务人员，对现有动力机械的使用管理，建立严格的规章制度，确定专人管理保养，充分发挥地面治蝗机械化的能力"的意见。

4 月，地区建立了以地委副书记李荫澄为组长的地区防蝗指挥部。

6 月，沿海蝗区 4 县场使用动力机 20 台，搞了 10 万亩机械化灭蝗试验，收到了良好的防治效果，总结出"地面机械化，治蝗好处大，省工又省药，杀虫效果高，除治三龄盛，时间争主动，主力消灭后，扫残正适龄"的经验。并提出了"巧打初生与点片挑治相结合、猛攻主力与彻底扫残相结合、动力机除治与人工除治相结合"的治蝗策略。

8 月 25 日，河北省农林局在《关于 1974 年夏蝗除治工作简结和当前秋蝗除治情况》报告中，对沧州沿海四蝗区县（场），使用动力药械搞地面机械化灭蝗示范的工作，给予了很高的评价，同时，还充分肯定了沧州地区采取巧打初生与点片挑治相结合；猛攻主力与彻底扫残相结合；消灭蝗蝻与扑打飞子相结合，做到蝗虫出土就堵窝，三龄盛期灭主力，四五龄时就扫残等治蝗经验。

是年，海兴县列为地区主抓的地面机械化治蝗试验区，地区开始对海兴机场进行投资建设，房屋进行全面维修扩建。

是年，全区购买 12 马力①拖拉机 7 台。

1975 年

夏，河北省农林局调拨给海兴、黄骅防蝗站 40 马力拖拉机各 1 台，支持沿海蝗区的地面机械化灭蝗工作。

1976 年

是年，沧州地区使用动力机 97 台，地面机械化灭蝗 16.4 万亩，占总除治面积的 50%，效果达 95%以上。

是年，农业部确定河北省与天津市成立灭蝗联防区，黄骅、南大港农场与天津市大港区分在一个组。

是年，在全区有计划的改造蝗区 18.3 万亩。

1977 年

5 月 22～26 日，河北省农林局在海兴县召开了地面超低容量喷雾灭蝗示范工作座谈会，参观了沧州沿海蝗区机械化治蝗情况，传授了超低容量机械灭蝗技术，安排了 1977 年超低容量机械灭蝗任务。

1978 年

12 月，沧州地区植保站研究总结出的"根除蝗虫综合技术"，获沧州地区科技成果奖励大会一等奖。由于在防治并举根除蝗害综合技术的研究中取得的科技成果，还特此获得中共

---

① 马力为非法定计量单位，1 马力＝735.5 瓦。——编者注

河北省委、河北省革委的奖状。

是年,为海兴县防蝗站购买防蝗汽车1部。

1979 年

3月13日,农业部首次在沧州召开全国治蝗工作座谈会,会上,大家认真总结了中华人民共和国成立以来的治蝗经验;分析了1979年蝗虫发生趋势;检查了当前治蝗当中存在的问题,研究了进一步加强治蝗工作的意见。会后,农业部植保局裴温局长、中国科学院动物研究所治蝗专家陈永林等人到海兴县参观了地面治蝗机械的研制情况,检查了沿海蝗区的治蝗工作,对沧州沿海的机械化治蝗,给予了很高评价。

5月8日,国家农委转发农业部《关于继续加强我国飞蝗防治工作的报告》,要求各地"逐步实现治蝗机械化、现代化"。特别指出:"沿海蝗区洼大人稀,动员组织周围社队人工防治比较困难,除大面积发生需要使用飞机防治外,较小面积和点片发生的,应积极发展地面机械防治。"又指出:"六六六农药在蝗区已使用20多年,对环境污染严重,应逐步改用马拉松、乐果、杀螟松等取代六六六的高效低毒农药。"

6月9日,河北省革命委员会发出通知:要求沧州地区恢复地区防蝗站。海兴、黄骅和中捷、南大港农场治蝗站要进一步办好。

6月13日,农业部农业局转发了《河北省沧州地区围剿夏蝗战斗已经打响的报告》,对沧州地区及时治蝗的经验,给予了很高评价。

6月27日,沧州地区行政公署农业局向行署递交《关于恢复沧州地区治蝗站和进一步办好蝗区各县(场)治蝗站的请示报告》,要求海兴县防蝗站进一步办好,黄骅、中捷、南大港恢复治蝗机构,办好防蝗站。

9月15日,海兴县防蝗站铁牛55-拖带防蝗喷粉器资料被沧州地区科学技术情报研究所收入《科技情报资料》第12期。

是年,沧州地区防蝗站恢复建立,徐景洲任站长。

是年,由于刘金良同志在防蝗工作中做出的成绩,在2%调资中为其长工资一级。

是年,为支援沧州地面机械化治蝗工作,为海兴县防蝗站改制防蝗动力机3部,投资6万元打机井一眼。为黄骅县防蝗站购买防蝗汽车1部。

1980 年

3月7日,河北省农业局下达《关于1980—1983年蝗虫调研项目计划》任务书,要求沧州地区防蝗站为本项目的牵头单位,组织丰南等17个单位成立蝗虫调研协作组,开展全省蝗虫调研工作。

3月26日,海兴县防蝗站东方红12型-拖带防蝗喷粉器改制成功。

3月27日,沧州地区行政公署农业局为了加强防蝗、植保各种专用车辆和动力器械的管理,充分发挥这些专用设备的作用,加速实现全区的防蝗植保机械化,下达了《关于执行"防蝗植保专用车辆和动力器械管理试行办法"的通知》。

4月,沧州地区东亚飞蝗的预测预报办法开始执行。

7月28日,河北省蝗虫调研协作组在沧州成立。参加协作组的成员有沧州地区防蝗站、献县、黄骅、海兴等17个防蝗(植保)站。

8月11日,河北省农业局转发河北省蝗虫调研协作组编写的《关于1980—1983年蝗虫调查研究项目实施方案(草案)》,由各有关地、县农业局参照执行。

10月21日，沧州地区农业局就南大港农场秋残蝗情况向地区行署、河北省农业局、河北省农垦局发出的调查报告指出：南大港农场9万亩水库区，由于全部脱水，造成大量蝗虫迁入繁殖，加之环境复杂，夏蝗除治不彻底，致使秋残蝗高度集中，一般密度每亩成虫都在30头左右，多的地方高达数千头至上万头。

11月6日，河北省农业局、河北省农垦局发出《关于南大港农场残蝗严重发生情况的通报》，指出：南大港农场秋残蝗严重发生，实属责任事故，责令农场农林科和防蝗站做出书面检查。

是年，地区防蝗站和献县植保站各购置汽车1部，海兴县新建车库5间。

1981年

1月26日，沧州地区防蝗站完成《沧州地区蝗虫发生历史情况的考察》报告。初步查证自公元194年至1949年，发生在沧州地区的蝗灾年份数为193年。

3月30日，河北省农业局、河北省财政局联合发文规定：防蝗侦查员的活动经费可按全年安排，每人每年不得超过500元。

4月，全区共聘用防蝗侦查员100人。

是月，沧州地区防蝗站印发蝗虫饲养方法及蝗虫标本制作的技术资料。

5月，南大港农场10万亩蝗区内，蝗卵死亡率高达91.6%，蝗卵死亡原因，主要是干旱失水造成的干瘪，其次是中国雏蜂虻寄生和鸟类啄食。致使南大港农场蝗虫发生减轻了很多。

6月28～30日，中国科学院学部委员、植物生态学家侯学煜教授到沧州考察献县、黄骅、海兴、青县和中捷农场蝗区的农业资源开发利用情况。

是年，为南大港防蝗站迁建新建房舍20间。

1982年

5月，沧州地区防蝗站编印了《东亚飞蝗研究论文汇编》资料书，印刷后供全区各级防蝗人员在治蝗工作中学习参考。

8月，河北省生防站、沧州地区防蝗站组织部分蝗虫调研协作组成员，对河北省北部地区的蝗虫种类进行考察，这在河北省尚属首次。

是年，为黄骅县防蝗站购置拖拉机1部。

1983年

6月，沧州地区在南大港农场开展8.5万亩除治夏蝗承包责任制试点，南大港农场仅用9天时间，完成了全部治蝗任务，防治效果达99%，比原计划除治日期不但提前了6天，而且还节省劳力2 428个，节省治蝗农药2万余千克。

是月，黄骅、南大港农场蝗虫大发生。出现了每平方米上千头的高密度蝗蝻群。

是月，河北省农业厅龚邦铎副厅长率治蝗专家郭尔溥等人，到南大港农场检查了承包责任制治蝗情况。

8月至9月，河北省生防站、沧州地区防蝗站再次组织部分蝗虫调研协作组成员，并邀请中国科学院动物研究所蝗虫分类专家刘举鹏等人共同对河北省涞源、涿鹿、怀来、张北、沽源、赤城、丰宁、平泉、青龙、秦皇岛、昌黎、迁西、遵化、玉田、丰南、献县、平山、涉县等地的蝗虫种类进行了考察，采到蝗虫种类为74种1亚种。

12月14日，沧州地区防蝗站组织撰写了《关于地面机械化灭蝗情况总结》，从发展地面机械化灭蝗技术的指导思想、全区执行地面机械化灭蝗的形式、地面机械化灭蝗技术的推广成果、今后地面机械化灭蝗技术的推广意见等四个方面进行了总结。

是年，海兴县防蝗站防蝗员王金德被授予河北省劳动模范称号。

1984 年

3月6日，沧州地区农林局下发《关于今年夏蝗防治工作的意见》，要求各蝗区县场加强领导，改造利用好现有的灭蝗机械，认真贯彻"谁收益，谁治蝗"的原则，推广南大港农场"承包责任制"治蝗的经验，搞好取代六六六粉灭蝗的试验。

3月20~24日，全国植保总站再次在河北沧州召开全国治蝗工作座谈会，总结近五年的治蝗工作，交流治蝗经验，讨论进一步加强治蝗工作的意见。沧州地区防蝗站向大会介绍了"沧州沿海蝗区近年来东亚飞蝗发生情况、特点及今后的防治建议"，大会对南大港农场实行的"承包责任制"治蝗办法，给予了充分肯定，并建议全国各地进行试点，创造经验，积极推广。

5月13日，为确保重点蝗区治好蝗虫，体现谁收益谁负担治蝗费用的精神，河北省农业厅、河北省财政厅联合发出通知，把沿海蝗区列入重点蝗区，洼淀水库蝗区列入一般蝗区，把已改造好、蝗情稳定的内涝蝗区和河泛蝗区列入监视区，在治蝗时，对重点蝗区和一般蝗区给予必要的治蝗补助，防蝗员使用8个月，每人每月60元包干；监视区治蝗费用要由社队受益单位负担，设置监视员，全年使用4个月，每人每月50元包干。

7月2日，地区防蝗站与地区植保站正式合并为植保站，徐景洲任站长。实行一套人马两个牌子的管理方法。

8月20日，河北省植保总站下达《关于开展蝗区勘查工作的通知》，要求各地、市植保（防蝗）站负责组织各县对全省蝗区进行一次全面的勘查。

9月，河北省蝗虫调研协作组在《河北农学报》上，发表了由沧州地区防蝗站起草的《河北省蝗虫种类、优势种及其分布》一文。

10月1日，为纪念中华人民共和国成立35周年，河北省委、省政府主办的"河北省经济建设成就展览"在石家庄举行，沧州地区防蝗站以"发挥科技威力，控制重大病虫害"为题，突出沧州改治并举、根除蝗害的治蝗成就参加了这次展览，展览上发表治蝗成就照片14幅，制作"沧州地区蝗区新貌"电动沙盘1个。

1985 年

4月20日，河北省植保总站下达了《河北省1985—1986年东亚飞蝗蝗区勘查技术实施方案》。

5月15日，河北省农业厅推广沧州地区组织各县联查蝗情的办法。

5月23日，根据1984年全国治蝗工作座谈会精神及河北省农业厅的指示要求，沧州地区农林局下达《关于取代六六六粉灭蝗试验研究的实施方案》，选用试验农药有4%敌马粉，2.5%敌百虫粉、2%西维因粉、2%乐果粉、2%杀螟松粉、3%甲胺磷粉。

9月20日，天津市大港区东亚飞蝗起飞南迁，途经河北黄骅、沧县、孟村、盐山、海兴及中捷、南大港农场，东西宽30公里，南北长100公里，遗落蝗虫面积250万亩。是月，全国植保总站病虫害防治处李玉川处长及高级农艺师王炳章、王润黎等深入沧州黄骅指导治蝗工作。

是月，由沧州地区植保站编印的《河北省历代蝗灾志》完成。

11月30日，沧州地区农业局植保站《1985年防蝗工作总结》指出："联查承包机械化，稳定队伍有准备"是近几年我区防蝗工作取得较好成绩的主要经验。

11月，冀津治蝗联防协作组在天津成立，协作组南片联防区由大港区、静海县、文安县、黄骅县和南大港农场组成。

12月16日，沧州地区植保站向省植保总站上报《关于沧州地区实行治蝗"承包责任制"的总结报告》。

1986年

1月7日，沧州日报以"飞蝗铺天盖地，粮草未受损失"为题，将沧州地区1985年的治蝗工作列为沧州十大农业新闻之一。

2月6日，国务院办公厅转发的《农牧渔业部关于做好蝗虫防治工作紧急报告》中指出：天津北大港蝗虫起飞是一个危险信号，必须引起足够的重视，特别是河北沿海洼地的黄骅、海兴县及水位不稳定的南大港水库，要立即组织好治蝗队伍，侦查蝗情，备足药械，坚决把夏蝗消灭在三龄以前，抑制秋蝗控制危害，决不能让蝗虫起飞。

是月，河北省农作物病虫综合防治站、沧州地区防蝗站编印了《东亚飞蝗研究文献汇编》一书，供全省防蝗人员在工作中学习参考。该书由马世骏、邱式邦、钦俊德、曹骥、吴福桢、陈永林等昆虫学专家教授写了序和序言、题词及后记。

4月10日，农牧渔业部印发的《全国治蝗工作会议纪要》指出：沧州地区蝗区，得到了不同程度的改造，蝗虫防治技术也有了很大提高，对保障农业丰收起到了很大作用。

5月，农牧渔业部副部长陈耀邦、农业局副局长张世贤、全国植保总站副站长李吉虎、高级农艺师王润黎等同志到沧州蝗区检查治蝗工作。

6月，海兴县对18万亩夏蝗进行了承包责任制防治，仅用9天时间，就完成了治蝗任务，防治效果90%以上，为国家节省治蝗经费15万元。

11月，冀津治蝗联防协作组召开会议，增加海兴县为南片联防区的成员。

是年，沧州地区蝗区勘查工作结束，基本查清我区原有蝗区面积510万亩，现有蝗区面积130万亩，经常发生蝗虫的面积40万～50万亩。

1987年

2月26～28日，全国植保总站在河南新乡召开全国治蝗工作经验交流会，会上推广了海兴县承包责任制治蝗的经验。

3月27日，河北省农业厅《河北省1987年治蝗工作意见》指出，为了稳定防蝗队伍，各地防蝗侦查员生活补贴实际上已改为月工资制，一般防蝗员月工资为60～80元。黄骅、海兴、中捷、南大港农场防蝗员基本成为了国家合同制工人。

4月，冀津治蝗联防协作组联防会议在黄骅召开。

6月2日，全国植保总站副站长李吉虎来黄骅参加了冀津治蝗联防南片组的联防联查活动。

是月，南大港农场夏蝗出现2万亩高密度群居型蝗蝻，最高密度每平方米上千头。

1989年

4月12～14日，冀津治蝗联防会议和河北省防蝗工作会议在安新县召开，河北省农业厅副厅长魏义章出席会议并作了总结发言。对沧州地区采用"挑治为主，普治为辅，放宽指标，隔代防治"的防治经验，给予了充分肯定。

10月，沧州地区秋残蝗密度较高，每亩100头以上的高密度主要集中在黄骅、献县和南大港农场。

1990 年

3月8日，全国治蝗工作暨先进表彰会议在北京召开，农业部副部长陈耀邦出席会议并作了重要讲话。国务院副总理田纪云向大会发来贺信，中华人民共和国成立以来长期在治蝗工作中做出优异成绩的单位和个人受到农业部的表彰。黄骅县植保站评为先进集体；刘金良、王玉甫、沈振东、龚宝谭等人评为先进工作者。

6月，黄骅、南大港、献县夏蝗出现每平方米数千头的高密度蝗蝻群1.5万亩。

1991 年

4月，《河北的蝗虫》出版发行，书中推广了黄骅县"堵窝消灭巧打初生，猛攻主力治在低龄，彻底扫残不打成虫"和海兴县拖拉机拖带机械治蝗的经验。

6月下旬，献县4.3万亩农田出现麦倒蝗虫起，飞蝗严重发生，其中高密度蝗蝻每平方米达百头以上，5 000亩农作物受到了为害。28日，全国植保总站李吉虎副站长、李玉川处长，在河北省农业厅魏义章副厅长、省植保总站张国宝站长陪同下，深入献县蝗区指导治蝗工作。

7月8日，农业部发出《关于认真做好蝗虫监测与防治工作的通知》，对献县漏查漏治，给农业生产造成危害的情况，给予通报批评，并要求各地认真做好蝗虫监测工作和防治准备，建立明确的岗位责任制，确保农作物不再受为害。

7月13日，河北省农业厅发出《关于献县、沧县发生夏蝗严重危害的通报》，要求各地层层建立防蝗领导小组，实施岗位责任制，坚决控制飞蝗危害，杜绝起飞。

1992 年

6月5日，河北省植保总站、沧州地区植保站、海兴县植保站签订了《蝗区改造综合治理协议书》，省植保总站决定向海兴县植保站投资60万元，兴建海兴县植保站蝗区改造盐场，改造蝗区2 800亩。至7月9日，60万元蝗区改造经费全部到位。

8月11日，根据全国植保总站及河北省植保总站的安排意见，沧州地区植保站和黄骅市植保站联合成立了沧州地区渤海湾蝗区东亚飞蝗天敌调查及保护利用研究协作组，开始对沧州渤海湾蝗区的东亚飞蝗天敌种类开展调查及保护利用研究工作。

是年，海兴县农用治蝗飞机场因建场征地手续不全，100亩的机场跑道被中李村和大良户村委会收回耕种，农用治蝗机场被迫废弃。

1994 年

4月25日，沧州地区渤海湾蝗区东亚飞蝗天敌调查及保护利用研究协作组向省植保总站写出了《沧州渤海湾蝗区东亚飞蝗天敌调查及保护利用研究总结报告》，基本查清沧州渤海湾蝗区分布的东亚飞蝗天敌种类有蜂、虻、蝇、螳螂、步甲、蜘蛛、青蛙、蚂蚁、线虫、鸟类、蜥蜴、草蛇等13大类37种，其中具有保护利用价值的优势种天敌种类12种。

8月，沧县、青县秋蝗严重发生。

9月20日，鉴于沧州等地农田秋蝗较多，对小麦出苗极为不利的情况，省植保总站要求加强对农田蝗区蝗虫的监测力度，确保小麦适时播种，正常生长。

1995 年

4月22日，河北省植保总站转发了《沧州市东亚飞蝗预测预报防治历》，要求各有关蝗区地（市）、县植保站，结合本地实际，参照执行。

8月9日，河北省秋蝗防治暨秋季作物管理座谈会在沧州召开，会议由河北省政府副省长陈立友主持，全国植保总站站长刘松林到会指导。河北省农业厅魏义章副厅长在会上作了重要讲话，要求有关地（市）、县做好飞机治蝗的各项准备，同时要求各地制订出蝗区改造规划，做到老蝗区不反复，新蝗区不增加。主管防蝗工作的专员、市长、农业局长、植保站长及黄骅、海兴、青县、沧县主管防蝗工作的县（市）长参加了这次会议。

是年，沧县、青县、献县、南皮、孟村、黄骅、海兴等县及中捷、南大港农场秋蝗发生严重，不少芦苇被吃成光秆，发生面积173.7万亩，除治113.5万亩，其中飞机防治15万亩，防治效果在95％以上。

1996 年

4月17～18日，全国治蝗工作会议在保定市召开，河北省植保总站副站长李永山在大会上决定在沧州建立生态生物治蝗示范区，并要求逐步实现蝗情监测规范化、标准化、制度化。

4月23日，河北省植保总站下达《关于切实加强夏蝗监测与防治工作的通知》，要求各地按1万亩蝗区配备1名防蝗员的比例，安排防蝗员人数，采用拉大网的方式调查蝗情，做到不漏查，不误报。

11月6～8日，河北省重大农业病虫害治理研讨会在石家庄召开，会上，蝗虫作为河北省危害农业安全生产的重大病虫害之一，被列入了河北省"九五"期间重点治理对象。

1997 年

1月17日，全国农业技术推广服务中心病虫防治处李玉川处长、朱恩林副处长在河北省植保总站张书敏副站长的陪同下，到黄骅市考察"廖家洼生态治蝗示范区"。

4月17日，全国农业技术推广服务中心病虫防治处在全国治蝗工作会议上，决定增加河北省为全国生态治蝗示范区。

4月21～22日，河北省防蝗工作会议在黄骅召开，会议要求各蝗区地（市）要搞好生态治蝗工作，并将大城、安新、黄骅、磁县4县（市）确定为河北省生态治蝗示范县（市）。

5月27日，河北省农业厅印发《关于切实做好夏蝗监测与防治工作的紧急通知》，要求各蝗区地（市）、县严格执行汇报制度，充分利用传真机、计算机网络系统，加快传递速度，保证数据准确。

是年，沧州市植物保护检疫站购置蜜蜂-11型飞机一架。

1998 年

由于1996年局部地区出现沥涝和1997年的特大干旱，1998年沿海水库、苇洼几乎全部脱水，夏、秋蝗均大发生。全市夏蝗发生面积154.4万亩，达标面积104.5万亩，每平方米1000头以上的群居型蝗蝻面积8.4万亩，极端最高密度每平方米超过10000头；秋蝗发生面积150.4万亩，达标面积90.4万亩，最高密度每平方米3000头。夏秋蝗发生面积之大、密度之高、程度之重，实属历史罕见。

沧州市政府于5月13日下发了《关于做好1998年夏蝗防治工作的通知》；5月18日下发了《关于全面做好夏蝗防治准备工作的通知》；5月21日转发了《省政府办公厅关于切实做好夏蝗防治工作的紧急通知》；5月31日召开了由蝗区主管县（市）长、农业局长参加的蝗虫防治紧急调度会。

6月5日开始飞机治蝗作业，沧州市植物保护检疫站利用蜜蜂-11型飞机率先进行飞防，至6月11日共飞防3万亩；6月14~16日，雇用涿州六飞院"运五"飞机在黄骅、海兴飞防8万亩。

6月13~14日，农业部白志健副部长到黄骅、南大港飞防现场视察蝗虫防治工作，省农业厅马占元副厅长、省植保总站李永山站长、张书敏副站长和沧州市政府有关领导陪同视察。

1999年

夏、秋蝗均大发生，是进入90年代以来的第四个大发生年份。夏蝗发生面积145.8万亩，达标面积102万亩，最高密度每平方米3 000头以上；秋蝗发生面积87.5万亩，达标面积43.8万亩，群居型蝗蝻面积5万亩，最高密度每平方米1 000头。

6月6~7日，全国夏蝗防治现场会在沧州市海兴县召开。农业部种植业管理司崔世安司长与会并作重要讲话。中央电视台、河北电视台、河北日报等新闻媒体对会议做了专题报道。

6月9日，全省夏蝗飞防协调会在沧州市召开。河北省防蝗指挥部、北空司令部、保定六飞院、空军驻沧机场、石家庄冀华航空公司等单位领导出席会议，省农业厅谷振强副厅长通报了当前夏蝗发生情况。

2000年

夏蝗大发生，发生面积131.8万亩。海兴杨埕水库、坨里大洼、黄骅黄灶大洼、南大港水库出现群居型蝗蝻，最高密度每平方米5 000头以上。

2001年

夏、秋蝗均大发生，夏蝗发生面积147.2万亩，在黄骅黄灶大洼、南大港水库、海兴杨埕水库出现了群居型蝗蝻，最高密度每平方米10 000头以上。秋蝗发生面积156.6万亩，在黄骅、海兴、南大港、中捷、盐山、沧县、献县出现群居型蝗蝻，面积达16万亩，一般密度每平方米60~70头，农田夹荒地、撂荒地最高密度每平方米达400头左右，南大港水库最高密度每平方米5 000头以上。

5月29日，沧州市政府下发了《夏蝗防治工作意见》。

6月13日，全省夏蝗飞防协调会在沧州市召开，河北省防蝗指挥部、北空司令部、空军驻沧机场等单位领导出席会议，省农业厅谷振强副厅长通报了当前蝗虫发生防控情况。

是年，夏、秋蝗均采用飞机防治，全市完成飞防作业面积共32.2万亩。其中夏蝗飞防自6月17日开始，至22日结束，飞防面积27万亩；秋蝗飞防自8月15日开始，至17日结束，飞防面积5.2万亩。

2002年

夏蝗大发生，发生面积164.4万亩，沿海蝗区最高密度每平方米8 000头以上，农田最高密度每平方米500头以上。

6月5日召开了河北省沧州蝗区飞防协调会，河北省防蝗指挥部领导王世存同志、95949部队副参谋长吴邦合同志、市政府副秘书长李新民等同志出席会议。

6月9日，农业部种植业司朴永范副司长莅临沧视察灭蝗工作。

6月10日，全国农业技术推广服务中心钟天润副主任莅临沧州指导防蝗工作，实地考察黄骅市齐家务镇蝗虫防治和生态改造蝗区种植苜蓿项目。当年黄骅市苜蓿种植面积达到22万亩。

6月12日，河北省政府宋恩华副省长、农业厅张文军副厅长视察南大港蝗区飞防情况。同日央视一套新闻联播栏目播放沧州市蝗虫发生除治情况。河北省电视台、沧州市电视台、《沧州日报》《燕赵都市报》对沧州市蝗虫发生除治情况分别进行了报道。

6月15日，央视二套《经济半小时》栏目专题报道沧州市蝗虫发生和防治情况。

6月17日，央视一套《焦点访谈》和《时空连线》两个栏目播出沧州市蝗虫发生和防治情况。

6月19日，央视十套科学调查栏目播出蝗虫的发生根源与生态控蝗。

是年，农业部批复修建黄骅治蝗专用机场。机场占地面积162亩，总投资1 200万元。

2003年

夏蝗大发生，发生面积148万亩，南大港水库最高密度每平方米3 000头以上。

5月26日，农业部杜青林部长莅临沧州调研蝗虫发生和除治准备工作，河北省政府宋恩华副省长、农业部种植业管理司陈萌山司长、省农业厅李荣刚厅长、李大北副厅长陪同调研。

6月2日，省农业厅张文军副厅长、省植保总站王贺军站长到南大港蝗区现场考察蝗情。

6月13~14日，河北省飞机灭蝗协调会在沧州召开，全国农业技术推广服务中心夏敬源主任、中心防治处、省农业厅、省植保总站、驻沧空军部队、沧州市政府等有关方面的领导出席会议。

6月17日，省农业厅李荣刚厅长再次赶赴沧州治蝗现场，指导夏蝗飞防工作。

8月26日，省植保总站张书敏副站长来沧州考察秋蝗发生情况并指导防治。

9月，黄骅治蝗专用机场建成并投入使用。

是年，沧州市蝗灾地面应急防治站和南大港管理区蝗灾地面应急防治站项目获得农业部批准。

2004年

6月3日，全国农业技术推广服务中心钟天润副主任到中捷农场考察蝗虫发生情况，中心防治处朱恩林处长、省植保总站王贺军站长陪同考察。

6月上旬，在中捷、海兴夹荒地先后发现群居型夏蝗蝻，最高密度每平方米50头。

6月10日，河北省沧州蝗区飞机灭蝗协调会在沧州召开。会议决定在夏蝗防治中首次使用直升机喷施生物农药绿僵菌进行生物防治，防治面积2.1万亩。

6月19日，全国农业技术推广服务中心夏敬源主任莅临沧州指导蝗虫防控工作。同日，新华社、《人民日报》、中央电视台等新闻媒体对沧州市夏蝗防治工作进行了相关报道。

2005年

黄骅、海兴、南大港、中捷等10县市发生夏蝗98.7万亩，达到防治指标的67.7万亩，其中在海兴杨埕水库发现群居型夏蝗蝻，最高密度每平方米30头。6月20~25日，对沿海蝗区进行了飞机防治，共完成飞防作业10万亩，其中生物防治6万亩，先后使用了绿僵菌、微孢子虫和锐劲特3种生物农药，其中微孢子虫在沧州首次使用。

6月20~21日，农业部范小建副部长莅临沧州视察蝗虫防治工作，宋恩华副省长、种植业管理司陈萌山司长、全国农业技术推广服务中心钟天润副主任、省农业厅李荣刚厅长、张文军副厅长等陪同视察。

夏蝗防治期间，全国农业技术推广服务中心防治处朱恩林处长、蝗虫防治专家陈志群、冯晓东等先后到沧州市检查指导蝗虫防治工作。

至8月底，沧州市蝗灾地面应急防治站和南大港管理区蝗灾地面应急防治站建成投入使用。

2006 年

6月8～9日，农业部种植业管理司王守聪副司长先后到黄骅和南大港检查指导蝗虫防治工作。

6月14日，河北省防蝗指挥部在沧州召开夏蝗飞机防治协调会。会议确定在夏蝗飞防中使用绿僵菌和微孢子虫进行了大规模生物防治，防治面积24.2万亩。

是年，2004年批复修建的海兴县蝗灾地面应急防治站建成投入使用。

2007 年

夏蝗严重发生，呈典型的"麦倒蝗虫起"发生特点，在黄骅、盐山、海兴、沧县均出现高密度群居型蝗蝻，面积5.5万亩，最高密度每平方米1 000头。夏蝗在农田蝗区发生面积之大、密度之高、程度之重历史罕见。

6月2～3日，农业部危朝安副部长莅临沧州市视察蝗虫发生及防治准备情况，河北省宋恩华副省长、省农业厅刘大群厅长，农业部财务司王鹰司长、种植业管理司王守聪副司长、全国农业技术推广服务中心夏敬源主任及沧州市政府相关领导陪同进行视察。

2008 年

在黄骅李官庄水库出现高密度群居型夏蝗蝗蝻，面积500亩，最高密度每平方米1 000头；海兴杨埕水库最高密度每平方米30头，面积5 000亩。同年，沧州市南大港水库稻蝗大发生，发生面积3.7万亩，最高密度每平方米800头。稻蝗发生面积之大、程度之重、密度之高历史罕见。

5月26～27日，全国农业技术推广服务中心夏敬源主任莅临沧州市海兴县杨埕水库视察。

6月10日，省农业厅刘大群厅长视察海兴县杨埕水库调研夏蝗发生情况，张文军副厅长、省植保总站王贺军站长、张书敏副站长陪同调研。

2009 年

6月1日，农业部首席植保专家张跃进研究员莅临黄骅检查指导蝗虫防治工作。

2010 年

3月20日，全国农业技术推广服务中心防治处杨普云处长莅临沧州市考察蝗区和蝗虫防治准备工作。

2011 年

6月27～28日，全国农业技术推广服务中心夏敬源主任莅临沧州市考察黄骅市李官庄蝗虫绿色防控示范区。

7月6日，全国农业技术推广服务中心党委书记杭大鹏莅临沧州市视察夏蝗防控工作。

2012 年

5月16～18日，省植保植检站安沫平站长先后深入海兴杨埕水库、南大港水库、黄骅防蝗机场对蝗虫防控工作进行调研。

6月22日，河北、天津、山西夏蝗联查联治考察座谈会在沧州市海兴县召开。

2013年

6月15日，河北省2013年夏蝗飞防启动仪式在黄骅治蝗专用机场隆重举行。省植保植检站安沫平站长、张书敏副站长出席了启动仪式。

2014年

6月25～26日，全国农业技术推广服务中心钟天润副主任赴沧州市南大港管理区和海兴县检查指导蝗虫防控工作。

2015年

4月27日，省植保植检站张书敏副站长到黄骅市黄灶大洼和南大港管理区湿地周边进行蝗卵发育进度调查。

7月28～29日，省植保植检站张书敏副站长、测报科张振波科长到南大港管理区和黄骅市调查秋蝗出土情况。

2016年

5月21～22日，全国农业技术推广服务中心钟天润副主任到沧州市南大港管理区和海兴县调研并督导蝗虫防控工作，省农业厅郑红维总农艺师、省植保植检站李春峰副站长陪同调研。

6月18日，沧州市在孟村县首次采用植保无人机进行飞防治蝗。与此同时，在施用微孢子虫、绿僵菌等生物农药的基础上又尝试使用无公害农药灭幼脲防治蝗虫。

卷之二

历 代 蝗 灾 记 载

一、历代蝗灾记载

（一）唐前时期

序号	公元纪年	历史纪年	蝗灾情况	资料来源
1	前 136 年	汉建元五年	夏海兴蝗。	《海兴县志》
2	前 130 年	汉元光五年	秋海兴蝗。	《海兴县志》
3	前 129 年	汉元光六年	夏海兴蝗。	《海兴县志》
4	前 105 年	汉元封六年	秋海兴蝗。	《海兴县志》
5	2 年	汉元始二年	夏四月海兴蝗。	《海兴县志》
6	17 年	新天凤四年	海兴旱蝗。	《海兴县志》
7	52 年	后汉建武二十八年	郡国八十蝗；海兴蝗。	《海兴县志》
8	55 年	后汉建武三十一年	郡国大蝗；海兴蝗。	《海兴县志》
9	110 年	后汉永初四年	冀州蝗；海兴蝗。	《海兴县志》
10	111 年	后汉永初五年	九州蝗；海兴蝗。	《海兴县志》
11	112 年	后汉永初六年	十州蝗；海兴蝗。	《海兴县志》
12	153 年	后汉永兴元年	秋七月郡国三十二蝗，冀州尤甚，诏在所赈给乏绝。	《畿辅通志》
			秋七月冀州蝗；海兴蝗。	《海兴县志》
13	177 年	后汉熹平六年	夏四月海兴旱蝗。	《海兴县志》
14	194 年	后汉兴平元年	夏交河①大蝗。	《交河县志》
			夏盐山大蝗为灾。	《盐山县志》
			夏海兴大蝗为灾。	《海兴县志》
15	197 年	后汉建安二年	夏河北交河蝗灾。	《中国历代蝗患之记载》
16	278 年	晋咸宁四年	七月任丘蝗灾。	《任丘市志》

---

① 交河：旧县名，治所在今河北泊头市西交河镇。

（续）

序号	公元纪年	历史纪年	蝗灾情况	资料来源
17	310 年	晋永嘉四年	东光蝗灾。	《东光县志》
18	313 年	晋建兴元年	海兴蝗。	《海兴县志》
19	317 年	晋建武元年	秋七月海兴蝗。	《海兴县志》
20	318 年	晋大兴元年	七月海兴蝗。	《海兴县志》
21	319 年	晋大兴二年	八月海兴蝗。	《海兴县志》
22	320 年	晋大兴三年	河间蝗；肃宁蝗。	《肃宁县志》
23	338 年	后赵建武四年	五月任丘大蝗，司隶请坐守宰。	《任丘县志》
			河间蝗。	《河间县志》
			五月献县蝗灾。	《献县志》
			吴桥大蝗。	《吴桥县志》
			东光蝗灾。	《东光县志》
24	382 年	前秦建元十八年	河间郡大蝗，有司请下郡守廷尉，治其讨蝗不灭之罪，坚曰：灾降自天，非人力可除，兰无罪也。	《河间县志》
			夏五月任丘蝗，刘兰捕蝗不灭，有司请下廷尉，坚曰：灾降自天，非人力可除，兰何罪。	《任丘县志》
			吴桥大蝗。	《吴桥县志》
			东光蝗灾。	《东光县志》
25	550 年	北齐天保元年	夏诏：瀛、沧①等州螽水伤稼，遣使周恤。	《天津府志》
			四月河间、东光等九州蝗水连伤时稼，遣使分涂赈恤。	《河间府新志》
			吴桥蝗。	《吴桥县志》
26	557 年	北齐天保八年	青县大蝗。	《青县志》
			七月任丘蝗虫为灾。	《任丘县志》
			献县螽涝。	《新版献县志》
			夏秋海兴蝗。	《海兴县志》
27	558 年	北齐天保九年	秋七月诏：瀛州螽涝损田，免租赋。	《北齐书·文宣帝纪》
			夏河北蝗灾，差人夫捕杀。	《沧州市志》
			七月献县去年螽涝损田。	《献县志》

---

①　瀛州：旧州名，治所今河北河间市；沧州，旧州名，治所在今盐山县千童镇。

（续）

序号	公元纪年	历史纪年	蝗灾情况	资料来源
28	560 年	北齐乾明元年	夏四月瀛、沧螽水伤稼，遣使分涂赡恤。	《北史·齐本纪》
			四月沧州往因螽水伤稼，遣使分涂赡恤。	《沧州志》
			四月盐山螽伤稼。	《盐山县志》
			四月献县螽水伤稼，赡恤之。	《新版献县志》

（二）唐代（含五代十国）

序号	公元纪年	历史纪年	蝗灾情况	资料来源
29	628 年	唐贞观二年	海兴蝗。	《海兴县志》
30	630 年	唐贞观四年	秋观州①蝗。	《新唐书·五行志》
31	714 年	唐开元二年	七月河北河间蝗。	《河间府志》
			七月盐山蝗。	《盐山县志》
			七月黄骅蝗虫成灾。	《黄骅县志》
			七月海兴蝗。	《海兴县志》
32	715 年	唐开元三年	东光蝗灾，飞则蔽天。	《东光县志》
			七月海兴蝗灾。	《海兴县志》
33	785 年	唐贞元元年	夏蝗，东自海，西尽河陇，群飞蔽天，旬日不息，所至草木叶及畜毛靡有孑遗，饿馑枕道，民蒸蝗曝扬去翅足而食之。	《新唐书·五行志》
			夏海兴蝗。	《海兴县志》
34	836 年	唐开成元年	盐山蝗，草木叶皆尽。	《盐山县志》
			庆云②蝗，草木叶皆尽。	《庆云县志》
			孟村蝗灾，草木叶皆尽。	《孟村县志》
			黄骅蝗灾，草木叶俱食尽。	《黄骅县志》
			夏秋海兴蝗，草木皆尽。	《海兴县志》
			吴桥蝗灾，庄稼树叶皆尽。	《吴桥县志》
35	837 年	唐开成二年	六月沧州蝗。	《新唐书·五行志》

---

① 观州：旧州名，治所在今泊头市南、阜城县东北一带，辖今东光县。

② 庆云：旧县名，治所在今河北盐山县庆云镇，1958 年入盐山，1961 年复置，属沧州，1964 年划归山东德州，县治移至解家集，又称新庆云。

（续）

序号	公元纪年	历史纪年	蝗灾情况	资料来源
36	838 年	唐开成三年	六月沧州蝗害稼；秋七月以蝗诏诸司遣使下诸道巡复蝗虫。	《旧唐书·文宗本纪》
			六月沧州蝗。	《沧县志》
			六月海兴蝗。	《海兴县志》
			南皮蝗。	《南皮县志》
			六月青县蝗灾。	《青县志》
			河间蝗，草木叶皆尽。	《河间府志》
			沧州蝗灾，食草木叶皆尽。	《沧州市志》
			沧县螟蝗害稼。	《沧县志》
			东光蝗食草木叶皆尽。	《东光县志》
			黄骅蝗灾。	《黄骅县志》
			海兴蝗灾。	《海兴县志》
37	840 年	唐开成五年	六月河北蝗疫，除其徭。	《新唐书·武宗本纪》
			夏沧州螟蝗害稼。	《新唐书·五行志》
			沧州等二十九处蝗害稼。	《河间府志》
			夏沧州等二十七处螟蝗害稼。	《天津府志》
			夏盐山螟蝗害稼。	《盐山县志》
			夏黄骅螟蝗成灾。	《黄骅县志》
			庆云蝗蝻害稼。	《庆云县志》
			夏海兴螟蝗害稼。	《海兴县志》

（三）宋代（含辽、金）

序号	公元纪年	历史纪年	蝗灾情况	资料来源
38	965 年	宋乾德三年	七月海兴蝗。	《海兴县志》
39	990 年	宋淳化元年	七月乾宁军①蝗，沧州蝗蝻食苗。	《宋史·五行志》
			七月沧州蝗蝻食尽禾稼叶。	《沧州市志》
			南皮蝗害禾稼。	《南皮县志》
			七月盐山蝗蝻伤苗。	《盐山县志》
			七月黄骅旱，蝗蝻食尽禾木叶。	《黄骅县志》
			七月青县蝗食禾。	《青县志》

---

① 乾宁军：旧军名，治所今河北青县。

（续）

序号	公元纪年	历史纪年	蝗灾情况	资料来源
40	991 年	宋淳化二年	七月乾宁军蝗。	《宋史·太宗本纪》
			六月乾宁军蝗生；七月沧州蝻虫食苗。	《文献通考·物异考》
			七月海兴蝗。	《海兴县志》
41	992 年	宋淳化三年	秋七月沧州蝗。	《宋史·太宗本纪》
			七月沧州蝗，俄抱草自死。	《宋史·五行志》
			七月沧州蝗，俄抱草自死。	《文献通考·物异考》
			东光蝗，俄抱草死。	《东光县志》
			吴桥蝗，俄抱草自死。	《吴桥县志》
			盐山蝗，抱草死。	《盐山县志》
			七月黄骅蝗虫成灾，蔽空遮日。	《黄骅县志》
			七月海兴蝗。	《海兴县志》
42	1016 年	宋大中祥符九年	八月瀛州蝗，不为灾。	《宋史·真宗本纪》
43	1068 年	宋熙宁元年	青县蝗灾。	《青县志》
44	1072 年	宋熙宁五年	莫州^①蝗。	《续资治通鉴·宋纪》
45	1074 年	宋熙宁七年	河北旱蝗，南皮民多饿殍。	《南皮县志》
			夏河间蝗。	《河间县志》
			秋七月海兴蝗。	《海兴县志》
46	1075 年	宋熙宁八年	青县蝗。	《河北省农业厅·志源（3）》
47	1076 年	宋熙宁九年	夏河间蝗。	《河间县志》
48	1103 年	宋崇宁二年	诸路蝗，命有司醮祭。	《宋史·五行志》
			河北交河蝗灾。	《中国历代蝗患之记载》
			河北诸路皆蝗，命有司醮祭勿捕，及至官舍之馨香来焉，而田间之苗已无矣。	《交河县志》
49	1104 年	宋崇宁三年	是岁诸路蝗。	《宋史·徽宗本纪》
			河北大蝗，南皮野无青草。	《南皮县志》
50	1105 年	宋崇宁四年	连岁大蝗其飞蔽日，河北尤甚。	《宋史·五行志》
			河北连岁大蝗，南皮野无青草。	《南皮县志》
			孟村蝗灾，野无青草。	《孟村县志》

① 莫州：旧州名，治所在今河北任丘市北鄚州镇。

（续）

序号	公元纪年	历史纪年	蝗灾情况	资料来源
51	1114 年	宋政和四年	青县蝗。	《青县志》
52	1163 年	金大定三年	三月中都以南八路蝗，诏尚书省遣官捕之。	《金史·世宗本纪》
			河北交河飞蝗害稼。	《中国历代蝗患之记载》
			沧州蝗。	《沧县志》
			盐山蝗。	《盐山县志》
			交河蝗。	《交河县志》
			三月海兴蝗。	《海兴县志》
53	1176 年	金大定十六年 宋淳熙三年	是岁河北等十路旱、蝗。	《金史·五行志》
			河北交河蝗。	《中国历代蝗患之记载》
			交河旱蝗。	《交河县志》
			沧州旱蝗。	《沧县志》
			盐山蝗。	《盐山县志》
			黄骅蝗灾。	《黄骅县志》
			东光旱蝗。	《东光县志》
			海兴旱蝗。	《海兴县志》

（四）元代

序号	公元纪年	历史纪年	蝗灾情况	资料来源
54	1263 年	蒙古中统四年	六月河间蝗。	《元史·五行志》
			河北交河蝗灾。	《中国历代蝗患之记载》
			沧州蝗。	《沧县志》
			六月献县蝗。	《新版献县志》
			六月海兴蝗。	《海兴县志》
			六月交河蝗。	《交河县志》
			盐山蝗。	《盐山县志》
			六月黄骅蝗灾。	《黄骅县志》
55	1265 年	蒙古至元二年	是岁河间蝗旱。	《元史·世祖本纪》
			献县蝗。	《新版献县志》
			青县闹蝗虫。	《青县志》
56	1266 年	蒙古至元三年	是岁河间蝗。	《元史·世祖本纪》
			献县蝗。	《新版献县志》

（续）

序号	公元纪年	历史纪年	蝗灾情况	资料来源
			吴桥蝗。	《吴桥县志》
57	1271 年	元至元八年	六月河间蝗。	《元史·世祖本纪》
			献县蝗。	《新版献县志》
58	1279 年	元至元十六年	四月海兴蝗。	《海兴县志》
59	1282 年	元至元十九年	燕南、河间等六十余处皆蝗，食苗稼草木俱尽，所至蔽日，碍人马不能行，填坑堑皆盈，饥民捕蝗以食或曝干积之，又尽，则人相食。	《河间府志》
			沧州蝗食苗稼草木叶俱尽，民捕蝗为食，又尽则人相食。	《沧县志》
			东光蝗食苗稼、草木尽，民捕蝗为食，又尽，人相食。	《东光县志》
			盐山蝗食草木尽，民捕蝗为食，又尽人相食。	《盐山县志》
			黄骅蝗灾。	《黄骅县志》
			河间属县大蝗；献县蝗。	《献县志》
			吴桥蝗食禾稼皆尽。	《吴桥县志》
			海兴蝗食禾稼草木叶俱尽，所至蔽日，碍人马不能行，填坑堑皆盈，饥民捕蝗为食或曝干积之，又尽人相食。	《海兴县志》
60	1283 年	元至元二十年	四月河间等路蝗。	《河间府志》
			四月河间蝗。	《河间县志》
61	1285 年	元至元二十二年	夏四月河间蝗。	《元史·世祖本纪》
62	1292 年	元至元二十九年	八月以广济署①屯田既蝗复水，免今年田租九千二百余石。	《元史·世祖本纪》
63	1302 年	元大德六年	夏四月河间等路蝗。	《元史·成宗本纪》
			四月河间等路蝗。	《元史·五行志》
			夏交河蝗灾。	《中国历代蝗患之记载》
			四月河间等路蝗。	《河间府志》
			四月献县蝗。	《新版献县志》

---

① 广济署：元屯田署名，在今河北沧州、青县一带。

（续）

序号	公元纪年	历史纪年	蝗灾情况	资料来源
			四月交河蝗。	《交河县志》
64	1304 年	元大德八年	河间、南皮等八州县蝗。	《河间县志》
			南皮蝗。	《南皮县志》
			盐山蝗。	《盐山县志》
			四月海兴蝗。	《海兴县志》
65	1305 年	元大德九年	八月河间、南皮蝗。	《元史·五行志》
			八月河间蝗。	《元史·成宗本纪》
			河北河间、南皮蝗灾大发生。	《中国历代蝗患之记载》
66	1306 年	元大德十年	四月河间蝗。	《元史·五行志》
			夏交河、河间蝗灾。	《中国历代蝗患之记载》
			四月沧县蝗。	《沧县志》
			四月河间等路蝗。	《河间府志》
			四月献县蝗。	《新版献县志》
			四月交河蝗。	《交河县志》
			四月东光蝗。	《东光县志》
67	1307 年	元大德十一年	五月河间等郡蝗。	《元史·成宗本纪》
			五月献县蝗；八月蝗。	《新版献县志》
68	1308 年	元至大元年	八月河间蝗。	《河间县志》
69	1309 年	元至大二年	夏四月沧州蝗。	《沧州志》
			夏四月河间等处蝗；八月河间等处蝗。	《元史·武宗本纪》
			河北任丘蝗灾。	《中国历代蝗患之记载》
			四月献县蝗，八月复蝗。	《新版献县志》
			任丘蝗伤稼，民饥，有司赈之。	《任丘县志》
			四月沧州、河间十八州县蝗伤稼，命有司赈之。	《天津府志》
			四月河间、沧州十八处蝗，至八月东光蝗蝝大作。	《东光县志》
			盐山蝗毁稼。	《盐山县志》
			四月黄骅蝗灾。	《黄骅县志》
			四月海兴大蝗，庄稼被毁。	《海兴县志》
70	1310 年	元至大三年	夏四月盐山蝗。	《元史·武宗本纪》

（续）

序号	公元纪年	历史纪年	蝗灾情况	资料来源
			夏盐山蝗灾。	《中国历代蝗患之记载》
			七月盐山蝗。	《盐山县志》
			庆云蝗大饥，有父子相食者。	《庆云县志》
			七月海兴大蝗灾，庄稼绝收，人相食。	《海兴县志》
71	1321 年	元至治元年	秋七月清池①县蝗。	《元史·英宗本纪》
			七月清池县蝗。	《沧县志》
72	1322 年	元至治二年	四月河间属县及诸卫屯田蝗。	《元史·英宗本纪》
			河北河间蝗灾。	《中国历代蝗患之记载》
			献县水蝗。	《新版献县志》
			海兴蝗。	《海兴县志》
73	1323 年	元至治三年	清池县蝗。	《河间府志》
			海兴蝗。	《海兴县志》
74	1324 年	元泰定元年	六月河间等郡蝗。	《元史·五行志》
			河北河间蝗灾。	《中国历代蝗患之记载》
			六月献县旱蝗。	《新版献县志》
			吴桥蝗。	《吴桥县志》
75	1325 年	元泰定二年	六月河间蝗；十二月颁董煟编《救荒活民书》于州县。	《元史·泰定本纪》
			夏河北河间蝗灾。	《中国历代蝗患之记载》
			河间蝗。	《河间府志》
76	1326 年	元泰定三年	八月献县蝗。	《新版献县志》
77	1327 年	元泰定四年	六月河间蝗；八月河间等路蝗。	《元史·泰定本纪》
			河北河间蝗灾。	《中国历代蝗患之记载》
			河间等路蝗。	《河间府志》
78	1329 年	元天历二年	秋七月河间蝗。	《元史·文宗本纪》
			河间蝗灾。	《中国历代蝗患之记载》
			夏献县旱蝗。	《新版献县志》
			任丘蝗灾。	《任丘市志》
79	1330 年	元至顺元年	六月河间诸路及献州②蝗；秋七月河间等路蝗。	《元史·文宗本纪》

① 清池：旧县名，治所在今河北沧县东南旧州镇。
② 献州：旧州名，治所今河北献县。

（续）

序号	公元纪年	历史纪年	蝗灾情况	资料来源
			夏秋交河、河间蝗虫大发生。	《中国历代蝗患之记载》
			六月交河蝗。	《交河县志》
80	1331年	元至顺二年	夏河间蝗。	《河间县志》
81	1332年	元至顺三年	河间等处屯田蝗。	《河间县志》
82	1341年	元至正元年	河间等路旱蝗缺食，累蒙赈恤。	《元史·食货志》
83	1343年	元至正三年	河间行盐之地，旱蝗水灾相仍，百姓无买盐之资。	《河间县志》
			河间行盐地方旱蝗相仍。	《元史·食货志》
84	1359年	元至正十九年	大都河间蝗，食禾稼草木俱尽，所至蔽日，碍人马不能行，填坑堑皆盈，饥民捕蝗以为食，或曝干而积之，又尽，则人相食。	《元史·五行志》
			五月交河大蝗。飞蝗蔽日，所落沟堑皆平，人马难行，民大饥。	《交河县志》

（五）明代

序号	公元纪年	历史纪年	蝗灾情况	资料来源
85	1369年	明洪武二年	盐山蝗灾。	《盐山县志》
			海兴蝗灾。	《海兴县志》
86	1373年	明洪武六年	六月河间蝗灾。	《明实录·太祖实录》
87	1374年	明洪武七年	六月河间蝗。	《明史·五行志》
			四月河间府莫州、清州①蝗，命捕之；五月河间府任丘县蝗，命捕之；九月河间府河间县蝗。	《明实录·太祖实录》
			沧州蝗。	《沧县志》
			海兴蝗。	《海兴县志》
			东光蝗。	《东光县志》
			河间蝗灾。	《河间县志》
			任丘蝗灾。	《任丘市志》
			青县蝗。	《青县志》
			六月献县蝗。	《新版献县志》

---

① 清州：旧州名，治所今河北青县。

（续）

序号	公元纪年	历史纪年	蝗灾情况	资料来源
88	1430 年	明宣德五年	六月遣官捕近畿蝗。谕户部曰：往年捕蝗之使害民不减于蝗，宜知此弊。因作《捕蝗诗》示之，并谕旨各地打捕。	《明史·宣宗本纪》
89	1439 年	明正统四年	河间蝗灾。	《河间县志》
			河间州县蝗。肃宁蝗。	《肃宁县志》
			河间县蝗。	《河间县志》
90	1440 年	明正统五年	夏河间蝗。	《明史·五行志》
			五月河间府蝗，上命户部速令有司捕之。	《明实录·英宗实录》
			夏河间蝗灾，捕之。	《中国历代蝗患之记载》
			夏沧州蝗。	《沧县志》
			夏献县蝗。	《新版献县志》
			吴桥蝗。	《吴桥县志》
			夏东光蝗。	《东光县志》
			盐山蝗食野草树叶果菜。	《盐山县志》
			海兴蝗食野草树叶果菜。	《海兴县志》
91	1441 年	明正统六年	夏河间蝗。	《明史·五行志》
			六月沧州蝗，捕灭已尽；七月直隶河间属州县复蝗，命捕之；九月河间府所属县蝗伤禾稼。	《明实录·英宗实录》
			河间、交河蝗虫严重发生。	《中国历代蝗患之记载》
			吴桥蝗。	《吴桥县志》
			河间大蝗，野无青草。东光蝗。	《东光县志》
			沧县蝗食草叶皆尽。	《沧县志》
			交河蝗。	《交河县志》
			盐山蝗食野草树叶果菜。	《盐山县志》
			海兴蝗食野草树叶果菜。	《海兴县志》
			夏献县蝗。	《新版献县志》
92	1442 年	明正统七年	五月河间蝗。	《明史·五行志》
			夏河北河间、交河蝗灾。	《中国历代蝗患之记载》
			河间府沧州连岁涝蝗旱相仍，民食匮乏。	《明实录·英宗实录》

（续）

序号	公元纪年	历史纪年	蝗灾情况	资料来源
			河间大蝗，野无青草。东光蝗。	《东光县志》
			吴桥连岁蝗。	《吴桥县志》
			交河蝗。	《交河县志》
			五月献县蝗。	《新版献县志》
93	1448年	明正统十三年	七月东光飞蝗蔽天。	《东光县志》
94	1456年	明景泰七年	五月河间蝗灾。	《河间县志》
95	1458年	明天顺二年	五月户部右侍郎年富奏河间府沧州、兴济①、东光、吴桥、青县蝗生。	《明实录·英宗实录》
96	1473年	明成化九年	六月河间蝗。	《明史·五行志》
			夏河间蝗灾。	《中国历代蝗患之记载》
			六月献县蝗。	《新版献县志》
97	1493年	明弘治六年	河间蝗；肃宁蝗。	《肃宁县志》
98	1512年	明正德七年	以蝗灾免河间等府并沧州等卫秋税。	《明实录·武宗实录》
99	1514年	明正德九年	河间诸州县蝗食苗稼皆尽，所至蔽日，人马不能行，民捕蝗以食或曝干积之，又尽，则人相食；吴桥蝗。	《吴桥县志》
			东光蝗灾。	《东光县志》
100	1524年	明嘉靖三年	六月河间蝗。	《明史·五行志》
			六月河间蝗，部请敕有司捕蝗，上曰：蝗蝻损户稼，小民艰食，朕心恻然；八月以旱蝗减免河间府夏税。	《明实录·世宗实录》
			夏河间、交河蝗灾。	《中国历代蝗患之记载》
			夏沧县旱蝗。	《沧县志》
			夏兴济蝗。	《兴济县志书》
			六月南皮旱蝗。	《南皮县志》
			夏任丘蝗。	《任丘县志》
			六月献县蝗。	《新版献县志》
			夏青县蝗。	《青县志》
			夏东光旱蝗。	《东光县志》
			六月交河蝗。	《交河县志》
			夏盐山蝗为灾。	《盐山县志》

---

① 兴济：旧县名，治所在今河北沧县北兴济镇。

（续）

序号	公元纪年	历史纪年	蝗灾情况	资料来源
			夏黄骅旱，蝗灾。	《黄骅县志》
			夏孟村飞蝗成灾，大饥。	《孟村县志》
			夏海兴蝗虫为灾。	《海兴县志》
101	1527 年	明嘉靖六年	任丘旱蝗。	《河北省农业厅·志源（1）》
102	1528 年	明嘉靖七年	夏任丘蝗灾。	《中国历代蝗患之记载》
			夏盐山蝗。	《盐山县志》
			夏海兴蝗。	《海兴县志》
			秋任丘蝗。	《任丘县志》
103	1529 年	明嘉靖八年	河北任丘蝗灾。	《中国历代蝗患之记载》
			任丘大蝗。	《任丘县志》
104	1530 年	明嘉靖九年	夏四月盐山蝗，不为灾。	《盐山县志》
			夏四月海兴蝗。	《海兴县志》
105	1531 年	明嘉靖十年	任丘蝗灾。	《中国历代蝗患之记载》
			秋任丘大蝗，免田租之半。	《任丘县志》
106	1532 年	明嘉靖十一年	河间属县水蝗蝻，免税粮。	《河北省农业厅·志源(1)》
			任丘蝗灾。	《中国历代蝗患之记载》
			任丘水蝗，民饥，有司赈之。	《任丘县志》
			肃宁蝗蝻生。	《肃宁县志》
			吴桥蝗飞蔽天，邑候往祝之。	《吴桥县志·艺文》
107	1533 年	明嘉靖十二年	夏兴济飞蝗蔽空。	《兴济县志书》
			夏青县飞蝗翳空。	《青县志》
108	1535 年	明嘉靖十四年	秋海兴蝗甚重。	《海兴县志》
109	1536 年	明嘉靖十五年	河北任丘蝗灾。	《中国历代蝗患之记载》
			夏任丘蝗，不为灾。	《任丘县志》
110	1546 年	明嘉靖二十五年	海兴大蝗灾。	《海兴县志》
111	1551 年	明嘉靖三十年	兴济蝗。	《兴济县志书》
			青县蝗。	《青县志》
112	1556 年	明嘉靖三十五年	盐山蝗，不为灾。	《盐山县志》
			黄骅蝗灾。	《黄骅县志》
			海兴蝗。	《海兴县志》

（续）

序号	公元纪年	历史纪年	蝗灾情况	资料来源
113	1560 年	明嘉靖三十九年	任丘蝗灾。	《中国历代蝗患之记载》
			吴桥飞蝗蔽天，食禾殆尽。	《吴桥县志》
			东光蝗飞蔽天，食禾殆尽。	《东光县志》
			肃宁蝗蔽天，禾稼殆尽。	《肃宁县志》
			夏任丘大蝗，蔽天，食禾尽。	《任丘县志》
			河间蝗飞蔽天，食禾殆尽。	《河间县志》
			献县蝗飞蔽天，食禾尽。	《新版献县志》
114	1561 年	明嘉靖四十年	青县蝗，连年饥馑人相食。	《青县志》
			兴济蝗。	《兴济县志书》
115	1564 年	明嘉靖四十三年	海兴蝗。	《海兴县志》
			庆云蝗，民饥流移十之三。	《庆云县志》
116	1569 年	明隆庆三年	六月河间蝗灾。	《明实录·穆宗实录》
			六月黄骅蝗灾。	《黄骅县志》
			六月海兴飞蝗蔽空蠲夏麦之半。	《海兴县志》
117	1582 年	明万历十年	交河蝗。	《中国历代蝗患之记载》
118	1583 年	明万历十一年	青县蝗。	《青县志》
			兴济蝗。	《兴济县志书》
			献县蝗，不为灾。	《新版献县志》
			东光蝗灾。	《东光县志》
119	1584 年	明万历十二年	沧州蝗。	《沧州志》
			沧州蝗。	《天津府志》
			海兴蝗。	《海兴县志》
120	1585 年	明万历十三年	盐山旱蝗飞蔽天，赈恤夏麦之半。	《盐山县志》
			黄骅旱，飞蝗蔽空。	《黄骅县志》
			海兴旱蝗飞蔽空。	《海兴县志》
			孟村旱蝗飞蔽空。	《孟村县志》
121	1588 年	明万历十六年	交河蝗灾，飞蔽天，蛹生遍野。	《中国历代蝗患之记载》
			交河蝗飞蔽日，蛹子厚积数寸[①]。	《交河县志》
122	1589 年	明万历十七年	青县蝗。	《天津府志》
			兴济蝗。	《兴济县志书》
123	1591 年	明万历十九年	青县蝗。	《青县志》
			兴济蝗。	《兴济县志书》

---

① 寸为非法定计量单位，1 寸＝3.33 厘米。——编者注

（续）

序号	公元纪年	历史纪年	蝗灾情况	资料来源
			夏河间蝗，食禾几尽。	《河间县志》
			夏献县蝗，食禾几尽。	《新版献县志》
			夏肃宁大蝗，食禾几尽。	《肃宁县志》
			夏东光蝗，食禾几尽。	《东光县志》
			吴桥蝗食禾尽。	《吴桥县志》
124	1600 年	明万历二十八年	献县旱蝗损禾。	《河北省农业厅·志源（1）》
125	1605 年	明万历三十三年	青县蝗。	《青县志》
			兴济蝗。	《兴济县志书》
126	1606 年	明万历三十四年	青县蝗。	《青县志》
			兴济蝗。	《兴济县志书》
			六月东光大蝗，食禾殆尽。	《东光县志》
127	1608 年	明万历三十六年	南皮蝗。	《南皮县志》
			盐山蝗灾。	《盐山县志》
			海兴蝗灾。	《海兴县志》
128	1610 年	明万历三十八年	任丘之人言，蝗起于赵堡口，或言来自苇地。	《捕蝗考》
			河北任丘蝗灾。	《中国历代蝗患之记载》
129	1617 年	明万历四十五年	夏海兴庄稼被蝗虫吃尽，民大量外逃关东。	《海兴县志》
130	1620 年	明万历四十八年	交河蝗飞蔽天，害稼。	《中国历代蝗患之记载》
			交河旱蝗飞蔽日，害稼，民饥。	《交河县志》
131	1625 年	明天启五年	夏东光蝗飞蔽天。	《东光县志》
			夏南皮蝗。	《南皮县志》
			南皮蝗。	《天津府志》
132	1626 年	明天启六年	吴桥旱蝗。	《河北省农业厅·志源（1）》
133	1632 年	明崇祯五年	交河蝗飞蔽天，横占十余里①，食禾稼树叶皆尽。	《中国历代蝗患之记载》
			交河旱蝗，飞蔽日，横占十余里，树叶禾秸俱尽。	《交河县志》
134	1634 年	明崇祯七年	东光旱蝗。	《东光县志》
135	1637 年	明崇祯十年	任丘旱蝗。	《河北省农业厅·志源（1）》

① 里为非法定计量单位，1 里＝500 米。——编者注

（续）

序号	公元纪年	历史纪年	蝗灾情况	资料来源
136	1638 年	明崇祯十一年	交河蝗灾。	《中国历代蝗患之记载》
			交河旱蝗，害稼，民饥。	《交河县志》
			沧县大旱蝗。	《沧县志》
			盐山蝗。	《盐山县志》
			黄骅旱，饥民捕蝗为食。	《黄骅县志》
			海兴蝗。	《海兴县志》
137	1639 年	明崇祯十二年	交河蝗灾。	《中国历代蝗患之记载》
			秋盐山蝗蝻遍野，食稼殆尽。	《盐山县志》
			秋孟村蝗蝻遍野，食稼殆尽。	《孟村县志》
			秋海兴蝗蝻遍野，食稼殆尽。	《海兴县志》
			交河旱蝗大伤田稼，民饥。	《交河县志》
138	1640 年	明崇祯十三年	沧州蝗，人相食。	《沧州志》
			沧州蝗；青县旱蝗，人相食；盐山旱飞蝗遍野，禾苗尽枯。	《天津府志》
			黄骅至秋不雨旱，禾苗枯死，飞蝗遍野。树皮草根剥掘俱尽饥民食之，有甚者人相食。	《黄骅县志》
			青县旱蝗，斗米银二两，人相食。	《青县志》
			兴济旱蝗食麦。	《兴济县志书》
			孟村旱飞蝗遍野，木皮树根剥掘俱尽。	《孟村县志》
			至秋不雨，禾苗尽枯，盐山飞蝗遍野，斗米银四金，木皮草根剥掘俱尽，人民相食。	《盐山县志》
			东光旱蝗，人相食。	《东光县志》
			五月肃宁蝗。	《肃宁县志》
			海兴大旱蝗，人相食。	《海兴县志》
139	1641 年	明崇祯十四年	任丘蝗灾。	《中国历代蝗患之记载》
			任丘旱蝗飞蔽天，人相食。	《任丘县志》
			肃宁旱蝗飞蔽天，夫妇、父子相食，死者略尽。	《肃宁县志》
			河间蝗飞蔽天，人相食。	《河间县志》
			吴桥蝗飞蔽天，死徙流亡略尽。	《吴桥县志》

（六）清代

序号	公元纪年	历史纪年	蝗灾情况	资料来源
140	1647 年	清顺治四年	九月交河蝗，落地尺许。	《清史稿·灾异志》
			交河、河间蝗灾。	《中国历代蝗患之记载》
			盐山旱蝗。	《盐山县志》
			黄骅旱，蝗虫为灾。	《黄骅县志》
			海兴旱蝗。	《海兴县志》
			孟村大蝗。	《孟村县志》
			交河飞蝗掩日，落地厚尺余，禾秸尽食。	《交河县志》
			河间飞蝗蔽天。	《河间府志》
			献县飞蝗蔽天。	《新版献县志》
			肃宁飞蝗蔽天。	《肃宁县志》
			吴桥飞蝗蔽天。	《吴桥县志》
			七月东光蝗飞蔽日，树木坠折。	《东光县志》
141	1655 年	清顺治十二年	任丘蝗。	《河北省农业厅·志源(1)》
142	1656 年	清顺治十三年	青县蝗食麦。	《青县志》
			兴济蝗食麦。	《兴济县志书》
			盐山飞蝗蔽天累日，不害稼。	《天津府志》
143	1658 年	清顺治十五年	三月交河大旱蝗，害稼。	《清史稿·灾异志》
144	1659 年	清顺治十六年	交河蝗害稼。	《中国历代蝗患之记载》
			交河蝗伤稼，民饥。	《交河县志》
145	1661 年	清顺治十八年	河北庆云蝗灾。	《中国历代蝗患之记载》
146	1664 年	清康熙三年	秋盐山蝗遍野。	《天津府志》
			秋黄骅蝗虫遍野。	《黄骅县志》
			秋海兴旱蝗。	《海兴县志》
147	1667 年	清康熙六年	夏海兴蝗虫成灾。	《海兴县志》
148	1672 年	清康熙十一年	三月献县、交河蝗。	《清史稿·灾异志》
			任丘、交河蝗。	《中国历代蝗患之记载》
			河间旱蝗，蠲免钱粮。	《河间县志》
			任丘蝗。	《任丘县志》
			秋盐山蝗，不为灾。	《盐山县志》

（续）

序号	公元纪年	历史纪年	蝗灾情况	资料来源
			庆云旱蝗，俱免税十之二。	《庆云县志》
			青县蝗。	《青县志》
			秋海兴旱蝗。	《海兴县志》
			肃宁蝗。	《肃宁县志》
149	1676 年	清康熙十五年	沧州旱蝗。	《沧州志》
150	1677 年	清康熙十六年	沧州蝗。	《沧州志》
			夏南皮蝗。	《南皮县志》
			海兴旱蝗。	《海兴县志》
151	1678 年	清康熙十七年	沧州蝗。	《沧州志》
			秋盐山蝗，不为灾。	《盐山县志》
			秋黄骅蝗灾。	《黄骅县志》
			南皮旱蝗。	《南皮县志》
152	1679 年	清康熙十八年	夏沧州旱蝗蝻遍野，民多流亡。	《沧州志》
			是年东光旱蝗。	《东光县志》
			南皮蝗蝻遍生，食禾殆尽。	《南皮县志》
			黄骅旱蝗灾。自十七年冬无雪，入春至夏未雨，蝗蝻遍地，人多流亡。	《黄骅县志》
			夏海兴蝗。	《海兴县志》
153	1689 年	清康熙二十八年	东光旱蝗蝻遍野。	《东光县志》
154	1694 年	清康熙三十三年	青县蝗，不为灾。	《青县志》
155	1706 年	清康熙四十五年	春夏肃宁蝗。	《肃宁县志》
156	1707 年	清康熙四十六年	肃宁蝗。	《清史稿·灾异志》
157	1708 年	清康熙四十七年	夏至秋肃宁蝗。	《肃宁县志》
158	1710 年	清康熙四十九年	庆云蝗。	《庆云县志》
159	1718 年	清康熙五十七年	沧州屡遭蝗灾。	《沧州志》
			青县蝗。	《青县志》
160	1719 年	清康熙五十八年	沧州、青县等处飞蝗蔽天，力无所施，守道李维钧默以三事，祷于刘猛将军庙。	《畿辅通志·祀典》
			沧州屡遭蝗灾。	《沧州志》
			青县蝗。	《青县志》
161	1734 年	清雍正十二年	六月直隶河间蝗生，飞至山东乐陵及商河。	《治蝗全法·卷三》

（续）

序号	公元纪年	历史纪年	蝗灾情况	资料来源
162	1735 年	清雍正十三年	九月东光蝗。	《清史稿·灾异志》
163	1739 年	清乾隆四年	直隶青县等蝻子萌生。	《中国荒政全书》
164	1744 年	清乾隆九年	七月献县蝗。	《清史稿·灾异志》
165	1751 年	清乾隆十六年	六月吴桥飞蝗自山东来。	《吴桥县志》
			六月河间飞蝗从山东来，凡三四日不绝，翛翛然昼夜不停，是岁稔。	《河间县志》
			六月肃宁蝗自山东来，翳空不下，凡三四日。	《肃宁县志》
			六月献县飞蝗从山东来，蔽空不下，三四日乃绝，不为灾。	《新版献县志》
			六月交河蝗；河间蝗，有鸟数千南来，尽啄食之。	《清史稿·灾异志》
			五月直隶河间等州县蝗。	《清史稿·高宗本纪》
			夏吴桥飞蝗集境，捕不能尽，有鸟数千自西南来啄食之。	《吴桥县志》
			六月交河、河间等处发生蝗灾，数千只鸟从东南飞来，将蝗虫全部吃掉。	《泊头市志》
			夏献县蝗集境，捕不能尽，有鸟自西南来啄食之。	《新版献县志》
			夏河间飞蝗集境，捕不能尽，有鸟数千自西南来啄食之。	《河间县志》
166	1752 年	清乾隆十七年	五月直隶东光等四十三县蝗，	《清史稿·高宗本纪》
			五月盐山、庆云、沧州等县蝗蝻萌生，乾隆帝令侍郎前往河间等县督率捕除；随即赴青县、沧州等处募民捕蝗，收效颇高。	《天津通志·大事记》
167	1753 年	清乾隆十八年	四月沧州等处蝗孽复萌；五月直隶总督奏报沧州等处蝗，用以米易蝗办法分路设立厂局，凡捕蝗一斗给米五升，村民踊跃搜捕。	《天津通志·大事记》
168	1759 年	清乾隆二十四年	沧州、南皮、献县、交河、青县、盐山蝗。	《河北省农业厅·志源(1)》
			秋任丘蝗，食禾殆尽。	《任丘县志》
			海兴蝗灾。	《海兴县志》
169	1763 年	清乾隆二十八年	七月沧州等州县蝗。	《清史稿·高宗本纪》

（续）

序号	公元纪年	历史纪年	蝗灾情况	资料来源
			七月沧州蝗灾严重。	《沧县志》
			南皮、东光、吴桥督捕蝗虫。	《畿辅通志·诏谕》
			交河蝗。	《中国历代天灾人祸表》
170	1764 年	清乾隆二十九年	河北交河蝗灾严重。	《中国历代蝗患之记载》
			交河蝗，贷资籽种口粮。	《畿辅通志·恤政》
171	1768 年	清乾隆三十三年	七月庆云蝗。	《清史稿·灾异志》
			庆云蝗。	《庆云县志》
			夏海兴蝗。	《海兴县志》
172	1776 年	清乾隆四十一年	秋海兴蝗灾严重。	《海兴县志》
			庆云蝗。	《庆云县志》
173	1777 年	清乾隆四十二年	海兴蝗。	《海兴县志》
			庆云蝗。	《庆云县志》
174	1780 年	清乾隆四十五年	东光蝗蝻为灾。	《东光县志》
175	1791 年	清乾隆五十六年	六月东光旱，蝗飞蔽天，田禾俱尽。	《清史稿·灾异志》
			交河蝗灾。	《中国历代蝗患之记载》
			交河旱蝗。	《交河县志》
176	1795 年	清乾隆六十年	夏交河蝗灾。	《中国历代蝗患之记载》
			交河旱蝗。	《交河县志》
			东光旱蝗。	《东光县志》
177	1799 年	清嘉庆四年	夏青县蝗蝻初生遍野，忽一夕大风，次日蝗净。	《青县志》
			东光蝗蝻为灾。	《东光县志》
178	1800 年	清嘉庆五年	春东光蝗蝻复生。	《东光县志》
179	1802 年	清嘉庆七年	夏交河蝗灾。	《中国历代蝗患之记载》
			六月任丘蝗。遵前旨令该处百姓自行扑捕，或易以官米或买以钱文，务期迅速搜除净尽，勿致损伤禾稼。	《畿辅通志·诏谕》
			青县蝗。	《青县志》
180	1803 年	清嘉庆八年	青县蝗，不为灾。	《青县志》
181	1821 年	清道光元年	夏渤海沿岸蝗灾，令捕之。	《中国历代蝗患之记载》

（续）

序号	公元纪年	历史纪年	蝗灾情况	资料来源
			五月沧州各属蝗蝻生。六月颁发《康济录·捕蝗十宜》交地方官仿照施行，《康济录》所载设厂收买，以钱米易蝗，立法最为简易，令交该府尹及该督抚各饬所属迅速筹办，将蝗蝻搜除净尽，以保田禾。	《畿辅通志·诏谕》
			夏盐山蝗，不为灾。	《盐山县志》
			夏海兴蝗。	《海兴县志》
182	1824 年	清道光四年	献县蝗，草木皆食。	《新版献县志》
183	1825 年	清道光五年	献县蝗。	《新版献县志》
184	1826 年	清道光六年	东光螟螣害稼。	《东光县志》
185	1838 年	清道光十八年	八月东光蝗，不为灾。	《清史稿·灾异志》
186	1848 年	清道光二十八年	青县蝗雨伤稼。	《青县志》
187	1856 年	清咸丰六年	三月青县蝗。	《清史稿·灾异志》
			七月直隶蝗，布政使司钱炘和印发旧存捕蝗要说二十则，图说十二幅俾各牧令仿照捕蝗。	《捕蝗要诀·序》钱炘和 1856
			七月献县蝗。	《新版献县志》
			秋盐山蝗，不为灾。	《盐山县志》
			七月海兴蝗。	《海兴县志》
188	1857 年	清咸丰七年	春青县蝗蝻生。	《清史稿·灾异志》
			五月献县蝗。	《新版献县志》
189	1858 年	清咸丰八年	六月献县飞蝗至，不食苗。	《新版献县志》
			八月任丘蝗虫为灾。	《任丘市志》
			六月东光飞蝗过境，无伤。七月蝻子生，捕灭之。	《东光县志》
190	1872 年	清同治十一年	七月沧州蝗。	《沧县志》
			海兴蝗不为灾。	《海兴县志》
			庆云蝗不为灾。	《庆云县志》
191	1876 年	清光绪二年	秋河间蝗。	《河北省农业厅·志源（1）》
192	1882 年	清光绪八年	南皮蝗蝻生。	《南皮县志》
			南皮蝗子生。	《天津府志》
193	1884 年	清光绪十年	献县蝗。	《新版献县志》

（续）

序号	公元纪年	历史纪年	蝗灾情况	资料来源
194	1886 年	清光绪十二年	四月南皮蝗蝻伤麦。	《南皮县志》
			五月沧县蝻食麦。	《沧县志》
195	1890 年	清光绪十六年	五月沧县蝗大至，居民捕蝗交官，每斗换仓谷五升，仓中积蝗如阜。	《沧县志》
196	1898 年	清光绪二十四年	五月献县蝗，不食苗。	《新版献县志》
197	1900 年	清光绪二十六年	六月青县蝗飞蔽天。	《青县志》

（七）民国时期

序号	公元纪年	蝗灾情况	资料来源
198	1912 年	青县蝗。	《河北省农业厅·志源（1）》
199	1913 年	青县蝗，歉收。	《青县志》
200	1915 年	河北蝗。	《中国的飞蝗》
		交河蝗灾。	《中国历代蝗患之记载》
		七月交河蝗飞蔽天，落地遍野，食禾稼皆空，后蝻出为害更甚。	《交河县志》
		青县蝗伤稼。	《青县志》
		夏肃宁蝗。	《肃宁县志》
		海兴蝗灾，害稼。	《海兴县志》
201	1918 年	河间蝗虫肆虐，十室九空，斗米千钱。	《河间县志》
202	1919 年	南皮东区有蝗。	《南皮县志》
203	1920 年	东光蝗灾。	《东光县志》
		吴桥蝗灾。	《吴桥县志》
		四月南皮东区蝻生，县署令各村村正副督率扑打。	《南皮县志》
204	1921 年	八月南皮飞蝗过境，不为灾。	《南皮县志》
205	1922 年	秋献县蝗灾。	《献县志》
206	1923 年	青县旱蝗，田禾半收。	《青县志》
207	1927 年	东光县境遭蝗灾。	《东光县志》
208	1928 年	秋青县大蝗。	《青县志》
		七月南皮飞蝗蔽天。	《南皮县志》
209	1929 年	河北沧县、河间、肃宁、交河、任丘、吴桥蝗灾。	《中国历代蝗患之记载》
		春青县旱蝗，蝻生伤麦禾。	《青县志》

（续）

序号	公元纪年	蝗灾情况	资料来源
		吴桥大蝗。	《吴桥县志》
		五月肃宁蝗。	《肃宁县志》
		四月南皮蝻生，大风蝻不见；六月飞蝗自东北来。	《南皮县志》
		东光蝻遍地，蝗起。	《河北省农业厅·志源（1）》
		海兴蝗灾。	《海兴县志》
210	1931年	河北青县、沧县、盐山、庆云、南皮、河间、任丘、献县、肃宁、东光等县蝗，白洋淀及运河、滹沱河两岸分布更多。五月河北省政府派员分赴各县调查督捕，并于同年省府258次会议通过治蝗暂行简章13条公布之。	《民国二十年河北省之蝗患》（昆虫与植病（1）：30—35）
		盐山、青县蝗灾。	《中国历代蝗患之记载》
		海兴蝗灾甚重。	《海兴县志》
		六月南皮飞蝗起，县令捕打，用钱收买，未几蝻生又收买，费洋5 000余元，不为灾。	《南皮县志》
211	1933年	河北献县、任丘、沧县、东光、河间、交河、青县、肃宁、盐山、庆云等县蝗。	《中国的飞蝗》
		献县、任丘、沧县、东光、河间、交河、青县、肃宁、盐山蝗灾。	《中国历代蝗患之记载》
		海兴发生大面积蝗灾。	《海兴县志》
212	1934年	任丘、南皮蝗灾。	《中国历代蝗患之记载》
213	1936年	南皮双庙、五拨蝗灾严重。	《南皮县志》
		东光蝗虫为灾。	《东光县志》
214	1938年	秋孟村飞蝗遍地，庄稼毁食。	《孟村县志》
215	1939年	黄骅旱蝗迭生，人民生活困难。	《黄骅县志》
216	1942年	东光飞蝗蔽天，禾苗树叶殆尽。	《东光县志》
		吴桥蝗飞蔽天。	《吴桥县志》
217	1943年	河北省黄骅县的蝗虫吃完了芦苇和庄稼又像洪水一样冲进村庄，连糊窗纸都被吃光，甚至婴儿的耳朵也被咬破。	《蝗虫防治法》（中华书局，1953）
		献县蝗灾严重。	《献县志》
		海兴蝗灾严重。	《海兴县志》
218	1945年	五月献县继发蝗蝻。	《河北省农业厅·志源（1）》
		黄骅蝗灾，粮食减产。	《黄骅县志》

（续）

序号	公元纪年	蝗灾情况	资料来源
219	1949 年	七月任丘飞蝗受灾面积 8 万亩。 南皮蝗灾面积 3 万亩。 海兴蝗害。	《任丘市志》 《南皮县志》 《海兴县志》

附：沧州市 1950—2016 年飞蝗发生情况统计表

公元纪年	蝗灾情况
1950 年	夏秋蝗共发生 280.7 万亩，除治 280.7 万亩，部分庄稼受害。6 月黄骅吕桥、齐家务发现蝗虫一块，南北长 15 公里东西宽 4 公里，大部高粱被吃去 2～3 片叶子。海兴蝗虫为害庄稼。吴桥发生大面积蝗蝻。东光蝗蝻成灾。
1951 年	黄骅、献县、青县、河间、肃宁、交河、沧县、建国、任丘等县发生夏秋蝗 231 万亩，除治 179.2 万亩，其中飞机除治 10 万亩。黄骅搬倒井子发现蝗蝻，南由二区刘官庄，北至六区沙井子，长达 80 余华里；西起五区王御史庄，东至渤海岸，宽达 60 余华里的苇、草洼地区，先后发生七八批，密集如云，行如潮水，一般每平方丈①达千头，严重情况为 60 余年来所未有。海兴发生蝗灾。青县发生蝗虫 1051 亩，发动群众捕杀 3 万斤②。沧县发生蝗蝻 4 万亩。
1952 年	夏蝗发生 34.9 万亩，除治 34.9 万亩。黄骅普遍发生蝗虫。海兴境内发生大面积蝗蝻，灭蝗人员达万人。南皮蝗灾。
1953 年	夏蝗发生 11 万亩，除治 11 万亩。黄骅发生蝗蝻 7.8 万亩。海兴蝗害。肃宁南部发生蝗虫 8 000 亩。
1954 年	夏蝗发生 40.1 万亩，除治 35.4 万亩。黄骅蝗虫成灾受害面积 6 万亩。农业部派飞机帮助灭蝗。沧县蝗。
1955 年	沧县、河间、肃宁、任丘、献县、交河、青县、盐山、孟村、东光、吴桥、南皮、黄骅等县夏蝗发生 53.2 万亩。秋蝗发生 220.6 万亩。总共除治 110.4 万亩，其中飞机除治 47 万亩。黄骅发生蝗虫 80 万亩，其中夏蝗 28 万亩；秋蝗 52 万亩。海兴蝗。孟村发生蝗虫 13.88 万亩。青县发生蝗虫 20 万亩，国家派飞机灭蝗。肃宁发生蝗虫 8.28 万亩。
1956 年	夏蝗发生 150.7 万亩，除治 125.5 万亩。秋蝗发生 19.7 万亩。
1957 年	夏蝗发生 112.9 万亩，秋蝗发生 130.4 万亩，总共除治 226.1 万亩。夏海兴蝗。肃宁发生蝗虫 25 万亩。秋河间发生蝗虫 9 万亩。
1958 年	夏蝗发生 115.4 万亩，秋蝗发生 33.8 万亩，总共除治 140 万亩。黄骅夏蝗受灾面积 67.1 万亩。海兴蝗灾。肃宁发生蝗虫 14.4 万亩。
1959 年	夏蝗发生 130.4 万亩，秋蝗发生 99.1 万亩。总共除治 229.8 万亩，其中飞机除治 126 万亩。盐山、黄骅散秋蝗发生了小股短距离迁飞流窜现象。黄骅蝗虫发生 123.7 万亩，其中夏蝗 57.2 万亩；秋蝗 66.5 万亩；最高密度每平方米达万头，动用飞机 9 架次喷粉灭蝗。海兴蝗灾。任丘发生蝗虫 34 万亩。
1960 年	夏蝗发生 137.3 万亩，秋蝗发生 107.9 万亩。总共除治 245.1 万亩，其中飞机除治 106.8 万亩。吴桥首次使用飞机灭蝗。青县 3 万亩庄稼遭蝗害派飞机灭蝗。
1961 年	夏蝗发生 119.1 万亩，秋蝗发生 98.3 万亩。总共除治 179.2 万亩，其中飞机除治 141.1 万亩。

---

① 丈为非法定计量单位，1 丈＝3.33 米。——编者注
② 斤为非法定计量单位，1 斤＝500 克。——编者注

（续）

公元纪年	蝗灾情况
1962 年	夏蝗发生 202.5 万亩，秋蝗发生 227.5 万亩。总共除治 414.5 万亩，其中飞机除治 284.5 万亩。有 0.8 万亩庄稼被蝗虫吃光了叶子。黄骅蝗灾面积 134.9 万亩。海兴发生蝗虫国家派飞机治蝗。吴桥发生夏蝗 11 万亩。夏蝗发生严重飞机除治 3 万亩。盐山蝗灾飞机治蝗。
1963 年	夏蝗发生 140.8 万亩，秋蝗发生 87.7 万亩。总共除治 86.4 万亩，其中飞机除治 76.2 万亩。
1964 年	沧县、河间、肃宁、献县、任丘、交河、东光、吴桥、南皮、盐山、孟村、黄骅、青县夏蝗发生 354 万亩，高密度群居型蝻群片主要发生在各地麦田，受害面积 4.7 万亩。除治 262 万亩，其中飞机除治 118.3 万亩。秋蝗发生 159 万亩。孟村发生蝗虫 18 万亩。交河发生蝗虫 10 万亩。青县发生蝗虫 30 万亩。肃宁蝗。
1965 年	沧县、河间、肃宁、献县、任丘、交河、东光、吴桥、南皮、盐山、孟村、黄骅、海兴、青县夏蝗发生 157.5 万亩。秋蝗发生 283.5 万亩，不少地方蝗蝻漆黑一片，呼呼作响。总共除治 348.8 万亩，其中飞机除治 77.7 万亩。孟村发生蝗虫 6.4 万亩。青县蝗灾严重。
1966 年	沧县、河间、献县、盐山、孟村、黄骅、海兴、青县夏蝗发生 140.1 万亩，秋蝗发生 45.5 万亩。总共除治 99.2 万亩，其中飞机除治 34.4 万亩。黄骅发生夏秋蝗 55 万亩。海兴发生蝗虫 65 万亩，使用了飞机灭蝗。
1969 年	黄骅、海兴夏蝗发生 20 万亩，除治 15 万亩，其中飞机除治 10 万亩。
1971 年	黄骅、海兴、青县夏蝗发生 38.4 万亩，除治 38 万亩，其中飞机除治 34.4 万亩。黄骅发生夏秋蝗 20.9 万亩。
1972 年	黄骅、海兴、中捷、南大港农场夏蝗发生 27 万亩，除治 9.1 万亩。秋蝗发生 52.9 万亩，密度很高，不少地方的苇草被吃成光秆。
1973 年	黄骅、海兴、任丘、中捷、南大港农场夏蝗发生 67.6 万亩，出现了点片高密度蝗蝻群 3.1 万亩，最高密度每平方米达上千头。除治 44.7 万亩，其中飞机除治 30.4 万亩。秋蝗发生 42.2 万亩，除治 11.1 万亩。国家投资补助治蝗经费 21.5 万元。
1974 年	黄骅、海兴、献县、任丘、青县、沧县、中捷、南大港农场夏蝗发生 63.9 万亩，除治 27 万亩。秋蝗发生 70.5 万亩，除治 21.3 万亩。国家投资补助治蝗经费 16 万元。黄骅夏蝗为害面积 6.2 万亩。
1975 年	黄骅、海兴、献县、任丘、青县、盐山、中捷、南大港农场夏蝗发生 84 万亩，除治 46.1 万亩。秋蝗发生 54.3 万亩，在沿海蝗区发现群居型蝗蝻群，除治 22.5 万亩。国家投资补助治蝗经费 20 万元。
1976 年	黄骅、海兴、献县、任丘、中捷、南大港农场夏蝗发生 49.3 万亩，除治 22.5 万亩。秋蝗发生 30 万亩，除治 10.5 万亩。国家投资补助治蝗经费 35 万元。
1977 年	黄骅、海兴、献县、任丘、中捷、南大港农场夏蝗发生 39.2 万亩，除治 21.2 万亩。秋蝗发生 26.4 万亩，除治 7.5 万亩。国家投资补助治蝗经费 44 万元。
1978 年	黄骅、海兴、献县、任丘、肃宁、青县、中捷、南大港农场夏蝗发生 47.6 万亩，除治 38.5 万亩（含扫残 18.8 万亩）。秋蝗发生 47.8 万亩，除治 26.3 万亩（含扫残 13.5 万亩）。国家投资补助治蝗经费 18 万元。
1979 年	黄骅、海兴、献县、任丘、中捷、南大港农场夏蝗发生 47.1 万亩，出现群居型蝗蝻群，除治 21.7 万亩，扫残 16 万亩。秋蝗发生 38.4 万亩，除治 10.2 万亩。国家投资补助治蝗经费 27.5 万元。
1980 年	黄骅、海兴、献县、任丘、中捷、南大港农场夏蝗发生 47.7 万亩，除治 23 万亩。秋蝗发生 42.8 万亩，除治 7.6 万亩。国家投资补助治蝗经费 21.6 万元。
1981 年	黄骅、海兴、献县、任丘、中捷、南大港农场夏蝗发生 33.3 万亩，除治 9 万亩。秋蝗发生 31.1 万亩，除治 1.2 万亩。国家投资补助治蝗经费 21.9 万元。

（续）

公元纪年	蝗灾情况
1982 年	黄骅、海兴、献县、青县、任丘、中捷、南大港农场夏蝗发生 49.5 万亩，除治 8.4 万亩。秋蝗发生 52 万亩，除治 1.9 万亩。国家投资补助治蝗经费 16 万元。
1983 年	黄骅、海兴、献县、任丘、中捷、南大港农场夏蝗发生 59.7 万亩，出现高密度群居型蝗蝻 5.7 万亩，除治 17.5 万亩。秋蝗发生 49.7 万亩，除治 1.8 万亩。国家投资补助治蝗经费 28 万元。
1984 年	黄骅、海兴、献县、任丘、中捷、南大港农场夏蝗发生 38.9 万亩，出现高密度群居型蝗蝻 6.8 万亩，除治 20 万亩。秋蝗发生 29.5 万亩。国家投资补助经费 15 万元。
1985 年	黄骅、海兴、中捷、南大港农场夏蝗发生 23.3 万亩，除治 5.2 万亩。秋蝗发生 26.9 万亩。国家投资补助经费 18.7 万元。秋天津市大港区出现东亚飞蝗起飞南迁情况，蝗虫在河北省的黄骅、海兴、孟村、盐山、沧县及中捷、南大港农场散落，遗蝗面积达 250 万亩。
1986 年	黄骅、海兴、献县、任丘、盐山、孟村、中捷、南大港农场夏蝗发生 158.6 万亩，出现高密度群居型蝗蝻 6.8 万亩，除治 91.9 万亩。秋蝗发生 109.3 万亩，除治 3 万亩。国家投资补助经费 48 万元。海兴县对 18 万亩夏蝗进行了承包责任制防治。
1987 年	黄骅、海兴、献县、任丘、盐山、孟村、沧县、青县、中捷、南大港农场发生夏蝗 167.1 万亩，除治 75.9 万亩。秋蝗发生 86.2 万亩，除治 5.5 万亩。国家投资补助经费 38 万元。
1988 年	黄骅、海兴、献县、任丘、中捷、南大港农场夏蝗发生 75.5 万亩，除治 13.1 万亩。秋蝗发生 75.7 万亩，除治 1.2 万亩。国家投资补助经费 22.5 万元。
1989 年	黄骅、海兴、献县、任丘、中捷、南大港农场夏蝗发生 60.5 万亩，除治 7.7 万亩。秋蝗发生 37.3 万亩，除治 5.1 万亩。国家投资补助经费 24.7 万元。
1990 年	黄骅、海兴、献县、中捷、南大港农场夏蝗发生 64.3 万亩，出现了数千头/米² 的高密度蝗蝻群 1.5 万亩，除治 19.6 万亩。秋蝗发生 51.1 万亩，除治 4 万亩。国家投资补助经费 25.1 万元。
1991 年	黄骅、海兴、献县、河间、盐山、孟村、中捷、南大港农场夏蝗发生 58.9 万亩，献县 4.3 万亩农田出现麦倒蝗起，高密度蝗蝻每平方米达百头，0.5 万亩农田受到危害，除治 9.2 万亩。秋蝗发生 77.3 万亩，除治 8.5 万亩。国家投资补助经费 66.5 万元。
1992 年	黄骅、海兴、献县、任丘、盐山、河间、南皮、孟村、中捷、南大港农场夏蝗发生 96.7 万亩，除治 11.1 万亩。秋蝗发生 22 万亩。国家投资补助经费 31 万元。
1993 年	黄骅、海兴、献县、中捷、南大港农场夏蝗发生 57.7 万亩，除治 11.8 万亩。秋蝗发生 53.3 万亩，除治 4.2 万亩。国家投资补助经费 13 万元。
1994 年	黄骅、海兴、献县、青县、沧县、中捷、南大港农场夏蝗发生 72.5 万亩，除治 11.8 万亩。秋蝗发生 65.7 万亩，沧县、青县发生严重，除治 15.7 万亩。国家投资补助经费 27.4 万元。
1995 年	黄骅、海兴、献县、青县、沧县、孟村、南皮、南大港农场夏蝗发生 173.7 万亩，出现高密度群居型蝗蝻，最高密度每平方米可达几千头，除治 123.9 万亩。秋蝗发生 143.7 万亩，除治 63.8 万亩，其中飞机除治 16.5 万亩。国家投资补助经费 57 万元。
1996 年	黄骅、海兴、献县、青县、沧县、孟村、南皮、中捷、南大港农场夏蝗发生 86.7 万亩，除治 7.6 万亩。秋蝗发生 85.7 万亩，除治 16.3 万亩。国家投资补助经费 18 万元。
1997 年	夏蝗发生 95.5 万亩，除治 18.7 万亩。秋蝗发生 98.4 万亩，除治 24.6 万亩。
1998 年	夏蝗发生 154.4 万亩，除治 108.8 万亩，其中飞机除治 11 万亩。秋蝗发生 150.5 万亩，除治 102.8 万亩，其中飞机除治 1.1 万亩。

（续）

公元纪年	蝗灾情况
1999 年	夏蝗发生 145.8 万亩，除治 101.5 万亩，其中飞机除治 12.8 万亩。秋蝗发生 87.5 万亩，除治 52.6 万亩。
2000 年	夏蝗发生 131.8 万亩，除治 83.1 万亩，其中飞机除治 11.3 万亩。秋蝗发生 128.9 万亩，除治 61.7 万亩。
2001 年	夏蝗发生 147.2 万亩，除治 97.3 万亩，其中飞机除治 27 万亩。秋蝗发生 156.6 万亩，除治 108.4 万亩，其中飞机除治 5.2 万亩。
2002 年	夏蝗发生 164.4 万亩，除治 118.5 万亩，其中飞机除治 22.7 万亩。秋蝗发生 127.7 万亩，除治 80.8 万亩。
2003 年	夏蝗发生 148 万亩，除治 110 万亩，其中飞机防治 21.4 万亩。秋蝗发生 110.8 万亩，除治 75.5 万亩。
2004 年	夏蝗发生 111.8 万亩，群居型面积 2.5 万亩，除治 85.2 万亩，其中飞机除治 20 万亩，首次使用直升机喷施绿僵菌进行大规模生物防治示范，除治面积 2.1 万亩。秋蝗发生 98.6 万亩，除治 69.8 万亩。
2005 年	夏蝗发生 98.7 万亩，群居型面积 0.5 万亩（海兴杨埕水库），除治 68.2 万亩，其中飞机除治 18 万亩，首次使用直升机喷施微孢子虫进行大面积飞防，除治面积 5 万亩。秋蝗发生 76.5 万亩，除治 54.2 万亩。
2006 年	夏蝗发生 90.5 万亩，除治 67.2 万亩，其中飞机除治 20 万亩。秋蝗发生 68.7 万亩，除治 49.5 万亩。
2007 年	夏蝗发生 97 万亩，黄骅、海兴、盐山、沧县农田及夹荒地、撂荒地出现群居型，面积 5.5 万亩，除治 72.6 万亩，其中飞机除治 20.4 万亩。秋蝗发生 79.2 万亩，除治 45.7 万亩。
2008 年	夏蝗发生 92.3 万亩，除治 77 万亩，其中飞机除治 18.6 万亩。秋蝗发生 85.5 万亩，除治 56 万亩。
2009 年	夏蝗发生 96 万亩，除治 65.8 万亩，其中飞机除治 27.5 万亩。秋蝗发生 87.3 万亩，除治 60.8 万亩。
2010 年	夏蝗发生 92.5 万亩，除治 56 万亩，其中飞机除治 25 万亩。秋蝗发生 81 万亩，除治 52.6 万亩。
2011 年	夏蝗发生 85.2 万亩，除治 45.2 万亩，其中飞机除治 15.2 万亩。秋蝗发生 75.3 万亩，除治 29.5 万亩。
2012 年	夏蝗发生 84.2 万亩，除治 48 万亩。秋蝗发生 79.3 万亩，除治 40.7 万亩。
2013 年	夏蝗发生 85.1 万亩，除治 49.1 万亩，其中飞机除治 15.2 万亩。秋蝗发生 75.2 万亩，除治 35.2 万亩。
2014 年	夏蝗发生 82.6 万亩，除治 36.8 万亩。秋蝗发生 80.2 万亩，除治 26.5 万亩。
2015 年	夏蝗发生 85.2 万亩，除治 41.4 万亩。秋蝗发生 81.6 万亩，除治 35.3 万亩。
2016 年	夏蝗发生 80.4 万亩，除治 40.8 万亩。秋蝗发生 72.5 万亩，除治 29.4 万亩。

二、沧州地区 1950 年前不同历史时期蝗灾频率及分布

朝代	公元纪年	总年数	蝗灾年数	频次	主要分布地点（按发生年次排列）
唐前	前 136—公元 617	753	28	26.89	海兴 (19)，河间 (6)，东光 (4)，任丘 (4)，献县 (4)，吴桥 (3)，沧州 (3)，泊头 (2)，盐山 (2)，青县 (1)，肃宁 (1)
唐代（含五代十国）	618—959	342	9	38.00	海兴 (8)，黄骅 (4)，东光 (3)，沧州 (3)，盐山 (3)，河间 (2)，吴桥 (1)，孟村 (1)，青县 (1)，泊头 (1)，南皮 (1)
宋代（含辽、金）	960—1259	300	16	18.75	海兴 (6)，沧州 (5)，青县 (5)，南皮 (4)，盐山 (4)，河间 (3)，泊头 (3)，东光 (3)，黄骅 (2)，任丘 (1)，吴桥 (1)，孟村 (1)

（续）

朝代	公元纪年	总年数	蝗灾年数	频次	主要分布地点（按发生年次排列）
元代	1260—1367	108	31	3.48	河间（25），献县（14），海兴（8），沧州（7），泊头（5），盐山（5），黄骅（3），东光（3），吴桥（3），任丘（2），青县（2），南皮（2）
明代	1368—1644	277	55	5.04	河间（19），海兴（19），沧州（18），东光（15），盐山（13），任丘（12），青县（12），吴桥（10），献县（10），泊头（9），肃宁（7），黄骅（6），孟村（4），南皮（3）
清代	1645—1911	267	58	4.60	沧州（15），青县（15），盐山（15），东光（14），海兴（13），献县（12），泊头（11），河间（7），南皮（7），肃宁（6），任丘（5），吴桥（4），黄骅（4），孟村（1）
民国	1912—1949	38	22	1.73	南皮（9），青县（8），东光（7），海兴（6），任丘（5），献县（5），河间（4），肃宁（4），吴桥（3），沧州（3），泊头（3），黄骅（3），盐山（2），孟村（1）
汇总	前136—公元1949	2085	219	9.52	海兴（79），河间（66），沧州（54），东光（48），献县（45），青县（44），盐山（44），泊头（34），任丘（29），南皮（26），吴桥（25），黄骅（23），肃宁（18），孟村（8）

三、沧州各县市 1950 年前蝗灾记载

县别	蝗灾总年数	蝗灾记载年份（公元纪年）
海兴	79	（唐前）前136，前130，前129，前105，2，17，52，55，110，111，112，153，177，194，313，317，318，319，557 （唐）628，714，715，785，836，837，838，840 （宋）965，991，992，1074，1163，1176 （元）1263，1279，1282，1304，1309，1310，1322，1323 （明）1369，1374，1440，1441，1524，1528，1530，1535，1546，1556，1564，1569，1584，1585，1608，1617，1638，1639，1640 （清）1647，1664，1667，1672，1677，1679，1759，1768，1776，1777，1821，1856，1872 （民国）1915，1929，1931，1933，1943，1949
河间	66	（唐前）320，338，382，550，558，560 （唐）714，838 （宋）1016，1074，1076 （元）1263，1265，1266，1271，1282，1283，1285，1302，1304，1305，1306，1307，1308，1309，1322，1324，1325，1327，1329，1330，1331，1332，1341，1343，1359 （明）1373，1374，1430，1439，1440，1441，1442，1456，1458，1473，1493，1512，1514，1524，1532，1560，1569，1591，1641 （清）1647，1672，1734，1744，1751，1752，1876 （民国）1918，1929，1931，1933

（续）

县别	蝗灾总年数	蝗灾记载年份（公元纪年）
沧州（含沧县）	54	（唐前）550，558，560 （唐）837，838，840 （宋）990，991，992，1163，1176 （元）1263，1282，1292，1306，1309，1321，1323 （明）1374，1440，1441，1442，1458，1512，1524，1533，1551，1561，1583，1584，1589，1591，1605，1606，1638，1640 （清）1656，1676，1677，1678，1679，1718，1719，1752，1753，1759，1763，1821，1872，1886，1890 （民国）1929，1931，1933
东光	48	（唐前）310，338，382，550 （唐）630，715，838 （宋）992，1176 （元）1282，1306，1309 （明）1374，1440，1441，1442，1448，1458，1514，1524，1560，1583，1591，1606，1625，1634，1640 （清）1647，1679，1689，1735，1752，1763，1780，1791，1795，1799，1800，1826，1838，1858 （民国）1920，1927，1929，1931，1933，1936，1942
献县	45	（唐前）338，557，558，560 （元）1263，1265，1266，1271，1282，1302，1306，1307，1309，1322，1324，1326，1329，1330 （明）1374，1440，1441，1442，1473，1524，1560，1583，1591，1600 （清）1647，1672，1744，1751，1759，1824，1825，1856，1857，1858，1884，1898 （民国）1922，1931，1933，1943，1945
青县	44	（唐前）557 （唐）837 （宋）990，991，1068，1075，1114 （元）1265，1292 （明）1374，1458，1524，1533，1551，1561，1583，1589，1591，1605，1606，1640 （清）1656，1672，1694，1718，1719，1739，1752，1759，1799，1802，1803，1848，1856，1857，1900 （民国）1912，1913，1915，1923，1928，1929，1931，1933
盐山	44	（唐前）194，560 （唐）714，836，840 （宋）990，992，1163，1176 （元）1263，1282，1304，1309，1310 （明）1369，1440，1441，1524，1528，1530，1556，1564，1585，1608，1638，1639，1640 （清）1647，1656，1661，1664，1672，1678，1710，1752，1759，1768，1776，1777，1821，1856，1872 （民国）1931，1933

（续）

县别	蝗灾总年数	蝗灾记载年份（公元纪年）
泊头	34	（唐前）194，197 （唐）630 （宋）1103，1163，1176 （元）1263，1302，1306，1330，1359 （明）1441，1442，1524，1582，1588，1620，1632，1638，1639 （清）1647，1658，1659，1672，1751，1759，1763，1764，1791，1795，1802 （民国）1915，1929，1933
任丘	29	（唐前）278，338，382，557 （宋）1072 （元）1309，1329 （明）1374，1524，1527，1528，1529，1531，1532，1536，1560，1610，1637，1641 （清）1655，1672，1759，1802，1858 （民国）1929，1931，1933，1934，1945
南皮	26	（唐）837 （宋）990，1074，1104，1105 （元）1304，1305 （明）1524，1608，1625 （清）1677，1678，1679，1759，1763，1882，1886 （民国）1919，1920，1921，1928，1929，1931，1934，1936，1949
吴桥	25	（唐前）338，382，550 （唐）836 （宋）992 （元）1266，1282，1324 （明）1440，1441，1442，1458，1514，1532，1560，1591，1626，1641 （清）1647，1744，1751，1763 （民国）1920，1929，1942
黄骅（含中捷、南大港）	23	（唐）714，836，838，840 （宋）990，992，1176 （元）1263，1282，1309 （明）1524，1556，1569，1585，1638，1640 （清）1647，1664，1678，1679 （民国）1939，1943，1945
肃宁	18	（唐前）320 （明）1439，1493，1532，1560，1591，1640，1641 （清）1647，1672，1706，1707，1708，1744 （民国）1915，1929，1931，1933

（续）

县别	蝗灾总年数	蝗灾记载年份（公元纪年）
孟村	8	（唐）836 （宋）1105 （明）1524，1585，1639，1640 （清）1647 （民国）1938

注：唐，含五代十国时期。

宋，含辽、金时期。

卷之三

蝗 虫 种 类

一、沧州蝗虫名录（21 种）

（一）癞蝗科 Pamphagidae（1 种）

1. **笨蝗** *Haplotropis brunneriana* Sauss. 属直翅目，蝗总科，癞蝗科，笨蝗属。

形态识别：雄成虫体长 28～37 毫米，前翅长 6～7.5 毫米；雌成虫体长 34.5～49 毫米，前翅长 5.5～8 毫米。体粗大，黄褐、褐或暗褐色。后足股节上侧有 3 个暗褐色横斑，内侧黄褐色，胫节上侧青蓝色，有时紫色。颜面略向后倾斜、隆起。前胸背板中隆线呈片状隆起，侧观呈弧形。前翅不发达，鳞片状，后翅略短于前翅，很小。后足股节粗短。胫节顶端有外端刺和内端刺。

发生为害特点：一年发生 1 代，以卵在土中越冬。以成虫和蝗蝻为害玉米等禾本科作物及甘薯、瓜类和苜蓿。

分布：沧州各地。

（二）锥头蝗科 Pyrgomorphidae（2 种）

2. **短额负蝗** *Atractomorpha sinensis* Boliver 属直翅目，蝗总科，锥头蝗科，负蝗属。

形态识别：雄虫体长 19～23 毫米，雌虫 28～35 毫米；雄虫前翅长 19～25 毫米，雌虫 22～31 毫米。体草绿、绿或黄绿色。头锥形，顶端较尖，向前突出。颜面颇向后倾斜。绿色型自复眼起向斜下有一条粉红纹，与前、中胸背板两侧下缘的粉红纹衔接。前翅较长，超过后足腿节端部约 1/3。后翅基部红色，端部淡绿色。若虫共 5 龄。

发生为害特点：一年发生 1 代，以卵在沟边土中越冬。5 月下旬至 6 月中旬孵化，7～8 月羽化为成虫。常栖于湿度大、双子叶植物茂密的环境，在沟渠两侧发生多。以成虫和若虫啃食作物叶片。主要危害作物：水稻、小麦、玉米、烟草、棉花、芝麻、甘薯、白菜、甘蓝、萝卜、豆类、茄子、马铃薯等。

分布：沧州各地。

3. **令箭负蝗** *Atractomorpha sagittaris* Bi et Hsia 属直翅目，蝗总科，锥头蝗科，负蝗属。

形态识别：体型长大，长为宽的 7～8 倍。雄成虫体长 23～28 毫米，前翅长 23～27 毫米；雌虫体长 37～43 毫米，前翅长 28～34 毫米。体草绿色或黄绿色。头呈圆锥形，头顶较长，呈水平状向前突出，头顶的长为复眼最大直径的 1.5 倍。颜面隆起明显。前胸背板前缘为宽圆弧形，中央略向后凹，后缘为钝角形后突，沿中线处具小三角形凹口；中隆线和侧隆线明显，呈线状。前翅甚长，超过后足股节顶端的长度为全翅长的 1/3 以上。后翅宽长，较短于前翅，较远地超过后足股节顶端，翅色本色透明。后足股节细长，其长约为宽的 7 倍。

发生为害特点：与短额负蝗相近。

分布：献县。

（三）斑腿蝗科 Catantopidae（4 种）

4. **中华稻蝗** *Oxya chinensis*（Thunb.）属直翅目，蝗总科，斑腿蝗科。

形态识别：雄成虫体长 15.1～33.1 毫米，前翅长 10.4～25.5 毫米；雌成虫体长 19.6～40.5 毫米，前翅长 11.4～32.6 毫米。体黄绿、褐绿或绿色。头大，颜面略向后倾斜、隆起、较宽。前胸背板侧片的上端具褐色纵条纹。前胸腹板突锥状。前翅长度达到或刚超过后足胫节中部。后翅本色。后足股节、胫节绿色，胫节具内、外端刺。

发生为害特点：在沧州一年发生代。以卵在土中越冬，越冬卵 5 月中旬孵化。以成虫和蝗蝻为害玉米、高粱、小麦、甘薯、马铃薯、豆类、芦苇、蒿草、茅草。

分布：沧州各地。

5. **日本黄脊蝗** *Patanga japonica*（I. Bol.）属直翅目，蝗总科，斑腿蝗科。

形态识别：雄成虫体长 36～44.5 毫米，前翅长 32～41 毫米；雌虫体长 43～55.7 毫米，前翅长 40～53.2 毫米。体黄褐或暗褐色。头大。颜面微向后倾斜，具粗大的刻点，隆起的两侧缘几乎平行。前胸背板圆柱状，中隆线低，被 3 条横沟割断，沿中隆线处常有明显的黄色纵条纹。前翅狭长，长为宽的 5.6～6 倍，到达后足胫节的中部。后翅基部红色，略短于前翅。后足股节匀称。胫节无外端刺。

发生为害特点：一年发生 1 代，以成虫越冬。寄主：水稻。

分布：沧州东部、献县、任丘、沧州市郊区。

6. **短星翅蝗** *Calliptamus abbreviatus* Ikonn. 属直翅目，蝗总科，斑腿蝗科，星翅蝗属。

形态识别：雄成虫体长 12.5～21 毫米，前翅长 7.8～12.2 毫米；雌虫体长 25～32.5 毫米，前翅长 13.8～19.5 毫米。体褐色或暗褐色。头大，却短于前胸背板。颜面略倾斜。头顶低凹，雄虫具侧隆线，雌性较平。前胸背板具明显的中隆线和侧隆线。前翅较短，通常不达或刚达后足股节顶端，翅上具许多黑色小斑点。后翅本色。后足股节短粗，上隆线具 3 个暗色横斑，内侧红色。后足胫节红色。

发生为害特点：在沧州一年发生 1 代。以卵在土中越冬，越冬卵于 5 月中旬至 6 月中旬孵化，7 月羽化，8 月开始产卵，9 月中旬至 10 月下旬成虫死亡。寄主：豆类、马铃薯、蔬菜、瓜类、甘薯和小麦、玉米等禾本科作物。

分布：沧州各地。

7. **长翅素木蝗** *Shirakiacris shirakii*（I. Bolivar），俗称长翅黑背蝗，属直翅目，蝗总科，斑腿蝗科。

形态识别：雄虫体长 22.5～29 毫米，前翅长 19.5～25.5 毫米；雌虫体长 32.5～41.5

毫米，前翅长 27.5～36.5 毫米。体褐色或暗褐色。自头顶之后沿后头和前胸背板具宽而明显的黑褐色条纹。前胸背板侧隆线黄色。前翅上具有许多黑褐色斑点，后翅本色。后足股节内侧黄色或黄褐色，上隆线和内侧上隆线之间具明显的黑褐色斑纹，胫节 1/3 黄色，具污蓝或暗褐色斑纹，其余为红色，跗节第一节红色，其余黄色。头短。头顶短宽，低凹。颜面隆起宽平，微向后倾斜。触角丝状，超过前胸背板的后缘。前胸背板中隆线低、细，被 3 条横沟割断；后缘呈弧形。前、后翅发达，常超过后足股节顶端甚远。后足股节短粗。

发生为害特点：每年发生 1 代，以卵在土中越冬。5 月孵化，7 月出现成虫。为害大豆、绿豆、玉米和谷子。

分布：沧州各地。

（四）斑翅蝗科 Oedipodidae（8 种）

8. **东亚飞蝗** *Locusta migratoria manilensis*（Meyen）属直翅目，蝗总科，斑翅蝗科，飞蝗属。

形态识别：雄虫体长 33.5～41.5 毫米，前翅长群居型 42.6 毫米，散居型 42 毫米；雌虫体长 39.5～51.2 毫米，前翅长群居型 45.8 毫米，散居型 46 毫米。雄虫后足股节群居型 20.8 毫米，散居型 24 毫米；雌虫后足股节群居型 21.3 毫米，散居型 24 毫米。体色因类型和环境影响而变化。通常绿色或黄褐色。群居型前胸背板在中隆线的两侧有暗色纵条纹。前翅褐色具明显的暗色斑纹，后翅本色。胫节橘红色，群居型较淡。头大。颜面垂直或微向后倾斜，颜面隆起宽平。前、后翅发达，常超过后足胫节中部。

发生为害特点：东亚飞蝗是沧州重要害虫之一。在沧州东部沿海蝗区黄骅市、海兴县、中捷农场、南大港农场及献县河泛蝗区发生为害严重。每年发生 2 代。第一代 5 月初至 7 月上旬发生，称为夏蝗。第二代 7 月中、下旬至 9 月下旬发生，称为秋蝗。以卵在土中越冬。主要为害芦苇和禾本科作物及杂草，当发生密度大时，为害其他作物。

分布：沧州各地。

9. **轮纹异痂蝗** *Bryodemella tuberculatum dilutum*（Stöll）属直翅目，蝗总科，斑翅蝗科。

形态识别：雄虫体长 24.6～31.7 毫米，前翅长 25.5～31.4 毫米；雌虫体长 36.9～39.3 毫米，前翅长 26.2～28 毫米。体型较大，匀称。黄褐或灰褐色。前、后翅发达，几乎达后足胫节顶端。前翅具明显的暗色斑点，基部和中部有明显的暗色斑块。后翅基部玫瑰色，中部具较窄的暗色横纹带。后足股节内侧和底侧暗黑色，近顶端具黄色环纹。足胫节污黄色。头短小，颜面垂直、隆起且宽平。

发生为害特点：一年发生 1 代，以卵在土中越冬。以成虫和蝗蛹为害小麦、玉米、谷子、马铃薯、豆类、牧草等。

分布：沧州各地。

10. **大垫尖翅蝗** *Epacromius coerulipes*（Ivan.）属直翅目，蝗总科，斑翅蝗科，尖翅蝗属。

形态识别：成虫体型小，雄虫体长 14.5～18.5 毫米，雌虫体长 23～29 毫米。雄虫前翅长 13～16.5 毫米，雌虫 17～27 毫米。体黄褐色、褐色或黄绿色。头短，略高于前胸背板。

颜面向后倾斜，隆起宽。头顶宽，略向前倾斜，前缘和侧缘明显隆起。前胸背板中隆线低细，中部常有红褐色或暗褐色纵纹。前翅发达，常超过后足股节的顶端。后足腿节匀称，内侧黄色，有暗色横斑 3 个，内、外侧底缘红色。胫节淡黄色。

发生为害特点：在沧州一年发生 2 代，以卵在土中越冬。越冬卵 4 月下旬开始孵化，5 月下旬至 6 月上旬羽化为成虫。6 月中下旬成虫交配产卵，卵在 7 月上旬开始孵化，7 月下旬至 8 月上旬羽化为成虫。第二代成虫 9 月份开始交配产卵。成虫 11 月初死亡。沿海以及内涝低湿地区、盐碱荒滩发生最多。冬暖多雨雪有利于蝗卵越冬，春、秋干旱，气温高，有利于蝗虫繁殖危害。荒地、滩地面积大，农田管理粗放，杂草多，发生重。主要危害作物：玉米、高粱、谷子、大豆、苜蓿等。

分布：沧州各地。

11. 甘蒙尖翅蝗 *Epacromius tergestinus extimus* B.-Bienko 属直翅目，蝗总科，斑翅蝗科，尖翅蝗属。

形态识别：雄成虫体长 16.5～17.5 毫米，前翅长 15.5～16.5 毫米；雌虫体长 23～27 毫米，前翅长 22～25 毫米。体绿色、褐色或暗褐色。头短，略高于前胸背板。颜面微向后倾斜，隆起。前胸背板前窄后宽，中隆线低细。前翅较短，刚达到或不达后足胫节的中部。后足股节匀称，内侧黄褐色，具 3 个黑色横斑纹，顶端黑色。胫节淡黄色，具 1 个暗色斑纹。

发生为害特点：一年发生 1 代，以卵在土中越冬。栖息在滨海洼地和农田周围，为害谷子、高粱、玉米及禾本科牧草。

分布：黄骅。

12. 花胫绿纹蝗 *Aiolopus tamulus* （Fabr.）属直翅目，蝗总科，斑翅蝗科，绿纹蝗属。

形态识别：雄虫体长 18～21.5 毫米，前翅长 16～21.5 毫米；雌虫体长 25～29 毫米，前翅长 22.5～28 毫米。体黄褐或褐色，常具绿色斑纹。前胸背板常具不完整的黑色条纹，侧片的底缘呈绿色。前翅亚前缘脉域的基部具鲜绿色条纹，后翅基部本色或黄绿色，顶端呈烟色。前、后翅发达，超过后足股节顶端。后足股节匀称，内侧黄色，有 2 个黑色横斑纹，底缘红色；胫节近基部 1/3 淡黄色，中部蓝色，顶端 1/3 红色。头短。颜面向后倾斜、隆起明显。头顶三角形。

发生为害特点：一年发生 1 代。以卵在土中越冬。以成虫和蝗蝻为害小麦、玉米、高粱、棉花、大豆、花生、谷子等作物。

分布：沧州各地。

13. 黄胫小车蝗 *Oedaleus. infernalis* Sauss. 属直翅目，蝗总科，斑翅蝗科，小车蝗属。

形态识别：雄虫体长 23～27.5 毫米，前翅长 22～26 毫米；雌虫体长 30.5～39 毫米，前翅长 26.5～34 毫米。体绿或黄褐色。头短。颜面垂直或微向后倾斜、隆起。头顶短宽，顶端圆形。前胸背板中部略缩窄，侧面观呈弧形。前、后翅发达，常超过后足股节的顶端。后翅宽大，基部淡黄色，中部具暗色横带纹。雄虫后翅顶端褐色。雌虫后足股节底侧及胫节黄褐色，雄虫红色。

发生为害特点：在沧州一年发生 1 代。以成虫和蝗蝻为害蔬菜、谷子、玉米、高粱、小麦、豆类、马铃薯和杂草。

分布：沧州各地。

14. 大赤翅蝗 *Celes skalozubovi akitanus* Shiraki 属直翅目，蝗总科，斑翅蝗科，赤翅蝗属。

形态识别：雄成虫体长 18.5～24 毫米，雌成虫体长 30～37 毫米，体褐色或暗褐色。头顶端钝圆，颜面略后倾。前胸背板有后横沟。前翅发达，长度超过后胫节。后翅基部红色，无暗色带纹。雄虫后足股节内侧及下侧淡黄色。

发生为害特点：多为零星发生，一般不形成大群体而造成显著的生产损失。以卵在土中越冬。主要为害多种禾本科作物。

分布：沧州各地。

15. 疣蝗 *Trilophidia annulata* Thunberg 属直翅目，蝗总科，斑翅蝗科，疣蝗属。

形态识别：雄虫体长 14.5～18 毫米，前翅长 16～19 毫米；雌虫体长 19～24.5 毫米，前翅长 19～23.5 毫米。头短，头顶短宽。体黄褐色或暗灰色，体上有许多颗粒状突起。2 复眼间有 1 粒状突起。前翅灰褐色，后翅基部淡黄色略带淡绿色。前后翅发达，超过后足胫节的中部。后足股节粗短，内侧及底侧黑色。后足胫节有 2 个较宽的淡色环纹。

发生为害特点：一年发生 1 代，以卵在土中越冬。以成虫和若虫食害谷子、玉米、水稻、大豆及禾本科杂草。

分布：沧州各地

（五）网翅蝗科 Arcypteridae（4 种）

16. 白纹雏蝗 *Chorthippus albonemus* Cheng et Tu 属直翅目，网翅蝗科，雏蝗属，曲隆亚属。

形态识别：成虫体长：雄 12～15 毫米；雌 17.5～23.0 毫米。前翅长：雄 7.5～10.0 毫米；雌 9.5～13.0 毫米。体褐色至深褐色有的个体背部绿色。触角细长，超过前胸背板具明显的黄白色"＞＜"形纹；中姓线明显；沿侧隆线具黑色纵带纹，中部呈钝角形凹入。翅发达，几乎达后足腿节顶端。前翅中脉域具 1 列大黑斑，雌虫前翅前缘脉域具白色纵纹。后足腿节内侧基部具黑斜纹，其胫节黄或橙黄色。

发生为害特点：一年发生 1 代，以卵在土中越冬。嗜食长茅草，以成虫和蝗蝻为害玉米等禾本科作物。

分布：献县、沧州市郊区。

17. 狭翅雏蝗 *Chorthippus dubius*（Zub.）属直翅目，蝗总科，网翅蝗科，雏蝗属。

形态识别：雄成虫体长 12.8～14.7 毫米，前翅长 7.3～10.2 毫米；雌成虫体长 14～18.9 毫米，前翅长 8～10.5 毫米。体黄褐色。沿前胸背板侧隆线具淡黄色条纹。头大而短。颜面倾斜，隆起明显。头顶宽短。前胸背板前缘平直，后缘弧形。前翅较短，其顶端明显不到达后足股节的顶端。后足股节内侧具暗色斜纹。胫节顶端无外端刺。

发生为害特点：一年发生 1 代，以卵在土中越冬。为害禾本科、莎草科牧草和玉米、高粱等农作物。

分布：献县、青县、黄骅、孟村、沧州市郊区。

18. **宽翅曲背蝗** *Pararcyptera microptera meridionalis* (Ikonnikov) 属直翅目，蝗总科，网翅蝗科，曲背蝗属。

形态识别：雄成虫体长 23.3～28 毫米，前翅长 18～21 毫米；雌成虫体长 35～39 毫米，前翅长 17～20.5 毫米。体褐色或黄褐色。后足胫节鲜红色。头大而短。颜面向后倾斜，隆起、宽平。前胸背板中部后横沟明显，割断中隆线和侧隆线。前翅黄褐色、较发达，雄虫前翅顶端达或刚超过后足股节的顶端，雌虫前翅超过后足股节中部。后翅略宽于前翅。后足股节外粗短，胫节无外端刺。

发生为害特点：一年发生 1 代，以卵在土中越冬。5 月开始孵化，7 月为成虫活动盛期。以成虫和蝗蛹为害牧草、高粱、玉米、谷子。

分布：沧州各地。

19. **华北雏蝗** *Chorthippus brunneus huabeiensis* Xia et Jin 属直翅目，蝗总科，网翅蝗科，雏蝗属。

形态识别：体型中等偏小。雄成虫体长 17～19.5 毫米，前翅长 14.5～16 毫米；雌虫体长 22～24.5 毫米，前翅长 18～20 毫米。体色灰褐，具有小的黑色斑点。头较短。颜面倾斜；颜面隆起明显，雄虫较狭，雌虫较宽平。前胸背板前缘弧形，后缘呈钝角形后突；中隆线明显。前翅发达，超过后足股节顶端。后翅与前翅几乎等长，本色透明。后足股节匀称，内侧基半部具黑色斜纹。后足胫节黄褐色。

发生为害特点：一年发生 1 代，以卵在土中越冬。主要为害小麦、糜子、谷子、蔬菜及禾本科杂草。

分布：献县、沧州市郊区。

（六）剑角蝗科 Acrididae（2 种）

20. **二色夏蝗** *Gonista bicolor*（Haan）属直翅目，蝗总科，剑角蝗科，夏蝗属。

形态识别：雄成虫体长 24.5～31 毫米，前翅长 24.5～30 毫米；雌成虫体长 38～46 毫米，前翅长 37～41.5 毫米。体黄褐色或黄绿色。颜面强烈倾斜，隆起较窄。头顶颇向前突出。前胸背板宽平，前缘平直，后缘弧形，中隆线和侧隆线明显。前翅窄长，其顶端明显超过后足胫节的中部，顶端尖锐。后足股节细长，匀称。胫节略短于股节。腹部细长，圆筒形。

发生为害特点：一年发生 1 代，以卵在土中越冬。多栖于草丛间，为害水稻、玉米及杂草。

分布：沧州东部、任丘、沧州市郊区。

21. **中华剑角蝗** *Acrida cinerea*（Thunberg）又名中华蚱蜢，属直翅目，蝗总科，剑角蝗科，剑角蝗属。

形态识别：雄虫体长 36～47 毫米，雌虫 58～81 毫米。雄虫前翅长 30～36 毫米，雌虫 47～65 毫米。体色有绿色和枯草色。头圆锥形，明显长于前胸背板。颜面极度向后倾斜。头顶较长，顶端圆形。复眼长卵形，着生于头的前端。前翅发达，明显超过后足股节端部，顶端尖锐。后翅略短于前翅，呈长三角形。后足股节细长，胫节具较多刺。

发生为害特点：在沧州一年发生 1 代。以卵在土中越冬，越冬卵 6 月上、中旬孵化，8

月中旬至 9 月上旬羽化，9 月中旬至 10 月上旬成虫交配产卵，10 月中旬至 11 月上、中旬成虫死亡。以成虫和蝗蝻为害禾本科作物。零星发生。

分布：沧州各地。

二、沧州蝗虫分布及其优势种类

沧州市位于河北平原东部渤海之滨，地势平缓，自西向东至渤海湾缓缓而下，最高海拔 15 米，沿海一带海拔仅 3 米左右。年平均气温 12～13℃，年降水量 600 毫米左右，无霜期 190～220 天，种植农作物有小麦、玉米、水稻、高粱、谷子、棉花、大豆、花生、甘薯和蔬菜等。草本植物主要有狗尾草、马唐、蒲草、芦苇、马鞭草、碱蒿、黄须菜、稗草、三棱草等。由于海拔低平，生态环境单一，在沧州市可采到及有记录的蝗虫种类仅 21 种，约占全省蝗虫总数的 27%。沧州市各县（市、区）均有分布的种类有东亚飞蝗、黄胫小车蝗、宽翅曲背蝗、短星翅蝗、中华稻蝗、大垫尖翅蝗、中华剑角蝗、长翅素木蝗、笨蝗、短额负蝗、花胫绿纹蝗、大赤翅蝗、疣蝗、轮纹异痂蝗等，占沧州蝗虫总数的 65%。黄骅市黄灶大洼分布甘蒙尖翅蝗；任丘市白洋淀周边及献县子牙河堤处及个别县分布有白纹雏蝗、狭翅雏蝗、二色戛蝗、日本黄脊蝗等。对农作物危害较大的优势蝗虫种类有东亚飞蝗、黄胫小车蝗、宽翅曲背蝗、短星翅蝗、中华稻蝗、大垫尖翅蝗、花胫绿纹蝗、中华剑角蝗、长翅素木蝗、短额负蝗、笨蝗和二色戛蝗。蝗虫主要为害作物有小麦、水稻、玉米、高粱、谷子、大豆等。

三、沧州蝗虫种类的识别

沧州常见 11 种蝗虫成虫简易识别法

东亚飞蝗、黄胫小车蝗、短星翅蝗、中华稻蝗、大垫尖翅蝗、中华剑角蝗、长翅素木蝗、笨蝗、短额负蝗、花胫绿纹蝗和二色戛蝗，是沧州农田经常见到的蝗虫种类，对农作物的危害性也比较大。为了方便人们正确识别这些蝗虫种类，在防治上做到有的放矢，现仅就此 11 种蝗虫成虫的外部形态特征，介绍如下简便易行的识别方法。

1（6）：头圆锥形，头顶呈水平状向前突出（俗称尖头），触角剑状或剑状不明显。

2（5）：前胸腹板两前足基部之间平坦，后足股节外侧上、下隆线之间具羽状平行隆线，后翅本色。

3（4）：头侧窝缺如，中胸腹板侧叶分开，侧叶间中隔较宽，后足股节上膝侧片顶端具尖锐的刺。个体较大，体长：♀60～80 毫米，♂35～45 毫米 ························· 中华剑角蝗（1）

4（3）：头侧窝明显，三角形，中胸腹板侧叶在中部相毗连，后足股节上膝侧片顶端纯圆无刺。个体较小，体长：♀35～45 毫米，♂25～31 毫米 ························· 二色戛蝗（2）

5（2）：前胸腹板两前足基部之间具小片状前胸腹板突，后足股节外侧上、下隆线之间具不规则颗粒状突起，不具羽状平行隆线，后翅基部粉红色。体长：♀25～35 毫米，♂15～23 毫米

························· 短额负蝗（3）

6（1）：头大而短，卵圆形，颜面略向后倾斜，触角丝状。

7（12）：前胸腹板两前足基部之间，具圆柱形或圆锥形前胸腹板突。

8（9）：前翅较短，不到达或刚到达后足股节顶端，后足股节粗短，雄性尾须顶端分枝，下枝又分为 2

齿。体长：♀25～35毫米，♂15～25毫米 ··· 短星翅蝗（4）

9（8）：前后翅发达，其长度超过后足股节顶端甚多，后足股节匀称，雄性尾须圆锥形，不分枝。

10（11）：后足股节上侧中隆线平滑无细齿，下膝侧片顶端刺状，后足胫节端部呈片状扩大，顶端具外端刺。体长：♀25～35毫米，♂20～30毫米 ··························· 中华稻蝗（5）

11（10）：后足股节上侧中隆线具明显细齿，下膝侧片顶端纯圆，后足胫节圆柱形，端部不呈片状扩大，顶端缺外端刺。体长：♀33～40毫米，♂25～30毫米 ······················· 长翅素木蝗（6）

12（7）：前胸腹板两前足基部之间平滑，不具前胸腹板突。

13（16）：前胸背板中隆线两侧具 X 纹。

14（15）：个体中等，中胸腹板侧叶间的中隔宽大于长，后翅具黑色车轮状斑纹，后足跗节爪间中垫较短，常到达爪的中部。体长：♀30～35毫米，♂18～28毫米 ·············· 黄胫小车蝗（7）

15（14）：个体较小，中胸腹板侧叶间的中隔较狭，长大于宽，后翅本色，无斑纹，后足跗节爪间中垫较长，常超过爪的中部。体长：♀20～30毫米，♂15～18毫米 ··············· 大垫尖翅蝗（8）

16（13）：前胸背板中隆线两侧不具 X 纹。

17（20）：体表光滑，前后翅发达，超过后足股节甚多，后足股节匀称，外侧上、下隆线之间具有羽状平行隆线。

18（19）：个体较大，缺头侧窝，前翅褐色，具许多暗色碎斑，不具绿色条纹，后足胫节橘红色或淡黄色。体长：♀39～50毫米，♂34～42毫米 ····························· 东亚飞蝗（9）

19（18）：个体较小，头侧窝明显，梯形，前翅在亚前缘脉域具一鲜绿色纵条纹，后足胫节淡黄色，中部蓝黑色，端部红色。体长：♀25～29毫米，♂18～22毫米 ··············· 花胫绿纹蝗（10）

20（17）：虫体表面粗糙，具很多凹凸不平的粗颗粒，前翅不发达，呈鳞片状，侧置，后足股节粗短，外侧上、下隆线之间具不规则颗粒状突起，缺羽状平行隆线。体长：♀34～49毫米，♂28～37毫米 ·· 笨蝗（11）

四、东亚飞蝗名称的由来及演变过程

东亚飞蝗，*Locusta migratoria manilensis*（Meyen）是我国历史上一大害虫。公元前 3 世纪以前称其为螽，《史记》记载了公元前 243 年"蝗虫从东方来，蔽天"这一严重蝗灾后，我国历代人民则一直称其为飞蝗了。

德国昆虫学家 Meyen 于 1830—1832 年乘普鲁士皇家商船环球旅行时，在菲律宾的马尼拉采到了该种蝗虫，1835 年正式发表，学名定为 *Acrydium manilensis* Meyen。在文中他还写道：该蝗虫雄性体小，性成熟时颜色鲜艳，在菲律宾群岛看到了群飞。

我国的昆虫学工作者对该蝗虫也进行不少研究工作。张景欧和尤其伟先称我国飞蝗为赤足飞蝗和隆背飞蝗；1928 年尤其伟又改称为远迁飞蝗，马骏超称之为东半球蝗，而较多的人沿用古代的叫法，称之为飞蝗或中国飞蝗。

1936 年，苏联昆虫学家 Uvarov 认为 Meyen 在马尼拉采到的迁移性飞蝗与亚洲地区另外两个亚种 *Locusta migratoria rossica* Uv. et Zol.（1929）和 *Locusta migratoria migratoria* L（1758）较接近，而与非洲地区的两个亚种 *Locusta migratoria migratorides* R. et F.（1850）和 *Locusta migratoria capito* Sauss.（1884）相差较大，故把 Meyen 1835 年采到的飞蝗学名订正为 *Locusta migratoria manilensis*（Meyen）。

我国东部沿海以及河北、山东、江苏、安徽、浙江、河南、广东、广西、台湾等地所发生的飞蝗均属于这一亚种。

　　最早将 *Locusta migratoria manilensis*（Meyen）译为汉名的是我国昆虫学家马骏超，他在 1936 年将其译为亚东飞蝗，以后在译 *Locusta migratoria manilensis*（Meyen）名称的问题上，有的称为台湾飞蝗（关鹏万，1941），有的称东亚飞蝗（钟启谦，1950），有的称迁移蝗（曹骥，1950），有的称中国飞蝗（吴福桢，1951），有的称亚洲飞蝗（尤其儆，1954），而较多的人仍称之为飞蝗（邱式邦等，1953）。到 1956 年，为了统一命名起见，将 *Locusta migratoria manilensis*（Meyen）一律称之为东亚飞蝗，从此结束了东亚飞蝗名称上的混乱并应用至今。

卷之四

蝗 灾 治 理

一、蝗灾概况

沧州市，位于北纬 37°29′～38°57′，东经 115°42′～117°50′，在河北省的东南部，东临渤海，西与保定市、衡水市毗连，北与天津市、廊坊市接壤，南与山东省为邻，总面积 1.4 万平方千米，海拔高度 2～17 米，地势西高东低，主要是古黄河、滹沱河、漳河冲积而成的广阔平原区，土壤沙质盐碱，气候四季分明，年平均气温 12.5℃，年降水量约 600 毫米，是历史上传统的农业区域。

古时候，沧州是众水所归、九河汇聚的地方，上游降水稍大，沧州就会成为泽国，境内有漳卫南运河、黑龙港、大清河、滹沱河、滏阳河、宣惠河等 51 条河流，是河北平原上河流最为密集的地方，也是河北平原陂、池、淀、泊最为集中的地方。据《尚书·禹贡》"又北播为九河"，始有九河之说。《禹贡锥指》指出：古之九河，东北出至章武（在今黄骅）、高城（在今盐山）、柳县（在今海兴东北）之东，合为逆河，入于海。《尔雅·释水》载，九河为"徒骇、太史、马颊、覆釜、胡苏、简、絜、沟盘、鬲津九条河"。这九条河，据史料记载：河水自魏郡为屯氏河出，东北至章武入海，过四郡，行千五百里。古漳河及黑龙港水系为太行山水系，涉及献县、交河、南皮、孟村、黄骅、沧县、东光和青县；子牙河水系，则涉及河间、献县、交河、青县和黄骅。沧州是河北众多河流泄水的地方，雨水大的年份水多就会形成大涝，又由于海拔低不能存水，雨水少的年份，又会形成大旱，所以时常造成旱涝交替，继而频繁引发大的蝗灾。据自清嘉庆三年（1798 年）至民国三十七年（1948 年）150 年的统计，沧州境内发生水灾 108 次，平均 1.39 年一次；发生蝗灾 77 次，平均 1.95 年一次。明崇祯十三年、十四年间，沧州大旱，青县、东光民取人尸以食；南皮村落几绝人迹；同时沧州、沧县、青县、东光、任丘、河间、吴桥、海兴蝗飞蔽天，人相食；盐山飞蝗遍野，禾苗尽枯；孟村旱，飞蝗遍野，木皮树根剥掘俱尽；肃宁旱，蝗飞蔽天，夫妇、父子相食，死者略尽。从公元前 136 年至 1949 年间的统计，有记载的蝗灾达 219 年，平均每 10 年左右就有一次蝗灾的发生。

由于沧州自然条件非常适宜东亚飞蝗的发生发展，几千年来一直是遭受蝗灾最为严重的老蝗区之一。过去蝗灾发生时，正如群众所说："蚂蚱发生联四邻，飞在空中似海云，落地吃光青稞物，啃平房檐咬活人。"

　　在与蝗灾的斗争中，由于过去生产力水平所限和封建制度腐败等原因，在中华人民共和国成立前的一千多年当中，人们只能用挖沟埋瘗、人工扑打、火烧、掘卵等古老的办法治蝗，根本就控制不住蝗灾的发生。中华人民共和国成立后，在中国共产党的领导下，各级政府十分重视治蝗工作，国家制定了治蝗方针，成立了治蝗机构，每年还给蝗区人民投放治蝗经费，帮助人民治理蝗灾。几十年来沧州蝗区先后经过以人工防治为主、药剂防治为主、飞机防治为主、动力机械防治为主、生态控制技术为主等几个阶段的治理，基本上控制住了蝗灾的发生，没有出现过蝗飞蔽天的迁飞现象，驱除蝗孽，保我禾苗的愿望得到了实现。

二、蝗区的形成

　　据《嘉靖河间府志》记载："河间灾伤叠见，而所遇有异，被水灾者十之八九，被旱灾者十之五六，被蝗灾者十之三四。"四百多年之前，沧州人民就认识到水、旱、蝗三大自然灾害是压在他们身上的三座大山。据史料记载，从1398年到1948年的550年之间，发生在沧州的洪涝灾害有387次，旱灾407次，蝗灾132次。频繁的自然灾害之间必然存在着一定的内在联系。据查，唐开元元年滹沱溢，二年河间、盐山大蝗；宋淳化元年旱，沧州、青县、盐山、南皮、黄骅蝗螭食苗；熙宁七年旱，河间、南皮蝗灾，民多饿殍；蒙古至元元年大水，二年河间、献县、青县大蝗；元大德五年大水，六年河间、献县、交河大蝗；大德七年大雨成灾，八年河间、南皮、盐山蝗灾；至大二年旱，沧州、东光、盐山、河间、任丘、献县蝗伤稼；至治二年大雨，三年沧州、海兴蝗；至顺二年大水，三年河间等处屯田蝗；明正统四年滹沱溢，五年、六年、七年沧州、盐山、东光、吴桥、交河、河间、献县、任丘等县连续三年大蝗；嘉靖九年秋涝，十年任丘蝗，十一年又蝗；嘉靖三十九年旱，东光、吴桥、任丘、河间、肃宁、献县飞蝗蔽天；万历十三年大旱，盐山飞蝗蔽天；万历十八年大水，十九年献县、河间、苏宁大蝗；万历四十八年旱，交河飞蝗蔽天；崇祯十三年盐山至秋不雨，禾苗尽枯飞蝗遍野；清道光三年滹沱决，四年献县、东光大蝗；光绪九年滹沱溢，十年献县蝗；光绪二十六年旱，飞蝗蔽天；民国四年旱，交河大蝗……。遇旱，当年可发生蝗灾，遇涝，第二年蝗灾严重，此类记载在沧州市各县县志中多能见到。分析原因：①沧州地广人稀、地势低洼、荒草芦苇地多，具有大量的蝗虫食料和适生环境，每年都有一定的蝗虫虫源存在；②沧州具有春旱、夏涝、秋吊的气候特点，雨量多集中在七八月份，遇到大雨年份则形成内涝，待秋蝗产卵时期又大部脱干，适宜秋蝗产卵，易形成第二年的蝗灾发生；③蝗虫喜在高亢坚实的地方产卵，具有"水来蝗退，水退蝗来"的发生规律和"先涝后旱，蚂蚱成片"的发生特点。由于沧州的地理位置、土壤条件、植被情况、气候因子等条件及易旱易涝等因素，则在沧州大量形成了适应蝗虫发生特点的蝗区存在。

三、蝗区的分布

　　中华人民共和国成立初期，沧州有宜蝗面积510余万亩，分布在全市各地，按照蝗区形成原因及其条件可分为沿海、内涝（农田）、河泛和洼淀四类蝗区，其中沿海蝗区面积256万亩，包括黄骅市、海兴县，这些地方土地低洼盐碱，苇洼荒地较多，农田耕作粗放常年旱涝交替，是蝗虫的主要发生地，主要植被种类有芦苇、马绊草、茅草、稗草、黄须、柽柳等。内涝（农田）蝗区 226 万亩，包括任丘、河间、泊头、献县、沧县、青县、盐山、孟村、南皮、东光、吴桥、肃宁等 12 个县（市）的荒地和农田，这些地方大雨年份多可造成大面积积水，但积水时间较短，退水后蝗虫大量迁入蝗区产卵繁殖，造成第二年的蝗虫发生，农民常说的"麦倒蝗起"现象，多指这类蝗区。这类蝗区在不积水时多能种上庄稼，因此也叫农田蝗区。主要植被种类有芦苇、茅草、稗草、狗尾草、马齿苋、刺菜、野麦等。农作物有小麦、玉米、高粱、谷子、棉花、大豆等。河泛蝗区 25 万亩，集中在献县张村、临河、小平王 3 乡 48 村，这里由于地势较低，经常河水泛滥，形成水乡，不能正常耕作，水退后，潦耩小麦，耕作粗放，蝗虫集中产卵后，可造成来年的蝗虫大发生。洼淀蝗区 3 万亩，分布在沧县、南皮县、孟村县交界处的大浪淀，及任丘白洋淀的一部分，这些地方淀底较浅，夏季积水，秋季脱干，杂草丛生，不能耕种，常造成蝗虫产卵从而导致蝗虫大发生。

四、蝗虫防治技术

在中国几千年的历史发展中，沧州劳动人民在饱受蝗灾之苦的同时，也同蝗虫也展开了艰苦卓绝的斗争，并创造出许多宝贵而有效的治蝗方法。道光元年五月，沧州、盐山、海兴各属蝗蝻生。六月，直隶省颁发《捕蝗十宜》交地方仿照施行；同治十三年，河间知府陈崇砥出版了《治蝗书》指导当地治蝗。过去使用过的那些治蝗方法，到现在有些虽然废止，但有些方法则一直沿用至今，如人工捕捉蝗虫法、收买蝗虫法、团结治蝗、改造蝗区自然环境等。结合历史资料，编者综合整理出沧州比较有代表性的治蝗技术和方法 9 项，现分述如下。

（一）人工扑打蝗虫法

人工扑打蝗虫法，主要指人工使用树枝或蚂蚱拍子扑打蝗蝻或将蝗蝻围起来人工扑打，或使用树枝等工具扑打成虫，或使用捕虫网捕捉成虫等。

据《吕氏春秋·不屈》载：战国齐威王时期，匡章谓惠子于魏王（前 369—前 319 年在位）之前曰："蝗螟，农夫得而杀之，奚故？为其害稼也。"文字不多，却说明了当时中国蝗灾的严重性，以及农民与蝗虫作斗争的决心。在封建社会刚刚起步的中国，人民的生产力还十分落后，农民与蝗虫的斗争，只能靠双手"得而杀之"，因此，这段文字记载，则是拉开了我国人工扑打蝗虫的序幕。元代农学家王祯曾说："虫荒之法，惟捕之乃不为灾。"在沧州，人工扑打蝗虫法得到了广泛的应用，由于技术落后的原因，人工扑打蝗虫则是沧州治蝗史上使用时间最长、最为重要的一个治蝗手段。

《河间县志》及《任丘县志》记载，前秦建元十八年（382 年）夏五月，河间、任丘大蝗，广袤千里，前秦苻坚派散骑常侍刘兰持节为使者，发百姓捕之，经秋冬不能灭，请征刘兰下廷尉诏狱。这说明人工扑打严重发生的蝗灾，是难以奏效的。此事虽然苻坚曰："灾降自天，非人力所能除，兰无罪也。"由秦王承担了责任，但还是为后来有人拒绝人工扑打蝗虫，提供了借口。

《沧州市志》记载，北齐天保九年（558 年）夏，河北蝗灾，差人夫捕杀。

但是由于没有更好的治蝗技术，人工扑打蝗虫仍是被官府采用的主要治蝗技术。后晋天福八年（943 年）四月，天下诸州飞蝗害稼，食草木叶皆尽，诏州县长吏捕蝗，分命使臣捕之。

宋熙宁五年（1072年），监察御史上言："今莫州所奏，凡四十九状蝗，而三十九状除捕未尽。"御批：今后有灾伤，令所在画时奏闻。解决了及时汇报蝗情的问题。

宋熙宁八年（1075年），宋神宗下达了中国第一道治蝗法规《熙宁诏》，其中特别强调了有蝗蝻处要委县令佐要躬亲打扑，并规定扑打蝗虫损伤苗种者，要给与一定的补偿。《熙宁诏》的诞生，大大提高了人民对捕蝗的积极性。宋光宗绍熙年间（1193年前后），进士董煨在《救荒活民书》中撰写了《捕蝗法》七条，对人工扑打蝗虫技术有了很大的提高，首次提出："蝗在麦苗禾稼深草中者，每日侵晨，尽聚草梢食露，体重不能飞跃，宜用笤箕、栲栳之类，左右抄掠，倾入布袋，或蒸焙，或浇以沸汤，或掘坑焚火瘗埋。"还说："蝗最难死，初生如蚁时，用竹作搭，非惟击之不尽，且易损坏，莫若只用旧皮鞋底，或草鞋、旧鞋之类，蹲地捆搭，应手而毙，且狭小不损伤苗稼，一张牛皮或裁数十枚，散与甲头，复收之，北方人亦用此法。"《捕蝗法》有七条，其中三条谈的都是人工扑打法，可见宋代在除治蝗虫技术上，仍然是以人工扑打为主。同时人工捕打蝗虫的问题也显现出来。

元泰定二年（1325年）六月，河间蝗。颁董煨编《救荒活民书》于州县。沧州治蝗技术开始全面使用以人工扑打为主要内容的董煨《捕蝗法》七条。

到了清代，随着人们对治蝗工作的重视，不但人工扑打蝗虫的年份多了，方法多了，而且扑蝗不为灾的记载也多了起来，直到民国时期，扑打蝗虫次数有明显增加。

清康熙五十八年（1719年），沧州、青县等处飞蝗蔽天，经广大人民的奋力捕打，捕捉蝗虫7 300多口袋，蝗不为灾。

清乾隆十七年（1752年）五月，盐山、庆云、沧州等县蝗蝻萌生，乾隆帝令侍郎前往河间等县督率捕除；随即赴青县、沧州等处募民捕蝗，收效颇高。

嘉庆七年（1802年）六月，任丘蝗。遵旨令该处百姓自行扑捕，或易以官米或买以钱文，务期迅速搜除净尽，勿致损伤禾稼。

咸丰六年（1856年）七月，直隶蝗，直隶布政使司钱炘和印发旧存"捕蝗要说二十则，图说十二幅"俾各牧令仿照捕蝗。钱炘和在《捕蝗要诀》中，分别蝻子大小及成虫，提出了捕初生蝻子、围打半大蝻子、扑打庄稼地内蝗蝻、捕捉飞蝗、合网法、抄袋法6种人工扑打蝗虫的方式。

咸丰八年（1858年）六月，东光飞蝗过境，七月，蝻子生，捕灭之。

民国九年（1920年）四月，南皮东区蝻生，县署令各村正副督率扑打。

中华人民共和国成立后，随着治蝗科学技术的不断进步，很多古老的治蝗办法陆续停止使用，唯人工扑打办法在农业部植保处于1954年主编的《蝗虫防治法》中，仍作为治蝗的辅助措施保留了下来，尤以在大面积拉网扫残工作中，仍有使用价值。1980年之后，随着农村生产责任制的不断发展，劳动力真正成为了第一生产力。大呼噜式的人工扑打蝗虫办法已不再使用。但是随着人们市场经营观念的改变，人们在蝗虫大发生时也会自发地或有组织地利用人工捕捉蝗虫制成食品食用、销售或制作成标本为教学服务。古代人民留下来的人工扑打蝗虫的方法，则会有条件地保留下去。

（二）挖沟埋瘗蝗虫法

挖沟埋瘗蝗虫，最早见于东汉王充（27—97）撰《论衡·顺鼓篇》："蝗虫时至，或飞或集，所集之地，谷草枯索。吏率部民堑道作坎，榜驱内于堑坎，杷蝗积聚以千斛数，正攻蝗之身，蝗犹不止。"意思是说，在闹蝗虫的时候，官吏率领群众到蝗虫聚集的地方挖沟作坎，把蝗虫驱赶到沟里再埋上。王充所叙述这次挖沟埋蝗的情况，是埋瘗的蝗蝻，对成虫的埋瘗，实践证明，这种方法在有大量人力驱赶的情况下才能烧死部分蝗虫，但对保护庄稼免遭为害，则是难以奏效的。因此，自明朝以来，挖沟埋蝗办法，则多成为针对消灭蝗蝻而实施的一项重要的措施。

宋绍熙年间，董煟《捕蝗法》在谈到挖沟埋蝗法时说："掘一坑，深阔约五尺，长倍之，下用干柴茅草发火正炎，将袋中蝗蝻倾入炕中，一经火气，无能跳跃，……埋后即不复出。"

元至元十九年（1282年），河间等六十余处皆蝗，食苗稼草木俱尽，所至蔽日，碍人马不能行，填坑堑皆盈，饥民捕蝗以食或曝干积之，又尽，则人相食。

明崇祯三年（1630年），徐光启在《农政全书·除蝗疏》中也总结说："已成蝻子，跳跃行动，便须开沟捕打。其法：视蝻将到处，预掘长沟，深广各二尺，沟中相去丈许，即作一坑（后人称之为子坑），以便埋掩。多集人众，不论老弱，悉要趋赴沿沟摆列，或持帚，或持扑打器具，或持锹锸，每五十人，用一人鸣锣其后，蝻闻金声，努力跳跃，或作或止，渐令近沟，临沟即大击不止，蝻虫惊入沟中，势如注水，众各致力，扫者自扫，扑者自扑，埋者自埋，至沟坑俱满而止。前村如此，后村复然，一邑如此，他邑复然，当净尽矣。"

乾隆二十四年（1759年），《户部条例》规定："生蝻之处，如近田亩，则应度地挑浚长濠，宽三四尺，深四五尺，长倍之，掘出之土，堆置对面濠口，宜陡不宜平，濠之三面密布人夫，各执响竹、柳枝进步喊逐，将蝻赶至濠口，竭力合围，用扫帚数十尽行扫入，复以干草发火焚之，其下尚有未死，须再用土填压，越宿乃可。"挖沟埋蝗法，在清朝首次以法规的形式固定下来，并加以推广使用。

同治十三年（1874年），河间知府陈崇砥撰《治蝗书》，对挖沟埋蝗有了更进一步的认识。陈崇砥提倡使用掘宽4尺、深3尺的大沟，沟底每隔3尺挖一子沟，子沟宽深各1尺。他认为，蝗虫多时，沟满了，田间仍有大量的蝗虫，这时不能埋土，首次提出，先在沟前准备数口大锅，当沟内蝗虫满时则取出装入口袋，倒入锅中随煮随捞出肥田，这样，挖的沟可以消灭更多的蝗虫，最后再将沟用土埋上。陈崇砥咸丰十年（1860年）曾任献县知县，同治十二年（1873年）调任河间知府，在河北各地做官长达22年，他所提出的掘沟埋蝗技术，在河北具有很深的影响。

1945年抗战胜利以后，人民群众将挖沟称之为挖封锁沟，并在沧州等地广泛使用。1951年，吴福桢撰《中国的飞蝗》，何兆熊撰《飞蝗防治法》，都推广了挖沟埋蝗办法，并绘制了详细的挖沟剖面图。1952年12月，在全国治蝗工作座谈会上，国家确定了"药剂除治为主"的治蝗方针后，同时认为挖封锁沟的作用已不复存在。正式提出在今后的治蝗工作中，挖封锁沟的办法不再采用。

（三）人工驱赶蝗虫成虫法

在没有较好的治蝗技术之前，产生蝗灾之后，人工驱赶蝗虫是不可避免的。人工驱赶蝗虫的办法，则是封建社会以邻为壑、自私自利的产物。

最早记载人工驱赶蝗虫办法的，是东汉的官修史书《东观汉记》。《东观汉记》载："司部灾蝗，台召三府以驱之，司空掾梁福曰'普天之下，莫非王土，不审使臣，驱蝗何之，灾蝗当以德消，不闻驱逐'。"充分反映出梁福对待驱赶蝗虫办法的反对态度。唐朝开元三年（715年），宰相姚崇认为，蝗解畏人，易为驱逐。把人工驱赶蝗虫法列为驱、扑、焚、瘗四大治蝗办法之一，也提倡驱赶蝗虫。明朝末年，徐光启在其著作《农政全书》中也介绍了"农家多用长竿挂红白衣裙，光彩映日，群逐之"；"蝗虫畏金声炮声，闻之远举，不如用鸟铳入铁砂或稻米击其前行，后者随之去矣。"等人工驱赶蝗虫的办法。到了清代，人工驱赶蝗虫法被不少书籍列为治蝗的重要措施，当作"治飞蝗捷法"而进行推广，并总结出前队驱法、群飞驱法、随风驱法、向阳驱法、护禾驱法、合围驱法、掀土驱法、彩色衣物驱法、高声呐喊驱法、铜器火器驱法，用菜油、麻油、石灰、草木灰驱辟等多种驱赶蝗虫的办法。清朝之所以热衷于人工驱赶蝗虫的办法，是出于无奈，因为人们对待飞蝗成虫，实在是没有更好的治蝗办法了。

民国后，大批昆虫学工作者发表了大量反对采取驱赶蝗虫办法的文章，号召人民采用更科学的、主动的治蝗方法。自此以后，以邻为壑的人工驱赶蝗虫办法受到了人们多方面的批评，反对的呼声渐高，不少蝗区县还作出了"持旗呐喊驱逐蝗虫者罚洋五元"的规定。至1949年10月1日中华人民共和国成立，人工驱赶蝗虫办法，最终被人们彻底废止使用。

（四）火烧蝗虫法

《诗经·大田》在记载公元前771年以前周幽王时期除虫活动时说："去其螟螣及其蟊贼，毋害我田稚，田祖有神，秉畀炎火。"陆玑注：螣，蝗也。朱熹注：食心曰螟，食叶曰螣，食根曰蟊，食节曰贼，皆害苗之虫也，然去此四虫，非人力所及，故愿田祖之力，持此四虫付之炎火中烧死。自此，产生了火烧蝗虫法之说。由于火烧蝗虫法与蝗虫的趋光习性有关，在此之后的2 700多年之间，直到1954年火烧蝗虫法被农业部废止使用，人们对火烧蝗虫法十分重视，不断地进行探讨和研究。唐朝宰相姚崇在开元三年（715年）河北、山东、河南蝗虫大发生的时候，力排非议，主张治蝗，认为"蝗既解飞，夜必赴火，夜中设火，火边掘坑，且焚且瘗，除之可尽"。利用蝗虫"夜必赴火"的习性，在河北第一次推行火烧蝗虫法，是岁，田收有获，人不甚饥，收到了良好的效果。宋朝董煟所编《捕蝗法》中，也提到了火烧蝗虫法："烧蝗法：掘一坑，深阔约5尺，长倍之，下用干柴茅草发火正炎，将袋中蝗虫倾下坑中，一经火气，无能跳跃，此《诗经》所谓秉畀炎火也。"明朝徐光启在《农政全书·除蝗疏》中，对火烧蝗虫法给予了充分肯定。

清同治十三年（1874年），河间知府陈崇砥撰《治蝗书》：焚飞蝗说：飞蝗食禾，夜间尤甚，必须夜以继日极力捕除。然白昼月夜尚可捕捉，若遇黑夜，则惟火攻一法。其法，于飞蝗所向之地，如自东飞来，则所向在西，自北飞来，则所向在南，大抵西南向为多，间亦有自东北至者。相隔百余步，视蝗多寡刨数大坑，每坑约相隔二十余步，围圆六七丈，周围深五六尺，中间宽一二丈，深三四尺，用极干柴草堆积中间一齐点烧明亮，随集数十百人，多带响器、鞭炮，潜至蝗停后面，一时齐响，驱令前飞，一见飞飏，众响俱寂，惟用柳条拂扫禾间，令其尽起，此物飞起，见火即投，火烈烧翅，便坠坑内，坑旁用人执柳条扑打，不令跃出，聚而歼旃不难矣，惟响声不宜太过，尤不可近坑，恐其闻声不敢扑火，复延害他处也。

1. **捕蝻子法**　先于地之四面或两端，开挖深二尺宽二尺之沟（沟之深阔以蝻子不能跳过越出为度），邀合村人击掌大呼，驱蝻入沟，沟内另挖有深坑，俟驱入之蝻子跃满深坑时，洒以煤油少许，纵火焚烧，上层之蝻子既死，下层之蝻子见熟用土掩之，数日发酵，取出即为极好肥料。且烧蝻子以夜间为宜，因蝻子见火光则群集，省人驱逐之力也。

2. **捕飞蝗法**　蝗羽长成飞翔极速，捕打甚难，只好于早晨翅露未干时协力掩捕，或于夜间燃火悬灯召集群蝗聚而歼之。蝗见火群集，且焚且扑，可以聚歼。

3. **烧蝗种法**　另派多人分往田内巡视，如见蝗子小孔，即用铁锨起土寸余，纳入簸箕内倾之地旁，另洒煤油少许纵火焚烧，此法虽用力较多，而蝗种亦可歼灭。

民国三十年（1941 年），河北省公署建设厅出版关鹏万等编著《飞蝗概说》载：诱杀法（纵火），蝗虫夜间休眠于草地上，如为草原，亦有焚烧之方法，又有堆积干草等诱致后烧却之方法。中国则夜间燃烧高粱秆及其他，以此火光诱致飞蝗而烧杀之，然因有趋光性不显著之性质，故实效甚少。

1952 年，在农业部召开的全国治蝗工作座谈会上，以及 1953 年由农业部植保司主编、中华书局出版的《蝗虫防治法》中，也谨慎介绍了一些可行的火烧蝗虫法，即烧草留点法和袋形火烧法。烧草留点法是在蝗卵将孵化时烧草，留下少量点片草不烧，这样不仅可以促进烧草地蝗卵早孵化，而且孵化整齐，待蝗蝻出土后齐聚留下的点片草上，便于歼灭。袋形火烧法是在苇草茂密且底面又有较多干草的地方使用（如底草不足，群众可以备些干草铺在下面）。放火前，在苇洼周围打好火道，在下风头的火道要适当加宽一些，放火时，火道两侧每隔 10 尺站一个人，从下风头开始点火，自两侧依次点至上风头，这样蝗蝻四周都是火，蝗虫不能逃逸而被烧死。这些火烧蝗虫办法，中华人民共和国成立初期在沧州各个蝗区都谨慎采用过。

1954 年，随着我国农药生产能力的加强和药剂治蝗面积的不断扩大及治蝗技术的不断提高，火烧蝗虫法终被农业部宣布废止。

（五）收买蝗虫法

收买蝗虫，本文中含两种形式，一是国家（或富商）出钱购买蝗虫；一是国家（或富商）用贮备的仓谷换取蝗虫。虽然所用方式不同，但目的一致，国家（或富商）出资支持人民捕蝗，提高人民捕蝗的积极性，有利于尽快地消灭蝗灾。

从公元前 136 年至宋熙宁八年（1075 年）的一千多年当中，国家对收买蝗虫的政策，基本上是以帝王政令的形式进行的，强制性很强。宋熙宁八年诏："有蝗蝻处，仍募人得蝻五升或蝗一斗，给细色谷一斗，蝗种一升，给粗色谷二升。给价钱者，作中等实值"。南宋以后，以粟易蝗的办法，基本在法律上固定了下来，并成为官方促进人们除治蝗虫比较常用的鼓励性措施。

宋朝董煟所编《捕蝗法》中，提到了收买蝗虫法有两条：第一，"每米一升，换蝗一斗。不问妇人小儿，携到即时交与，如此，则回环数十里内者可尽矣"。第二，"不惜常平义仓钱米博换蝗虫"。"国家贮积，本为斯民，今蝗害稼，民有饿殍之忧，譬之赈济，因以捕蝗，岂不胜于化为埃尘，耗于鼠雀乎。"

清乾隆十八年（1753 年）五月，直隶总督奏报沧州等处蝗，用以米易蝗办法分路设立厂局，凡捕蝗一斗给米五升，村民踊跃搜捕。

嘉庆七年（1802年）六月，任丘蝗。遵前旨令该处百姓自行扑捕，或易以官米或买以钱文，务期迅速搜除净尽，勿致损伤禾稼。

道光元年（1821年）五月，沧州、盐山各属蝗蝻生。六月，在直隶省颁发《捕蝗十宜》写到：“多写告示，张挂四境。不论男妇小儿，捕蝗一斗者，以米一斗易之。得蝻五升者，遗子二升者，皆以米三斗易之，盖蝻与遗子小而少故也。如蝗来既多，量之不暇遍，秤称三十斤作一石，亦古之制也，日可称千余斤矣。惟蝻与子，不可一例同称，当以文公朱夫子之法为法也。”

光绪十六年（1890年）五月，沧县蝗大至，居民捕蝗交官，每斗换仓谷五升，仓中积蝗如阜。

民国二十年（1931年）六月，南皮飞蝗起，县令捕打，用钱收买，未几蝻生又收买，费洋5 000余元，不为灾。

收买蝗虫的办法，对消灭蝗虫的确起到了一定的积极作用，其中不少县在收买蝗虫措施下，达到了有蝗不为灾的目的。

（六）团结治蝗

如果说人工驱赶蝗虫是旧社会以邻为壑自私自利的产物，那么，团结治蝗（又称协作治蝗、联合治蝗、联防联治等），则是劳动人民友好和睦、团结互助的优良美德。不少地方，在省与省、县与县、村与村之间，在划定界线的时候，由于历史原因而产生很多“插花地”，土地虽然在甲省（县、村），使用权却在乙省（县、村），治蝗时很容易产生纠纷，因此需要睦邻友好、团结治蝗这样一种精神。

清嘉庆七年（1802年），《大清户部则例》就有了邻封协捕的规定：地方遇有蝗蝻，一面通报各上司，一面径移邻封州县星驰协捕。其通报文内，即将有蝗乡村邻近某州县，业经移文协捕之处，逐一声明。仍将邻封官到境日期，续报上司查核。若邻封官推诿迁延，严参议处。在法律上规定了团结治蝗的重要性。

中华人民共和国成立后，团结治蝗已成为沧州治蝗史上大力提倡的治蝗措施。1952年，河北省农业厅撰《蝗虫防治法》指出：“必须组织起来，统一领导，统一步调，打破村、区、县的界线，建立联合组织，一鼓作气，消灭蝗蝻。”是年，沧县与南皮县交界处发生夏蝻5万亩，由于彼此缺乏联系，致使大部蝗蝻发展到四至五龄，有的已成飞蝗。后经沧县县长主动与南皮县县长协商组成联合指挥部，统一计划，联合捕打，并做到相互支援。沧县喷粉队在南皮县严重蝗区协助除治，南皮县群众热烈欢迎，自动送茶、送水，照顾备至，在迅速消灭蝗虫的同时，还加强了两个县之间群众的团结。

1955年秋，天津秋蝗严重发生，决定飞机灭蝗，但技术力量不足，为此天津方面专门邀请沧州专区的治蝗干部急赴天津协助扑灭了秋蝗。

1972—1990年，河北省与天津市建立了冀津治蝗联防协作组，下设沧州与大港区等3个联防区，本着主动协商、互相支援、联防联治、团结治蝗的精神，不断交流经验，坚持活动了近20年。1985年9月，天津大港区发生了蝗虫起飞的严重情况，沧州紧急调运灭蝗农药40吨，及时送达蝗虫发生地支援天津的灭蝗工作。

1979年3月8日，河北省革命委员会农业局在《河北省1979—1985年蝗区改造规划（草案）》中指出：“搞好联防，团结治蝗，是解决毗连地区蝗害问题的一条好经验，除继续做好本省蝗区地、县之间的联防工作外，沧州、廊坊、唐山 3 个地区（包括所在省属农场），还要与天津市搞好联防，加强协作，互通情报，互相支援，团结一致，共同完成边界地区的治蝗任务。"在近二十年的时间里团结治蝗，在沧州蔚然成风。

（七）药剂治蝗

药剂治蝗，是实现消灭蝗害最为快捷、有效的措施之一。只要有了消灭蝗虫的理想农药，并有了使用农药的先进技术和工具，就完全可以掌握消灭蝗虫的主动权，达到不使蝗虫扩散、为害、成灾的目的。

药剂治蝗的研究工作，在 1950 年前有些人曾进行过，但真正研究并应用药剂治蝗技术的，是中华人民共和国成立后的中央人民政府。现综合历史资料，将药剂治蝗的发展历史整理如下。

1. **古代药剂治蝗概况**　汉成帝（前 32—前 7 年在位）时，古代农学家氾胜之总结出："取马骨剉一石，以水三石煮之，三沸，去滓取其汁，每斗汁渍附子五枚，三四日去附子，加入等分蚕矢、羊粪或蛹汁，搅和后溲种晒干种之，骨汁或蛹汁皆肥田，附子令稼不蝗虫。"附子为毛茛科植物乌头的侧根，有剧毒，西汉氾胜之用附子溲种治蝗，开创了药剂治蝗的先河。明崇祯三年（1630 年），徐光启在《农政全书》中介绍了一种驱避蝗虫的除蝗方："用秆草灰、石灰灰等分为细末，筛罗禾谷之上，蝗即不食"。乾隆二十四年（1759 年）京畿道御史史茂上《捕蝗事宜疏》说："每水一桶，入麻油五六两，帚洒禾颠，蝗即不食"。这些驱避蝗虫的方法，在清朝很多的治蝗书籍中，还是得到了介绍推广。

同治十三年（1874 年），河间知府陈崇砥在《治蝗书》中认为"用秆草灰、石灰灰治蝗，不如将桐油煎成粘胶，使用笊篱、栲栳、簸箩，用油匀涂里面，系一长柄，里面放些谷荞、柳枝，置于田间，蝗虫入内，或取势一罩，则两翅粘连，捕捉蝗虫总比两手空空好得多"。同时陈崇砥在《治蝗书》中还介绍了一种用中草药制成的毒水消灭蝗卵的方法，其法为："用百部草煎成浓汁加极浓碱水，极酸陈醋（或盐卤），匀贮于壶内，用壮丁 2～3 人带童子数人挈壶及火筷子到蝗子处，指点卵穴，令童子用火筷子尖重戳蝗卵，锋尖有湿后，用壶内毒水浇之，随戳随浇，毋令遗漏，次日再用石灰水重戳重浇一次，蝗卵必烂"。这种繁琐的治蝗方法比人工掘卵还要费时、费力、费钱，因此，自此次提出来后，再也没有人提及过。

2. **民国时期的药剂治蝗**　1923 年，付焕光提出了"以新法改良古法"的治蝗方针。新法治蝗，除推广使用先进捕蝗器具外，提倡药剂毒饵治蝗法。是年，张景欧试验用巴黎绿 1 份＋盐 2 份＋马粪 50 份＋水适度制成毒饵，治蝗效果甚佳。同时试验用砒酸化铅 160 倍液、巴黎绿 320 倍液、亚砒酸钠 600 倍液毒水喷雾，喷 1 次蝗虫死亡率可达 50％～75％，喷 2 次死亡率可达 80％～90％。由此开创了化学药剂治蝗的先河。

1928 年，治蝗专家陈家祥创造煤油灭蝗法，即在蝗虫较多的水沟、池塘、小河中喷洒一层煤油，或挖沟灌水后洒上煤油，将蝗虫向水中轰赶，可以大量杀死蝗虫。至 1937 年抗日战争暴发前，中国农学家已试验成功并选择了氰化钠、氰化钾、巴黎绿、亚砒酸钠、砒酸铅、氟矽酸钠、白砒、砒酸化钙、亚砒酸钙、石油乳剂、鱼藤精、肥皂乳剂等十几种农药，或配制毒饵治蝗，或喷雾治蝗。在配制毒饵选料上，除麦麸外，还试验使用了牛粪、马粪、苜蓿籽粉、玉米粉、米糠、锯末、鲜草等多种配方。1947—1948 年，钟启谦、邱式邦、郭守桂等昆虫学工作者开始试验六六六喷粉或毒饵治蝗，并获得了很大成功。但是，在国民党反动政府统治下，内战频发，政府从不关心人民的疾苦，科学家们辛苦试验出的药剂治蝗成果确不能推广，正如张景欧教授叹曰："农民饱受兵匪之惊扰而流离失所，尚不能安居乐业，言治蝗，真空谈耳。"

3. 沧州的药剂治蝗成绩　中华人民共和国成立以后，我国即开始了使用六六六粉治蝗的研究。1950年，通过多种化学农药的对比试验，充分证明了六六六粉对蝗虫不但有很强的触杀作用，而且还有很强的胃毒和熏蒸作用，因此被选定为最为理想的治蝗农药。

1951年6月13～24日，农业部抽调飞机在黄骅县试验使用飞机喷撒六六六粉治蝗，将严重的3万余亩蝗虫及时扑灭，这是中国首次使用飞机喷撒六六六粉治蝗，成为中国治蝗史上的创举。在六六六粉农药的使用上，沧州曾选用人工喷粉治蝗法（人工手摇喷粉器喷撒0.5%六六六粉，每亩2～3斤）、毒饵治蝗法（0.5%六六六粉10斤＋麦麸55斤＋水85斤制成毒饵，每亩用鲜饵10～12斤）和飞机喷粉治蝗法（飞机喷撒0.5%六六六粉，每亩2～3斤），均获得了95%以上的杀虫效果。

1953年，农业部提出：随着我国财经情况的根本好转和整个治蝗工作的需要，在今后的治蝗工作中必须贯彻"药械为主"的方针。中央人民政府宣布除治飞蝗的药剂和器械全部费用由国家负担，之后国家向蝗区提供了大量的治蝗药剂、器械及专款，药剂治蝗由此成为我区除治蝗虫的主要措施。

为了更好地贯彻中央"药械为主"的方针，沧县专区于当年建立了专区蝗虫防治站，李志山任站长，副站长王树彬，技术人员有吴云鹤、李振海、王革新、代学增、孙永贤、尹永庆、田炳泉等，专职负责全区的防蝗工作。

1956年6月10日，河北省农业厅在黄骅县设立河北省第三蝗虫防治站。开始在沧县专区有计划地使用飞机治蝗，并确定1.5%六六六粉为飞机治蝗专用药剂。采用的治蝗方法是：在面积大、密度稀的蝗区，用药剂结合人工防治，以手摇喷粉器喷粉为主，毒饵诱杀次之；在蝗虫集中、面积广、密度大的大片荒地上，重点使用飞机及动力喷粉器。此外，还确定飞蝗每平方丈在2头以上者，用药剂防治，2头以下者，用人工结合药剂防治。

1958年，随着我国六六六粉农药生产能力的提高，沧州开始实行大规模飞机治蝗，同时在部分蝗区推广大型动力机械地面喷粉治蝗，并明确了用药标准，即人工喷粉治蝗使用0.5%或1%六六六粉，每亩3斤；动力机械治蝗使用2.5%六六六粉，每亩1.5斤；飞机治蝗使用2.5%六六六粉，每亩1.25斤。直到1983年国务院决定停止生产六六六粉以后，六六六粉才被其他治蝗农药所取代，但飞机治蝗仍是沧州除治蝗虫的主要方式。

1973年，虽然当时正在处于"文革"的混乱阶段，但沧州的防蝗部门仍不忘初心，及时有效地组织了全区的治蝗工作，并为今后治蝗积累了丰富的工作经验，实属难能可贵。

1974年3月30日，沧州地区农业局制定的《1974年夏蝗防治工作意见》提出了在黄骅、海兴、南大港农场和中捷农场四个单位，搞地面机械化治蝗的意见。

1976年，沧州地区已拥有动力机97台，地面机械化灭蝗面积达到16.4万亩，占总除治面积的50%，除治效果达95%以上。

1977年5月22～26日，河北省农林局在海兴县召开了地面超低容量喷雾灭蝗示范工作座谈会，组织与会人员参观了沧州沿海蝗区机械化治蝗情况，讲解了超低容量机械灭蝗技术，并对1977年超低容量机械灭蝗任务做出安排。

1979年3月，农业部首次在河北沧州召开全国治蝗工作座谈会，会议总结了中华人民共和国成立以来的治蝗经验；分析了1979年蝗虫发生趋势，指出了当前治蝗当中存在的问题，研究了进一步加强治蝗工作的意见。会后，农业部植保局裴温局长、中国科学院动物研究所治蝗专家陈永林等到海兴县参观了地面治蝗机械的研制情况，检查了沿海蝗区的治蝗工作，对沧州沿海的机械化治蝗，给予了充分肯定和高度评价。

1983年6月，南大港农场防蝗站率先进行承包责任制治蝗试点，仅用9天时间，完成了8.5万亩夏蝗除治任务，防治效果达99％，不但比原计划除治日期提前了6天，而且还节省劳力2 428个，节省治蝗农药2万千克。是月，河北省农业厅龚邦铎副厅长率治蝗专家郭尔溥等，到南大港农场对承包治蝗情况进行了考察，充分肯定了南大港的做法。

1984年3月，全国植保总站在沧州再次召开全国治蝗工作座谈会，农牧渔业部在批转全国植保总站《1984年全国治蝗工作座谈会纪要》中对南大港农场实行的承包责任制治蝗做法给予了充分肯定，并建议在全国各地进行试点，创造经验，积极推广。

在80年代，我区在药剂治蝗方面，主要采用地面机械化治蝗及人工背负喷粉弥雾动力机超低容量喷雾治蝗相结合的办法，曾选用过45％马拉硫磷、10％安绿宝、50％辛硫磷、50％稻丰散、40％氧化乐果、80％敌敌畏、50％甲胺磷、50％新光一号、50％敌马乳油、2.5％溴氰菊酯、20％速灭杀丁、2.5％来福灵以及5％敌百虫粉、4％敌马粉、1.5％林丹粉等多种农药除治蝗虫。

进入90年代以后，由于粉剂灭蝗农药的停产，加之乳剂农药喷洒机械缺失，1994年除治秋蝗又开始使用飞机。黄骅、海兴、中捷、南大港等地，试验使用飞机定位系统喷洒菊酯类农药和高效、低毒、长效、环保型锐劲特农药等技术，都收到了很好的效果。在1996年、2002年、2003年几次较大的蝗虫发生年份，都是采用飞机加人工背负式喷雾器喷药的方法进行灭蝗的。后来为了节约治蝗，选用小型飞机或直升机进行重点挑治，收到了很好的效果。

（八）蝗区改造

蝗区一词，就是"蝗生之地"或"蝗虫发生地域"的意思。宋代司马光于1084年撰《资治通鉴》记载："后晋天福八年（943年）蝗大起，东自海壖，西距陇坻，南逾江淮，北抵幽蓟，原野、山谷、城郭、庐舍皆满。"第一次划出了中国蝗虫发生地的范围，其中包括了河北、山东、河南、山西、陕西、江苏、安徽等省现今的广大蝗区。最早研究关于蝗区情况的，可见明代徐光启《农政全书·除蝗疏》。徐光启在《蝗生之地》一节中对中国蝗虫原生地和延及区等问题，提出了新的见解。他说："蝗之所生，必于大泽之涯，然而洞庭、彭蠡、具区之旁，终古无蝗也。必也骤盈骤涸之处，如幽涿以南，长淮以北，青兖以西，梁宋以东，都郡之地，湖巢广衍，旱溢无常，谓之涸泽，蝗则生之。"明确划出了中国蝗虫发生基地的蝗区范围。徐光启又说："故涸泽者，蝗之原本也。欲除蝗，图之此其地矣。"清同治年间陈崇砥任河间知府时撰写的《治蝗书》曰："蝗为旱虫，故飞蝗之患多在旱年，殊不知其萌蘖则多由于水，水继以旱，其患成矣。"该书明确指出治理蝗灾就是要重点解决水的问题，避免骤涸骤盈，为蝗区改造工作指明了方向。

中华人民共和国成立以后，我国广大科技工作者对中国蝗区及其治理进行了广泛的调查研究。1951 年，吴福桢在《中国的飞蝗》一书中认为："中国的蝗虫发生基地，不是荒原盐碱，就在河、湖、海之滨，这些地方芦苇丛生，人迹罕见，只有通过疏通河道、开垦荒地等根本治蝗办法，才能消灭蝗害。"又指出："根本治蝗之道，就是把产蝗基地的河道疏通了，盐碱地改造了，荒地开垦出来种植粮食，把适宜蝗虫产卵和生活的环境改造为不适宜蝗虫产卵和生活的环境，即增加了生产，又消灭了蝗虫，一举两得。"通过我国昆虫学家对蝗区的研究，普遍认为东亚飞蝗是属于选择栖居地比较严格的昆虫，它"不同于一般害虫的最主要之点，在于它需要一个特定的滋生地，只要消灭了这个滋生地，就能致它于死命"。后来在改造蝗区自然环境方面专家们取得了共识。1965 年，马世骏等出版了《中国东亚飞蝗蝗区的研究》，将我国蝗区划分为蝗虫发生基地、一般发生地和扩散区三个等级，就其形态结构及形成原因而言，又分为滨湖蝗区、沿海蝗区、河泛蝗区及内涝蝗区四种类型，并提出了包括植树造林、增加植被密度、控制湖水水位、修建水库、旱地改种水稻、疏通河道建立良好排灌系统、开垦荒地、精耕细作、扩种蝗虫不喜食植物、蓄水养殖、管理苇田、扩建盐场等一系列改造蝗区的有效措施。

　　1959 年，为加强蝗区改造的步伐，农业部制定了"猛攻巧打，积极改造蝗区自然环境，采用各种方式方法根除蝗害"的治蝗方针。沧州在中央治蝗方针的指引下，通过采取相应措施使河流、水库水位得到了控制，农田经过精耕细作，园林化、园田化的程度提高了，很多苇洼、荒地被开垦了，建成了一批国营农场。这样不但有利于农业生产，还消灭了大量的蝗虫发生滋生地，蝗区面积大为减少。1959 年 4 月，农业部在山东济宁召开了 1959 年冀、鲁、豫、苏、皖五省灭蝗会议。河北省在此次会议上制定了《四年根治蝗害的初步规划》，提出："全省内涝蝗区将不再大量发生蝗虫；洼淀、河泛、沿海蝗区面积要缩小一半，其余部分亦不再大量发生蝗虫。"根据这些规划，沧州在蝗区改造方面做了大量的工作。在 1964 年以后的几年当中，沧州人民在毛主席"一定要根治海河"的号召下，全力投入到了根治海河当中，大搞排涝及其配套工程，在"排、台、改、灌、林、路"方针指引下，全区农田水利工程建设得到飞速发展，先后根治了宣惠河、黑龙港河、南排河、滏阳河、滹沱河、大清河、漳卫新河等大型骨干河道，开挖了子牙新河，疏通排灌沟渠 3 万余条，修建闸涵站点 1.94 万座，修建台田、条田 332 万亩，直接入海口达 15 处。沧州排泄能力达 1.2 万立方米/秒，初步形成了一个新的防洪除涝工程体系，解决了沧州地区长期存在的十年九涝问题。1981 年，河北省生防站在海兴县投资 2 万元，支持香坊、朱王两乡镇种植紫穗槐改造蝗区；1981 年 6 月 28～30 日，中国科学院学部委员、植物生态学家侯学煜教授到河北沧州考察献县、黄骅、海兴、青县和中捷农场蝗区的农业资源开发利用情况，为全面进行蝗区改造工作进行调研，并提出了具体的指导意见。1984 年 10 月 1 日，为纪念中华人民共和国成立 35 周年，中共河北省委、河北省政府主办的"河北省经济建设成就展览"在石家庄举行，沧州地区防蝗站以"发挥科技威力，控制重大病虫害"为题参加了这次展览，突出展现了沧州地区改治并举、根除蝗害的治蝗成就。通过兴建农场、修建水库、打井灌溉、精耕细作、发展绿肥、植树造林、扩建盐场等一系列蝗区改造措施，到 1986 年年底，沧州地区沿海、内涝、河泛、洼淀四种类型的 380 万亩蝗区面积得到彻底改造，现有蝗区面积约 130 万亩，主要分布在黄骅、海兴、南大港、中捷、青县、献县、任丘等县市的 135 块大洼地中。1992 年 6 月 5 日，河北省植保总站、沧州地区植保站、海兴县植保站又签订了《蝗区改造综合治理协议书》，决定向海兴县投资 60 万元，兴建海兴县蝗区改造盐场，改造蝗区 2 800 亩。1996

年，农业部决定在沧州建立生态生物治蝗示范区。1997 年 1 月 17 日，农业部病虫防治处李玉川处长、朱恩林副处长在河北省植保总站张书敏副站长的陪同下，到黄骅市考察"寥家洼蝗区生态治蝗示范区"实施情况。4 月 21～22 日，河北省防蝗工作会议在黄骅召开，会议确定黄骅市为河北省生态治蝗示范点。至 90 年代末，在国家"改治并举"治蝗方针指引下，沧州经过长期治理，蝗区改造工作取得了举世瞩目的伟大成就。

五、沧州蝗区勘查成果

为查清了掌握沧州地区的蝗区分布及演变情况，为做好防蝗工作提供可靠依据，根据河北省植保总站《关于开展蝗区勘查工作的通知》精神，沧州地区植保站于 1984 年 10 月着手开始蝗区勘查的准备工作。至 1985 年春，海兴、黄骅、献县、任丘四县及中捷、南大港两个农场正式展开了蝗区勘查工作。我们先在献县树立蝗区勘查的样板，然后再以点带面进行推进。经过两年的不懈努力，完成勘查蝗区面积 150 余万亩，先后绘制蝗区分布图 180 幅。与此同时对其他县原有蝗区进行了内查外调工作，全面完成了对全区的蝗区勘查任务。现将此次蝗区勘查工作特点总结如下。

（一）健全组织，加强领导

为完成省下达的蝗区勘查任务，沧州地区植保站将蝗区勘查工作列入了防蝗工作的主要任务，站长亲自抓，并明确了主抓人员，同时要求各县配备专业干部负责，一抓到底。地区曾三次召开蝗区勘查会议，交流经验，讨论问题，部署工作。海兴、献县、任丘、南大港四单位都是由植保站长主抓，其中黄骅、献县都配备了三名以上的干部专门负责此项工作。全区参加蝗区勘查工作的技术人员共 14 名，勘查队伍多达 180 人，为蝗区勘查提供了必要的组织保障。

（二）树立样板，以点带面

蝗区勘查工作，是一项新鲜事物，为了更好地完成任务，我们一方面在全区全面铺开，一方面树立典型，以点带面。经研究确定将献县定为蝗区勘查的样板县，经过一年的努力，取得了以下几条经验：

1. **领导重视**　献县在接到地区蝗区勘查的任务后，首先建立了蝗区勘查的工作小组，由主管农业的副局长王世恒主管这项工作。下分资料组和蝗区勘查组，每一组都有一名副站长具体负责，拟定工作方案，明确岗位责任。

2. **方法对头**　献县的蝗区勘查工作是分两步走的，第一步是进行内查外访和实地勘察，时间为期一年。所谓内查就是查阅历史资料；所谓外访，就是访问以前的老防蝗人员。在取得第一手资料后，经集体讨论，找出问题，反复核实，再逐洼进行实地勘查，确定每个洼块四至边界，查清洼块的地形地貌及植被情况。在取得原始资料后，再与老防蝗人员进行核对，从而防止出现漏查现象。第二步是资料整理，在此基础上撰写文字报告，绘制蝗区分布图，填写蝗区卡片，最终得以圆满完成蝗区勘查任务。

3. **加强部门协作**　在蝗区勘查中，一些老防蝗人员协助提供相关资料，同时征得有关乡镇领导支持，收集到大量有关蝗区改造后经济效益的数据。在资料整理的过程中，考察人员还主动与水利局、区划办、档案馆、文化馆、土肥站、地名办公室等单位联系，密切配合，使蝗区勘查资料不断充实和完善。

（三）保证资金，严格要求

为了保证蝗区勘查工作的顺利进行，省厅将专项资金及时下达给各蝗区勘查县（市、区、场），并明确按照省蝗区勘查方案要求专款专用，按质按量按时完成勘查任务，确保每个县（市、区、场）的蝗区勘查都能达到有总结、有分布图、有蝗区分布表、有蝗区卡片的要求。

（四）勘查内容与方法

1. 内查外访和实地勘查

（1）内查：查阅蝗区的历史资料。

（2）外访：通过座谈或访问，向治蝗老干部、老农、老防蝗员了解该蝗区的历史演变情况。

（3）实地勘查：对所有蝗区现状逐个进行实地勘查，确定蝗区的四至边界，实测面积，调查地形、地貌及植被种类、数量、分布及覆盖程度。调查采用五点取样法，每点1平方尺，覆盖度可采用目测，土质、土壤含盐量和海拔高度均参照当地的土壤普查资料；通过内查外访了解原有蝗区面积、蝗区改造面积、改造的时间、改造后的经济效益、蝗区演变情况，及现有蝗区面积；了解该蝗区历史蝗虫发生面积、防治情况及发生程度；了解该蝗区的积水、退水面积、时间和水深及必要的气象资料。

2. 室内资料整理

将勘查了解掌握的全部资料进行系统整理，写出蝗区勘查报告，绘制蝗区分布图，并按"河北省东亚飞蝗蝗区卡片"的要求，以洼块为单位填入卡片。蝗区勘查报告和蝗区卡片均一式三份，分别存放省、（地）市、县植保站各一份。

（五）沧州蝗区分布一览表

献县

蝗区名称	原有面积（亩）	现有面积（亩）	蝗区类型	备　注
三角西洼	40 320	12 480	河泛	
富庄西南洼	1 440	360	河泛	
垫头东南洼	4 680	3 600	河泛	
大章东南洼	40 500	28 260	河泛	
张村西洼	1 500	0	河泛	
冯庄南洼	46 800	5 460	河泛	
小平王南洼	6 300	0	河泛	
孔庄西南洼	32 340	0	内涝	
团堤大洼	22 800	5 740	内涝	
南庄大洼	26 760	9 240	内涝	

（续）

蝗区名称	原有面积（亩）	现有面积（亩）	蝗区类型	备　注
野场北洼	18 900	8 040	内涝	
本斋南洼	960	0	内涝	
十五级大洼	86 400	12 500	内涝	
梅庄大洼	25 200	3 000	内涝	
王尧京大洼	29 160	4 680	内涝	包括新增蝗区
西张定大洼	2 880	3 960	内涝	包括新增蝗区
垒头东北洼	4 500	0	内涝	
韩村连洼	63 000	0	内涝	
后道院北洼	14 400	3 000	内涝	包括新增蝗区
孔束州东洼	18 900	3 600	内涝	
桑因屯大洼	45 000	3 900	内涝	
安庄南洼	3 300	0	内涝	
吏家坞大洼	52 500	6 300	内涝	
南韩村南洼	750	0	内涝	
万村大洼	10 800	3 960	内涝	包括新增蝗区
棱庄大洼	10 800	0	内涝	
王友村大洼	17 160	0	内涝	
周官屯大洼	3 840	0	内涝	
南三堤口南洼	24 080	7 780	内涝	包括新增蝗区
单桥南洼	11 700	0	内涝	
大王庄南洼	12 120	5 040	内涝	
合　计	679 790	130 900		包括新增蝗区

黄骅

蝗区名称	原有面积（亩）	现有面积（亩）	蝗区类型	备　注
张家洼	6 000	5 800	沿海	
孙庄洼	8 000	6 000	沿海	
黄水洼	10 000	8 600	沿海	
杨庄连洼	15 000	13 000	沿海	
赵家洼	12 000	8 000	沿海	
张庄洼	3 000	2 300	沿海	
八里庄洼	12 000	8 000	沿海	

（续）

蝗区名称	原有面积（亩）	现有面积（亩）	蝗区类型	备　注
孟洼	9 000	5 500	沿海	
高北洼	8 000	5 000	沿海	
杨家洼	10 000	8 000	沿海	
仁村洼	5 000	3 500	沿海	
刘常洼	9 000	7 000	沿海	
芹地洼	4 000	2 500	沿海	
故县洼	5 500	4 000	沿海	
乔家洼	4 500	3 000	沿海	
王桥洼	3 400	3 000	沿海	
高代庄洼	10 000	7 500	沿海	
苗壮洼	14 000	7 000	沿海	
腾南洼	15 000	11 000	沿海	
李官庄洼	9 000	7 000	沿海	
刘家洼	10 000	6 000	沿海	
刘老仁洼	5 000	4 000	沿海	
大浪白洼	5 500	5 000	沿海	
辛庄洼	30 000	16 000	沿海	
羊三木洼	25 000	14 000	沿海	
吕家洼	10 000	8 000	沿海	
沧浪渠河套	8 000	5 000	沿海	
东洼	25 000	15 000	沿海	
吕家洼	18 000	9 500	沿海	
杨官庄洼	6 000	5600	沿海	
巨官洼	4 200	2 700	沿海	
王化庄洼	3 500	3 000	沿海	
周青庄洼	20 000	16 000	沿海	
管养场水库	90 000	87 000	沿海	
岐口洼	13 000	11 000	沿海	
岐口三角地	15 000	12 000	沿海	
合　计	460 600	345 500		

海兴

蝗区名称	原有面积（亩）	现有面积（亩）	蝗区类型	备 注
付赵蔡大洼	9 000	8 000	沿海	
付赵赵江	15 000	14 500	沿海	
付赵郭家洼	15 000	10 000	沿海	
付赵庙子	20 000	15 000	沿海	
付赵毕家洼	6 000	6 000	沿海	
付赵王家坟	7 000	4 000	沿海	
付赵东西侯洼	10 000	6 000	沿海	
付赵西洼	15 000	10 000	沿海	
青锋洼	10 000	3 000	沿海	
付赵南洼	18 000	12 000	沿海	
付赵东岭子	9 000	5 000	沿海	
青先洼	10 000	5 500	沿海	
付赵孟大洼	8 500	7 000	沿海	
付赵姜家河	3 000	3 000	沿海	
付赵王皂	15 000	14 000	沿海	
辛集孙家洼	5 000	1 500	沿海	
辛集宋王洼	6 000	1 500	沿海	
辛集陶家洼	10 000	10 000	沿海	
小山张皮东洼	10 000	9 000	沿海	
小山三节河	12 500	3 000	沿海	
小山劳洼	13 000	3 000	沿海	
苏基大洼	14 000	5 500	沿海	
丁村王十洼	2 500	500	沿海	
丁村房庄北洼	4 000	1 500	沿海	
丁村摩庄北洼	4 500	4 500	沿海	
丁村张庄北洼	1 500	1 500	沿海	
赵南洼	25 000	3 500	沿海	
明泊洼南洼	20 000	13 000	沿海	
明泊洼西洼	10 000	5 000	沿海	
明泊洼东洼	12 000	7 000	沿海	

（续）

蝗区名称	原有面积（亩）	现有面积（亩）	蝗区类型	备　注
香坊付草场	27 000	27 000	沿海	
香坊李红坟	12 000	9 000	沿海	
香坊李草场	8 000	8 000	沿海	
香坊水库	45 000	45 000	沿海	
香坊边庄北洼	7 000	5 000	沿海	
香坊杨王洼	11 000	8 000	沿海	
朱王西河	7 000	7 000	沿海	
朱王小洼	1 500	1 500	沿海	
朱王大洼	9 000	6 000	沿海	
赵毛陶胡草洼	9 000	6 000	沿海	
付赵青皮子	9 000	0	沿海	
小白洼	9 000	0	沿海	
马台子洼	15 000	0	沿海	
王家洼	13 000	0	沿海	
常东洼	20 000	0	沿海	
小山张皮北洼	7 000	0	沿海	
北大洼	8 000	0	沿海	
山西洼	5 000	0	沿海	
西窑洼	3 000	0	沿海	
山后西洼	2 000	0	沿海	
李家洼	3 000	0	沿海	
齐家洼	5 000	0	沿海	
城关陶家洼	9 000	0	沿海	
献庄洼	3 000	0	沿海	
赵毛陶柳洼	3 000	0	沿海	
明泊洼北洼	9 000	0	沿海	
杨埕王庄洼	3 000	0	沿海	
孔庄子四队	3 000	0	沿海	
孔庄子洼	3 000	0	沿海	
合　计	589 000	315 500		

中捷

蝗区名称	原有面积（亩）	现有面积（亩）	蝗区类型	备 注
牛奶队	10 000	3 000	沿海	
二分场	10 000	8 000	沿海	
三分场	18 000	15 000	沿海	
四分场	20 000	20 000	沿海	
五分场	13 000	10 000	沿海	
六分场	11 000	4 000	沿海	
七分场	15 000	5 000	沿海	
邢庄科洼	2 000	500	沿海	
小冶洼	5 000	3 500	沿海	
十五队	7 000	3 000	沿海	
崔家泊	5 000	4 800	沿海	
黄浪渠	5 000	5 000	沿海	
石碑河	5 000	5 000	沿海	
合 计	126 000	86 800		

南大港

蝗区名称	原有面积（亩）	现有面积（亩）	蝗区类型	备 注
水库	95 000	90 000	沿海	
张网口	37 000	16 500	沿海	
港东片	28 000	7 000	沿海	
港西片	29 000	5 000	沿海	
梁家洼	15 000	4 000	沿海	
西尘子	13 000	6 000	沿海	
双庄科	31 000	4 000	沿海	
大河东	27 000	5 000	沿海	
蛤蟆坨	20 000	9 000	沿海	
港南片	61 500	5 000	沿海	
东洼	10 000	0	沿海	
合 计	366 500	151 500		

任丘

蝗区名称	原有面积（亩）	现有面积（亩）	蝗区类型	备　注
白洋淀	110 000	110 000	洼淀	
五官淀	59 000	10 000	内涝	
小淀洼	20 000	10 000	内涝	
梁沟洼	27 000	9 000	内涝	
粘鱼泊	15 000	5 000	内涝	
边关大港	15 000	8 000	内涝	
台子洼	10 000	4 000	内涝	
东庄店洼	12 000	6 000	内涝	
马汉洼	30 000	10 000	内涝	
百草洼	15 000	7 500	内涝	
合　计	313 000	179 500		

青县

蝗区名称	原有面积（亩）	现有面积（亩）	蝗区类型	备　注
曾家洼	11 000	8 000	内涝	
杨家洼	50 000	46 000	内涝	
仓上洼	5 000	4 000	内涝	
西淀洼	13 000	11 000	内涝	
合　计	79 000	69 000		

沧州现有主要蝗区分析表　　　　　　　　　　单位：万亩

县别	蝗区类型	洼块数	现有蝗区面积	备　注
黄骅	沿海	36	34.55	
海兴	沿海	42	31.55	沿海蝗区总面积89.93
南大港	沿海	11	15.15	
中捷	沿海	13	8.68	
献县	内涝	14	8.43	
任丘	内涝	9	6.95	内涝蝗区总面积22.28
青县	内涝	4	6.9	
献县	河泛	5	4.66	河泛蝗区总面积15.66
任丘	河泛	1	11.0	
合计		135	127.87	

六、现代治蝗新理念

（一）推行生态防控技术

蝗虫和其他任何生物一样，其生存与发展都与其周边环境密不可分，是多种生态因素长期影响的结果。这些因素主要包括气象因素、土壤因素、生物因素和人为因素。鉴于目前沧州市蝗区改造和蝗虫防治工作已取得巨大成绩，其生态因素已得到根本改变，建议今后治蝗工作中遵循"改治并举，生态治蝗，保护环境，应急防治"的原则，积极推行生态治蝗及应急防治新技术。

生态防控技术，就是用生态学的观点，改变和控制蝗虫种群数量的技术，主要包括蝗区改造和科学合理用药两个方面。

1. **沿海蝗区扩种苜蓿**　2001年，黄骅市对东亚飞蝗饲以苜蓿的实验结果表明，飞蝗只能维持少数蝗虫个体生存，但不能羽化及交尾。实践证明种植苜蓿，不但能有效地控制蝗虫危害，还能对苇荒地的蝗虫向农田扩散起到阻隔作用。沿海蝗区属植被茂密、土地瘠薄、地广人稀、蝗灾严重的地区，但很适宜苜蓿的种植，为实施生态控制的推广奠定了基础。

2. **内涝农田蝗区扩种蝗虫不喜食植物**　宋乾兴元年（1022年），范讽通判淄州，岁旱蝗，他谷皆不粒，民以蝗不食菽，犹可艺。开创了扩种大豆防治蝗灾的先河。徐光启在《农政全书》中独欣赏红薯，即甘薯。曰："剪藤种薯易生而多收，至于蝗蝻为害，草木无遗种种灾伤，此为最酷。乃其来如风雨，食尽即去，唯有薯根在地荐食不及，纵令茎叶皆尽，尚能发生，不妨收入。若蝗信到时，能多并人力，益发土遍壅其根节枝干，蝗去之后滋生更易，是虫蝗亦不能为害矣。故农人之家不可一岁不种，比实杂植中第一品，亦救荒第一义也。"民国三十年（1941年），河北省公署建设厅出版关鹏万等编著《飞蝗概说》就把棉花列为飞蝗的不喜食植物。如今在改革开放的今天，农村都实行了农业生产承包责任制，农业生产的多元化、多样化为扩种大豆、棉花、红薯、花生等蝗虫不喜食植物提供了可能，这样不但能使蝗虫得到控制，还能提高农民的经济收入。

3. **洼淀水库蝗区蓄水养鱼养苇**　通过引水、蓄水和调水等方法，使洼淀水库蝗区蓄水量保持着一定的水平，不使洼淀旱涸，不使水库滩地产生。这样不但不利于蝗虫发生，还能养殖大量芦苇、鱼虾。正如南大港人所说：南大港水库只要有水，就是产鱼、产苇、灌溉农田的聚宝盆，一旦退了水，就成为蝗虫的易发地，变成蚂蚱窝子。

4. **科学施用化学农药**　生态防控，并不是不要化学防治，而是科学用药、合理用药。1983年国家禁止使用六六六以后，沧州即在各县进行了溴氰菊酯、速灭杀丁、马拉硫磷、敌马合剂等药效试验，筛选取代六六六灭蝗的农药。选用化学农药，本着选择高效、低毒、低残留、安全有效的农药，掌握省工、省药、环保的原则，尽量减少单位面积用药量，减少用药面积，减少用药次数。

截至目前沧州市使用过的治蝗农药主要有马拉硫磷、辛硫磷、溴氰菊酯、拟除虫菊酯、氯氰菊酯、敌马合剂、锐劲特等。防治器械主要采用背负式动力机喷雾、地面大型动力机、固定翼飞机、直升机和无人机，其中后4种为超低容量喷雾。

随着沧州市蝗区面积的减少、防治技术的提高和应急防控机制的建立，对防治蝗虫指标进行了相应的提高。为了保护环境，减少用药次数和用药量，我们充分利用蝗虫的变型理论，坚持分类管理原则，只有在确认出现群居型蝗虫苗头时，才施以药剂防治。

（二）保护利用蝗虫天敌，利用生物农药防治蝗虫

1. 保护利用蝗虫自然天敌

（1）鸟类　鸟类是人类的朋友，在公元前就有了保护鸟类的建议，据《礼记·月令》载：孟春之月，命祭山林川泽，禁止伐木，毋覆巢，毋杀孩虫，胎夭飞鸟。

清乾隆十六年（1751年）六月，交河、河间、吴桥、献县等处蝗灾，数千只鸟从东南飞来，将蝗虫全部吃掉。

沧州师范学院生物系孟德荣教授，多年从事沧州渤海湾湿地蝗区鸟类分布情况的考察，经调查仅海兴湿地蝗区就分布各种迁徙鸟类175种之多，其中普通燕鸻、麻雀、小云雀、灰椋鸟、环颈鸻、苇鹀等都是蝗虫的天敌。

1991年，张长荣在《河北的蝗虫》一书中指出：1960年，南大港水库苇洼中的堤埂上有25％左右的蝗卵被鸟类取食，有的堤段则高达50％～70％。在鸟类中，燕鸻捕食蝗蝻的数量较大。据试验，燕鸻在哺育雏鸟期间主要以蝗虫为喂养食料，一只雏鸟每天平均能吃蝗虫约90头。在沧州市东部沿海蝗虫的鸟类天敌主要有：燕鸻、白翅浮鸥、田鹨、喜鹊、小嘴乌鸦、灰顶伯劳、黑卷尾、红脚隼、苇鹀等。

（2）寄生菌类　宋淳化三年（992年）七月，沧州、东光、吴桥、盐山蝗，俄抱草自死。这是沧州寄生菌类寄生蝗虫的最早记载。

1925年，张景欧、尤其伟在《飞蝗之研究》中指出："菌类之杀蝗虫，有令人思想不及者，其效力之宏大，在自然驱除法中，可居第一。"其研究结果认为，杀蝇菌属的病菌效验最大，其杀蝗菌（真菌）分布最广。蝗遭其寄生，则身体行动不活泼，爬于植物顶端，用前四足紧抱不放，直至垂毙，蝗体膨胀，先软后僵硬，各节陆续断裂，有棕色孢子顺风吹起至植物上，健康之蝗食之，又染此病而死。据观察，所抱植物有芦苇、艾、野蔷薇、木槿等，抱草位置多在高3～4尺之内，死蝗以五龄蝻最多，3～4龄和成虫次之，死蝗头皆向上，四足向前，后足向后，紧抱植物，很多人称之为"抱草瘟"。1933年马骏超以为寄生蝗虫之菌类有两类，一为细菌，一为真菌。1991年郭郛等认为，菌类天敌主要包括杀蝗菌，小杀蝗菌和球蝗菌3种。20世纪90年代以来，沧州已形成了以使用白僵菌、绿僵菌、微孢子虫等为主要成分的生物农药系列，并开始使用飞机喷洒。

（3）寄生蜂类　1933年马骏超认为：寄生东亚飞蝗卵的黑卵蜂有6种，包括蝗黑卵蜂、飞蝗黑卵蜂、尼黑卵蜂等。1941年，河北省公署建设厅出版关鹏万等编著《飞蝗概说》，认为：卵蜂科之黑卵蜂为普通见到之种类，寄生率甚高。1960年春季，黄骅县调查，飞蝗黑卵蜂对蝗卵的寄生率为5％～15％，最高达34％；1980年海兴县蝗区飞蝗黑卵蜂对蝗卵的寄生率达52％；1985年姬庆文对飞蝗黑卵蜂生物学特性和利用进行了研究，指出：飞蝗黑卵蜂在河北等蝗区均有分布，寄生率一般在10％左右，个别年份可达50％～90％。

（4）蜘蛛类　蜘蛛食蝗，在公元300年左右，东晋崔豹著《古今注》中曰：蝇虎（跳蛛科蝇虎属蜘蛛）形如蜘蛛，而色灰白，善捕蝗，一名蝇蝗。最早把蜘蛛列入了蝗虫的天敌。1996年刘金良等在《中国有害生物综合治理论文集》中发表《蜘蛛类天敌对东亚飞蝗蝗蝻的控制作用初步研究》，指出：沧州渤海湾蝗区能捕食东亚飞蝗蝻的蜘蛛种类9种，其中控制作用较大的优势种5种，即星豹蛛、镰豹蛛、山西狼蛛、白纹舞蛛和迷宫漏斗蛛，并对星

豹蛛、山西狼蛛、迷宫漏斗蛛的取食量、繁殖、历期、生活习性以及对蝗虫的控制作用做了初步研究。

（5）蜂虻类　1925 年张景欧等开始对长吻虻寄生蝗卵进行记载：长吻虻幼虫形曲，头钝而小，暗褐色，大颚甚阔，尾尖，体呈透明之白色，具透明淡黄色斑纹，大小形状无大差异，多数不能运动，幼虫常见于卵块之中。据调查，河北沿海蝗区，中国雏蜂虻对越冬蝗卵的取食率为 27%～75%。1981 年 5 月，南大港农场水库苇洼在土壤严重失水的情况下，中国雏蜂虻食卵率达 30%～40%，有些卵块被取食的卵粒高达 80%～90%。在渤海湾蝗区，雏蜂虻一般 8 月份成虫很多，常在菊科植物上取蜜，飞行极速，幼虫多寄生于秋蝗卵，翌春如遇干旱，在野外蝗穴中，经常会挖到个体肥大的幼虫。

（6）蚂蚁类　沧州蝗区常见到的蚂蚁可分为 4 种，即大黑蚂蚁和大黄蚂蚁，小黑蚂蚁和小黄蚂蚁，分布广，数量大，其庞大的种群数量是其他天敌不可比拟的，不但食蝗卵，还可食刚孵化的一龄幼蝻。

1994 年 4 月 25 日，沧州地区渤海湾蝗区东亚飞蝗天敌调查及保护利用研究协作组向省植保总站写出了《沧州渤海湾蝗区东亚飞蝗天敌调查及保护利用研究总结报告》，基本查清沧州渤海湾蝗区分布的东亚飞蝗天敌种类有寄生蜂、虻类、寄生蝇、芫菁、螳螂、步甲、蜘蛛、青蛙、蚂蚁、线虫、鸟类、蜥蜴、草蛇 13 大类 37 种，其中具有保护利用价值的优势种天敌种类 12 种：飞蝗黑卵蜂、中华雏蜂虻、山西狼蛛、拟环纹狼蛛、星豹蛛、迷宫漏斗蛛、中华大蟾蜍、黑斑蛙、大黑蚂蚁、燕鸻、田鹨、苇鳽。

2006 年，张书敏主编的《河北省东亚飞蝗的发生与治理》一书，对东亚飞蝗的天敌做了全面的论述，列举河北省蝗虫天敌名录达 163 种，其中，昆虫纲昆虫类天敌 48 种，蛛形纲 41 种，鸟纲 58 种，两栖动物类 7 种，爬行动物类 1 种，菌类 4 种。这些蝗虫天敌如果充分利用，定会对蝗虫的控制起到很大的作用。

2. 利用生物农药防治蝗虫　1985 年，我国开始从美国引进蝗虫微孢子虫及繁殖技术。1991 年，河北省农林科学院植物保护研究所在黄骅做灭幼脲 1 号喷雾灭蝗试验，证明了灭幼脲的效果佳。1999 年以后，河北省植保总站在沧州陆续进行蝗虫微孢子虫、杀蝗绿僵菌、除虫脲等生物农药防治蝗虫的试验。2004 年，在黄骅市沿海蝗区使用直升机喷洒杀蝗绿僵菌油悬浮剂（100 亿个/毫升）防治蝗虫的试验，防治效果达到 90%。2005 年，在黄骅市沿海蝗区进行用直升机喷洒蝗虫微孢子虫浓缩液（100 亿个/毫升）灭蝗试验，防治效果为56.2%。在海兴县沿海蝗区进行直升机喷洒绿保制剂（绿僵菌）防治蝗虫的试验，防治效果达 94%。

采用生物制剂防治蝗虫，要在中等以下发生年份连续多年进行，有持续抑制蝗虫发生的作用。防治适期最好在蝗虫 2～3 龄。初步试验，生物毒饵制剂，要在蝗虫 3 龄时施用，方法是把蝗虫微孢子虫浓缩液加水稀释，喷在麦麸上，搅拌均匀按 1 500 克饵料/公顷施用。人工超低容量喷雾，可用杀蝗绿僵菌油悬浮剂（100 亿个/毫升）0.33 升/公顷，加 0.67 升的真菌农药稀释剂。飞机喷洒杀蝗绿僵菌油悬浮剂（100 亿个/毫升），要按 1∶2 的比例加入真菌农药稀释剂，然后再按总体积的 5% 加入净化水进行飞机喷雾，用量 1 000 毫升/公顷；飞机喷洒蝗虫微孢子虫浓缩液（100 亿个/毫升）治蝗，每架次使用微孢子虫制剂 1 000毫升，加入 25 升糖水，再加入适量的乳化剂，用净化水稀释后注入飞机药箱，喷洒面积134 公顷；飞机喷洒绿保制剂为 85～125 毫升/公顷。飞机防治时的飞行高度为 5～8 米。

喷幅50～70米，施用时，可选择杂草较多、湿度较大、对当地水质要求较高的水库蝗区使用。

（三）开展群众性利用蝗虫工作的研究

蝗虫作为一种生物资源，既有有害的一面，也有有利的一面。改革开放以来，群众性利用蝗虫资源，开展变害为利的工作在沧州市就已兴起，并曾经搞得如火如荼，现选择2002年以来，发表在《沧州晚报》上的三篇文章，供大家参考。

小蚂蚱招来"大财神"
——记国内笼养蝗虫创始人刘金栋

南大港农场植保站站长，人称"灭蝗大王"的刘金栋，将野生的蝗虫当成宝贝饲养起来，开创了中国家庭笼养蝗虫的先例，并获得成功。18年来，他精心制作标本出售给全国各大专院校用于生物科研和教学，奇迹般地用小蚂蚱招来了"大财神"。

专门消灭蝗虫的人，竟然养起了蝗虫，而且还发了蝗虫财，天下竟有这样的新鲜事儿？7月3日，记者带着疑问走访了刘金栋。

科学饲养蝗虫

我们走进刘金栋的家门，首先见到的是一个由纱窗做成的长方形的大笼子。无数只蝗虫在笼子里围着一位妇女飞来飞去，争吃着主人送来的鲜嫩青草。"你们看，我媳妇正在喂蚂蚱，这群小家伙可贪吃呢"。刘金栋一边说一边讲起了饲养蝗虫的经过。

刘金栋为什么要饲养蝗虫呢？这话还得从头说起。那是在1983年的秋天，武汉一所大学和上海十六中的老师、学生来到南大港农场芦苇荡采集蝗虫标本。城里人住在简陋的旅馆里，每天乘坐拖拉机，带着干粮来到15千米外的大洼，辛辛苦苦地忙活了半个多月，也没有捉到几只像样的飞蝗。师生们临走时遗憾地对刘金栋说："要是有人能制作成套的蝗虫标本卖给我们该多好啊！"

师生们所盼的，正是刘金栋要干的。刘金栋想，自己搞了几十年治蝗工作，可是生物科研和教学又需要蝗虫标本，这可怎么办呢？经过几天的思考，一个大胆的设想在他的脑海里形成了：自己在家饲养蝗虫。

刘金栋说干就干，他从人家借来逮鱼的尼龙网，用竹竿架成一个大笼子，然后跑到芦苇荡里一下子就捉来了600多只蝗虫，回到家后，刘金栋像饲养珍贵的宠物那样精心，他天天蹲在笼子前，挑选最好的青草喂，恐怕出现半点闪失。20天过去了，一只只蝗虫齐刷刷地将排卵管插到他垫好的那块松软的土地里。刘金栋见此情景，心里别提多高兴了。

冬天来了，大雪覆盖了渤海滩，刘金栋又投资上千元买来了纱绷子，做成30多平方米的大笼子，焦急地等待着春天的到来。

乍暖还寒的三月，刘金栋已为将要出土的小生命准备好了"新居"。时间不紧不慢地流逝着，刘金栋每天一有空就钻进笼里，观察那片孕育着生命的泥土。一天、两天……20多天过去了，还不见"蝗蛹"出土，急得刘金栋天天将蝗虫卵从土里扒出来，又埋进去……

一天夜晚，密密麻麻的小蝗虫拱破泥土，探头探脑地瞅着这个新奇的世界。刘金栋看到这些小生命，脸上露出了欣慰的笑容。鸡叫头遍，他就下地割来了青草，一片一片撒进笼里，小蝗虫扑到草上，香甜地吃起来，刘金栋痴迷地瞅着。

第二天，出乎意料的事情发生了，一大早，幼小的蝗虫死了一地，什么原因呢？刘金栋拣起一把死蝗虫，苦苦地寻求着答案……

夜深了，刘金栋在灯下翻阅着有关书籍，苦思冥想，突然，他心头一亮，是不是因为小蝗虫生命力弱，消化功能差，只能吃稗草之类的嫩草呢？于是，他不顾天黑风大，深一脚浅一脚地跑到洼里，打着手电找呀，找……

他终于在一条小沟边上找到了几把嫩稗草。刘金栋将草带回家立即放进笼子里。饥饿的小蝗虫，凭借着手电筒的光亮，贪婪地吃起来，此时，刘金栋的肚子也咕咕地叫起来了。他拿起一个馒头，对这笼子里的蝗虫狼吞虎咽地一边吃，一边对小蝗虫说："吃吧，吃吧，咱们都饿啦！"

精作蝗虫标本

闯过了饲养关，接着就是捕杀和制作标本。按照科研和教学要求，一套蝗虫生活标本史，包括蝗卵、跳蝻一龄、跳蝻二龄、跳蝻三龄、跳蝻四龄、跳蝻五岭、成虫（雌）、成虫（雄）、被害物，共九个样品，制作起来特别麻烦。开始，刘金栋用手抓，成虫还好，幼虫又嫩又小，劲小了逮不住，劲大了不是捏死就是缺胳膊少腿，成品率很低。几经周折，他终于摸索出了用玻璃管套蝗虫的好方法。为掌握制作标本的技术，刘金栋专程自费来到上海第十六中学向生物老师郭龙生请教。学习一段时间之后，刘金栋觉得技术仍不过关，于是又将郭老师从上海请到了自己的家里，他如同一名小学生，虚心学习，耐心请教。郭老师与刘家人同吃、同住、同做标本，手把手地指导刘金栋。

制作标本开始，首先得把蝗虫从笼子里一个一个地挑选出来，一龄、二龄、三龄……成虫，分门别类放在罐头瓶或塑料桶里，然后再用药液熏死。这个活也不简单，熏不好，蝗虫身子变形，或骨骼僵硬，制作时无法伸展，或是掉须掉翅，不符合标本的要求。在郭老师的指导下，刘金栋终于学会了药量配制方法，以及制作标本的全部技术。正在记者采访的时候，刘家的电话铃声响了："我是浙江的王选，学校急需500套蝗虫标本，请刘先生在明天给我们邮寄过来，钱已经给你寄过去了。"

刘金栋放下电话，立即将妻子、儿子召集过来，他们三个人一起动起手来。记者见到，他们从室外的几个大塑料桶里，分别捞出了若干只熏死的、大小不等的蝗虫放在桌子上，然后拿着银色的小镊子，将一只只蝗虫摆正姿势，用胶水粘在塑料片上……看他们那个仔细劲儿，真比大姑娘绣花还认真。

巧发蝗虫之财

刘金栋家庭笼养蝗虫成功了！18年来，刘金栋已记不清他卖出多少这样的标本了。据刘家人介绍，生意红火的时候，一年可以卖出六七千套，一套6元左右，收入三四万元。一般年头也赚万元以上。"制作蝗虫标本这玩艺，没有多少本钱，简直就是'拾得麦子打烧饼子——净赚'老刘和儿子在植保站工作忙，没有多少闲工夫，就我和儿媳妇俩人干，要是一家人常年天天做蝗虫标本，那钱还不像潮水一样哗哗朝俺家流啊"。刘金栋的妻子笑着说。

"据说你家制作的蝗虫标本销往天津、北京、东北、江南等全国各大院校，你们是怎么同这些知识分子做生意的呢？"

"别说国内的院校，俺家的蚂蚱标本通过山东的一家标本厂还卖到了美国、英国和法国哩！小蚂蚱能赚外国人的大票子"。

聪明的刘金栋为扩大标本销路，他多次参加了在成都、大连、郑州等地举办的全国教学仪器订货会。急需蝗虫标本的大中专教师和科研人员，对刘金栋的蝗虫标本如获至宝，纷纷与刘金栋订货，而且是先交钱，后发货。一传十，十传百，几年时间，"蚂蚱神"刘金栋的名字传到了大江南北，传到了雪域高原，传到了万里之外的科技大国……起初，刘金栋与外地联系业务的方法是依靠信件，后来他在全村第一个安装了程控电话。

近几年，随着蝗虫科研的不断发展，刘金栋还为一些院校制作了蝗虫精巢标本、复眼标本、切片标本和微孢子等标本。这些标本，放在大学的教研室里，放在中小学的课堂上，放在加工好的工艺品里，放在玲珑精致的钥匙里……在方便大中专院校的同时，刘家人也过上了十分富裕的好日子。早在几年前，刘家人花几十万元盖起了三层小楼房，已租出去作了门市；还有装修一新的住房，全套的现代化家用电器。刘金栋养蝗虫致富了，而且还受到了全国植保总站的表扬，并且多次获得河北省农业厅和省科委颁发的农业科研奖。中国科学院动物研究所生物专家龙庆成来南大港检查工作时，对刘金栋笼养蝗虫取得的成功给予了高度评价。

刘金栋望着笼子里展翅乱飞的蝗虫兴奋地告诉记者，为进一步扩大销路，近日，他将购买一台电脑，让蝗虫标本"上网"，对全球公开招商，让小蚂蚱卖遍大世界，招引大财神！

摘自《沧州晚报》2002年7月13日第2版

薛官屯乡农民房前屋后养蚂蚱
近300个养蝗大棚可增收100多万元

本报讯（通讯员　康玉强　记者　葛秋端）提起"蚂蚱"，人们都知道那是农民深恶痛绝的害虫。但沧县薛官屯乡的农民却在蚂蚱上做起了"大文章"，他们在房前屋后建起了近300个蝗虫养殖大棚，今年能让人们增收100万元以上。今日，记者参观了农民的蝗虫养殖大棚。

薛官屯乡梅官屯村是沧县的蝗虫养殖重点村，村民用大棚养殖蝗虫已有五六年历史了。记者赶到梅官屯村，很远就望见房前屋后散布着白色的蝗虫养殖大棚，不计其数、肥硕的蝗虫在白色的纱棚内飞舞。"这不，第三季也该收啦"。农民冯振青高兴地说。他说，五六年前有村民建起了蝗虫养殖大棚，且当年就获得了可观的收益。于是村民们的蝗虫养殖大棚相继"问世"。

"其实，建养殖大棚挺简单"。几名村民围拢过来七嘴八舌地告诉记者，只要弄些窗纱、塑料布和竹片就行了。"比养猪、养羊简单多了"。买些蝗虫幼虫放在里面，蝗虫平常也不用看管，每天到田间劳动时，捎带回一抱青草就成了，到天冷就改喂粉碎的玉米秸秆。村民们养殖的蝗虫是"东亚飞蝗"，其生命力很强，繁殖得非常快，从每年的 4 月份开始孵化，到 11 月份可收获三季。

冯振青喜笑颜开地说，每市斤蚂蚱现在可卖到 10 多元钱，最贵的时候能卖到 40 多元呢。村上的蝗虫已经有了固定的销售渠道，除供应沧州的饭店外，山东、北京、天津等地客商也纷纷前来上门收购。除成虫可以销售外，每年还可销售两次蝗虫幼虫和蝗虫卵。大约 40 平方米的养殖大棚一年收入 1 万元左右。"俺家这 4 个大棚的收入，可比庄稼地里的合算多啦"。

据悉，今年薛官屯乡建有近 300 个养蝗大棚，仅此一项就能让农民增收 100 万元以上。

摘自《沧州晚报》2005 年 11 月 12 日第 2 版

"摇钱虫儿"

● 沧县有个与众不同的农民——豆子地生了豆虫，别人喷药消灭，他却在电视上打广告收购；蝗虫成灾，国家动用直升机灭蝗，他却向农民开价：12 元一斤，逮多少收多少；还有金蝉……他透露，现在正琢磨收购"生态杀手"美国白蛾呢……

● 这个与众不同的农民叫白贺兵，当过兵，30 岁，大官厅乡白贾村人。他说这些害虫都是"摇钱虫儿"，同村的人说白贺兵自己就是一只"摇钱虫儿"。

发了"蝗虫财"

一年能卖出蝗虫几十吨，参与养殖的人越来越多

白贺兵的生意很忙，他忙各种虫子的收购和卖出，这几天，最忙的是买卖东亚飞蝗，俗称蚂蚱。

在沧县大官厅乡白贾村，村东入口有几个盖有白色纱布的大棚，这就是白贺兵的总部，白色大棚里种的不是蔬菜，而是养的蝗虫。

"刷——刷——刷！"白色大棚传来蝗虫活动的声音。白贺兵拿了一把青草，带记者走进一个大棚，"轰"的一声，黑压压的蝗虫如同接到命令般扑了过来，他们在咬食白贺兵手里的青草。蝗虫真多，记者的头顶、脚下、后背都被蝗虫"占领"了。

蝗虫是祸害庄稼的害虫之一，六七十岁经历过蝗灾的人都知道蝗虫的利害。62 岁的黄骅腾庄子乡大浪白村的杨树林说，20 世纪 60 年代，他们这里发生过严重的蝗灾，当时他看到远远飞来一大片黑压压的蝗虫遮天盖日，落在一块玉米地里，只听见"噌——噌"作响，半个小时就把一亩地玉米叶子啃光，只剩下一根根玉米秆。成灾的蝗虫简直就是与人夺食呀！

白贺兵却不这么看待，他说，蝗虫是害虫，更是商品，一些地区食用蝗虫的量很大，比如，山东不少地方请客吃饭离不了油炸蝗虫这道菜。"你吃过油炸蝗虫吗？"白贺兵一张嘴不离本行，"吃过，又酥又脆，好吃"。记者说。"这就对了，很

多人都喜欢吃这一口，我收购、养殖的蝗虫主要供食用，市场特别大"。白贺兵说。他告诉记者，他的总部 5 个大棚内有几千斤蝗虫准备外运。

蝗虫已成为白贺兵主要经营的商品，一年的销量数十吨。这么大一单生意，光靠白贺兵一人养是供不上货的，因此白贺兵成立了沧州白氏蛋白昆虫有限公司，采取公司加农户的办法，发动农民养殖蝗虫。

刚开始让一些农户养，不少人只是一笑，"嗨！养那玩意干吗？"白贺兵坚信，农民只要能赚到钱就会去干。2002 年，白贺兵发展了 20 多户农民养殖蝗虫，每公斤 16 元到 20 元收购，这 20 多户农民半年时间轻松赚了五六千元。在这些养殖户的带动下，参与养殖蝗虫的农民越来越多。如今，掐指算来已有 2 000 多户，沧州各县市区的、廊坊的、还有天津的。

记者采访时，正碰上廊坊文安县大寺庄农民王乐文交售蝗虫，他是用摩托三轮把蝗虫拖到这里的，100 斤，1 000 元。拿到现金的王乐文与记者聊了起来——养蝗虫是条致富路，不占劳力，好伺候，光老婆一人给蝗虫喂喂草就行了。他家养了 7 个棚的蝗虫，从 4 月份到 10 月份，预计半年收入 1.5 万元。

人称"精神病"

村民刚对他的看法儿有些改变，却发现他又"疯"了

别看现在白贺兵是沧州白氏蛋白昆虫有限公司的经理，而且生意越做越大，而 7 年前他还被人看作是"神经病"。

2000 年，白贺兵结束了三年的军旅生涯回到了养育他的白贾村。隆冬季节，年轻人猫在家里打麻将，年老的站在向阳处晒太阳，在多数人看来，这就是农村正常生活。但村里人发现，刚从部队复员的白贺兵有些"不正常"。他既不打麻将，也不找同龄人闲聊，有人说他不就当了两天兵嘛，还挺牛。

白贺兵在干什么呢？他看到村里大片大片的枣树因技术管理不当，枝条疯长，结果少，效益低。他就发动几位老技术员为村民搞技术讲座，白贺兵自费买来电脑、技术光盘，放在大队部义务为村民播放，这样折腾了一个冬天。

白贺兵的"折腾"换来了两种声音：也不知道出去挣钱瞎折腾什么，神经病；这孩子和别人脑瓜不一样，不知想搞出什么名堂。白贺兵说，他当兵三年，学了两点，一是敢闯、敢干的精神；二是掌握了不少知识和先进思想。他回农村最大的想法是：用学到的知识由穷变富。

两年后，村里的枣树得益于白贺兵组织的那一冬的技术讲座，变得硕果累累。村民刚对白贺兵的看法有些改变，突然发现他又"疯"了，白贺兵开始养殖蝗虫。

白贺兵靠仅有的 200 元钱，跑到开明的岳父家搞起蝗虫养殖。之后，又跑到消费蝗虫的山东实地考察市场，这让他喜上眉梢：需求方说，有多少要多少。

白贺兵的蝗虫生意开始火爆，赚了几万元，还满足不了市场需求。他跑到工商局注册成立了沧州白氏蛋白昆虫有限公司，向更大的目标迈进。

"虫子总汇"

蝗虫、豆虫、蝎子、白刺毛、金蝉……都成了他赚钱的"摇钱虫儿"

现在，白贺兵经营着蝗虫、豆虫、蝎子、地老虎、金龟子等 30 多种害虫。这些害虫有的是食用，有的是药用，有的是做饲料，有的是用于科学研究，有的是做成观赏用的工艺品。白贺兵说，现在南到海南，北到黑龙江，西到四川、东到江苏，都有他的客户。仅记者采访白贺兵的一个上午，他和员工就接到 10 笔生意的订单。订单有大有小，有的是说长期求购，有的说是要二两干蝗虫做科学研究。无论生意大小，白贺兵都认真对待。由小生意做成大生意是他事业成功的经验之一。

别看白贺兵生意这么忙活，却不见他派一个业务员外出洽谈业务，白贺兵做的是电子商务。

在白贺兵公司的办公室，有五台上网的电脑，几名大学生员工坐在电脑前，随时发布、了解各种虫子的市场信息，还通过 QQ 号与客户"聊天"，好多生意就是"聊天"聊成的。白贺兵还创办了自己的网站"中国蝗虫养殖基地白氏昆虫网"，在网上除发布供求信息外，还及时把邮发的货物通知对方。白贺兵说，这样成本低，效率也高。

记者发现，因为白贺兵的"路子"广，他的公司简直成了害虫总汇了，打开他的冷藏冰柜，只见蝗虫、豆虫、金蝉、哈虫、白刺毛等应有尽有，"蝎子正在冬眠呢！"白贺兵指着冰柜里的一个大箱子说。遇到客户急需，但又没有的虫子，白贺兵也不心慌，他答应对方只管等着取货就行了。随后，白贺兵打开他在全国 20 多个省市的供求网络，很快就联系到了货源。

白贺兵的客户不仅有一些企业、个体户，还有科研院校，他们需要研究某一虫子，一时找不到虫源，给白贺兵去一个电话，准能搞定。前不久，远在陕西的西北农林科技大学植保学院，急需 2 000 只品相完好的蝗虫、金龟子标本，用于教学和科学研究。白贺兵接到订单立即组织货源，迅速给对方寄去，解了这个大学的燃眉之急。

"现场直播"
他注册了"彩虫郎"商标，下一步的目标要开发美国白蛾

咱们没见过面，网上与你做生意可靠吗？面对许多客户的质疑，为了让客户放心，白贺兵想了一个绝招："现场直播"，决不掺假。

他花 5 000 多元给自己的办公室、蝗虫养殖大棚，安装了四个摄像头，图像传输到电脑中，在与客户聊天时，可以通过网络把现场的情景播放给对方。

"看养殖大棚，我就把摄像头调到养殖大棚内；看公司营业执照、储藏室，我就把摄像头调到挂有营业执照的办公室以及储藏室"。白贺兵说。

看到"现场直播"后的对方，对白贺兵的公司有了一个比较直观的了解，因此而促成的生意是一桩又一桩。

四川攀枝花一位客户以邮购的方式购买 2 000 元的蝗虫虫卵，可是打来多次电话，就是不汇款，一会儿说他的联系地址是攀枝花某派出所，一会儿又说是攀枝花某局，白贺兵看出了这位客户的心思：不放心白贺兵的公司，万一是个皮包公司可就上当了。

白贺兵打开摄像头，从办公室到蝗虫养殖大棚，再到蝗虫虫卵储藏冰柜，给对方来了一个"现场直播"。对方用浓重的四川话说："要的，要的。"

发家致富，白贺兵独辟蹊径，专门做害虫生意发害虫财。白贺兵说，他的好日子刚刚开始，前不久他刚从工商部门注册了一个商标"彩虫郎"，这个商标既有"采虫郎"的谐音，又有包罗各种害虫的意思。

白贺兵还认真地说，下一步他想开发美国白蛾，目前正着手做试验。"那可是'进口'的害虫，有关专家都拿它没办法，你想在它身上发财？"记者问。"美国白蛾为害大，说明它繁殖、适应能力强，如果收集或养殖起来做成动物饲料，岂不变害为宝了"。白贺兵把记者拉到一边儿神秘地说"这些虫子都是摇钱虫儿"。

"他自己也是一只摇钱虫儿"。旁边一名村民笑嘻嘻地说。

摘自《沧州晚报·沧州视点》2007年10月16日第5版

七、沧州治蝗经验选编

（一）宋董煟《救荒活民书·捕蝗法》

元泰定二年（1325年）六月，河间蝗；十二月，颁董煟编《救荒活民书》于州县。《救荒活民书》三卷，宋绍熙年间董煟撰。《救荒活民书》上卷考古以证今；中卷条陈救荒之策；下卷备述本朝名臣贤士之所议论施行，可为法戒者。书中所叙有很多史所失载，而此书有焉，其中捕蝗法就是其中的一个。

捕蝗法：

●蝗在麦苗禾稼深草中者。每日侵晨，尽聚草梢食露，体重不能飞跃。宜用筲箕、栲栳之类，左右抄掠，倾入布袋，或蒸焙，或浇以沸汤，或掘坑焚火倾入其中。若只瘗埋，隔宿多能穴地而出，不可不知。

●蝗最难死。初生如蚁之时，用竹作搭，非惟击之不尽，且易损坏，莫若只用旧皮鞋底，或草鞋旧鞋之类，蹲地揾搭，应手而毙，且狭小不损伤禾稼。一张牛皮，或裁数十枚，散于甲头，复收之。北人闻亦用此法。

●蝗有在光地者。宜掘坑于前，长阔为佳，两旁用板及门扇接连八字铺摆，却集众用木板发喊赶逐入坑，又于对坑用扫帚十数把，俟有跳跃向上者复扫下，覆以干草发火焚之。然其下终是不死，须以土压之，过一宿乃可。（一法，先燃火于坑，然后赶入）。

●捕蝗不必差官下乡。非惟文具，且一行人从，未免蚕食里正，其里正又只取之民户，未见除蝗之利，百姓先被捕蝗之扰，不可不戒。

●附郭乡村，即印《捕蝗法》，作手榜告示，每米一升，换蝗一斗。不问妇人小儿，携到即时交与，如此，则回环数十里内者可尽矣。

●五家为里。姑且警众，使知不可不捕，其要法只在不惜常平义仓钱米博换蝗虫。虽不驱之使捕，而四远自临凑矣。然须于稽考钱米必支，傥或减剋邀勒，则捕者沮矣，国家贮积，本为斯民，今蝗害稼，民有饿殍之忧，譬之赈济，因以捕蝗，岂不胜于化为埃尘，耗于鼠雀乎。

●烧蝗法。掘一坑，深阔约五尺，长倍之，下用干柴茅草发火正炎，将袋中蝗虫倾入坑中，一经火气无能跳跃，此《诗》所谓"秉畀炎火"是也，古人亦知瘗埋可复出，故以火治之，事不师古，鲜克有济，诚哉是言。

(二)《钦定康济录·捕蝗十宜》

清道光元年（1821 年）五月，沧州、盐山、海兴各属蝗蝻生。六月，直隶省颁发《钦定康济录·捕蝗十宜》交地方官仿照施行。《钦定康济录》所载设厂收买，以钱米易蝗，立法最为简易，各饬所属迅速筹办，将蝗蝻搜除净尽，以保田禾。《钦定康济录·捕蝗必览》，陆曾禹撰，乾隆四年（1739 年）刊。

一宜，委官分任。

责虽在于有司，倘地方广大不能遍阅，应委佐贰、学职等员，资其路费，分其地段，注明底册，每年于十月内，令彼多率民夫，给以工食，芟除水草，于骤盈骤涸之处及遗子地方，搜锄务尽。称职者申请擢用，遗恶者记过待罚。

二宜，无使隐匿。

向系无蝗之地，今忽有之，地主邻人果即申报，除易米之外，再赏三日之粮，如敢隐匿不言，被人首告，首人赏十日之粮，隐匿地主各与杖警，即差初委官员速往搜除，无使蔓延获罪。

三宜，多写告示。

张挂四境。不论男妇小儿，捕蝗一斗者，以米一斗易之。得蝻五升者，遗子二升者，皆以米三斗易之，盖蝻与遗子小而少故也。如蝗来既多，量之不暇遍，秤称三十斤作一石，亦古之制也，日可称千余斤矣。惟蝻与子，不可一例同称，当以文公朱夫子之法为法也。

四宜，广置器具。

蝗之所畏服者，火炮、彩旗、金锣及扫帚、栲栳、筲箕之类。乡人一时不能备办，有司当为广置，给与各厂社长，分发多人，令其领用，事毕归缴，庶不徒手彷徨，此即工欲善其事，必先利其器之意也。

五宜，三里一厂。

为易蝗之所，令忠厚温饱社长、社副司之，执笔者一人，协力者三人，共勤其事，出入有簿，三日一报，以凭稽察。敢有冒破，从重处分。使捕蝗易米者，无远涉之苦，无久待之嗟，无挤踏之患。

六宜，厚给工食。

凡社长、社副、执笔等人，有弊者既当重罚，无弊者岂可不赏，或给冠带，或送门匾，或免徭役，随其所欲而与之。其任事之时，社长、社副、执笔者共三人，每日各给五升；斛手二人，协力者一人，每日共给一斗。分其高下，而令人乐趋。

七宜，急偿损坏。

因捕蝗蝻，损坏人家禾稼，田地既无所收，当照亩数，除其税粮，还其工本，俱依成熟所收之数而偿之。先偿其七，余三分看四边田邻所收而加足，勿令久于怨望。

八宜，净米大钱。

凡换蝗蝻，不得掺和秕谷糠秕。如或给银，照米价分发，不许低昂。如若散钱，亦若银例，不许加入低薄小钱。巡视官应不时访察，以办公私。

九宜，稽察用人。

社长、社副等有弊无弊，诚伪何如，用钟御史拾遗法以知之。公平者立赏，侵欺者立罚，周流环视，同于粥厂，其弊自除。

十宜，立参不职。

躬亲民牧，纵虫杀人，倪若水见诮于当时，卢怀慎遗讥于后世。飞蝗尚不能为之灭，饥贼岂能使之除？司道不揭，督抚安存？甚矣，有司之不可怠于从事也。

（三）河北黄骅治蝗工作总结（中共沧县地委）

1. 捕打情况及成绩　河北黄骅县东临渤海，面积辽阔，洼大村稀，非耕地占总面积（280 余万亩）的三分之二。其中有大片的芦苇洼和草地，是历史上蝗蝻的发源地，去秋苇洼干枯，今年春旱不雨，更易于蝗蝻的大量繁殖。

蝗蝻于 5 月 12 日在一区搬倒井的北洼发生，面积 95 亩，到 24 日雨后，即有一、二、五、六、七区的苇、草洼相继发生，由数千亩、数万亩，最高发展到 30 余万亩。蝗蝻分布的地区广阔：南由二区刘官庄，北至六区沙井子，长达 80 余华里；西起五区王御史庄，东至渤海岸，宽达 60 余华里的苇、草洼地区，先后发生七八批，密集如云，行如潮水，一般每方尺面积有百八十个，稀者亦有十余个，严重情况为 60 余年来所未有。如不在其长成飞蝗前迅速彻底扑灭，则全县、全专区、全省，甚至华北等广大地区的农作物将受其严重祸害，因此，动员当地全体党员，发动群众，集中一切力量，以紧张的战斗姿态，火速地消灭蝗蝻，已成为黄骅全县及全专区刻不容缓、迫不及待的重要政治任务。

基于以上情况，我们发出了专、县、区、村的紧急动员，党委领导，全党动员，依靠群众，发动群众，集中力量，争取时间，以"打小、打少、打了"坚决就地消灭的方针，展开了大规模的、群众性的扑蝗斗争。抽调县、区干部 63 人，专区级干部 96 人，地方部队两个连，动员组织民工 1.57 余万人，以 29.25 万个民工，完成长达 133.566 万丈的围歼沟（宽深各 3 尺），使用了火烧、挖沟围歼、喷粉器喷杀、飞机喷杀四种主要方法，由于中央人民政府、华北局及省委强有力的领导，和广大干部、群众的艰苦努力，经过 44 天的紧张战斗，于 6 月 27 日获得了治蝗的全面胜利。总计：用火烧杀蝗蝻 12.74 万亩，喷药杀死的 6.8 万亩，飞机喷粉杀死的 1.99 万亩，挖沟歼灭的 10.1 万亩。

2. 在捕蝗斗争中使用的有效方法

（1）用火烧杀　这种办法适用于苇洼、草地、有干底柴的地方。用这种方法消灭蝗蝻最快、最有效、最彻底，不给蝗蝻留下逃窜的空隙，可百分之百的予以消灭，其效果居于各种灭蝗方法的第一位。黄骅各区统计，七天烧死了 12.7 万余亩的蝗蝻。但在火烧之前要做好充分准备和严密的组织工作，如挖好沟，打好火道[①]，派人监视、看好风向，然后先点燃下风头，后点燃上风头，不使不应烧的芦苇被烧掉。如第三捕蝗大队使用火烧法，到 6 月 21 日即烧死蝗蝻 1.2 万余亩。不过火烧的缺点是：第一，烧后土温增高，卵子易于孵化滋生，所以火烧之后要不断地派人检查监视，一旦发现有新孵化滋生的小蝗蝻，立即用药粉毒杀之；第二，是对地面上的芦苇、草、柴损失太大，而当地人民多以芦苇、草、柴作为主要收入的一部或大部，所以只有在其他办法不能见效，而蝗蝻发生又十分严重的情况下方可采用。

---

①　打火道：用火烧的方法灭蝗，要严防失火，因此必须把蝗区四周的芦苇杂草割去 3 米宽左右，并翻土盖住草茬谓之打火道，以停止火势外延。

（2）用喷粉器装六六六药粉喷杀　每亩喷药粉 3 斤者，死亡率达 70％，每亩喷药粉 4 斤者，死亡率达 100％。喷时要选无风的湿润天气，因此夜间、清晨或黄昏最好（必须在白天侦查清楚，插好标志），喷粉杀蝗最适合于对集中的大片蝗蝻，省人力、省时间，杀蝗效果也大。每人每天如工作 6～7 小时，可喷射 6～7 亩，如组织的好，技术熟练，可喷 10 亩以上。

（3）挖沟捕蝗　办法简便易行，亦为群众历年灭蝗的主要方法。沟分三种：包围沟、迎头沟、领杀沟。一般沟深 3～4 尺，宽 3 尺，下口稍宽，沟壁要光滑，并做上牙子①，要挖出水来或引水入沟，使蝗蝻落到沟内不能爬出。

包围沟：优点是能把蝗蝻限制在包围圈内，不使其向外蔓延，然后采用火烧、药杀、烟熏、人力赶捕等方法，把蝗蝻消灭在圈内或驱入沟内歼灭。如包围沟包围的面积很大，可在圈内再挖纵横沟，把蝗蝻群分割成小块捕灭效果良好。如第三捕蝗大队用挖围歼沟方法，统计 4 天捕蝗蝻 45 万余斤。

迎头沟：利用蝗蝻群集中行动的习性，当蝗蝻群集中向一个方向爬行时，如无外界特殊影响，一般不轻易变更。在行速上，三、四龄者每日可行 4 里左右。掌握它们这个习性，挖迎头沟来消灭很有效。一区王肖庄子联村指挥部，在蝗蝻行列的前边挖了一条 7 里长的沟，3 天捕蝗 32 万斤，消灭了 1.1 万余亩蝗蝻。在使用围歼沟或迎头沟 2 种办法时，必须有足够的民工看守、打捞入沟的蝗蝻，不使其越沟逃窜，若在沟内水面上洒以煤油（因煤油能窒息蝗虫气道），可使跳入沟内的蝗蝻立即窒息死掉。闫家庄子 300 亩面积上的蝗蝻，在沟内洒了 3 斤煤油，窒死入沟蝗蝻达 3 寸多厚，有的到半尺。这种方法既省护沟民工，又使不能越沟逃掉。

领杀沟：是消灭零星小片蝗蝻，既迅速而又省人力的好办法，根据蝗蝻的群集性，迎人跳的特点，和因风力大小不同而蝗蝻活动不同的规律（遇大风蝗蝻顺风爬，遇小风迎风爬），蝗蝻集聚面的大小（一般的不超过 3～4 亩）决定方向、地点，挖好沟（沟长 5 尺至 1 丈），再在沟的两端用苇帘子插成雁翅形，然后数十人排好（自沟外迎蝻群）慢慢哄走，则蝗蝻迎人跳跃，最后全部入沟而被歼。

（4）捕歼飞蝗　使用了以下三种方法：

夜间点火诱杀。

白天用渔网迎着飞蝗拉，使飞蝗钻入网内，这一方法很有效。一、二、七区从海堡借来张网、斗子网、棉网子 38 条，于 28、29 两日就打拉蝗蝻 2 800 余斤。

夜间或在拂晓露水大时，趁成蝗翅软不能飞行，使用六六六粉喷杀，或发动民工用手捕捉，也很有效。

（5）飞机喷粉灭蝗　这是中国历史上的创举，今年试验结果很成功，平均每小时能起飞 6 次，每次喷粉 200 斤，喷射面积 80 亩，蝗蝻死亡率约达 80％以上。这个方法节省人力（每架可节省人工 480 个），进度快，是今后捕蝻的发展方向。但必须有近代化的交通工具和科学化的专门组织配备，否则反而要事倍功半的。

总之以上各种办法，必须相互结合，根据不同地区的情况，紧紧把握蝗蝻生长的强烈的季节性、时间性，采用不同方法，才能发挥最大效能，特别是挖沟、火烧、人捕、煤油窒杀

---

① 牙子：为阻止落沟蝗蝻爬出，在沟壁横切成 4～5 寸深之凹陷，断面如 N 形，效果极佳，为当地群众所创造。

等法，更有其不可分的密切关系。

3. 在黄骅灭蝗运动中获得迅速全部胜利的原因和经验

（1）党委重视与具体领导。抽调大批干部，结成坚强领导核心，及时指导，发动群众力量，紧张动员，争取时间，想尽一切办法力求限期迅速全歼，是使捕蝗任务迅速胜利完成的基本经验。蝗灾发生后，专、县、区、村各级党委及政府均立即召开了紧急会议，根据蝗蝻发生情况作出具体除治的计划，明确指出："蝗灾严重，不仅危害我区，并危害全省及华北各地爱国丰产工作的完成，因此，捕灭黄骅蝗灾成为紧急而严重的政治任务，是抗美援朝与保证爱国丰产之具体行动，必须全党动员，全民动员"，并决定"依靠群众，发动群众，积极捕打"的灭蝗方针，逐级扭转"依赖飞机喷杀"的消极思想。从专区、县直到村，建立起捕蝗组织，由同级党委主要干部负责掌握。专、县抽调干部160人，地方部队两个连，由地委副书记王路明同志率领，亲赴灾区，发动群众，突击捕打。中央农业部、华北局、省委及地委与前方捕蝗指挥部建立了密切的联系制度（一般一日报告一次），掌握确实情况，及时指导捕蝗运动之开展。中央并派遣了农业专家、技术人员，从技术上加强指导，另派飞机撒粉灭蝗。尤其中央政府、省、专、县主要负责干部，苏联专家亲临现场，东奔西跑，具体指导，大大鼓舞了干部和广大群众"人定胜天"、"决心灭蝗"的热情，推动了捕蝗运动之迅速开展。黄骅各界人民在机场欢迎灭蝗飞机到来时，感激而兴奋地喊出"毛主席万岁""共产党万岁"，纷纷反映"毛主席真关心人民群众""首长们都来给咱们治蝗啦！""飞机灭蝗真是做梦也想不到的事"。这不但大大地鼓舞了群众的灭蝗情绪，并使广大人民认识到祖国的伟大，看到了新中国建设的伟大远景。当6月17日左右蝗蝻屡打屡生，且有不少已达四至五龄行将起飞，在这个紧急情况下，地委决定了"大打、紧打、大力组织捕蝗大军，增调干部，加强领导，尽量用火烧、喷粉、人工捕打相结合之效，为专区、为华北人民利益限于7日全歼"的措施，继续发动民工1.5万余人，紧急动员，突击捕打，在7天内火烧、喷粉、捕打、挖沟围歼消灭蝗蝻共达17.5万余亩，打下了捕蝗任务全面胜利的基础。此外，还发动了占民工总数8%的党员、团员，依大队建立了党、团支部委员会，下设党、团临时小组，规定制度，严格组织生活，从纵横统一、上下贯通，组成坚强的政治领导核心来教育发动群众。他们是吃苦干活在前，饮食休息在后，有困难首当其冲，因此得到了群众的爱戴和拥护，称他们是"野战先锋""火神爷"等。在682个党、团员中，被评为模范者达185人。

（2）依靠群众，发动群众。掌握群众情绪，克服思想障碍，加强整体利益与爱国主义教育，提高觉悟，启发斗志，战胜蝗灾，也是极重要的一项。蝗灾发生在辽阔的草地上，距村庄远，需组织长勤民工，带锅灶、帐篷、蔬菜、粮食，驻扎蝗区捕打工作艰巨困难，同时，蝗蝻发生又正当夏收、夏种时期，灭蝗与生产工作有矛盾，因而黄骅地区从历史上看来，从未消灭过蝗灾。因此群众对消灭蝗虫缺乏信心，捕打情绪不高。如说什么"蝗虫吃草不吃苗"、"打蝗耽误生产"、"过几天就飞了"等；甚至有的人还迷信蝗虫是"神虫"，"蝗虫嘴里有余粮"抵抗捕打，发生蝗灾隐瞒不报。我们针对这种情况，除以合伙互助保证民工家属生产外，广泛进行了整体利益的爱国主义教育，讲解毛主席对我们的关怀，派来干部、飞机帮助治蝗的意义，提出"蝗灾是当前农业生产的大敌，为保卫生产生活，要进行顽强的斗争，蝗灾不灭，斗争不停"。提高群众觉悟与热情，加强群众战胜蝗灾的信念，并以黄骅狼洼排水沟的完成，使当地群众11万亩田地免受水灾的实例，说明国家的协助，是从农民切身利益出发的，在提高到建设国家的整体利益的思想上来，使广大群众深刻了解捕蝗虫与个人利益、抗美援朝、国家建设的密切联系，打破了狭隘保守思想，提高了群众政治觉悟，坚定了"人定胜天"的除虫信念，从而发挥了广大民工高度的灭蝗热情。民工一致提出了"治蝗就是抗美援朝的具体行动"、"治蝗就是为了爱国生产"、"不消灭蝗灾不回家"等响亮的口号。在群众政治思想觉悟基础上，更进一步开展了爱国主义的捕蝗竞赛运动，由县制了奖旗、奖状和奖章，喷雾器和喷粉器等，赠给模范灭蝗单位和个人。因此，在紧张的44天的治蝗工作中，展开了轰轰烈烈的爱国主义的治蝗竞赛运动显示了人民力量的伟大，显示了人民高度的爱国热情。一般情况是每天三更做饭，四点到阵地，甚至有的人偷偷在夜间去工作，白天不怕炎日的毒晒，不顾疾病的侵袭，有时一日不得饱，吃剩干粮，喝凉水，毫无怨言。有的踏破了两三双鞋子，有的被芦苇刺破了腿，刺破了脚，被火烧破了手，不叫苦也不停止工作。他们的情绪饱满，意志坚强，为消灭蝗灾忘掉了困难、疲劳。三区小六间房团员王保贞，在半夜见远方洼地着火，立即率领民工4人，跑到20里外去检查。四大队分队长曹延长围烧蝗虫时放火，引火都积极在先，被烟熏倒，苏醒过来又继续工作。三大队分队长杜景之也是昼夜不停地工作，为了确切掌握蝗虫情况，与蝗蝻露宿在一起，病了3天吃不下饭，仍坚持工作，又一次发疟疾昏倒在地，还招呼"干哪！蝗虫不消灭不行！"一大队董玉行脚上被烧破了两块仍不停止工作。董如杰满手烧起了泡，仍以忘我的勇敢精神放火、引火，因此他这种模范事迹获得民工"火神爷"的称号。六区李树村王荣之（中队长）带民工230人，于6月12日天还未亮即完成挖沟100丈，阻止了蝗蝻的蔓延扩大，迅速地全面歼灭。据6个区的统计结果，选出两个模范村，一等模范158人，二等模范277人，三等模范229人。

在紧张的治蝗运动中，各级负责干部不辞劳苦，废寝忘食率领群众亲赴灾区治蝗，表现了对人民群众高度负责的精神。苏联友人与飞行员半夜三更到洼地亲自检查、指导，衣服鞋袜露水浸湿，累了在碱草地上休息。人民空军高队长为修理飞机不误撒粉。一连数个通宵不眠。地委副书记王路明同志、省府张副厅长都是每天赴蝗区指导，晚九点才归回，七区妇女干部王淑珍同志，扔下吃奶的小孩，带病率领民工下洼捕打，感动了农妇们不给自己小孩吃奶，抢着给她的孩子奶吃。二区王兰英同志（女）带了3天干粮，领导民工下洼治蝗。专署张学曾同志任侦查长，以身作则带领侦查员下洼侦查情况，踏破3双鞋子，夜间与蝗蝻睡在一起。因此，汇报蝗虫情况非常准确，使领导上掌握确实情况，准确的布置工作消灭蝗灾，起到了重要作用。

（3）捕蝗是个具有强烈时间性，又是个持续性的战斗任务。必须确切掌握情况，制定周密计划，争取主动，集中力量，打的要准、要狠，只准"打了"，不准"打散"，以达彻底全歼的目的。为使蝗蝻消灭在蝻子期内，因此，消灭蝗蝻速度必须超过其成长速度，同时由于蝗蝻常是分批陆续滋生，一般的打2～3次，有的打过5次，屡打屡生，因此必须加强侦查工作，建立专门侦查组织，及时掌握情况，采取有效措施。今年黄骅在捕打初期由于不明情况，领导处于被动，组织的力量跟不上蝗蝻发展的速度，消灭的不如滋生的多。当对前段工作教训进行了总结检讨，经地委决定民工由6 000人增至1.5万人，在各大队部的直接领导下，组织侦查队，进行普遍检查，挖沟封锁不使蔓延，限期消灭未使成灾。

（4）黄骅洼大村稀，距蝗灾区远，回村食宿困难，必须组织庞大的、固定的民工捕打。

因此，治蝗与夏收、夏种生产发生严重矛盾，解决的办法是：按着春工治河出勤办法，组织群众合伙互助，双方订立合同相互保证，出勤民工保证完成治蝗任务，在家农民保证出勤民工的生产，做到了治蝗与生产两不误。

加强技术指导，提高工作效率，节省人力。为此，必须使群众掌握技术，发挥了千余架喷粉器的巨大作用，并将群众创造的挖沟围歼、火烧等办法，及时传播推广，发挥了更大作用。

发动了 87 万多名妇女（妇女占总人数的 70%）下地，保证了小麦的按时收打与幼苗的锄两遍。

（5）治蝗如作战，必须有坚强的统一领导，严密的组织，统一的纪律，赏罚严明，责任分清。由于治蝗干部来自各级各部门，如没有坚强统一的组织领导，工作步骤必然紊乱。因此，决定在地委统一直接领导下，以县为主，由中央、省、专共同组成治蝗委员会，在委员会领导下，根据力量划分地区，明确责任，采取分工、分片包干捕打的方法，成绩显著。

最后，为防秋蝗的发生，在夏蝗基本消灭后，各区大队部又组织了全部力量，进行了 3 天大复查，消灭残蝗。并根据实际需要，酌留干部常驻蝗区，建立了经常的蝗虫侦查组织，积极进行长期的防蝗准备。

原载《中国农报》1951，3（4）

（四）河北省黄骅县的查卵工作

河北省黄骅县是在渤海湾沿海的盐碱地区，人烟稀少，苇洼面积约占全县面积的 40%，是历史上蝗虫的原产基地。中华人民共和国成立后虽连年发生蝗虫，但在共产党和人民政府领导下，大力动员、组织群众进行捕打和中央派飞机协助喷粉，终于战胜十数年来所未见的的严重蝗情。可是过去以"人工捕打为主"，在预防准备工作上做得不够，未能掌握蝗情，造成工作被动，捕打不及时和人力浪费现象。

黄骅县为了贯彻中央"防重于治"的方针，争取做到节省人力，主动将蝗虫消灭在 3 龄以前，于今春布置和进行了侦查蝗卵工作。黄骅今年能主动地将 5 万余亩夏蝗蝻消灭在 3 龄以前点片集中时期，也就是由于党和上级的正确领导，认真执行了查卵工作和正确掌握了蝗情的结果。

要做好侦查工作，必须建立专业机构。我县在春季夏蝗孵化前，即指定干部专门负责领导查卵工作，首先在蝗区成立侦查机构、情报网，组织长期侦查队，实行每日侦查汇报制度。

长期侦查队员，是以党团员、劳模、积极分子为骨干，共组织 500 人，按大、中、小队编制，每日专司侦查工作，为了做好侦查工作，须适当照顾队员们的家庭生活与生产，使能够安心工作。

一望无边百余万亩的苇地，怎样才能找到蝗卵的分布地点呢？首先要调查访问哪些地区过去经常发生蝗虫，蝗虫喜欢产卵的地方，一般是道旁、沟沿、泊子草地、盐碱性较轻的及土质较硬和向阳的地区，挖查蝗卵，就在这些地方入手。

苇子高，地面辽阔，人到里面检查蝗卵时，极易迷失方向，可用数根竹竿用绳捆接起来，上系红旗，竖于地面上以作标志，再由竖旗处向前侦查，俟离标志很远，直到看不见红旗标志时，再同样另行竖立标志，这样不但可以解决迷失方向的困难，而且可以帮助计算面积。

查卵的方法，一般是有重点的试挖一片，发现有蝗卵后，再由此点向四周进行试挖，每隔 20 弓（每弓 5 尺），用铲挖过表土 1 平方丈，检查蝗卵块数，直至试挖取样的 1 平方丈地面内，不能再发现卵块时，在边缘堆一土堆，从取样中统计出蝗卵的密度，由边缘到中心点的距离，计算蝗卵分布面积，并在中心堆一大土堆，竖一方木牌，写明蝗卵分布地点、密度、面积和方向。以上是在大片苇洼中检查蝗卵的方法。另外在长洼里就可采用梯形的检查方法，在小片圆洼里采用"米"字形的检查方法，在堤埝、沟边可在两头铲 2 尺见方，中间铲 2 尺见方，便大致不差了。

因为气候环境各种因子的关系，蝗虫孵化很不一致，造成了防治上的极大困难，为了节省人力，彻底消灭蝗虫，黄骅曾从事了查孵化计算蝗虫出土日期等工作。

查孵化计算跳蝻出土期。蝗卵开始孵化，在一般情况下约需 18 天，初时发黄变大，3 天后在卵内部发现一条白线，再过 5 天即显出蝻胎，此时变黄发亮，卵粒大的一头两侧微显黑点，再过 5～6 天，用手一捻，外部薄皮随即脱落，剥开内皮，即可看到整个腿眼齐备的蝗蝻，这样，3 天即可出土了，此时若遇小雨，还要快点。

查卵、查孵化、查蝻，需一齐进行，幼蝻开始出现了，在草地上不易看见，此时蝗卵还未全部孵化，可在地上铲去 1 平方丈表土，取出卵块，检查孵化百分率，依据蝗卵发育规律，估计多少时间地下蝗卵能全部出齐，再绕所查蝗卵面积周围 1 平方丈转一圈，轰跳蝻到光地上使易于发现，便于计算。

今年春季我县共查出蝗卵面积 3 万多亩，密的 8900 多亩，每平方丈有卵块 5～6 窝，稀的有 2.6 万多亩，每平方丈有卵块数窝，或几平方丈中有卵 1 窝。由于查卵、查孵化、查蝻一起进行，掌握了蝗卵的分布与发育规律，基本上将 5 万多亩的夏蝗，消灭于 3 龄以前的点片集中时期，大大节省了人力与物力。

摘自 1952 年 12 月中央人民政府农业部病虫害防治司编《全国治蝗座谈会汇刊·典型报告》。此文作者为河北省代表曹凤楼和黄骅县治蝗劳模刘淑涛

（五）黄骅县消灭夏蝗的经验

河北省黄骅县的大片荒草洼地，历来都是发生蝗虫的渊薮。去年发生蝗虫的面积达 28 万亩，今年 5 月 11 日该县又发生蝗蝻，到 5 月底在"边打边生"的情况下，发展到 5.7 万亩。经过 20 多天的扑打，到 6 月 3 日跳蝻基本上消灭在 3 龄以前。

黄骅县去年蝗蝻开始发生的时间，只比今年晚 1 天，但由于发现的晚，6 月 10 日以后，大部变成了 3、4 龄的蝗蝻，一部分飞蝗变成了秋蝗，面积便猛然扩展到 28 万亩。从 6 月至打到 9 月，共用了 26 万斤六六六药粉、70 万个扑打人工，才把它扑灭。虽然保证了收成，但人力物力浪费很大，且秋蝗产卵，给今年留下严重的灾患。今年夏蝗发生开始较去年面大、分散，但由于领导重视，贯彻了"防重于治"的方针，及时把蝗蝻消灭在 3 龄以前，因此只用了去年五分之一的人力（15 万个工）和不及二分之一的药粉（11 万斤），就消灭了蝗蝻，保证了小麦收成和秋苗的安全，并为今后根治蝗害创造了良好的条件，其主要的经验是：

1. **抓住了"三查"的重要环节，严密地掌握了蝗情**　掌握蝗情是争取主动消灭蝗患的关键。黄骅县在"防重于治"的方针下，紧紧地抓住了蝗虫发生的时期与规律，进行了查蝗卵、查孵化、查蝗蝻的"三查"工作。该县在去年秋天扑打飞蝗时，就注意监视飞蝗产卵情况，秋后有重点地进行了初查，在产卵地周围垒起土岗作标志。今年开春建立了防蝗站，由防蝗站干部率领当地熟悉草洼情况的群众 400 多人，分头到 70 个蝗区的 90 万亩土地上进行普遍复查，在有蝗卵的地方堆土堆作标志。到蝗卵将近孵化时，则突击查孵化，并继续查卵。到 5 月 10 日以后，则以查蝻为主，结合继续查孵化、查卵。发现蝗蝻后，立即发动了 1800 人，分组、划片、包干检查。查卵是以一方丈为单位，普挖 1 寸深，数卵块，定密度，并以看卵色、剥卵皮的方法查孵化。查蝻是用手拨开草，数地面上的蝻数，用脚步量定面积、定密度。

通过"三查"，领导上对全县可能发生的蝗虫地区、面积、密度等情况做到"心中有数"，遂有计划地做了农药、农械和训练喷药粉队员的充分准备，同时根据观察蝗卵的变化情况（同一卵块，有的卵子即将孵化出土，有的刚长眼，还有的颜色刚变深或尚未变），判定蝗蝻发生时期的不一致，灵活地运用了"打早、打小、打了"的原则，采取了在庄稼地里发现后，立即予以消灭，在大片荒草洼地的，则监视其孵化，等待有利时机，集中歼灭等方法，以节省人力与药粉。

2. **加强组织领导、深入思想教育**　在大片无人经营、人迹少到的荒草洼区，建立了临时防蝗站，专门组织群众深入进行三查；蝗蝻发生后，立即组织灭蝗指挥部，领导干部亲上灭蝗前线指挥，因此能够做到及时发现，适时消灭。扑蝗前，在农民中进行了深入的爱国主义教育；批判了"洼大草多够蝗虫吃，庄稼不会受害"的错误想法，发动农民订立爱国扑蝗公约，包片包洼、包打包剿，互相竞赛，随时表扬模范，提高灭蝗情绪。

3. **解决了农民扑蝗和生产的矛盾**　蝗虫发生时正是锄苗、春工（挖河防汛）最忙的时候。为了做到灭蝗、生产两不误，一方面大力发动妇女参加田间生产，一方面发动农民临时拨工互助合理调配劳力。在家的保证搞好生产，在外的保证消灭蝗虫，这样使 7 000 多扑蝗民工安心扑蝗。临近麦收时，为了不误麦收，突击了 3 天，响亮地提出："彻底消灭蝗蝻，回家收麦"。小麦的丰收又鼓舞了灭蝗情绪，扑蝗群众自动增加到 8 000 多人，结合着药械的优越效果，3 天的突击计划，两天就完成了。

4. **改进扑蝗方法，提高扑蝗技术**　开始时，领导思想上是偏重于人工扑打的。但在扑打的过程中，发现地大、人稀、草厚，打不彻底，群众依靠割草生活的，也不愿叫烧草。因此改变方法，采取了以喷药粉毒杀为主，配合人工扑打的综合战术。经过查孵化、查蝻后，对开始孵化，密度不大的，先掘沟封锁，派人监视，等待大部孵化后，再以人工把蝗蝻压缩到一片地方，集中歼灭；片大、密度大、草厚的，用药喷；草薄的用人工打；有干草的地方用火烧。在开始喷药时，每亩要用药粉 3～4 斤，后来在喷药技术上普遍学会了测风向，掌握了调节器节省药粉的方法，获得了用 0.5% 六六六药粉每亩喷粉斤半，便可杀伤蝗虫 100% 的成绩。在封锁方法上，创造了以药粉喷圈代替挖沟的办法。适当地运用了人工扑打与药械喷杀相结合的综合战术后，大大节省了人力（一个喷粉器喷药的效力能顶 100～150 人），提高了扑蝗效率。因此能及时把蝗蝻消灭在 3 龄以前，且不误麦收。

原载《中国农报》1952，16：15。此文作者为华北行政委员会农林水利局林英

（六）抽条普查，等距取样

1963 年防治夏蝗期间，河北省农林科学院植物保护研究所郭尔溥、刘凤阳、田文会等人在黄骅县针对蝗蝻密度稀的情况，进行了"大面积普查，定点取样，取小样，多取样"的侦查方法试验。改过去取 1 平方丈大样为取 10 平方尺小样；改调查 1 次为调查 2 次；改少取样为多取样，比一般的方法准确，并取名为"抽条普查，等距取样"调查方法。该县通过这一侦查方法，及时澄清了蝗蝻发生面积、密度和发育情况，将原来计划防治 40 万亩，修订为 11 万亩，为当年蝗情变化十分复杂的情况下，在蝗蝻二、三龄时及时进行了防治。

1964 年 6 月，他们抽调当地技术干部 3 人，侦查员 20 余人，又在黄骅县南大港西尘子蝗区进行了重复试验，试验区地势平坦、生境一致、虫口密度稀、分布均匀，为典型的沿海蝗区。侦查员在蝗区边缘一字排开，每人间隔 100 米，每前进 50 米取一样，每样面积 10 平方尺（长 5 尺，宽 2 尺），共取样 540 个，隔两天又在同一蝗区进行了重复试验。两年的试验，通过方差、标准误、置信区间分析，初步证明"抽条普查，等距取样"调查方法是准确可靠的，并适用于沿海蝗区和内涝蝗区推广使用。

据《昆虫知识》1966，10（4）整理

（七）沧州地区治蝗工作发展概况[①]

各位领导，同志们：

全国治蝗座谈会在我区召开，我们表示热烈欢迎，这次会议，对我区治蝗工作必将起到巨大的促进作用，我们一定在这次会议精神的鼓舞下，进一步搞好治蝗工作，积极地为实现农业现代化作出贡献。为了取得领导和同志们的指导和帮助，把我区治蝗工作的开展情况简要汇报如下。

1. **蝗区概况**　我区东临渤海，地势低洼，土质盐碱，尤其沿海地区苇草丛生，地多人少，耕作粗放，同时气候温暖，雨水集中，自然条件非常适宜飞蝗的发生和发展，几千年来，这里一直是历史老蝗区。很多县从东晋以来就有"蝗蝻遍野"、"蝗飞蔽天"、"蝗食禾稼皆尽"、"人民相食"的记载，历史上旱、涝、蝗、碱四大自然灾害，曾给沧州人民带来巨大的苦难。

1942—1943 年，黄骅一带发生蝗灾，据群众反映，庄稼芦苇吃光后，蝗虫涌进村庄把房檐草、窗户纸都吃光了，周青庄公社官地大队有一个婴儿叫徐升云（现在公社拖拉机站工作），在炕上被蝗虫咬破了耳朵，别人给他起了个外号叫"蚂蚱剩"。那几年仅刘官庄、周青庄、王徐庄、小辛庄、扣村、邓庄子 6 个村，由于蝗虫为害，造成严重减产，群众缺吃少穿饿死 660 多人，当时流传着"蚂蚱发生联四邻，飞在空中似海云，落地吃光青稞物，啃平房檐咬活人"的说法。献县临河一带泛区，1943 年也发生了严重蝗灾，蝗虫吃光了庄稼后，由西向东转移，穿过辇头村，街道上蝗虫如流水，房屋墙壁到处都是蝗虫，群众昼夜不停轰赶，一网能捕捉 100 余斤，连玉米轴都得用泥封严，这一年人民吃尽了蝗灾之苦。

---

① 本文为沧州地区农业局副局长徐海泉同志 1979 年 3 月 12 日于农业部在沧州召开的治蝗座谈会上的汇报资料。

中华人民共和国成立初期，据统计我区共有蝗区面积 510 万亩，占耕地面积的 40％左右。蝗区类型大体可分为沿海、内涝、河泛和洼淀 4 种，沿海蝗区 260 万亩，包括黄骅、海兴、中捷、南大港全部和青县、沧县、盐山的东部，地势低洼，海拔 2.6～6 米，芦苇遍地，洼大村稀，耕作粗放，蝗虫连年发生，虫口密度一般每平方丈百头左右，有时达千头以上，多时可超过万头；内涝蝗区分布在全区各县，面积为 220 万亩，蝗虫的发生面积和密度受涝灾影响，如，1963 年运西各县 658 万亩农田遭受洪涝，8 月间，大部洪水退去，适宜秋蝗产卵，1964 年夏蝗发生达 400 万亩，密度在每平方丈几十头；但在干旱年份发生面积较小，不过几十万亩，密度也多在 10～20 头；河泛蝗区位于献县西部滹沱河泛区，面积 25 万亩，过去由于年年分洪，泛区土地多为一水一麦，耕作非常粗放，每年夏蝗多有发生，密度每平方丈有时也达 400～500 头；洼淀蝗区，位于任丘白洋淀和沧县大浪淀周边，面积 4 万亩左右，主要受洼淀水位涨落的影响，干旱年份水位下降，容易发生蝗虫，但由于面积较小，发生密度每平方丈 30～40 头。

2. **防治概况**　中华人民共和国成立以来，我区的防蝗工作同全国各蝗区一样，在中国共产党的领导下，组织广大人民群众和科学技术人员，开展了大规模的治蝗群众运动，并根据"改治并举"的治蝗方针，结合根治海河农田基本建设，大搞科学种田和开荒建场、植树造林等各项事业，积极改造蝗虫适生环境。20 多年以来，不但保证了蝗虫"不扩散，不起飞，不为害"，而且大大压缩了蝗区面积。那种"飞蝗蔽日，禾草一空"的时代已经一去不复返了。回顾 20 多年的治蝗工作，大体经历了以下几个阶段。

第一个阶段是 1950—1958 年，基本上是以人工扑打和人工药剂防治的阶段。9 年间，平均每年发生 160 万亩，除治 125 万亩，这个时期的虫口密度多在每平方丈几百头甚至万头以上，主要防治办法是挖沟封锁、划片包干、分线作战、集中力量歼灭主力，控制迁飞为害。1951 年和 1955 年两年，还试验示范了飞机治蝗，非常成功。但由于主要靠人工扑打，遗留残蝗较多，所以每年虽动用了很多劳力，也只能控制蝗虫迁飞和大面积为害。

第二个阶段是 1959—1966 年，基本是以飞机防治为主，人工药械为辅。在这一时期，先后修建农用飞机场 6 处，每年调用飞机 3～5 架，最多的一年曾调用飞机 13 架。8 年中共发生蝗虫 2 491 万亩（次），除治 1 969 万亩（次），其中飞机除治 987 万亩，占除治面积的 50％左右，其中在连续 5 年遭受自然灾害的情况下飞机治蝗，更显示了飞机治蝗的优越性。1961 年秋涝，1962 年发生蝗虫 430 万亩，1963 年洪涝，1964 年发生蝗虫 513 万亩，成为中华人民共和国成立以来最为严重的一年，由于采用了人工带药武装侦察，开展大规模的堵窝消灭活动，采用了飞机与地面喷粉相结合，猛攻主力，最后彻底扫残的办法，及时消灭了大面积的蝗群，保证了农作物的正常生长。但由于我区机场跑道和设备不好，加之夏蝗期间风多，秋蝗期间雨多，飞机经常不能作业，有时连续达半月之多，推迟了防治时间，主力不能及时消灭，扫残时多数已是成虫，不易扑灭，使残蝗密度大增，造成来年夏蝗面积扩大，再加上现在使用的运五型飞机不够灵活，不能挑治，往往几千亩的蝗虫机治面积，需要除治上万亩，控治面积达 50％～70％，造成浪费。

经过几年的实践，总结了开荒建场、兴修水利的好处，人们逐渐认识到蝗虫光治还不行，必须从改变蝗虫的适生环境上下工夫，才能达到根除蝗害的目的，这是一个很大的收获。

第三个阶段是1967—1978年，这期间主要是认真贯彻"改治并举"的方针，在改造蝗虫适生环境方面，我们根据4种类型蝗区的特点，认为蝗虫的发生发展主要受旱涝灾害的影响，尤其内涝、河泛、洼淀蝗区，受旱涝影响更大。所以蝗区面积一直都没有什么变化，蝗虫也随旱涝年年发生，年年治，面积、密度都不见减少。根治海河以来，结合大搞农田基本建设、抗旱除涝，开荒改土，植树造林和加强农作物管理，在很大程度上扭转了我区洪涝、沥涝的局面，1969年、1971年、1977年降水量都超过了800毫米，都接近中华人民共和国成立以来的最大降水量，但除1977年局部地方受到泥拖以外，洼地都未见大面积积水，1969年、1971年均未受灾，因此，也不同程度地改变了蝗虫的适生环境。据统计，全区已有410万亩蝗区得到了改造，其中，中华人民共和国成立后先后兴建农场8个，开荒改造蝗区90万亩；植树造片林改造蝗区73万亩；建水库3个，改造蝗区25万亩；兴修水利、抗旱排涝改造内涝蝗区212万亩，现在还有蝗区面积100万亩，80%分布在黄骅、海兴和中捷、南大港农场沿海一带，其他县还有20多万亩，主要为堤坡、沟埝和小片荒地，每年蝗虫的发生面积和密度都有了明显的下降，据1967年、1969年、1971年至1978年10年的统计，平均每年发生蝗虫76万亩，除治30万亩，密度多在每平方丈10～20头，最多不过几百头。

在除治上，总结推广了"狠治夏蝗，抑制秋蝗"、"巧打初生，堵窝消灭；猛攻主力，消灭在二龄；彻底扫残，不打成虫"的策略，并大力推广了地面机载机械化灭蝗技术，消灭了蝗虫主力。目前全区拥有各种动力机械95台，拖拉机3台，汽车1部，在这期间，由于治蝗方针、策略、战术都有所改进，所以防治效果十分明显，目前全区蝗虫密度已经大幅度降了下来。

3. 几点体会　在20多年的治蝗工作中，我们有经验也有教训，由于我们水平有限，时间仓促，没能够很好地总结出来，现有几点体会汇报一下，希望领导和同志们批评指正。

（1）对已得到初步改造的蝗区，还必须继续严密监视，把蝗虫消灭在点、线和小片当中，才能防止蝗情回升。

我区现在对蝗区的改造，是初步的，如我区这几年没有分洪，内涝蝗区没有大量积水，加之耕作改制，一般年份已基本控制了蝗虫的发生，但是一些沟埝、堤坡和小片的荒地，仍然是蝗虫发生的适宜场所，对这些地方，我们每年都要认真的侦查，掌握好情况，及时采取措施，积极进行除治。如献县1974年发生夏秋蝗共34万亩，当年仅除治3.3万亩；1975年共发生33.8万亩，其中达到防治指标的仅5万亩，但除治了9.7万亩，1976年仅发生面积压缩到8.6万亩。1977年发生秋蝗4.79万亩，基本上没有进行药剂防治，结果1978年夏蝗发生面积回升到10.3万亩，分布在18个公社64片，其中500～1 000亩的18片，500亩的16片。这说明随着根治海河、水利工程的兴建和排灌工程的配套，水文和生物群落有了变化，改变了蝗虫的面貌，消灭了蝗患。但是，这类蝗区一旦忽视监视和及时除治，回升的危险还是存在的，所以还必须注意这类蝗区特殊环境的蝗情变化，严密监视、积极除治点片蝗虫，才能有效地防止回升。此外还必须采取有效措施，改造这类特殊环境才能进一步控制蝗虫的发展。

（2）发展地面机载机械化治蝗技术。我区在"文化大革命"以前，就有一部分二人抬的动力机械，有的还装有26寸自行车轮，但当时一方面是由飞机除治为主，另一方面由于洼大村稀不便应用，所以一直搁置没用。随着蝗区改造，蝗区面积的不断缩小，内涝蝗区又多发生在小片的特殊环境，因此防治方法也不断改进，1973年开始，我们总结了海兴、黄骅、南大港农场地面机械化治蝗的经验，大力发展了拖拉机拖带动力机喷粉灭蝗技术，到 1974 年，动力机除治面积达 9.5 万亩占总除治面积的 20%，近两年已达到总除治面积的 50% 以上。这种地面动力机械作业的灭蝗方法，很适应我区现在蝗区的特点，它的优点是：

机动灵活。哪里蝗情紧急就除治哪里，并能进行挑治，基本上没有空治面积，可以减少浪费。

成本低，效率高。1 个机车作业组，1 天能除治 5 300 亩，比人力喷粉器提高功效 40～50 倍，3 辆拖拉机能相当 1 架飞机的作业效率，地面机械化除治夏蝗，平均每万亩需要 76 人、1.2 万斤农药，用人、用药都比飞机除治降低 50%。

（3）认识规律，掌握规律，用客观规律指导治蝗。

沧州地区的蝗区，一般都是地势低洼，夏蝗期间苇草或农作物矮小，气候较为干旱，还便于除治；而秋蝗期间，则苇草和农作物高大，而且正遇雨季，土地泥泞，非常不便除治。1966 年以前，由于夏蝗除治不狠，往往秋蝗的除治任务与夏蝗相当，1955 年、1957 年、1962 年、1965 年度的秋蝗除治任务还都超过夏蝗的除治任务。1967 年以来，坚持了狠治夏蝗的策略，效果很好，在最近的 10 年当中，秋蝗的发生面积都低于夏蝗，除治任务仅相当于夏蝗的 40%.

关于堵窝消灭，猛攻主力，彻底扫残的策略。过去由于堵窝消灭没有全面规划，往往只在一个地方搞了堵窝消灭，这只能降低蝗虫密度，不能减少防治面积，近些年我们有计划地把这个战术应用在沟埝、点线地带，实行点线挑治，巧打初生，不但消灭了蝗蝻，还大大减少了防治面积。如 1977 年除治夏蝗中，海兴、黄骅都狠抓了武装侦察，有计划地搞"巧打初生，堵窝消灭"工作，挑治沟埝 796 条，挑治点片 227 块，缩小防治面积 5.2 万亩。1978 年全区在"巧打初生，堵窝消灭"战役中，压缩药治面积 3 万余亩，节省农药 5 万多斤。

过去，我们抓猛攻主力的时机为三龄盛期，由于治蝗任务大，人员与机械组成及天气不利等影响，往往把猛攻主力的时间延长 15～20 天，结果是大蝻扩散，增加了除治面积，而且到扫残时，多数已为成虫，不易扑打。近些年，我们把猛攻主力的时间提前到二龄盛期，这样到扫残时正值五龄盛期，扫残容易扑打，从而提高了扫残质量，残蝗面积和密度近几年都有明显下降。

（4）设想和意见。我区的治蝗工作，在中央、省、地委的领导下，在治蝗专家的指导下，取得了一定的成绩，但也存在一些问题，主要是：蝗区改造得不够彻底，遇到特殊涝灾后，还可能有所回升，地面动力机械缺乏配件，有些因不配套而不能应用，人员组成与机械化治蝗也不相适应，针对这些问题，我们设想是：

结合农田基本建设，认真搞好排灌配套，彻底消除旱涝灾害。大力搞好科学种田水平，加速稳产、高产农田建设，加强田间管理，以粮为纲，农林牧副渔全面发展，提高土地利用率，计划在 1985 年前，彻底改造内涝蝗区的点、片蝗虫适生环境，控制回升，逐步达到根除蝗害。全区通过改制并举的措施，将蝗虫发生面积控制在 50 万亩左右，防治面积控制在 10 万～20 万亩。

积极改革施药机械。目前，海兴县防蝗站正在试制拖拉机拖带喷粉器械，如能成功，将有力解决目前缺乏机件的问题，并有可能进一步提高地面机械化治蝗的效能，希望中央、省领导责成有关部门研制生产更好的治蝗器械。

目前，我区除海兴县由于治蝗任务较大，仍保留防蝗站外，其他蝗区防蝗站都与植保站合并了，在目前机械设备不断增加的情况下，现在的侦查员对使用和保养这些机械很难胜任，我们认为，应配备一些固定的专业工人，以充分发挥这些治蝗机械的作用。

以上汇报如有不妥之处，请领导和同志们批评指正。

（八）铁牛-55 型拖拉机带防蝗喷粉器①

海兴县农业局防蝗站于今年5月份改制成功一台铁牛-55型拖拉机带防蝗喷粉器，并在今年的灭蝗期间正式用于生产，这一喷粉器的改革，大大提高了灭蝗速度和效率。

1. **设计基础和意义**　我县地处渤海之滨，洼大村稀，杂草丛生，是东亚飞蝗宜于发生的重点区域，中华人民共和国成立前蝗虫成灾，起飞时遮天盖日，行走时草净树叶光，当地群众深受其害。中华人民共和国成立后各级领导十分重视这一恐怖性的暴食害虫，在防治方面付出了极大的代价，给我们调拨了大量防治药械，在此发挥了很大作用，避免了蝗灾。但是我县防蝗区域甚大，全县达30万亩之多，现有防蝗药械，占用劳力多，劳动强度大，工作效率低，极不适应防蝗需要，加之最近几年蝗虫有所回升，非常需要试制一批高速度、高效率，适应大面积、远距离、长时间作业的防蝗药械。

2. **试验结果**　该喷粉器在夏蝗除治期间的实际使用中，工作效率大大超过了丰收-32型动力喷粉器和东方红超低量喷粉器。正常工作时，共用3人操作，每小时可喷粉634亩，每亩用药量3.5斤，死亡率达95%。往年要雇用4台拖拉机30个人工作，每台拖拉机每天要付25元，每人每天要付0.6元。新喷粉器的成功，比以往要节约大量人力，减轻劳动强度、燃料和经费，达到了预期效果。

3. **机械构造**　铁牛-55型拖拉机带喷粉器，可分为动力部分、药箱部分、喷药管和鼓风管三大部分，共一百多个主要零件组成。

（1）动力部分。将铁牛-55型拖拉机的平面动力输出轮改为B型三角带槽轮，通过三角带传动变速箱（通过两次变速由原来每分钟820转变为4 800转），变速箱两侧各装一鼓风机，其一是利用丰收-32型喷粉器鼓风机代用，以每分钟4 800转的高速度转动，产生巨大的风力吹动药粉向外喷撒。其二是利用利农背负式动力喷粉器鼓风机代用，以每分钟4 800转的高速度转动，产生风力吹动药箱底部的通风道，分别从6个风孔吹向药箱内，使箱内药粉松散翻动，有助于均匀漏药喷撒。

（2）药箱部分。箱体是用2.5毫米厚的铁板卷焊而成，圆筒形，高85厘米，粗45厘米，能容药粉200斤。箱内装有过滤网筛、漏药阀门、阀门开关调节连杆、吹风道和吹风孔；药箱上边装有药箱盖、箱盖密封胶垫、密封螺旋杆柄和开关扳手。

（3）鼓风管和喷药管。鼓风管是由4寸水龙胶管代用的，由鼓风机与药箱接通，用于向外吹风喷粉。喷药管是由1.5毫米厚的铁板卷焊与水龙胶管连接而成，径粗10厘米，其末端的胶管可以上下左右摆动，以适应外界的风向、风力，调节下药量的大小和喷幅宽窄。

（注：喷雾器与喷粉器同装在一车上，其装置大体相同）

4. **性能及特点**

（1）铁牛-55型拖拉机带喷粉器速度快，转速高，风力大，不宜出故障，能自带药剂

---

① 海兴县农业局防蝗站总结资料。

（每次能带 5 吨药），节省人力和运输量，适宜大面积、远距离的、长时间的单车独立防蝗作业。

（2）喷药幅度宽，下药量快，撒药均匀，工作效率高（平均每小时撒药 634 亩），除治效果好（通过 4 次试验和大面积使用，死亡率在 92％以上）。另外与其他动力喷粉器相比，还能节省大量燃油。

（3）喷粉器的左右两根喷药胶管可以根据风力大小上下调动，以控制有效喷幅的宽窄，左右两根喷药管可以随意开关，左边的风可开右管，右边的风可开左管，遇到无风的天气，还可以左右同时喷粉，对外界条件的适应性很广。

（4）药箱大（每箱可装药粉 200 斤），密封严，减轻药粉对操作人员的危害。另外，铁牛－55 拖拉机改制防蝗喷粉器对机车部件毫无损坏，治蝗、运输、田间作业互不影响。

（5）以上实验结果表明，施药量越大，除治效果越好，但本着即省农药又治蝗的原则，每亩施药 3 斤较为理想。

5. 今后改革意见

（1）为了进一步增加工作效率，减少加药次数节省时间，可在加大药箱，由容 200 斤改为容 350 斤左右。

（2）为了减少成本，节约开支，是否可在较小的马力机车上试制。

原载沧州地区科学技术情报研究所《科技情报资料》，1979，（12）

（九）沧州地区行政公署农业局关于执行"防蝗植保专用车辆和动力器械管理试行办法"的通知

（80）沧署农字第 14 号

各县（市）农业局，中捷、南大港农场农林科：

近几年各县（市）尤其各蝗区县、场都陆续装备了一些防蝗植保专用车辆和动力器械。这些对加速根除蝗害、搞好植保工作起到了很大的作用，但是在管理上也存有很多问题，为了更好地发挥这些专用设备的作用，进一步促进防蝗植保工作的开展，根据国家农委关于逐步实现治蝗植保机械化、现代化的要求，拟定了沧州地区"防蝗植保专用车辆和动力器械管理试行办法"，望认真研究试行，并请你单位将属国家所有的防蝗植保专用汽车、拖拉机、摩托车、轻骑和动力器械、手摇喷粉器等设备，分清品名、型号、马力、数量，当前技术状态、配套配件等情况登记造册，一式三份，加盖公章，于 4 月 15 日前报送我局。本办法在试行中有什么经验和问题，请及时总结上报。

附：沧州地区防蝗植保专用车辆和动力器械管理试行办法

1980 年 3 月 27 日

沧州地区防蝗植保专用车辆和动力器械管理试行办法

1. 为加强防蝗、植保各种专用车辆和动力器械的管理，充分发挥这些专用设备的作用，加速实现我区防蝗植保机械化，特制定本办法。

2. 防蝗植保专用设备包括各县（市）场防蝗站和植保植检站使用的各种汽车、摩托车、轻骑、拖拉机和动力器械（主要指各种动力喷粉、喷雾机）以及防蝗专用的手摇喷粉器。这些专用设备由各县（市）场防蝗、植保植检站直接管理、使用、保养和维修，产权归国家所有。转卖、报废需经地区批准。地区根据防蝗植保工作的需要，有权统一调度。

3. 防蝗植保专用设备除防蝗植保使用外，其他任何单位使用一律按标准收费。

4. 各县（市）场防蝗和植保植检站要根据专用车辆、动力器械的数量配备专职或兼职驾驶人员，实行人机固定责任制，专用设备多的站要建立机务组负责管理、使用、保养和维修工作。

5. 防蝗植保专用设备的使用范围，汽车主要用于有关防蝗工作的运输；拖拉机主要用于有关防蝗工作的运输和拖带动力器械除治蝗虫；摩托车、轻骑主要用于查蝗和调查其他病虫害，传递病虫情报等防蝗植保的紧急工作；动力器械和防蝗专用手摇喷粉器主要用于防治蝗虫。没有防蝗任务的单位，根据当地情况由植保检疫站掌握，选定有条件的社队搞好机械化除治病虫害样板，带动社队搞好植保机械化合作防治。

凡属防蝗专用设备，必须在保证完成治蝗任务的情况下，才能用于防治其他病虫害。专用汽车、拖拉机在完成防蝗植保任务后，可以根据交通部门的规定参加社会运输或帮助蝗区社队开垦荒地，摩托车、轻骑不准外借。

6. 参加社会运输的车辆，必须接受交通部门的统一管理，按规定收纳运费，帮助蝗区社队开荒的拖拉机应提前向地区提出开荒计划，经地区批准后可以收耗油费和适当的机械磨损费，帮助社队防治一般病虫害时，除有关社队应提供农药和动力机所耗用的油料外，还应收取适当的机械磨损折旧费，收费标准各县（市）场根据"以机养机"的精神自行确定，国家不再补贴费用，但需有操作人员跟随机械作业，如使用单位有技术人员条件的，经县防蝗、植保站长批准后，可由使用单位的技术人员负责操作，若有损坏，使用单位要负责修理或按损坏程度缴纳修理费用。防蝗植保专用设备的收入纳入当年防蝗植保经费中使用，不准挪作他用。

7. 各县（市）场防蝗和植保站根据车辆、动力机械的使用技术要求，制定出具体的使用、保养、维修、操作规程和奖惩条例、办法，报地区农业局审批后执行。

1980 年 3 月 27 日

（十）沧州地区东亚飞蝗的预测预报办法

蝗虫的预测预报工作必须在系统掌握蝗情的基础上进行，根据查卵、查蛹、查成虫的"三查"办法来预报蝗情变化，分期发报，指导治蝗工作。

第一、发生期预报

1. **预测蝗蝻孵化期**　调查蝗卵胚胎发育，进行积温预测。分别不同环境，挖蝗卵 5～10 块，把同一环境内的卵块剥出卵粒充分混合，取卵 100 粒进行观察检查，确定胚胎发育期。检查方法：将卵粒泡入 10％的漂白粉溶液中 2～3 分钟，溶去卵壳取出卵粒，用清水漂净放到玻璃上，用手电筒在下面照，透过灯光用放大镜检查胚胎发育期，把发育程度相同的卵归为一组，算出各组百分比。再根据查卵后 10 天内当地 5 厘米旬平均地温（根据当地气象部门历年气象记录），参照蝗卵胚胎在恒温 30℃下的发育图解，定出发育天数。再用下列 I 算式推算蝗卵目检查时到孵化所需天数，即得蝗蝻孵化日期（当地若无地温记录可用 II、III 算式求算）。

$$\text{到孵化所需天数} = \frac{210-(15℃×已完成发育天数)}{5厘米地温-15℃} \quad\cdots\cdots\cdots\cdots\cdots\cdots\text{Ⅰ算式}$$

$$\text{夏蝗到孵化所需天数} = \frac{210-(15℃×已完成发育天数)}{(多年旬平均气温+1.4)-15℃} \quad\cdots\cdots\cdots\text{Ⅱ算式}$$

$$\text{秋蝗到孵化所需天数} = \frac{210-(15℃×已完成发育天数)}{(多年旬平均气温+1.8)-15℃} \quad\cdots\cdots\cdots\text{Ⅲ算式}$$

（注：蝗卵起点发育温度为 15℃，卵期总积温数为 210℃，蝗蝻起点发育温度为 18℃）

在野外或无漂白粉的地方，直接把卵壳破开，用肉眼观察，按下段说明，分出各个卵粒的发育期，将发育期相近的卵粒并为一组，算出各组百分比，然后参照表 1 估算孵化期。

胚胎可粗略地分为 4 个时期：①原头期，胚胎尚未发育，卵壳破后肉眼不易在卵浆内找到胚胎；②胚转期，胚胎已开始发育，卵壳破后肉眼可以看到一芝麻粒大小的白色物；③显节期，胚胎已形成，胚体大小近于充满整个卵壳，眼点、腹部、腿部的分节都已明显；④胚熟期，胚胎已全部完成，身体呈红褐色至褐色。

表 1

胚胎发育期	原头期	胚转期	显节期	胚熟期
30℃的恒温下已发育到某期的天数（天）	1～4	5～7	8～11	12～13
30℃的恒温下已完成的发育有效积温（℃）	15～60	75～105	120～165	180～195

举例说明：在某蝗区 4 月 15 日所取得的 100 粒蝗卵中，经查有 65％的蝗卵已发育到胚转期，该地气象部门提供的 4 月 15 日至 4 月 25 日 5 厘米平均地温为 20℃，预测夏蝗什么时间孵化？

查表 1，65％的蝗卵已发育到 7 天，代入Ⅰ算式：

$$\text{到孵化所需天数} = \frac{210-(15℃×7)}{20℃-15℃} = 21 \text{ 天}$$

答：在正常情况下，该地蝗区内有 65％的蝗卵将于 5 月 6 日孵化。

也可以用野外胚胎发育调查数据结合表 2 直接推算出：

表 2

胚胎发育期	原头期	胚转期	显节期	胚熟期
正常天气下（20～25℃）到夏蝗孵化所需天数（天）	21～24	15～18	9～12	3～6
正常天气下（27～30℃）到秋蝗孵化所需天数（天）	10 天以上	6～7	4～5	2～3

举例：在某县蝗区 4 月 15 日调查，65％的蝗卵进入胚转期，有 15％的蝗卵进入到显节期，有 20％的蝗卵进入到胚熟期，预测夏蝗孵化期？

查表 2 得出，该地自 4 月 15 日开始，大约 65％的蝗卵过 15～18 天、15％的蝗卵过 9～12 天、20％的蝗卵过 3～6 天后，可分别孵化出土。

2. 预测蝗蝻三龄盛期　蝗蝻各龄发育所经过的天数，随温度变化有所不同，因此，掌握蝗蝻孵化盛期，即可根据地面 30 厘米旬平均草丛温度的预报资料（无草丛温度观察记载的地区可按下式折算：30 厘米草丛温度=气温+1.6℃），用下列算式推出。

$$\text{总孵化盛期到三龄所需天数} = \frac{130}{30厘米旬平均草丛温度-18℃}$$

（注：在 30℃温度下的一龄蝗蝻发育到三龄的有效积温为 130℃）

举例：某蝗区 5 月 15 日进入盛孵期，气象预报旬平均气温为 25℃，求三龄盛期？

30 厘米草丛温度＝25℃＋1.6℃＝26.6℃

$$从孵化盛期到三龄所需天数＝\frac{130}{26.6℃－18℃}＝15（天）$$

答：即在 5 月 30 日进入三龄盛期。

此外，亦可根据龄比调查，结合当地历年来夏、秋蝗各龄发育所需的天数，算出各龄的平均天数，参照当时当地的气候条件，估计三龄的全盛期。在一般正常气候条件下，夏蝗由一龄发育到三龄需要 13～14 天，7～8 月气温高，早期秋蝗只需 7～9 天。

蝻期各龄体长及翅芽特征表

特征 \ 龄期	一龄	二龄	三龄	四龄	五龄
体长（毫米）	4.9～10.5	8.4～14	10～21.2	16.4～25.4	35.7～39.6
翅芽	翅芽小不明显，前翅较窄端部向下呈圆形	较显著，端部圆形向后斜伸	前翅狭长，后翅略呈三角形，倾斜度较二龄小翅脉清楚	翅芽伸达第二腹节，后翅为三角形	翅芽较大，伸达第四五腹节

3. 预测成虫出现期和产卵期

（1）根据有效积温预测到达各龄所需天数：参考下表所列各龄有效积温和当地同时期旬平均气温资料，按下列算式计算。

$$到达各龄所需天数＝\frac{所需有效积温数}{30 厘米旬平均草丛温度－18}$$

温度 \ 龄期	一龄发育至二龄	二龄发育至三龄	三龄发育至四龄	四龄发育至五龄	五龄发育至成虫	羽化至产卵	总计
30℃下所需有效积温（℃）	68.7	61.5	56.9	80.5	137.5	362.7	665.8
35℃下所需有效积温（℃）	58.6	74.5	70.1	88.9	117.0	201.9	621.0
一般变温（25～35℃）需有效积温（℃）	63.6	68.0	63.5	84.7	127.7	232.3	643.4

举例 1：某地一龄盛期是 5 月 10 日，5 月中旬至 6 月上旬的平均 30 厘米草丛温度为 30℃，预测羽化盛期？

查上表，从一龄盛期到羽化盛期所需天数$＝\frac{68.7＋61.5＋56.9＋80.5＋137.5}{30℃－18℃}＝33.7（天）$

答：在 6 月 14 日之后，即可进入羽化盛期。

举例 2：某县三龄盛期是 5 月 25 日，6 月中下旬平均 30 厘米草丛温度为 31.5℃，求产卵盛期？

查上表，从三龄盛期到产卵盛期所需天数$＝\frac{56.9＋80.5＋137.5＋262.7}{31.5℃－18℃}＝40.6（天）$

答：7月4日之后，即可进入产卵盛期。

（2）检查成虫腹内卵块发育程度，预测成虫产卵期：在成虫出现后，分期捕捉雌性成虫50头，拉开腹部，检查体内蝗卵发育程度，蝗卵发育程度可粗略地分为三个阶段。

初期：卵粒细长，呈白色，长度不超过0.2厘米。

中期：卵粒略呈淡黄色，长度0.3～0.4厘米。

后期：卵粒粗大，鲜黄色，长达0.5厘米。

检查后，找出各期所占百分比，查对下表即可获得达到产卵期所需的天数。

每期到达产卵的时间

项目（蝗卵的发育程度）	初期	中期	后期
夏蝗产卵所需天数（天）（气温28～32℃）	7～10	4～6	1～2
秋蝗产卵所需天数（天）（气温25～30℃）	9～12	5～8	2～3

此外，可结合当地历年来夏、秋蝗从蛹到产卵盛期的历期天数及发生期，参照当地当时的气候条件，分析推算出成虫产卵期。一般气候条件下，夏蝗由一龄发育到产卵期需要44.6天左右，秋蝗需要39～40天。

4. **从夏蝗的产卵期预报秋蝗的孵化期**　由于夏季温度高，蝗卵产下后如土壤温湿度适宜，即可吸水发育，一般只需15～20天即可孵化。因此，掌握夏蝗产卵期，可以直接预报秋蝗的孵化期，但也要考虑到产卵期的不一致，以及环境因素的差异，如土壤温湿度的高低、盐分的大小、土地的翻耕，淹水，植被稀密程度等都会影响到蝗卵的发育，必须选择不同环境，重点抽查蝗卵的发育状况，结合天气情况，然后作出预报。

5. **秋蝗发生期预报**　做法与上相同。

第二、发生量预报

1. **当代发生量预报**　具体掌握蝗虫发生面积和密度，是做好防蝗工作的关建。

（1）调查蝗卵越冬死亡率：校正头年冬前对蝗虫发生量的展望。在4月初、中、下旬分3次（每5天一次，每次每一环境不少于蝗卵5块）调查，结合胚胎发育，观察分析死亡原因，掌握蝗卵死亡率，并参考当时的气候条件、蝗区变化等资料，校正展望，预测当代的蝗虫发生程度。

（2）做好查蛹工作：我区飞蝗一年发生两代，夏、秋蝗的查蛹时期与次数列表如下：

世代 \ 次数	第一次	第二次	备　考
夏蝗	5月上旬至中旬	5月中旬至下旬	
秋蝗	7月上旬至中旬	7月中旬至下旬	

第一次查蛹在蝗卵孵化盛期，第二次查蛹在蝗卵孵化末期，通过两次查蛹全面落实蝗虫发生面积和密度，及时通报蝗情，指导防治工作。

2. **下代蝗蛹发生量预报**　进行发生数量及发生面积预测。

必须掌握下列资料：①当代残蝗活动的地点和面积；②残蝗的虫口密度；③雌虫在当代残蝗总数中的比例；④雌虫产卵百分比；⑤当地历年平均每头雌虫的产卵数量。

（1）查残时间及次数：查残蝗须在成虫产卵初、盛、末三个时期分期进行。夏蝗产卵期比较集中，进行两次查残即可；秋蝗产卵期较长，分别在产卵初、盛、末三个时期进行查残，其产卵盛期的查残最为重要，查残时间可参考下表。

世代	蝗区类型	第一次	第二次	第三次
夏蝗	滨海蝗区	6月中下旬至7月初	7月上中旬	
	内涝蝗区	6月下旬	7月上中旬	
秋蝗	滨海蝗区	8月下旬末至9月上旬	9月中下旬	10月上旬
	内涝蝗区	8月下旬末	9月上中旬	10月上旬

（2）残蝗面积的划定：凡有残蝗活动的地方都需要查残，如历次残蝗活动的地点不同，该地区残蝗面积应为历次残蝗面积的总和；如历次残蝗活动的范围有重叠的地段，应减去重叠面积；如历次查残都有发现的地区，应列入下代蝗虫发生的重点区域。残蝗密度以亩为单位计算。

（3）根据查残确定有卵面积和密度：在两次以上查残时都有残蝗活动的地点，可定为有卵区；只有一次残蝗活动的地方划为可疑区，再通过重点抽查蝗卵，证明有卵后方可划入有卵区。确定了有卵面积后，再根据历次查残结果，并参考当地蝗虫的生殖力（平均一头雌蝗一生所产的卵块数）来算出该面积内的有卵密度。确定生殖力的大小，最好根据当年的观察结果，在缺少该项观察资料的地区，可结合上面所提供的查残时间，参考下表所列数字，推算出不同查残时间可能产下的卵块数。

卵块数 世代	第一次产卵数	第二次产卵数	第三次产卵数	总计
夏蝗	3	3		6
秋蝗	1	2	2	5

蝗卵密度的计算：在每次查残结束时，根据上述所掌握的各项资料，用下列Ⅰ算式分别环境，求出该地区的卵块总数：

每次卵块总数＝该次的残蝗面积×残蝗密度×雌虫百分比×已产卵雌虫百分比×
每头雌虫已产出的卵块数 ………………………………… Ⅰ算式

算出产卵总数后，再按Ⅱ算式求出该地区的平均卵块密度：

$$平均卵块密度＝\frac{第1次卵块总数＋第2次卵块总数＋……}{残蝗面积（历次残蝗面积总数减去重复面积）} \quad …………… Ⅱ算式$$

（4）下代发生量预测：查残结束后，依照上面列举的步骤，求出平均卵块密度，然后再按下面算式推算出来年夏蝗发生密度。

$$下代发生密度＝\frac{平均卵块数×每卵块平均粒数×（1－蝗卵死亡率）}{60（平方丈）}＝头/平方丈$$

此外，还可以根据残蝗密度、性比、产卵率、产卵量及各虫态死亡率，预测下一代的发生量。

下代发生密度＝残蝗密度×性比（雌/雌＋雄）×雌蝗产卵率×每头雌虫产卵量×
（1－蝗卵死亡率）/60（平方丈）＝头/平方丈

（5）制定翌年夏蝗防治计划：根据查残及重点查卵结果，绘制出残蝗分布图，标明残蝗面积、密度，及计算出的蝗卵密度和来年可能发生的蝗蝻密度，据此来制定翌年的治蝗计划。

第三、注意事项

为便于工作，将有关注意事项分述如下：

1. 掌握资料

（1）蝗卵死亡率及胚胎发育进度。

（2）生活史，包括发生世代、各虫态的自然历期。

（3）蝗虫的繁殖力。

（4）当地的气象资料，包括 4 月中下旬至 5 月上旬 5 厘米地温、5 月中旬、7 月中旬至 9 月份的气温、降水次数和降水量、相对湿度、沥涝面积、积水和脱水时间等。

（5）蝗区改造对蝗情的影响。

2. 调查取样方法　可因蝗区环境及蝗情制定。

（1）地形广阔、地势平坦、植物相对比较一致、蝗虫分布比较均匀的蝗区，可采用棋盘式或大五点的取样方法，也可采用抽条普查、等距取样的办法。

（2）特殊环境，如河堤、沟埂、荒坡、道边及小片夹荒地，可采用随机取样法。

总之如何节省人力、时间，又能准确、如实地反映蝗情就好，还望各地通过实践总结经验。

3. 有关标准的规定

（1）各虫态初、盛、末期：5％时为始期，10％～40％时为初期，50％～80％时为盛期，余 10％～20％以下时为末期。

（2）药治标准：仍按每平方丈有虫 6 头以上。

（3）列入防治计划的残蝗标准，仍按每亩 6 头以上。

单位_____　河北省_____年（　）蝗发生情况调查表　　　　　　　　　（万亩）

蝗区名称	调查面积	调查日期	发生面积	虫口密度（头/平方丈）						分布环境				备注
				2～5 监视面积	列入防治计划面积					苇注	荒地	农田	特殊环境	
					6～10	11～30	31～60	61～100	100 以上					

说明：地、市、县（农场），蝗情调查汇报均依此表。

单位_____　河北省_____年（　）蝗除治情况统计表　　　　　　　　（万亩，吨）

蝗区名称	发生面积	应治面积	除治面积			使用农药				投入人数	投入器械				投入车辆		
			合计	其中		合计	其中				合计	动力机	背负式	手摇器	汽车	拖拉机	摩托车
				普治	挑治		六六六	敌马粉	其他								

说明：地、市、县（农场），蝗情调查汇报均依此表。

单位＿＿＿＿ 河北省＿＿＿＿年（ ）蝗残蝗调查统计表 　　　　　（万亩）

蝗区名称	调查日期	调查面积	残蝗面积	分布密度（头/亩）						分布环境				备注
				6头以下监视面积	列入下代计划防治面积					苇洼	荒地	农田	特殊环境	
					6～10	11～30	31～60	61～100	100以上					

说明：地、市、县（农场），蝗情调查汇报均依此表。

（4）夏、秋蝗调查结果须按省植保总站统一制定的三个表格上报。

4. 建议

（1）重点蝗区县、（农场），应设蝗情测报站（点），固定专人负责，对上述项目进行系统的观察记载，建立蝗情档案，并及时发报。

（2）总结、改进和提高现有的测报（包括侦查）技术方法。

（3）加强联系。为交流经验互相促进，进一步搞好治蝗工作，蝗虫情报除向当地及邻区发送外，还应报送上级农业部门及科研单位。

1980 年 4 月

（十一）沧州地区防蝗站关于地面机械灭蝗情况总结

1. 推广地面机械灭蝗的指导思想　中华人民共和国成立后直至 1973 年，我区的治蝗工作主要是依靠人工药剂防治或飞机防治，1959 年至 1966 年的 8 年当中，几乎年年都要进行飞机治蝗，最多时一年使用飞机 13 架，机治面积达 284.5 万亩，每年投资数十万元。

1973 年是我区最后一次使用飞机喷粉治蝗，这一年夏蝗发生面积 67.61 万亩，计划飞机除治 34 万亩，实际飞机除治 30.41 万亩，使用经费 16 万元。飞机除治当中，由于天气和环境的影响，飞机除治忽治忽停，直到 6 月 14 日才除治完毕，比预定除治期推迟了 5 天，不少夏蝗再度扩散，飞机作业高度有时降不下来，也影响了除治效果，加上有漏治现象，致使南大港农场又购置 10 台大型动力喷粉机，重新进行了复治，经过这一教训，鉴于我区沿海苇洼大这一特定条件，我们决定在治蝗问题上走自己的道路，不再使用飞机喷粉治蝗办法，采用地面机械灭蝗新技术，以达到开支少，省劳力的目的。从 1974 年开始，地区科学使用国家补助的防蝗经费，为蝗区各县购置大型动力机械、交通工具和农药，有计划地改变各县防蝗站的条件，培养自己的防蝗侦查和防治人员，把各县防蝗站建设成为即能侦查，又能治蝗的战斗指挥部，逐步把治蝗工作转向依靠自己的力量，同样也能把蝗虫消灭掉的路子。

2. 我区地面机械灭蝗的形式　自从 1974 年以来，我区先后采用了以下 8 种灭蝗的形式。

（1）四人抬动力机喷粉灭蝗形式：一台动力机由 10 人操作，4 人肩抬，5 人装运农药，1 人操作机器，经测定动力机每小时耗油 1.96 斤，喷粉 300 斤，除治 280 亩，每天工作 5 小时，平均每人每天除治 140 亩，每亩用药量 1.07 斤，防治效果 98%。

（2）75 马力链轨拖拉机拖带动力机喷粉灭蝗：在拖拉机拖斗上固定丰收-32 型动力机 3 台，装农药 2 吨，5 人操作，每天工作 6 小时，喷粉 4 000 斤，每亩用药 1 斤，除治 4 000 亩，平均每人每天除治 800 亩，防治效果 98%，这种形式多在水库蝗区泥泞地作业。

（3）12 马力拖拉机拖带大型动力机喷粉灭蝗：在拖拉机拖斗上固定大型动力机 1 台，装农药 1 吨，4 人操作，每天工作 6 小时，每天喷粉 2 100～8 000 斤，每亩用药 1～1.5 斤，除治 2 100～5 300 亩，平均每人每天除治 700～1 300 亩，防治效果 96% 以上。

（4）55 马力拖拉机拖带 195 柴油机喷粉灭蝗：近几年，由于大型动力机的损坏报废，动力机械不断减少，海兴和南大港农场防蝗站 1980—1981 年各自改装了一台用 195 柴油机带动喷粉机的大型装置，在喷粉灭蝗上起到了良好的效果。他们在 55 马力拖拉机拖斗上固定大型动力机 1 台，装载农药 4～5 吨，每组由 7 人操作，每天工作 6 小时，除治 0.8 万～1 万亩，每亩用药 1.5～2 斤，平均每人每天除治 1 200 亩，防治效果 95% 以上。这种灭蝗法专挑较大面积的蝗虫发生区域，一治一大片，是取代飞机治蝗、避免空治、减少浪费的理想工具。也是我区自 1973 年以来采用最为广泛的一种灭蝗形式。

（5）12 马力拖拉机拖带东方红-18 型背负式动力机超低容量喷雾灭蝗：在 12 马力拖拉机拖斗上固定东方红-18 型背负式弥雾动力机 2 台，装载马拉松乳油农药 400 斤，4 人操作，每天工作 6 小时，喷药 346 斤，除治 1 728 亩，平均每人每天除治 430 亩，防治效果 95% 以上。

（6）人工背负东方红-18 型超低容量背负式弥雾动力机喷雾灭蝗：每组 3 人操作，每天工作 6 小时，喷药 130 斤，除治 648 亩，平均每人每天除治 216 亩，每亩用药 0.2 斤，防治效果 95%。这种方法多在沟渠地、积水泥泞地且面积较小蝗区作业。

（7）自制铁牛-55 型拖拉机悬挂喷粉机灭蝗：这是海兴县防蝗站 1978 年研制生产的拖拉机悬挂喷粉器，用拖拉机自身动力带动动力机喷粉作业，拖斗可装载农药 5 吨，由 6 人操作，每天工作 6 小时，喷粉 9 900 斤，平均每亩用药 3.5 斤，除治 2 850 亩，平均每人每天除治 500 亩，防治效果 95%。

（8）自制 12 马力拖拉机牵引悬挂喷粉器灭蝗：中捷农场和海兴县防蝗站研制生产的悬挂喷粉器，利用 12 马力拖拉机输出轴带动丰收-32 型动力机改装而成，除治效果与 12 马力拖拉机拖带大型动力机效果基本相同，由 3 人操作，每天工作 6 小时，每天作业 1 500 亩，平均每人每天除治 500 亩，防治效果 95%。这种机器由于不能运载农药，只适宜在平坦荒草地作业。

3. 地面机械灭蝗技术的推广成果　1979 年 4 月，国家农业部在我区召开全国治蝗工作座谈会议，会上农业部领导及与会代表听取了我区关于对东亚飞蝗的防治概况及 1973 年以来推广地面机械治蝗的情况，参观了海兴县研制的大型动力喷粉机械。会后，农业部在给国家农委《关于继续加强我国飞蝗防治工作的报告》中指出："使用动力药械治蝗工效高，效果好，成本低，节省劳力，沿海蝗区洼大村稀，动员组织周围社队大量人力进行防治比较困难，除大面积发生需要使用飞机防治外，较小面积和点片发生的应积极发展地面机械防治"。充分肯定了我区地面机械灭蝗的成绩。此后，我区地面机械的治蝗工作又有了不少新的发展，并经受了像今年发生的近二十年来最为严重的蝗情的考验，再次证明这一技术在我区推广是可行的。正如南大港农场总结的那样："地面机械化，治蝗好处大，省工又省药，杀虫效果高，除治三龄盛，时间争主动，主力消灭后，扫残正适龄。"经过 10 年来的推广，初步总结有以下几点成果。

（1）灵活机动，不误战机，基本没有空治面积。飞机治蝗使用的"运五"型飞机，由于机体大不够灵活，在作业时不能进行挑治，往往几千亩的蝗区得除治1万亩，空治面积达50%～70%，往往会造成农药的浪费和加重环境的污染。现在采用地面机械灭蝗技术，根据蝗虫发生是呈现点、片、线发生的特点，可以进行挑治，同时还可以根据不同环境和天气，采用不同的机械设备，很是方便，基本上没有空治面积。由于地面机械灭蝗形式的多样性。只要掌握住蝗情，抓住战机，便可一齐出动，一举歼灭蝗虫。

（2）降低除治成本，提高防治效果。1973年我区夏蝗发生67.61万亩，主要采用了飞机治蝗的方式，加上最后又出动20台动力机补治，共除治44.7万亩，使用农药70万斤，投入劳力6 000人，省下达防蝗经费16万元，全部用于夏蝗的除治。1983年全区夏蝗发生59.7万亩，虽然比1973年少7.91万亩，但蝗情比1973年严重很多。由于采用了地面机械除治，没有空治面积，除治时间比1973年缩短了6天，防止了蝗虫扩散，除治面积比1973年减少27.25万亩，少打药30.28万斤，节省劳力5 500余人，省下达防蝗经费13万元，还节省经费3万元，除治效果达99%。受到了全国植保总站和河北省植保总站的表扬。

（3）增添了防蝗设备和物资。自1974年以来，我区防蝗站的面貌就不断得到改变，陆续将防蝗站的土坯房翻建成砖瓦房，办了电、打了井，解决了防蝗员的不少困难问题。同时有计划地购置和改制大型动力机械，有计划地购置拖拉机、汽车、摩托车，为大型车辆盖了车库，这些都是在1973年以前所没有过的。据1983年10月统计，全区已有大型动力机械77台，其中背负式动力喷粉喷雾机62台，拖拉机9辆，其中55马力拖拉机3辆，汽车5辆，摩托8辆，组建了近百人的防蝗侦查与防治队伍。在一般蝗虫发生年份，我区各级防蝗站完全可以依靠自己的力量，边侦查边除治，不但效果好，每年还可以节省大量农药和劳力。

4. 今后推广地面机械灭蝗技术的安排意见

（1）认真搞好取代六六六粉剂农药灭蝗的试验。关于取代六六六粉剂农药灭蝗的试验，各地已有不少经验：新疆试验表明，乐果、稻丰散、马拉松、杀螟松和敌敌畏等6种有机磷超低容量制剂，均能成功取代六六六除治多种蝗虫；河北大名县试验，每亩4斤2%西维因粉剂可以100%消灭田间蝗虫；我区黄骅县试验认为，2%杀螟松粉每亩2.3斤，对东亚飞蝗防治效果可达85%以上；献县试验用1.5%甲胺磷毒饵除治东亚飞蝗，可以得到死亡率95%以上的效果。因此，我区在今后推广地面机械喷雾灭蝗的选药方面，计划用2%西维因粉剂、1%乐果粉剂、1%—六〇五粉剂、1%或1.5%甲胺磷毒饵，2%杀螟松粉作为取代六六六的试验用药，在实验基础上筛选出1～2个理想的农药来。

（2）继续搞好地面机械超低量喷雾灭蝗工作。据我区海兴、黄骅试验表明：50%马拉松乳油地面超低量灭蝗，无论用12马力拖拉机拖带背负式动力机超低量喷雾灭蝗，或者是用人工背负超低量动力机作业，均能收到死亡率达95%以上的杀虫效果。这两种灭蝗形式，在我区还应得到进一步应用和发展，为搞好这项工作，我区还计划引进或研制大型拖拉机拖带的超低量喷雾机，如新疆哈密地区研制的3WCD-250型拖拉机超低量喷雾机，以适应我区沿海洼大村稀小机器防治有困难的问题。

（3）采取派出去，请进来的办法，有计划培养一批地面机械灭蝗技术人员。在今后推广地面机械灭蝗工作中，要不断采取派出去，请进来的办法，有计划的培养一批地面机械灭蝗技术人员，努力提高机械使用率和防治效果，不断降低防治成本，同时还要对防蝗人员进行业务培训，提高他们的业务水平，不断改善防治人员的劳动条件，保护防治人员的生命安全。

1983 年 12 月 14 日

附：沧州地区 1973—1983 年夏蝗除治情况统计表

沧州地区 1973—1983 年夏蝗除治情况统计表

年份	发生面积（万亩）	除治面积（万亩）	除治时间	使用农药（万斤）	投入劳力（人）	动力机除治		投资（万元）		备注
						使用台数	占除治面积比例（%）	省下达数	地区分配数	
1973	67.61	44.7	5 月 29 日至 6 月 14 日	70	6 000	飞机 2 架	68	16	12.1	地区留飞行费 3.5
1974	61.19	26.95	5 月 25 日至 6 月 3 日	33.4	8 000	11	18	15	9.8	购 12 马力拖拉机 7 台
1975	84.04	25.8	5 月 25 日至 6 月 8 日	34		27	40	14	12.1	海兴购 55 马力拖拉机 1 台
1976	49.3	22.5	5 月 25 日至 6 月 5 日	21.3		50	50	17	13.2	海兴盖房屋 20 间办电地区购三轮摩托 1 部
1977	39.2	21.15	6 月 1～8 日	27.4		55	53	17	12	地区购背负动力机 40 架 12 马拖拉机 1 台
1978	47.55	16.78	5 月 25 日至 6 月 1 日	20.5		67	82	13	9.8	海兴购汽车 1 部南大港购摩托 1 部
1979	47.24	20.7	6 月 1～3 日	25.1		73	78	15	13.2	黄骅购汽车 1 部海兴打机井 1 眼改制动力机 3 台
1980	47.7	22.95	6 月 2～10 日	30.2		83	79	14	11.5	地区献县各购汽车 1 部海兴建车库 5 间
1981	33.33	9	6 月 1～14 日	15.9		26	87	14	12.6	南大港建房 20 间购摩托 1 部
1982	49.54	8.37	6 月 1～10 日	10.9		24	62	11.5	9.4	黄骅购拖拉机 1 部海兴购摩托 1 部
1983	59.7	17.45	6 月 3～13 日	39.7		22	97	13	9.7	更新汽车 2 部修建房 30 间

（十二）沧州地区农林局植保站 1985 年防蝗工作总结

沧州地区东临渤海，气候温和，环境条件适宜东亚飞蝗的发生发展。沧州一直是全国著名的老蝗区之一。

中华人民共和国成立后，党中央很重视沧州防蝗工作，1951 年首次在我区试验飞机灭蝗，成为新中国治蝗史上的一大创举。1959 年至 1966 年全区使用飞机治蝗达 1969 万亩，对防止飞蝗为害起到了很大作用。以后，在中央"改治并举，根除蝗害"的治蝗方针指引下，我区蝗区改造工作进展很快，先后改造蝗区面积 410 万亩，目前我区宜蝗面积稳定在 100 万亩左右。但是，这些蝗区面貌依旧，较难改造，成为难啃的硬骨头。虽然境内建有三座水库，然而水库之水骤盈骤涸，适应飞蝗"水退蝗来、水来蝗退"的特点，这些水库积上水是一宝，产鱼、产虾、产苇子，驱赶了蝗虫；退了水就是蝗虫的发生基地。由于近些年天气干旱，沿海蝗区水库区蝗情有所回升，1983 年至 1984 年夏蝗发生达近 20 年来最为严重程度。严重的蝗情，则是对我区防蝗技术的一次考验，在各级党委领导的关怀下，加之逐渐完善起来的防蝗策略、队伍建设及治蝗技术，使蝗情得到有效控制，取得了较好成绩。尤其在今年，靠近我区的天津大港区飞蝗起飞，农作物受灾减产，而我区今年夏蝗、秋蝗发生都较轻，夏蝗除治 5.23 万亩，秋蝗没有进行防治，秋残蝗也不是严重。从近些年的防蝗工作来看，1985 年与靠近我区的天津大港区比较，挽回粮食损失达 20 万斤，苇子 10 余万斤，经济效益 30 余万元。另外，我区的防蝗工作还多次受到省和农业部的表扬。今年在天津主持召开的津冀蝗虫联防会上，天津市农业局局长还说要把沧州的防蝗经验移植到天津来，也取得了较好的社会效益。现把今年的防蝗工作总结如下：

1. 1985 年蝗虫发生除治情况　今年我区蝗虫发生面积为 50.18 万亩（其中夏蝗发生 23.25 万亩，秋蝗 26.93 万亩）；分布密度每平方丈有虫 2～5 头的 31.87 万亩（夏蝗 16.54 万亩，秋蝗 15.33 万亩）；6～10 头的 16.96 万亩（夏蝗 5.81 万亩，秋蝗 11.15 万亩）；11～30 头的 1.33 万亩（夏蝗 0.88 万亩，秋蝗 0.45 万亩）；30 头以上的 200 亩（夏蝗 200 亩）。为了贯彻河北省农业厅关于"改进防治策略，放宽防治指标"的精神，在严密监视，不使回升的前提下，全区全面放宽了防治指标，对每平方丈有虫 2～5 头的发生地，不再进行除治，夏蝗除治面积仅 5.23 万亩，用工 360 个，全部使用动力机除治，打药 5.05 万斤，防治效果在 95％以上。秋蝗未进行除治。到九月中旬的第一次查残结果来看，全区残蝗面积为 35.59 万亩，其中每亩 6～10 头的 23.46 万亩，11～30 头的 9.93 万亩，31～60 头的 2 万亩，61～100 头的 0.2 万亩。夏、秋蝗都实现了省站关于飞蝗不起飞、不危害的要求。

2. 近些年防蝗工作的几点体会　近些年我区防蝗工作取得了较好成绩，总结起来主要有"联查承包机械化，稳定队伍有准备"这十四个字。

（1）抓好"两头"联查工作　为了指导好全区防蝗工作，领导必须做到心中有数。自 1979 年以来，我们逐步形成了"开头"与"后头"的联查制度。每年四月，在夏蝗出土以后，为达到防治上心中有数的目的，地区经常组织全区的防蝗技术干部和有经验的防蝗员统一进行联查活动，不但交流了查蝗经验，还为确定当年防治面积、防治策略、防治方法提出科学依据，真正做到防治上有的放矢；秋蝗除治后的最后一次查残蝗，地区认为这一次非常重要。掌握好秋残情况，关系到飞蝗产卵地的分布，产卵的数量，是做好明年夏蝗防治的关键一环。因此，要采取和夏蝗出土时一样的联查办法，找出可靠的数据。这就是抓好"开头"与"后头"的"两头"联查制度。这一办法效果较好，也取得了省站的支持，每年省站都会派员参加我区的联查，协助工作。

（2）大力推行地面机械化灭蝗技术　从 1974 年以来，我区在调查研究的基础上，选择了今后灭蝗要走地面机械化的道路。这一技术还获得了 1978 年地区科技成果奖。1979 年，在沧州召开的全国治蝗座谈会上，会议肯定了我们的这一经验，农业部领导还到海兴现场进行了观察指导，对我们鼓舞很大。

（3）1983 年，我区首次试行"承包责任制"治蝗办法，又受到农牧渔业部的表扬和推广　地面机械化灭蝗技术加之"承包责任制"治蝗办法，成为我区搞好灭蝗工作的重要保障。虽然 1983 至 1984 年两年我区夏蝗发生都很重，又都发生在远离村庄的苇洼地区，但有了这些保障，蝗虫都被消灭了，致使 1985 年这些地区蝗虫发生都很轻，还为国家节省了不少的防蝗经费。

（4）建立一支精干稳定的防蝗队伍　近几年，全区使用的防蝗员基本上在 70～90 人，其中长期使用的防蝗员 50～60 人（每年使用 8 个月以上），临时侦查员 20～30 人（每年使用 4～8 个月）。专职防蝗干部 9 人。这支防蝗队伍，担负着全区的蝗虫侦查与防治工作，大部防蝗人员工作都在 10 年以上，不少人干防蝗工作达 20 年之久，这些长期防蝗员，对当地的蝗虫分布、蝗情变化、蝗虫发生与防治策略都很清楚，有了这支队伍，只要发生蝗情，上级很快就会知道，及时组织扑灭。今年 4 月，我局为提高防蝗员技术素质，立足于改革，又下达了调整防蝗员的通知，对长期聘用的防蝗员规定了一些条件，这对加强防蝗工作将起到很大作用。

（5）随时做好灭蝗的一切准备工作　近些年，我区很重视灭蝗前的准备工作，1983 年夏蝗大发生，河北省农林科学院植物保护研究所防蝗专家郭尔溥陪同省农业厅副厅长龚邦铎同志到沧州检查防蝗工作，对我们的评价是：准备充分，除治适时，可以放心。今年蝗情虽然较轻，但我们还是准备了 150 吨农药，检修了全部的治蝗器械，一旦发生蝗情，就可以立即组织人力、物力投入到灭蝗当中去。

3. 天津大港区飞蝗起飞给我区带来的影响　9 月 20 日，天津市大港区飞蝗起飞，大部分遗落在我区黄骅、南大港、盐山、孟村、海兴、中捷四县二场境内，东西宽 60 华里，南北长 220 余华里，降落的飞蝗面积 250 余万亩。据各县初步调查，遗落的飞蝗一般每亩在 20～30 头，少的 6～7 头。黄骅县齐家务乡 2 万余亩原来没有蝗虫，天津飞蝗降落后，每亩达千头左右。由于天津大港区与黄骅、南大港靠的近，飞蝗飞的又低，所以散落的飞蝗越靠北越多。受此影响，我区秋残蝗面积增加很多。据 10 月下旬全区普查结果统计，全区残蝗面积已达 223.95 万亩，其中苇洼荒地 78.73 万亩，比起飞前增加了 2.7 倍；农田 125.07 万亩，比原先增加了 27.9 倍；特殊环境 20.15 万亩，比原先增加了 13 倍。分布密度比原先也有大量增加，其中每亩 6～10 头的 94.01 万亩，比原先增加了 70.55 万亩；11～30 头的 77.15 万亩，比原先增加了 67.22 万亩；31～100 头的 42.62 万亩，比原先增加了 40.42 万亩；并新增百头以上的 9.67 万亩。

4. 1986 年夏蝗发生趋势 据今年查残蝗结果来看，明年黄骅县将有大发生的可能，部分蝗区会出现群居型蝗蝻。其他地方会中等偏重的发生趋势，一般不会出现群居型蝗蝻，全区发生面积会达到 200 万亩左右。

1985 年 11 月 30 日

（十三）关于沧州地区实行治蝗"承包责任制"的总结

"承包责任制"治蝗办法在我区实行二年了，取得了较好的成绩和经济效益。1983 年除治夏蝗在南大港试行成功之后，8 月 24 日全国植保总站向全国推广了这一经验，1984 年 3 月在我区召开的全国治蝗工作座谈会上也肯定了这一办法，4 月，农牧渔业部和省农业厅也都下达文件对我区实行的"承包责任制"治蝗办法进行了肯定。1984 年我区夏蝗发生较重，由于全面推行了"承包责任制"治蝗办法，也取得了较好成绩，现将我区两年来实行"承包责任制"治蝗情况总结如下。

1. **实行"承包责任制"治蝗的起因** 我区由于连续干旱，南大港水库陆续脱水干涸，四周的飞蝗不断迁入水库内产卵繁殖，1982 年 8 月下旬，秋蝗在库区适宜环境上大量产了卵，一般高台地、沟堎上的卵量平均每平方丈 30～40 块，最多的地方达 135 块。1983 年春季雨量适宜，对蝗卵发育有利，蝗卵死亡率比常年偏低，南大港水库内的大量虫源加之适宜的气候环境，构成了夏蝗的严重发生的条件，地区和南大港的技术人员一致认为水库内 1983 年夏蝗会出现大面积、高密度的群居型蝗蝻。鉴于上述分析，1983 年 3 月，中国科学院动物研究所与我区协商，决定派员进行拍摄飞蝗活动纪录片。4 月，为了搞好夏蝗防治工作，巩固中华人民共和国成立以来我区控制蝗害的成果，在总结了过去除治上曾造成人力、物力浪费及漏查、漏治的教训，地区和南大港防蝗站酝酿了一个夏蝗除治"承包责任制"方案。经地区农业局和南大港农场领导拍板定案，决定在南大港农场搞"承包责任制"治蝗实验，并签订了承包责任制治蝗合同书，地区和农场的领导都在合同书上签了字，1983 年 4 月 28 日，全国第一个"承包责任制"治蝗合同书就这样产生了。夏蝗出土后，南大港农场夏蝗发生 12 万亩，需要除治 8.5 万亩，其中高密度群居型蝗蝻 4.5 万亩，严重程度为近二十年来所未有。5 月底，在全区蝗虫联查会上，南大港防蝗站向各级领导汇报了"承包责任制"治蝗的除治方案，也得到了全国植保总站、中国科学院动物所和省植保总站各级领导的大力支持。

2. **"承包责任制"治蝗办法的主要内容**

（1）确定承包面积。1983 年，南大港农场承包除治的面积为 8.5 万亩。

（2）签订"承包责任制"治蝗合同书。南大港防蝗站为甲方，常年在蝗区搞侦查工作的 14 名侦查员为乙方，甲方将夏蝗发生较重的 8.5 万亩防治任务承包给乙方，总场为批准实行单位，地区农业局为监督单位，甲、乙双方代表，批准和监督单位的领导，均在合同书上签了字。

（3）确定承包经费和开支项目、奖惩办法。甲方根据每年的防治经费开支情况确定了每亩的防治经费为 0.1 元，全部防治经费为 8 500 元；开支项目包括租用拖拉机和其他运输车辆及燃油费，雇用人工的补助费等，所用农药及治蝗器械由甲方拨给或借用。乙方根据甲方提出的除治质量要求，自行安排除治计划，认真进行除治。经费不足，国家不补，经费剩余，乙方可作为奖金大家分配。

（4）验收方法及标准。乙方在除治任务完成后，应及时向甲方提出验收要求，验收人员由甲、乙双方负责人，农场及地区防蝗站技术人员共同组成。验收方法是在每个发生蝗虫较重的蝗区地块用大五点调查法拉网抽查 100 亩，分 5 处共 100 点，每点面积为 1 亩，共抽查 5 个蝗区地块。验收标准为：除治后田间不能见飞子，抽查的每处，点的平均残蝗密度不得超过 18 头。验收时，如发现残蝗密度每亩达 18 头以上的地块，除要求乙方进行扫残外，并且每增加 1 头，按 5% 的比例递增扣除乙方的剩余承包费，残蝗密度每亩超过 30 头时，不但扣除全部的剩余承包经费，还要扣除参加承包人员 5% 的工资。验收时如发现每方丈 2 头以上的漏治地块，即要求乙方进行复治，复治费用由乙方承担。验收后，验收人员均应在验收单上签字生效。

1983 年南大港侦查员承包蝗区 8.5 万亩，承包经费 8 500 元，除治开支 5 600 元，验收后全部达到了验收标准，承包人按贡献大小，每人领到了 150～200 元的奖金。

3. 实行"承包责任制"治蝗的优点

（1）调动了承包治蝗人员的积极性、责任心，提高了防治效果。治蝗期间，正值"三夏"大忙季节，劳力非常紧张，除治任务多压在防蝗侦查员身上，往往会出现漏查、漏治现象。实行"承包责任制"治蝗以后，使他们的责任、权力和利益结合起来，防蝗员充分发挥了底数清、蝗情明和能吃苦耐劳的特点，他们团结战斗，大大提高了治蝗效率。过去每天 7 时上班，9 时到达蝗区打药，每机组每天打药 50～60 袋，由于蝗区离家远着急散工，还会造成喷药不均、效果不好的情况。承包后，他们早 5 时集合，6 时就开始作业，每车组每天打药 100～120 袋，还讲求打药质量，加快了防治进度。1984 年，南大港农场在除治夏蝗时由于天气不好，6 月 15 日降雨 130 毫米，蝗区积水 10～20 厘米，当时还有 2 万亩蝗虫尚未除治，刚除治过的地方由于遇雨药效也受到了一定影响，面对这一突然情况，要在过去也只好停治观望了。如今防蝗员与国家签订了承包合同，每个人的经济利益都与防治效果相联系，雨后，大家主动集合在一起讨论如何除治的问题，承包组组长李怀良清晨淌水 20～30 里查看水情和蝗情，果断决定雇用两辆链轨式拖拉机在水中作业，彻底消灭了水中的高密度蝗蝻群，复治了降低药效的地块，保证了防治质量，完成了承包治蝗的任务。

（2）做到了科学治蝗，节省了农药。合同要求把蝗虫消灭在三龄盛期，承包人员在除治安排上就很讲求科学，一般是先除治密度大的、高龄期的，然后再除治密度稀的、低龄期的，这样在除治上就争取了主动。为保证除治质量，各个治蝗小组都能主动自查除治效果，发现漏治的、密度还大的能主动进行扫残补治，除治效果从没有向这两年那么好，1983 年验收时，南大港水库的残蝗密度每亩只有 1.5 头，在用药上也做到了节省，不浪费农药。

（3）弥补了机械的不足，缩短了除治时间。承包治蝗后的除治方法和往年一样，还是采用地面机械化的治蝗办法。1983 年南大港农场采用承包治蝗后，防蝗站只有 9 台动力喷粉器，除治 8.5 万亩蝗虫，按过去的除治进度，得需要 15 天才能完成，如发生机械故障，时间将会拖得更长，承包后，他们早出晚归，加班加点，爱护机器，每天都是提前修好备用机械，坏了这台用那台，修的修，喷药的喷药，不影响作业，只用9天就完成了任务，大大缩短了除治时间，将蝗虫消灭在了3龄盛期。

（4）狠治了夏蝗，抑制了秋蝗。只要夏蝗治得好，治得狠，一般残蝗就很少，秋蝗就能得到有效的控制。1983年南大港夏蝗承包除治后，秋蝗只除治0.2万亩，1984年沿海蝗区全面实行承包治蝗后，秋蝗都没有进行除治。1985年，全区夏蝗仅发生23.3万亩，除治5.2万亩。秋蝗发生26.9万亩，没有进行除治，是近20年来蝗情最轻的一年。

沧州地区防蝗站
1985年12月16日

附：1983年南大港农场夏蝗除治承包合同书

1983年南大港农场夏蝗除治承包合同书

1982年秋，由于残蝗面积大，密度高，产卵量多，预计今年夏蝗将有大发生的趋势，发生面积12万亩，需要除治8.5万亩，水库蝗区将会出现大面积、高密度群居型蝗蝻，为搞好今年夏蝗防治工作，决定实行"承包责任制"治蝗，有关规定如下：

1. 农场防蝗站为甲方，防蝗组全体防蝗人员为乙方，农林科及农场为批准单位，地区防蝗站对此实行监督。

在实行"承包"治蝗时，甲、乙双方必须签订承包合同书，甲、乙双方代表及农场领导在合同书上签字后才能生效。

2. 承包面积、投资及使用规定。乙方承包今年夏蝗防治面积8.5万亩，国家按每亩投资1角除治费计算，共投资8500元，使用范围包括：①治蝗租用车辆费；②治蝗民工生活补助费；③治蝗机械的油料费；④复治费；⑤治蝗用机械由甲方借给乙方使用，治蝗结束后，乙方进行检修后归还给甲方收存；⑥治蝗用农药由甲方供给，不计算在承包费内；⑦治蝗结束经验收合格后，结余经费由乙方自行支配。

3. 除治质量及验收标准。由于夏蝗防治时间紧迫，不能拖延，乙方要在甲方规定的时间内完成防治任务，除治完成后乙方应及时向甲方提出验收申请，甲方要及时组织验收，验收人员可由甲、乙双方代表、总场领导及地区防蝗站技术人员共同组成。验收标准为：在除治区抽查100亩样方5个，每个样点平均每亩残蝗密度最高为18头，如超过1头扣发乙方剩余经费的5％，超过2头，扣发10％，超过3头，扣发15％……如此类推，但每亩残蝗平均密度不得超过30头，如超过30头，除扣除乙方全部剩余经费外，还要按每增加1头，扣发乙方人员5％的工资的比例扣发工资。验收时，发现每平方丈超过2头的地块，乙方应立即组织复治，复治费由乙方承担。

4. 乙方有权自行安排除治计划、组织人员，为保证除治质量，按期完成任务，在除治时，可以邀请各级的防蝗技术人员当参谋，进行技术指导。

南大港农场防蝗站代表 王玉甫　　　　治蝗组代表 李怀良

1983年4月30日

农林科签字：同意执行（公章）　　　　总场签字：同意农林科意见（公章）

（十四）沧州市植保站关于下发"沧州市东亚飞蝗预测预报防治历"的通知

各县、市植保站：

为进一步搞好沧州市农作物病虫害预测预报工作，更好地为沧州市农业生产保驾护航，市植保站制定了"沧州市东亚飞蝗预测预报防治历"，请各县市参照执行，并按要求搞好各项调查，及时上报市植保站。

1995 年 3 月 20 日

沧州市东亚飞蝗预测预报防治历

月份	蝗情侦查测报内容	主要防蝗工作措施
1~2	整理汇总蝗情调查资料。	1. 抓好农药货源，清理库存，妥善保管。 2. 进行防蝗机具维修。
3	做好侦查员的人选、聘用，及测报场地、用品的准备。	1. 落实农药等物资供应计划。 2. 修订防蝗开支预算，督促落实防蝗经费。
4	上中旬调查越冬卵死亡率、胚胎发育，预报夏蝗孵化期（初、盛），并对三龄盛期做出推测，对夏蝗发生的展望进行校正。	1. 召开专业会，订立岗位责任制，安排部署治蝗工作。 2. 侦查员全部上站，建好蝗情侦查测报及治蝗组织。 3. 做好技术训练。 4. 进行查卵、查孵化，开始测报工作。
5	上中旬调查蝗蝻密度、环境、面积及龄比，预测三龄盛期，并进一步核定夏蝗发生面积和地点。	1. 全面开展查蝻，准确弄清蝻情（虫口密度以平方丈为单位）。 2. 开展带药侦查，消灭点片发生的蝗虫。
6	上旬调查蝗蝻各龄的发育情况，预测成虫的羽化盛期和产卵盛期。中下旬调查夏蝗卵的胚胎发育进度及扫残后的残蝗密度和面积，预报秋蝗孵化期，对三龄盛期、羽化、产卵盛期及秋蝗发生量做出推测。	1. 上中旬猛攻主力（每平方丈有蝗蝻 2 头以上，三龄以前），彻治夏蝗在蝻期。 2. 做好扫残，监视产卵。 3. 总结夏蝗防治工作。
7	上旬调查秋蝗孵化情况，预报秋蝗三龄盛期，并对秋蝗的发生地点、面积、密度进行校正。中下旬调查蝗蝻各龄发育情况，预报成虫羽化盛期、产卵盛期。	1. 做好残蝗工作，（残蝗以亩为单位）布置秋蝗战役。 2. 做好农药调剂供应。 3. 查孵化、查蝻，掌握秋蝗发生情况。 4. 开展带药侦查，消灭点片发生的蝗虫。
8	中旬调查成虫羽化及腹内卵的发育程度，调查成虫性比、产卵及产卵量，预报秋蝗产卵盛期，对残蝗面积、发生密度、地点进行校正。	1. 上中旬打好秋蝗主攻战役。 2. 做好扫残工作，坚决不使成虫流窜、迁飞和为害。 3. 注意秋涝等，掌握蝗区生境的变化情况。
9		做好第一和第二次查残工作。
10	下旬综合三次查残蝗结果及气象资料、蝗区生境（水、改、荒、天敌）变化情况进行分析，对明年夏蝗发生趋势做出展望，并附不同环境、不同密度的残蝗调查表。	1. 上旬做好第三次查残工作。 2. 重点进行查卵。

（续）

月份	蝗情侦查测报内容	主要防蝗工作措施
11	或本月上旬进行上月份的工作，并绘制不同密度的残蝗分布图逐级上报。	1. 总结全年防蝗工作。 2. 制订第二年夏蝗防治计划（每亩 6 头以上的残蝗列入防治计划参考，6 头以下的列入监视计划）。 3. 作好当年开支决算和翌年用款预算（包括国家开支、社队自筹）。 4. 清理好农药、器械。
12	整理汇总蝗情调查资料，做好全年测报技术总结，上报有关部门交流。	1. 做好药械维修工作。 2. 抓好药源、库存及器械的保管。
全年	1. 认真贯彻"依靠群众，勤俭治蝗，改治并举，根除蝗害"的方针。 2. 蝗区改造结合有关部门的水利、开荒、植树、畜牧、水产、副业、农田建设等事业贯彻全年，积极进行并注意总结经验。 3. 对农用飞机场要做好养护工作。 4. 发动社队做好土蝗的调查和防治，要警惕土蝗吃麦苗，保护麦苗。 5. 蝗区各单位的查、治蝗虫工作开展情况及总结资料，都要及时上报。	

（十五）海兴生态治蝗一举两得

——开荒深耕种植棉花，不给蚂蚱生存环境

海兴县植保站采取生态治蝗措施，取得了良好效果。近日，记者随同农业部和省、市有关部门领导，一起来到坨里大洼棉田进行了实地考察。

坨里大洼位于海兴县东南部，过去是重点蝗区之一。记者见到，这里沟渠纵横，台田成方，地里种的全是棉花。大家步入田间，东查西找，很难找到几只蚂蚱。海兴县治蝗专家告诉众人，近几年来，县里投入大量资金，挖沟开渠，动土 7 万余立方，建成了整齐划一的方形农田 1.5 万亩。通过开荒、深耕、平整土地，种植地膜棉 1 000 亩，沟边栽种柳树 8 000 株，形成了不利于蝗虫发生的生态环境。去年，每亩生产籽棉 150 公斤，总产值约 60 万元，扣除成本，每亩净收入三四百元。在地里干活的农民说："蚂蚱不吃棉花叶，只要地里不长草，蚂蚱就不在这儿生存。"

据治蝗专家介绍，种植苜蓿也能防治蝗虫，因为蝗虫不吃苜蓿叶。目前沧州市种植苜蓿面积很大，对生态治理蝗虫十分有利。

原载《沧州晚报》2005 年 6 月 29 日第 3 版

（十六）沧州农用治蝗飞机场调查

1. 吴桥农用治蝗飞机场情况调查

机场名称：吴桥县农用治蝗飞机场。始建日期：1961 年。始建总面积：68 亩。始建房屋间数：23 间。机场空地面积：64 亩。机场总投资：4 万元。

吴桥县农用治蝗飞机场，由省农业厅投资、县出地皮于 1961 年建成，仅在 1961 年使用过一次。1963 年扩建。1966 年"文革"中改建为吴桥县良繁场，后又将机场跑道等空闲地分掉，县良繁场占地 29 亩，县武装部占地 17 亩，县农业科研所占地 18 亩，1984 年县县良繁场与县农科所合并，改建为县农业技术推广中心至今。

2. 献县农用治蝗飞机场情况调查

机场名称：献县农用治蝗飞机场。始建日期：1960 年。始建总面积：150 亩。始建房屋间数：31 间。机场空地面积：110 亩。机场总投资：6 万元。

献县农用治蝗飞机场于 1960 年由省农业厅投资，县出地皮批准兴建，1963 年进行扩建，仅在 1964 年使用过一次。1966 年机场人员撤回本单位参加"文革"，1969 年县武装部利用机场建立战备营进行民兵训练，1972 年县工业局将此机场改建为砖瓦厂，并于 1973 年作价 3 万元，补办了购地转移产权的手续，县农业局用此款在城关镇建立了县植保测报观察站。

3. 海兴县农用治蝗飞机场情况调查

机场名称：海兴县农用治蝗飞机场。始建日期：1965 年。始建总面积：115 亩。始建房屋间数：44 间。机场空地面积：100 亩。机场总投资：26 万元。

海兴县于 1965 年建县，当年由省地出资，县出地皮建设了海兴县农用治蝗飞机场，并于 1965 年、1966 年、1969 年、1973 年四次使用机场飞机治蝗。1973 年后作为地区的地面机械化治蝗试验区，不断对机场投资建设，房屋进行了全面维修扩建，最多时达 44 间，并于 1979 年投资 6 万元打机井一眼。1989 年后，随着投资压缩，房屋失修，人员减少，缺乏管理，机场逐渐衰败，1992 年又由于征地手续问题不全等问题，机场土地被当地村庄收回，至 1995 年，因房屋残漏、倒塌等原因机场被拆除。

4. 南大港农用治蝗飞机场情况调查

机场名称：南大港农用治蝗飞机场。始建日期：1958 年。始建总面积：450 亩。始建房屋间数：36 间。机场空地面积：400 亩。机场总投资：20 万元。

南大港农用治蝗飞机场，原名为黄骅县农用治蝗飞机场，机场于 1958 年由省、地、县三级联合投资建设，1960 年建成，1963 年扩建，总投资 20 万元。至 1973 年最后一次使用飞机治蝗，总共使用过 9 次。由于机场坐落于南大港境内，由黄骅县管理，造成了一些管理上的不方便。1975 年南大港农场三分场在机场附近架设了高压线，影响了飞机场的使用，1976 年经省农业厅的批准，机场管理由黄骅县移交给南大港植保站。由于南大港农场是企业，长期得不到上级的资金支持，房屋先后倒塌，至今只剩下 5 间，其中 4 间还残漏，只留 1 间房住人看管者机场房屋。

5. 黄骅市农用治蝗飞机场情况调查

机场名称：黄骅市农用治蝗飞机场。始建日期：2002 年。始建总面积：162 亩。始建房屋间数：31 间，其中药库 7 间，油库 2 间，办公室 4 间，宿舍 12 间，其他 6 间。机场空地面积：95 亩。机场总投资：1 200 万元。

卷之五

艺　文　志

一、碑　记

（一）《三皇八蜡庙碑》

李　懿

按《文献通考》："沙随陈氏曰：八蜡之祭，为民设教也，厚矣。方里而井，八家共焉，吾食其一，仰事俯育资焉，而无憾者，可不知所本乎？古有始为稼穑，以易佃渔，俾吾卒岁无饥，不与禽兽争一旦之命者，繄先啬是德，故祭先啬焉一也。二曰司啬者，谓修明其政，而润色之者也。三曰农者，谓传是业以授之於我者也。四曰邮表畷者，畷，井田间道也，邮表也者，谓画疆分理，以是为准者也。昔之人为是而劳，今我蒙之而逸，盖不得不报也。五曰猫、虎者，谓能除鼠、豕之害吾稼者也。六曰坊者，谓昔为堤防之人，使吾御水患者也。七曰水庸者，谓昔为畎浍沟洫，使吾为旱备者也。八曰昆虫，先儒谓昆虫害稼，不当与祭，乃易以百种，是不然，所谓昆虫者，非祭昆虫也，祭其除昆虫而有功于我者也。除昆虫者不一而足，如火田之人，捕蝗之子，禽鸟或能食之，霜霰或能杀之，以其不一而足，故直曰'昆虫'焉耳。"或谓邮表畷乃农之所不必祭，或分猫虎为二，迄无定议。且《礼经注疏》谓先啬为神农，司啬为后稷，农为田畯，享祀之礼，畯且不可与神农同列，而况以猫、虎、坊、庸、昆虫并厕其间，不几于渎耶？窃疑八蜡之名，盖总叙岁终索祭八神云尔，非必同列一祭也。礼谓主先啬则祭，必以先啬为主，而配以司啬。又云享农则农别为大享。又云迎猫虎，谓迎而祭之，盖必有他设迎以祭之。昆虫无专祭之，文其曰昆虫不作祝辞也，如今禳田者临而祝之尔，余者邮表、坊、庸或各祀于其所，如祭五祀之类是矣。吾邑旧有八蜡庙，在城西八里许。嘉靖十一年，蝗飞蔽天，邑候唐公往祝之，意谓临时而祭，非诚也。遗令每春秋二仲随大祭举行，因移庙于附郭便祀事迄今四十余年矣。庙宇颓坏故重修之，功始于万历三年之二月，至五月告成。中肖三皇，伏羲、神农、皇帝，像于上，而八蜡旁列于下，有尊卑贵贱之等，而有功者咸得并食庶展报本之诚，亦合祝禧之正神心悦，而来享人心惬而中礼矣。再致祝词，传示永久。文曰：惟神千古文字之祖，万民衣食之原肇，司农功翊开民丽，害稼并除，治田有功，利聚万物，惠养蒸庶，爰稽礼典，报成索祭，洁我粢盛，昭鉴居歆，或曰敬闻教矣。然则三皇之祀正也，八蜡之享幸也，八啬除先啬司农，余乃细物耳。以有微功于人，遂至百世崇祀，况人乃万物之灵，参天地为三才，不思所以，树立功德，作有益事；顾自颓坏，专弄心术，害人是物，为人厌弃，至于唾骂诅咒之，犹漫不加省，欲何为哉？欲何为哉，余曰汝之言是也，彼人见此能无汗颜乎，而今而后其知改也，夫其知改也。

原载《吴桥县志》卷十一·艺文·碑·光绪元年版

（二）南皮重修刘猛将军庙记

乾隆三十三年五月知南皮县皖江张曾份书

南皮城隍庙西，地不数武，刘猛将军庙在焉，断垣颓瓦其基仅存，亦不知其所建始。夫郊圻之封百里，百姓以亿万计，岁事不常，水旱、疾疫、昆虫之灾有不免焉。司事者，其聪明正直，诘戎伏奸，以死王事，而又以捕蝗保其疆宇，去其螟螣及其蟊贼，时无灾害。盖自元明以来，州县之祀将军者五百年矣。事无关于民而祈祷是崇，谓之淫祀，淫祀无福。若夫祀典所载神明之所，凭依而摧败零落，蒿莱不剪，坛坫不修，粢盛酒醴之奉不洁，呜呼，谁之责与！余既率士民葺城隍庙而新之，即以众力鸠乃工，庀乃料，以奉将军而申祀事，屋不数椽，不事雕绘，毋费民财焉，将军其鉴之。

原载《南皮县志》卷十三·金石·民国二十一年版

二、诗　　词

（一）捕蝗谣

（明）侯楷[1]　1608年作

六月时雨足青畴，处处农民望有秋。努力耘田尚枵腹，衣裳典尽不知愁。
共说连年民困极，谁知今岁暂苏息。可怜一旦蝗虫来，村村落落凤凰食。
飞时蔽天万人惊，落时满地咋咋鸣。轻节嫩叶一时尽，连天遍野哀哭声。
数日之间盈四野，脚踏无地手堪把。大庄小疃男和妇，纷纷都是捕蝗者。
官命捕蝗入社仓，一斗粟易数斗蝗。雾时粟尽蝗不尽，救民无计徒心伤。
今不愿。当宁吞蝗播令闻，民灾何敢移之君。又不愿。设法驱蝗不入境，
邻境之民何堪病。但愿蝗飞入东海，留得蝗口余粮在。议蠲议赈须及时，
早使吾民倒悬解。

原载《南皮县志》卷十五·诗·光绪十四年版

（二）北吴歌

（明末）范景文[2]

春锄带雨润如酥，风送农歌动地呼。怕说城中飞檄至，修堤河上点丁夫。
春饥指望到秋偿，未老新蚕已典桑。风刈雨锄浑旧事，如今岁岁打飞蝗。

---

[1]　侯楷，字子本，世居南皮，号渤海，自适潜心理学三十年，刨晰同异，一时名士俱从之，万历三十一年举人，年七十五卒。

[2]　范景文，字梦章，吴桥人，明万历四十一年进士，天启五年选为郎中，不附东林谢病归去。崇祯二年擢右金都御史，五年以父丧又去官，七年拜兵部尚书，十一年削籍为民，十五年荐召拜刑部尚书，后改工部，十七年情急殉国投井死。

菜香瓜熟枣离离，正是农家快活时。官苦征遣私苦债，隔邻舍泣卖妻儿。

原载《河间府新志》卷二十·艺文·乾隆二十五年版

（三）赴廉颇庙捕蝗蝻志其事

（清）杜甲　乾隆年间作

廉颇庙外惊飞蝗，初闻破晓催行装。捕蝗之法利用猛，急则易了禾不伤。

原载《河间府新志》卷之二十·艺文·乾隆二十五年版

（四）寿邑侯印江黄夫子

（清）朱阔　乾隆年间作

天生申甫来夜郎，无双世业凤擅场。博综典坟沿汉唐，秋风六翮凌云翔。
亲承帝命莅岩疆，召殳杜母称循良。为政大体首农桑，巡行补助频村庄。
瑞麦嘉禾拟茨梁，清风明月满琴堂。吏胥肃穆民彷徉，萑苻屏迹卧桁杨。
砚匣尘积封铜章，六月步祷甘雨滂。炉烟一烛驱螟蝗，人心惠政格穹苍。
劝植嘉树成万行，郁葱迷离壮金汤。金日召伯之甘棠，数仞美富茸宫墙。
泮沼常流芹藻香，里有节孝亟褒扬。直道维昭潜德光，余间挥麈陈缥缃。
一时桃李竟焜煌，张公之市郑公乡。歌腾四野流遐方，王公推许偏庙廊。
第一颍川治行彰，亮工熙载行劢勤。恩波叔度千顷长，不独瀛海澄汪洋。
冈陵为介紫霞觞，保禧还期奕叶昌。

原载《肃宁县志》卷十·艺文·乾隆十九年版

（五）地面机械化治蝗

地面机械化，治蝗好处大，省工又省药，杀虫效率高。
除治三龄盛，时间争主动，主力消灭后，扫残正适龄。

摘自《南大港1974年夏蝗防治总结》

（六）1974年战秋蝗

秋蝗查治任务重，夏残底数要记清。七月上旬有出土，幼蝻见面就要动。
草高叶密认真查，疏忽麻痹蝗密生。发现一头治一片，堵窝灭蝻不放松。
艰苦奋斗战酷暑，除治秋蝗必取胜。

摘自《南大港1974年防蝗工作总结》

（七）为南大港农场消灭大面积蝗虫而作

刘金良　1983年

堵窝消灭，巧打初生，及早动手，省药省工。
狠治夏蝗，底数要清，三龄盛期，猛打猛攻。
动力喷药，最有效能，限期消灭，别过五龄。
主力消灭，不能放松，彻底扫残，不打成虫。
查卵查残，掌握蝗情，环环扣紧，定能取胜。

（八）谚语选

一月见三白①，田翁笑吓吓，又主杀蝗虫子。

　　　　　　　　　　　　　　　　　《农政全书·卷十一·农事》

春天辰巳雨，蝗虫食禾稼。

　　　　　　　　　　　　　　　　　《授时通考·卷三·师旷占》

正月有电人殃，霞气主虫蝗。

　　　　　　　　　　　　　　　　《授时通考·卷三·便民书元》

六月雷不鸣，蝗虫生。

　　　　　　　　　　　　　　　　《授时通考·卷四·四时占候》

三、蝗事杂谈

（一）"三季人"

　　台湾学者曾仕强教授曾在中央电视台《百家讲坛》上讲授《易经的奥秘》时，讲了一个"三季人"的故事：一天，孔子的一个学生在门外扫地，来了一个客人问他：你是谁？这个学生说：我是孔老先生的弟子！客人说：太好了，我能不能请教你一个问题？学生高兴地说：可以。客人说：一年有几个季节？学生心想这还用问吗，就说：一年有春、夏、秋、冬四季。客人说：不对，一年只有春夏秋三季。学生说：不对，有四季！客人说：三季！两人争执不下，就决定打赌，谁输了，就向对方磕三个头。

　　就在这时，孔子从屋里走了出来，学生就向孔子问道：老师，一年有几季？孔子看了一下客人，就说：三季。这时，那个学生吓蒙了，又不敢反问孔子，客人忙向学生说：磕头，磕头！你输了。这个学生只好向客人磕了三个头。

　　客人走后，这个学生忙问孔子：老师，一年明明有四季，您为什么说有三季？孔子说：你没看那个人全身是绿色的吗？他是只蝗虫，蝗虫春天生出来，秋天就死了，从没见过冬天，你讲三季，他就会满意，你讲四季，他听不懂，就会从早到晚与你争论不休，你吃点亏，磕了三个头，无所谓，就不用无休止的争论了。

　　曾教授讲完这个故事后说：你以后再碰到这种不讲道理的人，只要想到这个"三季人"的故事，也就不会往心里头去了，这样，你也就不会生气了。

　　　　　　　　　　　　　　　据《沧州广播电视报》2001年第30期整理

（二）醺祭蝗神

　　民国时期《交河县志》载：宋崇宁二年（1103年），交河县大蝗，命有司醺祭，勿捕蝗虫，及至官舍之馨香来焉，而田间之苗已无矣。每看到这些记载，不由得想到了（清）顾文渊康熙年间所作的一首《驱蝗词》诗：

山田早稻忧残暑，蝗飞阵阵来何许。丛祠老巫欺里氓，佯以坏佼身伛偻。

曰此虫神能主，舆神弭灾非漫举。东塍西垅请遍巡，急整旗伞动箫鼓。

---

① 一月见三白，腊月里见三次大雪，谓之三白。

神之灵，威且武，献纸钱，陈酒脯，老巫歌，小巫舞。岂知赛罢神进祠，
蔽天蝗又如风雨。里氓望稻空顿足，烂醉老巫无一语。

据民国五年《交河县志·祥异》整理

（三）蝗不入郑境

韩持正侍郎，字存中，宋宣和年间守郑州。京西路旱蝗，蝗虫独不入郑境，上司誉之。存中云，亦偶然耳。韩持正从郑归老，至建炎初卒。

据宋《曲洧旧闻·卷六》整理

（四）三五病蝗而已

崇祯年间，河间等处大蝗，幾幾乎震邻矣，邑境幸不被灾。闰七月，村民赵道人家种谷一段，约十亩，一夜苗叶都尽，次日视之，惟黄沙满地，三五病蝗而已。其来也不知何时，其去亦不知何时，乡人皆不知觉。

据《古今图书集成》禽虫典·蝗部整理

（五）菜人

河北献县景城村西，有几个荒坟无人填土，都快平了。我小时候路过这里，仆人施祥指着这几个荒坟说："这是周某人的子孙，因周某人做了一件善事，使他本应绝后的命运得到了延续三代的报应。"

明朝崇祯末年，河南、山东大旱蝗，颗粒无收，人们把树皮草根都吃光了，就以人为食，官吏不能禁止。妇女、儿童双臂反捆着在市场上出卖，称为"菜人"，屠者买去就像宰猪杀羊一样的杀着吃。周某人在山东东昌做生意，回来时，在一家酒店救了一女子并娶她为妾，此三代是他做善事的报应。

据纪昀《阅微草堂笔记·菜人》整理

（六）降灵录

李维钧　雍正二年

李维钧《将军庙碑记》曰："庚子（康熙五十九年，1720 年）仲春，虔请刘猛将军降灵，自序：'吾乃元时吴川人，吾父为顺帝时名将，曾镇西江，威名赫赫，声播遐迩，惟以忠君爱民念念不忘国事，家庭训迪吾辈，亦止以孝第忠信为本。吾谨遵父命，亦日以济困扶危居心行事，一切交靠莫不遵训。吾后授指挥之职，亦临江右，又值江淮雈苻之盗蜂起，人受涂炭，令吾督兵剿除。我时年方二十，偶而为帅，惟恐不能称职，有负国恩，又贻父母之忧，孰知天命有在，经由淮上，群盗闻信体解，返舟凯还。江淮之路，田野荒芜，因停舟采访舆情黎民疾苦之状。皆云盗掠之后，又值蝗孽为秧，禾苗憔悴，民不聊生。吾其时闻之，愀然坐于舟中计无所施，欲奏议发仓，又非职守当为，而目击惨伤无以拯救，适遇飞蝗漫野，视其众曰：吾与汝等逐之何如，众皆踊跃欢然相随吾。即率众奋力前进，蝗亦为之遁迹，然而民食终缺，困不能扶，灾不能救，乌在其为民上耶。因情急乃自沉于河，后为有司闻于朝，遂授猛将军之职。荷上天眷念愚诚，列入神位。前曾因畿北飞蝗蔽野，李公诚祷，故吾于冥冥之中聊为感格，而公遂感吾灵异，而建立此庙，虽与吴越不同普遍，而畿辅地方

吾之享祀已历十有余年矣。其大略如此，若问他年之事，吾岂可逆潮而定乎。'将军自序如此。己亥年（康熙五十八年，1719年）沧州、静海、青县等处飞蝗蔽天，力无所施。予是时为守道，默以三事祷于将军：一求东飞于海，二求日飞夜宿为吾所缚，三求蝗自灭。蝗果十三日不去，夜擒七千三百口袋，余皆挂死高粱稻秆之间，不伤田间一物，自是蝗不为害七年于兹矣。甲辰（雍正二年，1724年）春，予以事闻于上。遂命江南、山东、河南、陕西、山西各建庙，以表将军之灵，并于畅春苑择地建庙，将军之神力赖圣主之褒敕，而直行于西北，永绝蝗蝻之祸，数千里亿兆无不蒙庥，其功不亦伟欤！将军讳承忠，将军父讳甲。"

原载《广平府志》·卷八·坛祠·乾隆十年版

（七）雍正皇帝旨谕

清雍正三年（1725年）七月，雍正皇帝谕：旧岁直隶总督李维钧奏称，畿辅地方每有蝗蝻之害，土人虔祷于刘猛将军之庙，则蝗不为灾。朕念切恫瘝，凡是之有益于民生者，皆欲推广行之。且御灾捍患之神载在祀典，即大田之诗亦云："去其螟螣及其蟊贼，无害我田稚，田祖有神，秉畀炎火。"是蝗蝻之害，古人亦未尝不借神力以为之驱除也。曾以此密谕数省督抚留意，以为备蝗之一端。

今两江总督查弼纳奏称：江南地方有为刘猛将军立庙之处，则无蝗蝻之害，其未曾立庙之处，则不能无蝗。此乃查弼纳偏狭之见，讥讽朕惑于鬼神，专恃祈祷以为消弭灾祲之方也。其他督抚亦多有设法祈雨、祈晴之奏者。夫天人之理感应不爽，凡水、旱、蝗蝻之灾，或朝廷有失政，则天示此以警之，或一方之大吏不能公正宣猷，或郡县守令不能循良敷化，又或一郡一邑之中风俗浇漓。人心险伪，以致阴阳沴戾，灾祲荐臻，所谓人事失于下，则天道变于上也。故朕一闻各直省雨旸愆期，必深自修省，思改阙失，朝夕干惕，必诚必敬，冀以挽回天意。尔等封疆大吏暨司牧之官，以及居民人等，亦当恐惧修省，交相诫勉，改愆悔过，崇实去伪。夫人事即尽，自然感召天和，灾祲可消，丰穰可致，此桑林之祷所以捷于影响也。盖惟以恐惧修省诚敬感格为本，至于祈祷鬼神，不过借以达诚心耳，若专事祈祷以为消弭灾祲之方，而置恐惧修省诚敬感格于不事，是未免浚流而舍其源，执末而遗其本矣，亦安有济乎。况上天好生栽培倾覆原因，物之自召而愚民无知，每遇水旱不知反躬省咎，更而多生怨憾，罪愆重增，此乖戾之气上干天和，以致频遭降罚，荒歉连年，多由于此也。朕实有见于天人感应之至理，而断不惑于鬼神巫祷之俗习，故不惜反复明晰，言之内外臣工黎庶其共体朕意。

原载《畿辅通志·诏谕二》·光绪十二年版

（八）青县刘猛将军庙

刘猛将军庙：将军讳承忠，元末授指挥，勇于捕蝗以战死王事，明洪武封为刘猛将军。清康熙五十七八年间，蝗灾屡见，守道李维钧默祷有应，因题请令各州县建庙，春秋奉祀，永为民佑。庙在八蜡庙前，同治十一年知县张济康重修。一在双庄窠，康熙末知县亓照建。

原载《青县志》卷之四·坛庙·民国二十年版

（九）李钟份捕蝗记

清雍正十二年（1734年）间，河间蝗虫大发生，六月初一、初二飞至山东乐陵，初五、初六，飞至商河。时李钟份任山东济阳县令，他在得到这个消息后，急忙赶到济阳与商河交界的地方检查，调恭、和、温、柔四里治蝗民夫 800 人登记造册，由典史率领防备蝗虫。并由班役家人等 20 余口在境内设置治蝗指挥部，大量书写宣传告示，教民捕蝗办法。告示说："如有飞蝗入境，指挥部以传炮为号，各地甲长鸣锣，齐集民夫到指挥部报到。每里设大旗一面，锣一面，每甲设小旗一面。乡约持大旗，地方持锣，甲长持小旗。各甲的民夫随小旗，小旗随大旗，大旗随锣。东庄人齐立东面，西庄人齐立西面，各听传锣，锣响一声民夫走一步，民夫按锣声徐徐前行，低头捕蝗，但不可踹坏庄稼。东边人直捕至西面尽头再转而东，西边人直捕至东面再转而西，如此回转捕蝗，勤有赏，惰有罚。每天东方微亮时发头炮，乡地传锣，催民夫尽起早饭，黎明时发二炮，乡地甲长带领民夫齐集有蝗处所。早晨蝗沾露水不飞，如法捕至大饭时蝗飞难捕，民夫散歇；中午蝗交尾不飞，再捕之，至下午未时蝗飞再歇；日暮蝗虫聚集民夫又捕，天黑散回。一日只有此三时可捕蝗虫，民夫亦有歇息时间，每天听号复然，各地遵约而行。"六月十一日下午，飞马报称，飞蝗已由北入境，自和里至温里长约四里，宽四里余，李钟份急具文书通报邻县，邻县星夜奔驰六十里，赶到指挥部查询，此时已捕除蝗虫过半。黎明时李钟份亲自督捕，是日，蝗虫尽灭，遂犒赏民夫，据实申报。后探实北地仍有飞蝗，李钟份乃留境内提防。十五日，飞蝗又自北而来，从和里连温、柔二里，计六里长、四里宽，铺天盖地，比以前更多。李钟份一面通报邻县，一面派人往北再探，随即亲往有蝗处发炮鸣锣传集原民夫，并传附近的谷、生、土三里乡地甲长带领民夫 400 人协助捕蝗，至十六日晚，尽行将蝗虫消灭，禾苗无害。据探马报告，北部飞蝗已尽，李钟份即大加褒奖乡里民夫，每人赏钱百文，随点名随给。乡里民夫欢呼而散。第二天郡守程公到此视察，见禾苗无损大为惊奇，询问原因，李钟份具实以报，郡守赞叹不已。

据《治蝗全法·治蝗实绩》整理

（十）大风吹蝗

清嘉庆四年（1799 年）夏，河北青县蝗蝻初生遍野，忽一夕大风起自西北，次日，蝗蝻皆不见，不知所以然，田禾无伤。

据民国《青县志》卷十三·祥异整理

（十一）敕沧州捕蝗

清道光元年（1821 年）五月，帝谕内阁曰：前据大学士方受畴奏，沧州各属村庄俱有蝻孽萌生。当即降旨令该督严饬该地方官赶紧扑捕。饬所属亲行查勘，赶紧搜除，其接壤之区务协力扑捕，不得互相观望，稽延时日，致令贻害田禾。

六月，工部尚书王引之奏请颁发《康济录·捕蝗十宜》交地方官仿照施行。捕蝗一事，先应禁止扰累，若地方官按亩派夫，胥吏复借端索费，践踏禾苗，则蝗孽未除而小民已先受其害。《康济录》内所载捕蝗十宜设厂收买，以钱米易蝗，立法最为简易，著将《康济录》各发去一部，交该府尹及该督抚各饬所属迅速筹办，务使闾阎不扰，将蝗蝻搜除净尽，以保田禾。

原载《畿辅通志》卷五·诏谕·光绪十二年版

（十二）陈崇砥传

陈崇砥（？—1875 年），字亦香，又字绎萱、绎护，福建侯官县人，清道光丙午（1846

年）举人。咸丰四年（1854 年）四月署固安知县，咸丰十年调任献县知县，同治八年
（1869 年）任大名府知府，同治十年任顺德府知府，同治十一年任保定同知，同治十二年任
河间府知府，自咸丰四年至光绪元年（1875 年）去世止，一直在河北做官二十余年。陈崇
砥在河北任职其间，深入基层，体察民意，疏浚河道，兴修水利，尤其重视蝗虫的防治，下
车伊始陈崇砥即以"为此地良民戴笠披蓑""饮冰茹蘖要做好儿郎"来要求自己。是年，固
安大蝗，陈崇砥亲率本县丁役扑捕，民幸不为灾；咸丰九年为固安县重修了《固安县志》；
在任大名府知府后，常修试院以庇荫多士，被后人称颂之。同治十二年在任河间知府时，于
同治十三年在莲池书局刊印《治蝗书》一卷，书中有治蝗论三篇，治蝗说十篇，捕蝗图十
帧。《治蝗书》根据蝗虫的发生规律提出了很多的治蝗策略，尤其提出的"蝗为旱虫，故飞
蝗之患多在旱年，殊不知其萌蘖则多由于水，水继以旱，其患成矣。"指明了水、旱、蝗灾
之间的关系，与我们常说的"先涝后旱，蚂蚱连片"是一个道理，治蝗说十篇提出了蝗虫不
同时期采用的不同治蝗方法，尤其提出的用"毒水"治蝗卵办法，可称为中国治蝗史上用药
剂治蝗的新尝试。图十帧为治蝗示意图。《治蝗书》采用图文并茂的方式一版再版，至今仍
具有很高的参考价值。

据光绪十二年《畿辅通志·职官志》整理

（十三）张之洞提倡制作蝗虫标本

张之洞，沧州南皮人，光绪十五年（1889 年）调任湖广总督，光绪二十一年张之洞在
《上海强学分会序言》中曾指出："文字明，其义不能明者，非图谱不显。图谱明，其体有不
能明者，非器物不显。"光绪三十二年，清王朝农工商部在北京三贝子花园（又称万牲园）
成立农事试验场，内设农作物、园艺等科及标本室，并采集昆虫，制作标本，规模虽小，然
有国人采集制作昆虫标本是自此开始的。此事与张之洞提倡制作标本当有历史的联系。1912
年辛亥革命胜利后，1913 年改组原农事试验场，设病虫害科，1914 年病虫害科考察长江南
北蝗灾区。1916 年刊印《治蝗辑要》，所举蝗虫标本有 48 种。

据中国植物保护学会《植保参考》1988（4）整理

（十四）沧州积蝗如阜

光绪十六年（1890 年）五月，沧州蝗大至，居民捕蝗交官，每斗换仓谷五升，仓中积
蝗如阜。

据民国二十二年《沧县志》卷十六·大事年表

（十五）刘猛将军庙的故事

河北沧州东部中捷农场境内有一座高台，名武帝台，数十年前，这座高台上还有一座庙
宇，这便是"蚂蚱神"——刘猛将军庙。

据这里的老者讲："过去这座庙青砖绿瓦，红门红窗，庄重而典雅，庙内供有形象逼真
的刘猛将军泥像。相传刘猛十六岁从军，多次出征，奋战沙场，英勇杀敌，屡建奇功，不
久，便当上了将军。有一年，渤海滩一带发生了蝗灾，飞蝗遍野，禾稼一空，百姓上书朝
廷，皇上便派刘猛将军率兵前来灭蝗。刘猛将军到渤海滩一看，果真了不得，蝗虫聚似山
丘，涌如波涛，不禁大吃一惊，急忙率兵昼夜捕打，蝗虫只是有增无减，刘猛直打得筋疲力

尽，口吐鲜血。刘猛走到那里，大批大批的蝗虫就跟随到那里，不离不散。刘猛看着这漫天涌来的蝗虫，急恨交加，毫无对策，又觉得灭不了蝗虫回去无法交差，于是把心一横，打马直奔渤海，成群成群的蝗虫也随之而去。渤海涌起三米巨浪，刘猛不见了，所有的蝗虫也被巨浪卷进了海底，蝗灾消除了。后人寄予刘猛将军能消除蝗灾，便在武帝台上修建了这座刘猛将军庙，以祷人寿年丰。"

随着日月的流失，如今"蚂蚱神"——刘猛将军庙已不复存在，庙宇周围的土地已成为中捷农场的果园。入春以后，百树开花，蜂飞蝶舞，秋日果实累累，欢歌笑语，已无蝗灾的迹象。如若刘猛将军在天有灵，也会感到慰藉的。

据1986年《沧州日报·民间传说》整理

（十六）南皮研究飞蝗生物学特性

《南皮县志》记载了东亚飞蝗的部分生物学特性研究成果。指出：蝗，*Pachytylus cinerascens* Fab 飞蝗科。蝗，一称蝻，一称螽（见说文）。又称飞蝗。体色灰褐，头部有复眼二，单眼三，口为咀嚼口器，大颚健强。腹部第一环节两侧具听器，前翅狭长，质硬色褐，后翅广阔，半透明。后肢长大，善跳跃，体长一寸七分[①]，展翅阔约四寸，卵呈椭圆形，长约二分；幼虫初呈淡黑，长成变为黑褐，无翅；至十分成长生小翅，此时体长一寸，是为成蛹之期。自卵孵化至生翅，其间经五次脱皮。食粟、黍、麦、玉蜀黍等作物。蝗之飞行甚速，若乘风飞时，一日可达百四十里。当发育最盛时，成群飞行，往往遮蔽天日，卵产于路旁坚硬之土面，常数十粒集为一卵块，一雌能产卵百数十粒，为农家之大害虫。至人工驱除法，或搜掘其卵块，或扑杀其幼虫，勿使成长，不至为害。

据民国二十一年《南皮县志》卷三·物产

（十七）虚惊一场

1978年7月，南大港农场农林科接到二分场的报告说：在梁家洼发现大量蝗虫，密度很高，大约每平方米有100多头，不少都是成虫。农林科接到报告后立即要求植保站去查查。植保站站长王玉甫听后，连说了三个不可能，并分析说：一时间不对，现在东亚飞蝗正处在蝗卵期，不可能出现大量蝗虫；二密度不对，每平方米100多头必有群居型，我们不可能不知道；三地点不对，二分场梁家洼不是主要蝗区。为了慎重起见，还是派人去查了查，调查人回来汇报说都是土蝗，没查到飞蝗。虚惊一场。

据南大港植保站1978年10月11日汇报资料整理

（十八）"蚂蚱剩"的故事

1943年，黄骅县发生了严重的蝗灾。蝗虫吃光了庄稼和芦苇，又像洪水一样涌进村庄，连窗户纸、房檐草都吃光了。

县北周青庄有一徐氏人家，白天大人出去捕蝗，把一个不满周岁的婴儿放在了家里。回来时，老远就听见孩子哭叫，走近一看，屋里屋外全是蝗虫，孩子脸上、身上都爬满了。徐氏急忙抱起孩子往外走，只见孩子的脸和耳朵被蝗虫咬破了，鲜血直流，真是死里逃生。孩

---

① 分为非法定计量单位，1分=3.33毫米。——编者注

子长大后，大家都管他叫"蚂蚱剩"，意思说他是蚂蚱吃剩下的孩子。后人形容这次蝗灾说："蚂蚱发生连四邻，飞在空中似海云，落地吃光青稞物，啃平房檐咬活人。"

据 1990 年《黄骅县志》·大事记整理

（十九）侯学煜教授沧州考察二三事

为了解黑龙港地区农业资源，搞好这一地区农、林、牧、副、渔综合利用发展规划及蝗区改造，中国科学院学部委员、全国著名植物生态学家侯学煜教授 1981 年 6 月 28～30 日来我区进行了三天的实地考察。工作中，年近七旬的侯老朝气蓬勃的工作作风，给我们留下了深刻的印象。

今天必须赶回去

侯老 6 月 27 日从石家庄出发，在考察了献县后，晚七时才赶到沧州。28 日早 6 时吃完早饭，立即出发去黄骅、中捷和海兴，这一天在连续工作 12 个小时后，下午 7 时才赶到海兴县吃晚饭。有些同志劝他住下，他说为了不影响明天工作，"今天必须赶回去！"这样，回到沧州已经是晚上 9 时多了，一天的时间，考察了三个县（场），组织了三次座谈会，日行程 500 多里。

就在车上谈情况吧

6 月 29 日上午，去青县考察。青县县委书记刘德润同志给侯老介绍三个公社的情况，准备介绍完了留侯老在青县吃午饭。侯老不仅要听情况，而且还要下去看看，时间相当紧，侯老说："下午还有工作，不能在这里吃饭，为了争取时间，我看就在车上一边走一边谈情况吧。"于是，这天不但看完了三个公社，而且也没耽误下午的考察安排。

安排好的日程不能变

29 日晚上，侯老计划向地委、行署领导交流这次考察意见，30 日上午在考察完南皮后去衡水。但这天晚上，地委、行署为了庆祝中国共产党成立 60 周年，在新华礼堂举行文艺晚会，并邀请侯老参加这一活动。侯老说："晚会可以参加，但明天安排好的日程不能变。"为了不影响日程，侯老把与地委、行署领导交流意见的时间安排在 30 日早饭之前，吃完早饭，侯老又照常进行这一天的工作了。

原载《沧州日报》，1981 年 7 月 22 日第二版

（二十）大科学家为沧州蝗虫书籍作序题词

1982 年，刚组建的沧州地区防蝗站，为更好的防治蝗虫，编印了《东亚飞蝗研究论文汇编》一书。这一工作，引起了不少从事过防蝗工作的科学家的注意。曹骥教授曾来沧州除治过蝗虫，对沧州的治蝗工作很是关心，曾来信建议出一本更加全面的书。在邱式邦、曹骥、陈永林等科学家的指导下，在河北省农作物病虫综合防治站的帮助下，沧州地区防蝗站 1986 年又编印了《东亚飞蝗研究文献汇编》一书，共收集整理了自中华人民共和国成立以来，公开发表在各种期刊上的文献 156 篇。马世骏、钦俊德教授为这本书合写了序，邱式邦、曹骥教授为这本书合写了序言，吴福桢教授为这本书写了题词，陈永林教授为这本书写了英文简介。

吴福桢，1898 年生，1932 年就任中央农业实验所病虫害系主任，多次组织全国蝗患调查，是"中国植物保护"和"中国昆虫"学科最早的奠基人之一。1951 年为向新中国的献礼，出版了《中国的飞蝗》一书，1978 年被选为全国政协委员。

马世骏，1915 年生，1951 年在美国获哲学博士学位，同年秋从美国回国，主攻东亚飞蝗治理的理论。1952 年任农业部徐州治蝗工作组核心组负责人。曾任中国科学院学部委员、生物学部副主任。

邱式邦，1911 年生人，1948 年在英国专攻蝗虫生理。1951 年夏，在得知新中国使用飞机治蝗的消息后，毅然从英国回到了祖国，为新中国扑灭蝗灾立下了很大功劳。1979 年获"全国劳动模范"称号。1981 年当选中国科学院生物学学部委员。

曹骥，1916 年生，1949 年获美国明尼达大学博士学位，是年从美国回国。1951 年参加了黄骅的飞机灭蝗试验研究工作，为新中国第一次使用飞机灭蝗并获得成功作出了贡献。1991 年当选世界生产力科学院院士。

钦俊德同志也是当今全国著名的老科学家，蝗虫生态专家，中国科学院院士。

陈永林，研究员，1928 年生，1950 年毕业于中法大学理学院生物系，长期在中国科学院动物研究所从事蝗虫生态学研究。曾任中国科学院自然灾害研究委员会委员、泛美蝗虫学会会员。主编《中国飞蝗生态学》等著作 13 部。

吴福桢等 6 位科学家都是国内外科学院院士、学部委员或研究员，这样大的科学家，能为沧州地区防蝗站主持编写的蝗虫书籍撰写序言或题词，是沧州地区防蝗站极大的光荣。

马世骏、钦俊德教授为《东亚飞蝗研究文献汇编》合写的序

东亚飞蝗是我国载诸史册的大害虫，历代劳动人民备受其害，谈起蝗灾，不寒而栗。中华人民共和国建国伊始，中国共产党及中央人民政府就极端重视蝗虫危害，在周恩来总理亲自关怀下，组织多学科力量，通过全国大协作，对东亚飞蝗的活动习性、发生规律及防治措施进行全面而深入的研究，科技人员长期深入蝗区，结合群众治蝗工作，提出了一系列行之有效的措施，包括预测预报、飞机施药和改造蝗区等，控制了蝗害。这本文集可看成是我国科技人员与蝗害斗争的文献，也是科技人员团结起来密切联系生产显示社会主义优越性的一项成就。

我们曾是参加蝗虫防治工作的一员，30 年过去了，忆往昔，在艰苦生活环境中，与同志们并肩战斗，虽苦亦乐。看今朝，以往的蝗虫老巢，尽变成鱼米之乡，倍感欣慰。尤其使人们兴奋的，则是祖国百业俱兴，八十年代的新中国已进入高速度经济发展阶段，科技人员大有作为，祝愿昆虫学界的同志们再接再厉，奋发图强，为振兴中华、加速实现我国四个现代化的伟大目标，作出更加辉煌的成就。

马世骏　钦俊德

1985 年 2 月 16 日于北京

邱式邦、曹骥教授为《东亚飞蝗研究文献汇编》合写的序言

有史以来的中国的东亚飞蝗为害，在中华人民共和国成立后的几十年里，终于被控制住了。这不但在中国的昆虫学史上值得大书特书，即使在全世界治蝗史上也是一件了不起的大事。胜利之余，我们应该冷静地想一想，成果是怎样取得的。

首先，这场胜利是否可以看成是人与蝗虫争夺生存空间的胜利。迁移蝗不同于一般害虫

的最主要之点，在于它需要一个特定的滋生地，消灭这个滋生地，就能致它于死命。中国正是运用了这一根本措施，才扭转了以前治蝗工作中被动的局面的。要想做到这一点，当然要花大力气，其中包括国家的、集体的和个人的，但却是有代价的。苇洼、荒滩被开垦了，改为农、林、牧、渔场，增加了生产。但这没有社会主义国家的大力支援和领导，也是难以做到的。我们不能说我国在根治蝗害上已经做到完美无缺了，但我们可以说，我们确实已找到根治蝗害的关键，那就是消灭飞蝗孳生地。这项工程当然不是短时期可以奏效的，因此治标的工作还是要做，而且在五十年代国家曾动员了我国不少昆虫学工作者从事这方面的研究。沧州地区（还有天津市南部）是我国老蝗区之一，由沧州地区防蝗站等主持编印的这个文集，收集了中华人民共和国成立以来公开发表在全国多种期刊上的文章，这些文献基本上代表了这段历史时期，我国研究和控制蝗害方面所做的工作和取得的成就，使其不致散失，这是非常有意义的。如果说还有什么经验的话，那就是宣传很重要，有了点滴研究成果或防治经验，就及时报道出去，在冀、鲁、豫、苏、皖形成了一股治蝗热潮。终于通过党的领导和群众的力量，把这个祸害千年的东亚飞蝗压下去了，这也是我们在写这篇序言之余引以为慰的。

邱式邦　曹骥

1985 年 2 月

陈永林教授为《东亚飞蝗研究文献汇编》书写的简介

《东亚飞蝗研究文献汇编》是《东亚飞蝗研究论文汇编》的续篇，在这两集汇编资料中，收集了自中华人民共和国成立以来，公开发表在各种期刊上的文献。

这本文献集所编入的学术和研究的论文，不仅包括东亚飞蝗的形态学、解剖学、生态学、组织学及生理学等基础理论研究，同时还包括东亚飞蝗的调查方法、预测预报与综合防治等应用研究。这些论文的全部结果，可代表中国在东亚飞蝗的科学研究和控制蝗害方面的主要成就。

陈永林

吴福桢教授为《东亚飞蝗研究文献汇编》书写的题词

毋　忘　治　蝗

吴福桢

1986.1.17

（二十一）南大港农场 15 万亩土地发生蝗灾，全国植保总站站长李吉虎来场查看灾情

据《沧州日报》（仇静、树军）报道：14 日，一场对蝗虫的围歼战在南大港农场全面展开，近来，南大港农场以苇洼为中心的 15 万亩土地程度不同地遭受蝗灾，蝗虫集中区有 5 万亩，高密度区有 1 万多亩，蝗虫最多的地方每平方米高达 500 多头，蝗虫已长到二龄盛期，这次蝗灾从面积到密度都是 1983 年以来最严重的一次。

早在今年 1 月份，农场植保站就对蝗虫发生作出了预报。入春以来，农场每月进行两次普查，发现灾情后，农场及时地成立了防蝗指挥部，组织了 58 人的灭蝗突击队，在多方协

助下购买了 42 吨灭蝗药物，并配备了车辆和灭蝗器械。

农业部全国植保总站站长李吉虎到农场进行了考察，他对农场灭蝗工作安排给予了充分肯定。

原载《沧州日报》，1990 年 6 月 16 日

（二十二）蝗虫袭扰河间北皇亲庄

据《沧州日报》（双宗、桂苍）报道：2 日，这个村的部分地块内布满了蝗虫。初步调查，成虫密度为每平方丈 100～200 头，幼虫每平方丈 800～1 000 头，受灾面积达 3 000 亩。蝗虫以散居型飞蝗为主，并有土蝗负蝗、尖头蚱蜢等，大田农作物已出现花叶，严重地块花叶率达 30％。目前，有关部门正组织除治。

原载《沧州日报》，1990 年 7 月 10 日

（二十三）黄骅五乡遭受蝗灾

据《沧州日报》（刘东昌）报道：近期，黄骅官庄、吕桥、周青庄等北 5 乡农田作物遭受蝗灾，这次蝗灾来势凶猛，虫口密度大，一般每平方米 20～40 头，最高达百头。据植保部门勘查，农作物受灾面积达 83 000 多亩，以沧浪渠沿岸乡村尤为严重，如不能及时扑灭，不仅会严重危害晚秋作物的生长，同时也危害着今秋小麦的种植。

目前，黄骅市委、市政府正组织力量，调集农药物资，进行灭蝗。

原载《沧州日报》，1990 年 8 月 24 日

（二十四）沧县部分农田出现飞蝗

据《沧州日报》（沧办）报道：8 月 12 日，沧县兴济、北桃杏、薛官屯、李天木、旧州一带发生飞蝗，可为害面积约 5 万亩。飞蝗密度为每平方米 3～5 头，最多达到每平方米 15 头，飞蝗多发生在杂草丛生的玉米田、豆田、谷田及荒地、沟坡等。目前沧县政府正积极组织力量，掀起除治飞蝗的高潮。

原载《沧州日报》，1994 年 8 月 26 日

（二十五）一个真实的故事

1994 年秋，青县飞蝗大发生，全县群众人工捕捉蝗虫 35 吨（约 3 000 万头），大多数销售天津或县城饭店食用。

一场小雪把路面染白了。青县农行新华路储蓄所刚刚开门，第一位储户走了进来。他穿了件厚厚的风雪衣，手提了个大篮子，装满了苹果、橘子。储蓄员老王抬头看了看，目露惊奇，"怎么是他？"

这个人是青县街面上多年要饭的乞丐，40 来岁，经常蓬头垢面的到储蓄所来换钱。1994 年秋天，东乡蝗虫大发生，天津和青县各大饭店有不少人去东乡收购蝗虫，每斤 3～4 元，生意很兴旺。有一次，这个乞丐来换钱的时候，储蓄员老王看着他手里那几张脏兮兮的残币，出于同情心，就说："你这样靠乞讨混日子，几时才是个头，又不是干不了活，现在东乡蚂蚱多，捉一斤好几块钱，很多饭店就有收购，你去捉蚂蚱也比要饭强。"乞丐羞愧地低下了头，说了声"谢谢"就走了。

惊奇间，来者说话了："大哥，俺这是来存钱的。自上次听您说东乡闹蚂蚱的事以后，

我就去东乡捉蚂蚱了，卖了 500 多元，自此摆了个水果摊，还买了辆三轮车，再也不去要饭了。现在快过年了，俺赚了点钱，想存入银行，顺便给大家捎来点水果。"大家都为乞丐的变化而高兴，老王接过钱，点准，开单，为这个特殊储户忙碌着。

据 1994 年 12 月 24 日《沧州晚报》窦河山刊文

（二十六）青县张虎庄灭蝗有新招

据《沧州日报》（通讯员黄绍华、记者何荣芝）报道：最近，青县小牛庄镇张虎庄村农民在实践中摸索出土洋结合，切实可行的灭蝗新法——插小旗和 4 户联保治蝗。

麦收期间，该村为了做到不遗漏群居蝗虫，曾利用假期发动小学生 126 人，并发给每人 20 个小红旗，每隔 5 米 1 人查蝗，发现蝗群便插上一个小红旗，除蝗专业队则按照标志跟踪除治，大大提高了除蝗速度和质量。最近，该村又根据麦收后出现的新情况，实行小区划片，4 户联保治蝗。4 户中有 1 户不治，每户罚款 500 元，通过严格管理调动了群众共同治蝗的积极性。

据悉，目前青县大部蝗群已被杀灭，飞蝗基本得到控制，但土蝗仍相当严重。全县 7 个遭受蝗灾的乡镇，正积极推广该村的做法，以最大限度地减少蝗虫对今秋和明夏作物的危害。

原载《沧州日报》1995 年 7 月 13 日

（二十七）灭蝗飞机昨起升空洒药

小蚂蚱，看你还能蹦几天

据《沧州晚报》（记者韩中清、韩超）报道：昨天上午，记者从南大港灭蝗前线获悉，在驻沧空军某部"运五"飞机的帮助下，沧州市灭蝗战役全面打响。副省长宋恩华和市委副书记王光星亲临现场指挥战斗。

昨天上午 9 时左右，记者随同省市领导刚刚进入蝗灾现场，就看到有 30 多名灭蝗突击队员正背着机动喷雾器喷药。环顾一望无际的芦苇大洼，一尺多高的苇子有的已被蝗虫吃的光秃秃。走入苇子地，一步就能踩死几十头小蚂蚱。蝗蝻行进，沙沙作响，大有吃尽田野草禾之势，令人毛骨悚然。副省长宋恩华下车后，疾步来到一位灭蝗队员跟前，仔细询问了蝗情和灭蝗情况。当他得知这位 54 岁的突击队员参加灭蝗已有 30 多个年头时，紧紧握着他的手说："您可是灭蝗老功臣了！"

10 时 28 分，"运五"飞机飞到了重蝗区，在地面信号员的指挥下，飞机超低空作业，农药均匀地喷洒在芦苇的叶子和蝗虫的身上。记者看到，中毒的蚂蚱有的在地上连滚带爬，有的浑身发抖，欲动无力，垂死挣扎。

据市农业局负责人介绍，今年沧州市共发生夏蝗 164 万亩，沿海蝗区最高密度每平方米达 8 000 头以上，农田蝗区最高密度每平方米 500 头。眼下，小蚂蚱还没有长翅，正是灭蝗的最佳时期。省市领导指示，一定要在 10 天内将蝗虫消灭干净。

原载《沧州晚报》，2002 年 6 月 13 日

（二十八）与蚂蚱打交道的人

——记海兴"蚂蚱神"鲍长胜

当东亚飞蝗耷拉着翅膀在地下呻吟时，素有"蚂蚱神"之称的鲍长胜又长长地舒了一口

气，他终于又可以穿上一双新布鞋了。6 月 19 日，当我们走进他的办公室时，鲍长胜赶紧把他那双被芦苇扎得面目全非的烂鞋收拾起来，满脸胡子拉碴的鲍长胜一脸憨憨的笑。这个既是他的办公室又是他的家的屋子里除了满桌子的书籍整齐有序外，到处凌乱不堪。被国家农业部授予先进个人称号，被人称为"蚂蚱神"的原海兴农业局植保站站长现任农业局技术站站长的鲍长胜，接受了我们的采访。

神　眼

鲍长胜从事治蝗工作 27 年了，这 27 年中，他练就一双神奇的眼睛。春天一看蝗卵，他就能推测出蝗虫的成龄期。在大洼里，一看芦苇的生长状况，他就能判断出什么地方有蝗虫，什么地方蝗卵多，围着大洼走几步，就能判断出今年蝗虫的灾害程度。他能准确预报蝗虫出土情况的经验和成功治蝗经验，在全国治蝗会议上得到认同。

我疑惑地瞅了瞅鲍长胜的眼睛，除了朴实和善良外，没有觉得多犀利和敏锐。鲍长胜笑了，他说，不是我的眼睛多特殊，是因为我看得多，留心记，跑得勤才积累了这些经验。由于蝗虫的群聚性和迁移性特点，不能盲目下定论。他经常是和同事们背着喷雾器采取武装侦察、堵窝消灭的方式，边查蝗情边治理，取得了很好的效果。另外，鲍长胜的地面机械化治蝗，力争在蝗虫三龄前将其消灭殆尽的做法也得到治蝗专家的好评。由于植保站的工作到位，5 万亩的杨埕水库，近 20 万亩的荒地都得到及时的治理。

神　脚

海兴 20 多万亩蝗区，鲍长胜不知用脚丈量过多少遍。

说起治蝗走过的路，鲍长胜禁不住又笑起来。他说，随着时代的进步，交通工具的发达，治蝗工作逐渐幸福起来。70 年代治蝗时，鲍长胜骑自行车一骑 20 多公里，在简易棚里一住就是 10 多天，蚊虫叮咬，竟然还能躺下就着。那时两个人背着一台喷粉器，打六六六粉，20 万亩地，20 个人喷，没黑带白，打一段时间，人就得赶紧在草地上趴一会儿，靠地气散一散六六六粉的毒气，一天走多少路根本算不清。80 年代，鲍长胜和同事们摸索研究，研制出一种用拖拉机改制的鼓风机，一台机器一天就能喷六六六粉 2 万亩，在全国创造了一个奇迹。90 年代，开始用飞机治蝗了，用鲍长胜的话说，"人真的幸福起来了"。

不过，1997 年那场蝗灾，让他又重新体会到了原始治蝗的滋味。

1997 年，海兴的杨埕水库秋蝗成灾。为了能最大限度地控制住蝗虫，市植保站和海兴人民一起投入了灭蝗的战斗，从领导到当地农民每人一台喷雾器，走入了半人深的苇子地。他们各自往不同方向走，到时回原地集合，由于水到齐腰深，苇子比人高，人们只能从喷雾器喷头上找人。由于连续几天的工作，鲍长胜有点力不从心，看到一块儿没苇子的地方，他想过去透透气，歇一会儿，没想到一脚踩下去是个深坑，鲍长胜背着喷雾器一下子沉了下去。他说，求生的欲望让他连蹬带拽地慢慢爬出来了。

在慢无人际的大洼里治蝗，吃饭喝水成了大问题，他渴的实在受不了了，就在芦苇中把飘着药水的污水往旁边泼泼，喝下面的水。市植保站副站长李振华大声吆喝："老鲍，这水不能喝。"看鲍长胜喝，李振华说："要不，我也喝吧。"从鲍长胜的憨笑中，我油然而生几分敬慕。我说："鲍站长，你们当时也在笑吗，我现在听起来都想哭。"鲍长胜说，这有什么，当时我们的司机闹肠炎，给飞机打信号站不起来，就躺在地上打，飞机过去又赶紧去拉肚子。有个同事，有心脏病也硬撑着，打完一遍药出来，连说话的力气也没有了，只是指指口袋，鲍长胜拿出来一看，是救心丸。鲍长胜说，我们在杨埕水库治蝗1个月，我们在一起打赌，看谁掉肉最多，那个月我得了个冠军，一个月瘦12斤肉。我做鞋的功夫也是那时候练出来的，雨鞋、胶鞋一进苇子地，一会就破，底漏了根本没法穿，布鞋底穿上最舒服，鞋帮上全部用绳子穿着拴在脚上特结实。布鞋能穿一天，破了就用针缝缝。做布鞋、修布鞋的功夫就是一天穿坏一双鞋练出来的。

神　　力

看着鲍长胜眉飞色舞地谈治蝗，我问了他一个问题，在20多年的治蝗工作中，又苦又累怎么还让他乐此不疲？是什么力量支撑着他？鲍长胜说，我是农民的儿子，老百姓就是我们的衣食父母，谁糊弄老百姓，谁就没良心。

鲍长胜说，在治蝗中，有一件事一直让他很感动。一次，他带着他的灭蝗队工作了一天也没吃饭，实在是饿极了，看旁边地里有2亩玉米地，玉米轴已长满了粒，鲍长胜和大伙一商量，咱们就吃它吧。那天40多个人啃了1亩多生玉米。治蝗工作结束后，鲍长胜和海兴农业局的领导几经周折找到了玉米地的主人，想给些钱作为经济补偿。可是那位老农说什么也没要，而且说："你们为我们灭蝗，吃点玉米算什么，你们太辛苦了，谢谢你们。"鲍长胜说，记者同志，面对这么好的老百姓，咱糊弄人家，良心能安吗。

采访中，原是植保站工作人员的赵玉芝给我们讲了一个笑话。在前年治蝗时，由于刚下雨不久，打信号的车陷在淤泥里，马上就要到放烟的时间，可是离村庄还有7里多地，赵玉芝和同伴就赶紧下车往村里跑。可是路太难走，鞋陷进泥里很难往外拔，鲍长胜一看就急了，向他们吼道："让你们游山玩水了。"说完，他自己脱下鞋就往村里跑，光着脚丫子来回跑了7公里，正好赶上给飞机放信号。后来，有个村民问他们，刚才光脚丫子的小伙子在你们那儿干什么？当听说是大名鼎鼎的"蚂蚱神"，且当时鲍长胜的年龄已是48岁时，村民们感动不已，都说，这才是老百姓的官啊。

鲍长胜发现我们经常看他这个凌乱的办公室，又笑了。他告诉我们，其实我也有家，只不过没怎么照顾过。儿子从10岁就开始蹬着三轮和妈妈去换气罐了。1997年，曾是下乡知青的妻子带着女儿和儿子去天津了，视工作为生命的鲍长胜留在了海兴。临走时，妻子从商店给他买回5双布鞋。她知道，只有布鞋才最适合丈夫继续去走芦苇地。鲍长胜感慨地说："这些年真是为难了老婆孩子，不过，作为党的干部，只有这样做，才对得起老百姓啊。"

原载《沧州晚报》，2002年6月21日

本报记者　杨玉霞、吴晓斌

（二十九）"运五"昨天升空灭蝗，预计今年飞机防治36万亩

据《沧州晚报》（记者韩中清）报道：昨天清晨4时30分，一架"运五"飞机在海兴县杨埕水库上空飞来飞去。在地面信号员的指挥下，农药均匀地喷洒在芦苇的叶子上。记者看到，中毒的蚂蚱连滚带爬，浑身发抖，欲动无力，垂死挣扎。

据农业局负责人介绍，今年沧州市共发生蝗虫面积148万亩，预计飞机防治36万亩，其中黄骅10万亩，南大港16万亩。飞机防治时间定为6月17日至30日。在飞机防治的同时，沧州市已成立地面专业队28个，组织人员1 500余名，准备机动喷雾器528台，今年

地面防治面积约 40 万亩。另外，对发生较轻，但达到防治指标的农田蝗区进行人工挑治，挑治面积 40 万亩左右。在省防蝗指挥部的领导下，全市准备专用灭蝗药 38 吨，准备资金 60 万元，确保飞蝗不起飞，不成灾。

记者在灭蝗现场见到，今年杨埕水库的蝗虫密度比前两年明显减少，每平方米约在 10 头至 20 头之间。海兴县农业局局长孙铁汉说，由于连续多年进行地面和飞机防治，灭蝗效果不错，虫口密度就轻。如果这样坚持下去，蝗虫有望得到控制。

原载《沧州晚报》2003 年 6 月 18 日

（三十）崇祯大蝗灾

民国《交河县志》卷十："崇祯十一年，旱蝗，害稼，民饥；十二年，旱，蝗蝻大伤田稼，民饥；十三年，大饥，民相食，甚至父母食子，妻妾食夫，大疫。"

《明史》记载的蝗灾年份有 62 年，其中最严重的一次发生在崇祯十三年，蝗灾面积几乎占去了当时的大半个中国，长江以北、甘肃以东的广大地区，一边忍受着战乱，一边抵抗着天灾。这场蝗灾的破坏力，以至于让许多县志的蝗灾记录皆以这年为开端。而《明史》先是在《庄烈帝本纪》中重复了一遍，不远处又在《五行志三》里进一步描述了蝗灾下的生活惨状——"北畿、山东、河南、山西、陕西、浙江、三吴皆饥。自淮而北至畿南，树皮食尽，发瘗胔以食"。发瘗胔以食就是挖才死去不久的死人肉。正史的记载多少还为自己保存了一丝人性，死人吃没了，人们开始易子而食，人性已然谈不上了，但多少还有理智和亲情。灾情还在持续，斗谷三金而没有地方去籴！人们饿疯了，一些重灾区终于到了"父子夫妇相食"（乾隆《平原县志》）、"父子兄弟相食"（康熙《续修汶上县志》），"父母食子，妻妾食夫"的惨绝人寰的地步。

实际上正像《交河县志》所载，许多地方的蝗灾两年前就开始了，而它的破坏作用一直延续到崇祯十四年。值得注意的是民国《沧县志》的异常记录！它先是说崇祯十三年"沧州蝗，人相食"。然后十四年却是"岁大稔，五谷不种而生"。可是与沧县比邻的南皮则依旧是"大饥，人相食，斗米千钱，白昼劫夺"的悲惨世界。西边不远的献县境况也差不多，十三年"大旱，斗米值二金，人相食，野骨如莽"，十四年则"复旱，人家猫犬皆食草，牛犊衔瓦砾食之"（民国《献县志》卷十九），而《明史》的记载也是"两京、山东、河南、浙江大旱蝗"，两京是包括沧县在内的。说来罪过不应加在民国《沧县志》头上，因为在康熙《沧州新志》里就已经错了。

原载《沧州晚报》，2005 年 5 月 13 日第 21 版，作者孙建

（三十一）大洼治蝗

蚂蚱官称蝗虫，这"蝗"字似与皇家有关，蝗虫家族可谓庞大，有几十种。飞蝗羽翅强健，可群起飞迁，如声势浩大的正规飞行军队；土蝗，有的身材笨拙，有的瘦小枯干，有的鲜如翠叶，有的垢面如土。土蝗是散兵游勇，各自为政，势如地皮流氓，草洼土匪。

阳春三月，春风拂过渤海边的百里大洼，春雨淅淅沥沥地飘下，千丝万线般渗进大洼的黑土里，芦苇刺破土层，万针朝天。去冬末下大雪，饥渴的黑土终于滋润了，舒展了一副鹅绿色的笑脸。雨滴也随着芦茎滋润了坚硬的蚂蚱卵，不几日，嘈嘈声起，一个个如褐色芝麻粒般的蝗蝻爬出地面，顷刻间就爬上了绿苇。

刘老汉已是耄耋之年。那年夏，闹蚂蚱了，大洼腾起了蚂蚱大军，由北向南唰唰地过，

洼里的芦苇一片片成了光刷刷，已无一片绿叶。园子里五六亩棒子正抽穗扬花，樱子红红地牵着他爹他娘和他的心。他爹在地边扎上窝棚子，他爹带领他们，还有四岁的小弟弟。举着扫帚、褂子，在人把高的棒子稞里抢啊、轰啊、赶啊。家什在地东头抢，蚂蚱呼地飞到西头；人到西头轰，蚂蚱又呼地扑到南沿；南边一赶，又涌去北垄。村子边上这样的庄稼地没有几片，葱绿喜人也让虫喜欢，怎能越而不顾？一天下来，一家人早已筋疲力尽，倒进窝棚里，骨头架子早已松了扣。天一亮，又起来轰，间或"喔嗬""喔嗬"几声，在苍凉的大洼响起，与村里的鸡鸣此起彼伏。地垄里，他爹抓起棒子叶上的蚂蚱，往地上扔，用牛鼻子硬底布鞋一脚脚地踩，"嘈！嘈！嘈！"咒骂声一声连着一声。秋后，在早已放弃的光刷刷的棒子地里掰下了一堆秕子轴，搓下来不足一口袋。

大洼的蚂蚱同全国许多著名蝗虫一样，比新疆飞蝗、华南飞蝗更有个漂亮的名字叫东亚飞蝗。其实，蝗虫并不欣赏人的命名，你叫他蝗虫也好，蚂蚱也好，与它几乎无关。它只是一种昆虫，它要吃，它要生存，它要交配，它要下卵，也要繁殖，也要飞翔。

大洼赋予了它的灵性，它因此具有了高度的组织性，它的集体活动就难免冲犯了人的利益，于是人就在书上记录下它们的劣迹。《黄骅县志》就写道：唐开元二年七月，蝗虫成灾；北宋淳化三年七月，蝗虫成灾，蔽空遮日；元至元十九年，蝗灾；明崇祯十三年，三月至秋久旱不雨，禾苗枯死，飞蝗遍野，树皮草根剥掘俱尽，饥民食之，有甚者人相食；清康熙十八年，大旱，蝗灾，自十七年冬无雪，入春至夏末雨，蝗蝻遍地，人多流亡。一千二百年间，大蝗灾即达十九次。

民国三十二年秋的一个夜晚，刘老汉那时十二三岁，半夜里，他爹他娘闹闹嚷嚷把他惊醒，爹说："听，过蚂蚱了。"土屋顶子上，只听"扑扑"有声，窗户纸上"沙沙"有声，房门上"嚓嚓"乱响。早起，他跑到院子里，天黑蒙蒙的，大房小房、门洞墙头、鸡窝狗圈，密密地落了一层蚂蚱，大门前苇塘里，苇草上坠满了蚂蚱。突然，他喊起来："爹，房檐子啃没了！"爹开门出来，抄起大扫帚在檐上扑打，"嘈！嘈！"它们和沙土哗哗掉落，房檐是苇子压排的。蚂蚱黑压压地过了三天三夜，天也黑沉沉地不见太阳三天三夜，人们也躲在屋里三天三夜；刘老汉家的窗户纸全部啃光了，房檐啃光了，村里小三家一岁的婴儿耳朵被咬出了血，哇哇地哭了一天。

飞蝗初起时为扇形阵式，规模越来越大，铺天盖地，成巨大的方片形阵式。领头蝗是聪明的，它竟然能组织起成千上亿的蝗虫向一个方向迁移，它是头雁，是头羊，是狼王，又是谁给它的这种智慧呢？

同其他生物上千万年的进化一样，大洼的蝗虫细胞里变异了一种基因，那就是倔强。据说蝗卵块在水泡的泥地下十几年也有生存能力，一遇适宜的土壤湿度和气候环境即倾巢而出。蝗蝻群居而生，向着同一方向移动，遇岗过岗，遇堰越堰。如遇到住房，则从房基直爬上房顶，过房脊由后墙下，绝不绕一尺之便过房。历朝历代，百姓的生存是天下第一大事，于是官家也不敢怠慢，敲锣鸣示，组织洼下各村男女老幼治蝗。大洼里，蝗蝻如一片片红潮浩浩荡荡漫来，大洼人挖下深壕断绝其路，红潮流进壕里，覆土掩埋，人跳进去踏实，但往往红潮溢满堑壕继续流动。大洼人挖上土灶支起六印大锅，小孩在锅下架起干柴燃起烈火，锅中水沸泡响。蝗蝻涌来了，老汉用簸箕就地收蝗倾锅，顷刻间，那蠕动的、蹦跳的、令人头晕目眩的蝻虫在沸汤中停止了运动。老太太用笊篱一下下打出晾在一旁，晾干后装上粮袋运回家，可当度荒之粮，吃多了虽有些麻嘴，却也是高蛋白，此时的大洼如同一幅秋收图。

大洼人也在蝗蝻行路上燃起火岭，这些小虫们义无反顾、赴汤蹈火在所不惜，大队奋进，气势磅礴，前赴后继，视死如归。那红潮往往压过了火海，在噼噼啪啪的声响中爬上叉杆、爬上人腿、爬上人脸，钻入人的前胸、后背，钻入人的裤裆。那势不可挡的气势莫不令人胆寒。人们沟埋、锅煮、火烧，甚或装袋水淹、碌碡碾压、锨拍人踏，用尽了金木水火土所有人能想出的办法，造成了这小生灵暂时的死，却不能阻止它们的永久的生。

相传明代大将刘猛奉旨治蝗，率领千军万马开进大洼，纵有万夫不当之勇却无奈小虫何，无颜再见帝王，愧而投海。多亏风神感其诚，封刘猛为蚂蚱神，修庙祭祀，以镇一方之蝗。翻阅史料，见有刘猛降蝗图，刘猛大将铁盔铁甲，手伏蝗妖，刘猛怒目而视，蝗妖面目狰狞。刘猛治蝗在沿海民间流传甚广，寄托了百姓降伏蝗虫的愿望。

原载《沧州晚报》，2005年7月13日第22版，作者张华北

四、考证与论述

（一）"鱼虾子化蝗"之说考

由于工作的关系，须经常到沿海各县市搞防蝗工作，会碰到一些人这样问：据说蝗卵在水里泡十几年不死，是真的吗？听说蝗虫是鱼虾子变的，是真的吗？尤其是乾隆八年《沧州志·产物》写到："蝗，鱼虾遗子遇水涸则变为蝗，久旱则生，最为害稼，俗称旱虫。"人们有这些疑问是很自然的事情了。

蝗卵胚胎发育的起点温度是15℃，冬天平均气温在15℃以下，蝗卵可以在地下冬眠不死，但夏季呢？大部时间都在25~30℃，大大超过了蝗卵胚胎发育起点温度，蝗卵即使在水中也是很难越过夏天的，蝗卵十几年不死之说，是不可能的。

但"鱼虾子化蝗"之说，盛传于世，在我国流传了2000多年，直到中华人民共和国成立后，人们通过不断学习文化知识，才知道了鱼虾之子是不可能变成蝗虫的道理，尤其在科技界，认为"鱼虾子化蝗"之说纯属谬论，已成为了共识。但在民间，还是有一些人不时的问及这个问题，不知"鱼虾子化蝗"之说是怎样产生的，可见，"鱼虾子化蝗"之说的根源，在社会上还有一定的市场。据此，编者对这个问题进行了考证，现将结果整理如下。

1. "鱼虾子化蝗"之说的产生　古代的中国，由于封建统治阶级的各种约束，文化的传布主要靠古代文人等的文学著作。孔子作为封建统治阶级尊崇的圣人，其著作在人们的心目中是占有非常高的位置的。经孔子整理编纂的《诗经》，共收录各类诗歌305首，其《螽斯》《草虫》《七月》《出车》《无羊》《东山》《大田》《桑柔》《驷》等都提到了蝗虫，不但有蝗虫的群飞情景，而且还有蝗虫繁殖、蝗虫习性、蝗虫颜色、蝗虫发生时期、蝗虫危害性以及蝗虫防治等内容。《无羊》则编出了一个蝗虫变成了鱼的美好的故事。《无羊》说："牧人乃梦，众维鱼矣，……大人占之，众维鱼矣，实为丰年。"这里的众字，是指螽字，也就是蝗虫。意思是说，有一个牧人做了一个梦，梦见蝗虫变成了鱼，就问占卜先生。占卜先生说，梦见蝗虫变成了鱼，来年丰收谷满仓。在孔子的《无羊》中，最早提出了"蝗虫变鱼"之说。受此影响，西汉刘安主编《淮南子》，则为"蝗虫变鱼"奠定了理论基础。到西汉末年，古文经博士刘歆在解释蝗灾原因时以为："贪虐取民则螽，介虫之孽，与鱼同占。"将蝗虫与鱼放在了同一类的位置上。这一说法又被东汉的班固（32—92）写入了正史《汉书·五行志》中，蝗虫与鱼同占的问题，得到了确认。之后，东汉文学家蔡邕（132—192）又说："蝗虽

有种，其为灾，云是鱼子在水中化为之。"首次提出了"鱼子化蝗"之说。南朝范晔撰《后汉书·五行志》，又将"鱼螺变为蝗虫"写进了正史。《东观汉记》又载：章和元年（87年），马棱迁广陵太守，"棱在广陵，蝗虫入江海化为鱼虾"。梁武帝时任昉撰《述异记》也明确指出："江中鱼化为蝗而食五谷"。于是，"鱼子化蝗"或"蝗化鱼虾"之说，经过这些记载也就广泛传播开来了。

2．"鱼虾子化蝗"之说的流传　蝗虫与鱼虾，虽是两种不同的生物，但两种生物又有一定的关联，也就是说，这两种生物都与水有关系。蝗虫本身具有"水退蝗来"、"水来蝗退"的生物学特性，在中国众多的湖泊、水库当中，干旱年份，湖水干涸，湖水位降至枯水位，有大量湖滩地暴露，会吸引蝗虫来产卵，并孵化为蝗；遇上大水，湖水上涨，湖水位达洪水位，就会将湖滩地蝗虫所产的卵淹没，蝗卵无法孵化，湖区就会只见鱼虾，不见蝗虫。再遇干旱，水位再退，湖滩地又可成为蝗虫的产卵基地，发生大量蝗虫。只要了解了这些规律，"鱼虾子化蝗"之说会不攻自破。但古代文人不明湖区蝗虫发生的规律，不明蝗虫的发生环境与鱼虾的发生环境有互为消长的关系，宣传"鱼虾子化蝗"之说，只能促进了"鱼虾子化蝗"的之说的流行与膨胀。

《新唐书·五行志》载："唐武德六年（623年），夏州蝗。蝗之残民，若无功而禄者然，皆贪扰之所生。先儒以为人主失礼，烦苛则旱，鱼螺变为虫蝗，故以属鱼孽。"武德七年，诏修官书《艺文类聚》由欧阳询等编纂完成，其中收录了东汉蔡邕关于"蝗虽有种，其为灾，云是鱼子在水中化为之"的"鱼子化蝗"之说。这些记载对"鱼子化蝗"的流传，起到了推波助澜的作用。

至宋太平兴国八年（983年）供皇帝阅读的《太平御览》编辑完成，该书依照孔子《诗经·无羊》中蝗虫变成鱼的故事，创造出了"丰年则蝗变为虾"的结论，为"鱼虾子化蝗"之说更是加入了皇权思想。宋徽宗时期，陆佃撰训诂书《埤雅》，对"鱼子化蝗"之说进行了解释，指出："蝗即鱼卵所化，春鱼遗卵如粟，埋于泥中，明年水及故岸，则皆化为鱼；如遇干旱，水缩不及故岸，则子久阁为日所曝，乃生飞蝗。"初步从理论上分析了"鱼子化蝗"的原因。北宋彭乘撰《墨客挥犀》曰：蝗飞起蔽天，或坠陂湖间多化为鱼虾。并有声有色的说有渔人于湖侧置网，蝗坠湖压网至没，渔人辄有喜色，明日举网，得虾数斗。蝗虫变成鱼，原本是民间一个美好的想象故事，经过封建统治阶级文人墨客的一番解释，逐步的变成了人们不得不信的"科学"了。从此，人们在很长时期内再也摆脱不了蝗虫是鱼虾之子变成的这一伪科学的束缚。

明代著名科学家徐光启，曾任礼部尚书、宰相等职，其著作《农政全书》对清朝以后的治蝗工作起到了至关重要的作用。但是，徐光启仍然摆脱不了"蝗虫是鱼虾之子变成的"这一歪理邪说的束缚，在其著作中除将"鱼子化蝗"更订为"虾子化蝗"之外，大谈"虾子化蝗"的原因和依据，以其崇高的威望，又为"鱼虾子化蝗"之说打下了很厚的基础。《农政全书》的出版，致使整个清代甚至到民国初年，我国出版发行的各类书籍，几乎无不打上"鱼虾子化蝗"的思想烙印。

清代在阐述"鱼虾子化蝗"之说当中，简直达到了登峰造极的地步，从陈芳生的《捕蝗考》（1684年），到顾彦的《治蝗全法》（1857年）；从陆曾禹的《捕蝗必览》（1739年），到钱炘和的《捕蝗要诀》（1856年）；从钦定《康济录》（1793年），到巡抚部院的《捕蝗除种告谕》（1856年）；从郝懿行的《尔雅义疏》（1856年），到陈崇砥的《治蝗书》（1874年）；

全都在宣传"鱼虾子化蝗"的思想，为"鱼虾化蝗"提供"理论"依据。《治蝗全法》是清代资料最为齐全的治蝗专业书籍，开文第一句话就是"鱼虾生子水边及水中草上，如水常大浸，草在水中，则虾仍为虾，鱼仍为鱼。若水不大，及虽大而忽大忽小，及虽有水而极浅，不能常浸草于水中，则草上鱼虾之子日晒熏蒸，渐变为蝻。"钦定《康济录》收录陆曾禹《捕蝗必览》一书，文中指出："蝗之起，必于大泽之涯及骤盈骤涸之地，崇祯时，徐光启疏以为蝗为虾子所变而成，在水常盈之处则虾仍为虾，惟水大涸，虾子附于草上既不得水，春夏蒸郁，乘湿热之气变而为蝗，其理不容疑也。"为证明此说，还列举了《述异记》、《太平御览》、《尔雅翼》等书中有关鱼虾变蝗关系的论述。陈崇砥《治蝗书》还专门为"鱼虾子化蝗"之说设置了一论，不但认为蝗虫是鱼虾之子遇旱所变，还创造性的指出，水中沙石、瓦砾等物，也是鱼虾之子所附之物，在治蝗当中，除将水中杂草焚烧以外，还须将沙石、瓦砾等物尽行弃于水中，不使其化为蝗，为此该书还绘制《治化生蝻子图说》二帧。

民国四年（1915年）任县知县王亿年撰《捕蝗纪略》，详细记述了两县消灭蝗虫的情况，为中国治蝗史团结治蝗树立了榜样。但是，王亿年顽固地认为，这年的蝗虫，是由于连年水后遇旱，鱼虾遗子经湿热蒸熏而变成的，因而，在该书的自叙、日记、详文、批饬、示谕等篇目中，到处充满着"鱼虾子化蝗"的论述，使"鱼虾子化蝗"之说在民间更有了广泛的市场。

3. **"鱼虾子化蝗"之说的消亡**　　明朝文学家郎瑛撰《七修类稿》曰：《淮南子》谓鱼子之变，非也，盖此物畏水，而旱则生，岂有鱼子畏水者哉。郎瑛是古代第一个反对蝗虫为"鱼子之变"学说的人。

辛亥革命推翻了清朝的封建统治，新文化、新思想不断进入中国，以张景欧、吴福桢等为首的一些科学家，在向农民灌输新知识的同时，不断撰文对"鱼虾之子化蝗"之说进行批判。1923年张景欧撰写《蝗患》、付焕光撰写《治蝗》，1925年张景欧又撰写《飞蝗之研究》，都有针对"鱼虾子化蝗"之说的驳斥。张景欧说："鱼虾子变蝗"纯属谬论，鱼是脊椎动物，虾和蝗虽都是节肢动物，但虾属甲壳类，蝗属昆虫类，各自相差远矣，焉有互变之理。又说："鱼虾要能变成蝗虫，鸡蛋鸭卵布满全球，何物不变，茫茫大陆没有走鹰，就会有飞虎，害物之事就不足为奇了。"认为，"鱼虾子化蝗"之说所以能流传至今，是由于后人追随旧说，不加体察的结果。并以科学的态度，针对旧说中"鱼虾子化蝗"所采用的依据——进行了批驳。

之后，中国昆虫学家季正（1929年）、陈家祥（1933年）、李凤荪（1933年）、吴福桢（1935年）等都撰写了批驳"鱼虾之子化蝗"之说的文章。1932年，《南皮县志》批判曰："俗说蝗卵遇水变鱼，鱼卵遇干变蝗，谬甚。"致使"鱼虾子化蝗"之说在科学界已无立足之地。人们对"鱼虾子化蝗"之说的认识，逐步的也就不相信了，自此，也就逐步地走向了消亡。

1951年，吴福桢出版《中国的飞蝗》一书，书中针对当时民间以及一部分知识分子当中流传的"鱼虾子化蝗"之说，又从科学的角度上加以纠正，指明"鱼虾子化蝗"之说，实是没有根据的错误的说法。1956年，朱先立写《飞蝗的故事》，再次对"鱼虾子化蝗"之说进行了批驳，从此以后，再加上科学知识的不断普及，在我国出版的各种有关蝗虫的书籍中，再也见不到"鱼虾子化蝗"的说法了。

（作者刘金良）

（二）沧州食蝗考

夏秋季，在沧州熙熙攘攘的闹市中，常会传来油炸蚂蚱的叫喊声。油炸蚂蚱是沧州是一种历史悠久的饮食品种，近些年，随着农村人工饲养蝗虫的发展，食用蝗虫在沧州又有了很大的发展。

1. 古代蝗虫的佐食问题　蝗虫能不能吃，在唐朝之前的记载很少，也是人们不太了解的事情。据《艺文类聚·灾异部》引用《吴书》的记载：后汉建安二年（197年），袁术在寿春，时，谷石百余万，载金钱于市求籴，市无米，而弃钱去，百姓饥穷，以桑葚、蝗虫为干饭。这是百姓食用蝗虫的最早记载。《吴书》的记载，给三国吴人韦昭在《国语·鲁语》中为"蝝"作注时曰："蚳，蝗子也，可以为醢；蝝，腹蜪也，可食。"提供了依据。

唐贞观二年（628年），唐太宗在食蝗问题上为后人作出了榜样。是年，京畿旱蝗，太宗在苑中掇蝗曰："人以谷为命，而汝害之，但当食我无害吾民。"将吞之，侍臣恐上致疾，遽谏止之。太宗曰："所冀移灾朕躬，何疾之避。"遂吞之，是岁，蝗不为灾。唐太宗吞蝗代民受患，传述千古，蝗虫可以佐食的问题也就推广开了。

在唐朝之后的若干年代里，人们总在缅怀唐太宗为民食蝗的精神，并在以后"蝗神庙"的建设中，常以唐太宗为"蝗神"进行祭祀。据尤其伟考证，在江苏海州城南，有一座蝗神庙，其神身穿黄袍，头带王冠，面白长须，仪容雍和，神位对联为"诚若保之求请命祈年当时兆庶蒙麻久垂贞观于史册""切如伤之视弭灾消患此日威灵有赫载赓田祖于诗篇"，横联为"昆虫永息"。细分析，世人为纪念唐太宗食蝗消灾理所当然。这对以后人们食用蝗虫问题，也是一个促进。《唐书·五行志》和《唐书·德宗本纪》，不但记载了唐兴元元年（784年）、贞元元年（785年）连续两年大蝗，人民捕蝗为食的事情，而且还介绍了"蒸曝扬去足翅而食之"的食用方法。

（1）捕蝗以食。唐永贞元年（805年），丰县蝗灾，百姓蒸炒蚂蚱吃。开始有了炒蚂蚱的吃法。宋明道二年（1033年），岁大蝗，京东、江淮尤甚。时范仲淹为江淮宣抚使，见民间以蝗虫和野菜煮食，即日取以奏御，乞宣示六宫。范仲淹上疏曰："蝗可和菜煮食，曝干可代虾米，苟力捕蝗，既可除害，又可佐食，何惮不为。"熙宁六年至八年（1073—1075年），安徽全椒连续三年大蝗，民均捕蝗为食。熙宁八年，淮南诸路蝗，民捕蝗为食，以度饥荒。熙宁十年，帝问曰：闻滁、和二州民食蝗以济，有之乎？对曰：有之，民甚饥。饥民捕蝗以食，既除害，又佐食。南宋陆游在《剑南诗稿》中还写出了"烧灰除菜蝗"的诗句，使我们看到了宋朝就有在田间烧烤蝗虫的情景。明代李时珍在《本草纲目》中引陆佃云：蝗亦蚤类，大而方首，首有王字，沴气所生，蔽天而飞，北人炒食之。清康熙年间，彭寿山撰《留云阁捕蝗记》还说："飞空蔽日之蝗，脂肉俱备，去其翅足曝干，味同虾米，且可久贮不坏，北方人多以此下酒。"光绪二十八年（1902年），河北赵县于振宗撰《赵县捕蝗办法》曰：食蝗法："凡能飞之蝗，其肉已肥，其子已成，将捕获之蝗用铁锅炉干渍以盐或糖，可以用代食品而味且极美。""秋冬之交，运销京津，定获厚利，因京津一带无不嗜食此物也。"1933年，《昆虫与植病》发表《蝗卵可以佐膳》文章，介绍以蝗卵为食品，办法是用粗布包入洗净的蝗卵，以人力压榨其卵汁，盛于碗中，另加酱油、猪油等料，置锅中饭面上蒸之，熟时颇似鸡蛋，其味尤为鲜美，颇适佐膳之用，且益于人体之营养。1944年，曲阳大蝗，飞蝗铺天盖地而来，有民谣曰："蚂蚱神，蚂蚱神，蚂蚱来了救穷人。"意思是说，庄稼没了，穷人还可以吃蚂蚱肉。捕蝗以食，早已成为民间历史悠久的饮食品种了。这些都比过去食用蝗虫有了长足的进步。

（2）沧州蝗虫的食用与利用。蝗虫食用问题，自唐朝以来就已经是一个不争的事实。至元十九年（1282 年），燕南、河间等 60 余处大蝗，食苗稼草木皆尽，所至蔽日，碍人马不能行，填坑堑皆盈，饥民捕蝗以食或曝干积之，又尽，则人相食。河间、沧州、东光、盐山、海兴等县县志，都记载了此年人民捕蝗为食的情景。至正十九年（1359 年），河间、交河蝗，饥民捕蝗以为食。明正德九年（1514 年），吴桥蝗食苗稼皆尽，所至蔽日，人马不能行，民捕蝗以食或曝干积之。明清时期，蝗虫的食用与利用问题又得到了很大的发展。蝗虫已不再单纯是只作为一种度荒救灾的临时食品，而是当成了一种害虫资源，被充分的开发利用起来。

《农政全书》记载了沧州蝗虫的食用问题："食蝗之事，载籍所书不过二三，唐太宗吞蝗，以为代民受患，传述千古矣。乃今东省畿南①，用为常食，登之盘飧。臣常治田天津，适遇此灾，田间小民，不论蝗蝻悉将煮食。城市之内用相馈遗。亦有熟而干之粥于市者，数文钱可易一斗。啖食之余，家户困积以为冬储，质味与干虾无异。其朝晡不充，恒食此者，亦至今无恙也"。又说："长寸以上，即燕齐之民畚盛囊括，负戴而归烹煮暴干以供食也"。由此可知，明朝以来，蝗虫不但已成为人们冬季改善生活的食品；而且在城市还作为了一种相互赠送的礼品；成为销售于市者的商品；恒食此者，体弱之人又可成为强身健体的保健品。清康熙年间，人们又常把挖出来的蝗卵制成肉粥食用，人们打趣地说："老蝗来，谷苗秃，老蝗去，蕃尔族，剧盈斛，聊作粥，尔食谷，我食肉。"中华人民共和国成立后，飞蝗蔽日的时代已一去不返，蝗灾基本上已被沧州人民所控制，加之人民的生活水平不断提高，逐渐解决了温饱问题，城乡居民已把蝗虫看做稀罕食品，用作改善口味的一种食品了。中华稻蝗还出口日本换取外汇。

（3）蝗虫不但可食用，还有其他的用途。蝗虫除可食用外，还可以有当饲料、肥料、入药等用途。明崇祯十五年陈正龙撰《救荒策会》曰：崇祯十四年，嘉湖皆旱蝗，乡民畜鸭者，放之田间，见其抢蝗而食，因捕蝗饲之，其鸭极易肥大。又山中人畜猪，不能买食，试以蝗饲之，其猪初重二十斤，旬日间肥苗至五十余斤。到乾隆三十五年（1770 年），副都御史窦光鼐上疏认为："蝗烂地面长发苗麦，甚于粪壤。"1942 年，鹿邑饥民将蝗蝻晒成蝻干备荒使用。

2. **蝗虫的营养成分**　古今中外，几乎无人不知蝗虫是人类之一大虫害。但善于利用者，则变害为利，即可佐食免于饥馑饿殍，又可壅田获得高产，饲畜得取厚利。1925 年张景欧等撰《飞蝗之研究》，向人们介绍了路魄（1919 年）分析的新鲜蝗虫营养组成成分为：

水分含量：68.4%　脂肪含量：1.94%　蛋白质含量：25.07%

纤维含量：3.41%　灰分含量：1.24%

由此可见，蝗虫之成分与其他食物无异，故当极力宣传，有蝗时可捕而食之。小林功（1942 年）撰《飞蝗的饲料价值》，分析了干燥蝗虫幼虫的成分为：

水分含量：9.32%　粗蛋白含量：71.21%　粗脂肪含量：9.1%

碳水化合物含量：5.13%　粗灰分含量：5.24%

其成分与鱼粉成分很接近，可充分利用其饲猪、饲鸡，定大获裨益。关于腐烂蝗虫可当作肥料问题，张景欧（1925 年）介绍了美国哈培博士的化验结果，其肥料成分为：窒素含量为 10.71%，可溶性磷酸含量为 1.52%，不溶性磷酸含量为 0.24%。

---

① 东省畿南：这里指天津以南至山东之间的区域，包括今沧州全境。

2013 年 5 月 15 日，《参考消息》刊登朱丽文章：联合国粮农组织 13 日发表一份报告称，将昆虫作为食物，将为缓解饥饿问题提供"绝佳机会"。报告指出：每 100 克牛肉的含铁量为 6 毫克，而每 100 克蚱蜢其含铁量可以达到 8～20 毫克。报告指出：从世界范围来看，人们吃得最多的是昆虫，包括甲壳虫、昆虫幼虫、蜜蜂、蚂蚁、蚂蚱、蝉和蟋蟀，很多昆虫富含蛋白质、钙、铁和锌等元素，以及好脂肪。

3. **蝗虫食用的注意问题**　在考证蝗虫食用问题时，我们发现李时珍《本草纲目》中有"阜螽，气味辛有毒"的记载。陈藏器曰：阜螽状如蝗虫，有异斑者。李时珍曰：阜螽在草上者曰草螽，在土中者曰土螽。而现代分类学以为：迁移性飞蝗之外所有的蝗虫均可视为土蝗。李时珍指出气味辛有毒的阜螽，是土蝗的一种。蝗虫，在我国蝗虫种类有 870 种，而我们沧州只有 21 种。其中人们经常食用的只是东亚飞蝗和中华稻蝗两种。其他土蝗当中，尤其属于地栖型的笨蝗和短星翅蝗及草栖型负蝗等能否推广食用，尚有待研究。

（三）沧州蝗灾的祭祀文化

1. **中国蝗灾祭祀文化的由来**　《后汉书·祭祀志》曰："祭祀之道，自生民以来，则有之矣。"据《礼记·郊特牲》载："天子大蜡（音 zhà）八，伊耆氏始为蜡，蜡者，索也，岁十二月，合聚万物而索飨之也。"伊耆氏即尧帝，蜡即祭，蜡八，即蜡祭八神，先啬一，司啬二，农三，邮表畷四，猫虎五，坊六，水庸七，昆虫八。这就是祭祀以蝗虫为主的昆虫，是而兴建八蜡庙的起因，也是八蜡庙在民间长期存在的依据。昆虫，尤其是蝗虫，本是农民的大敌，为什么还要列入八神呢？伊耆氏在昆虫的蜡辞中曰："土反其宅，水归其壑，昆虫毋作，草木归其泽。"是用强硬的口气不使昆虫为害庄稼。唐柳宗元曾说：古代君主设祭祀肯定有意图，并不是为了神，而是警戒人，用意是很大的。原来祭祀活动，祭祀的不是昆虫，而是能管住造成昆虫为害的人。

中国蝗灾的祭祀文化，可以追溯到西周时期，周尧在《中国昆虫学史》上说：在殷墟甲骨文中"看到不少'告蝗'的卜辞，这是占卜蝗虫的发生"。说明蝗虫的祭祀活动，自有文字以后就已经有了。《周礼》曾用大量文字描述了祭祀活动，并设宗伯之职掌管祭祀之事，以达到祈福祥、顺丰年、逆时雨、宁风旱、弥灾兵、远罪疾的目的。到了汉代，出现了很多清正廉洁的官员可以避蝗灾的故事。如卓茂迁密令，劳心谆谆，视人如子，举善而教，吏人亲爱而不忍欺之，数年教化大行道不拾遗，平帝时，天下大蝗，河南二十余县皆被其灾，独不入密县界，民建庙祀之。延熹八年（165 年），诏郡国拆除滥设祠庙，还特留下了密县卓茂祠。赵熹迁平原太守，时平原多盗贼，熹与诸郡讨捕，熹上言："恶恶止其身，可一切徙京师近郡"，帝从之，后青州大蝗，侵入平原界辄死，岁屡有年，百姓歌之。宋均迁九江太守，中元元年（56 年），山阳、楚、沛多蝗，其飞至九江界者辄东西散去，由是名称远近，民共祠之。郑弘拜为邹令。永平十五年（72 年），蝗起泰山，流被郡国，过邹界不集。马棱迁广陵太守。《东观汉记》曰："棱在广陵，蝗虫入江海化为鱼虾。"这些历史记载，神化了人的作用，促使全国闹蝗灾的地方，建立了很多形形色色的蝗神庙。如河南密县的百虫将军伯益庙；河南偃师县的薄太后庙；河南长葛县的汉太傅卓茂庙；河北唐山、秦皇岛一带的虫王庙；后唐时期的白居易都会堂；山西曲沃、霍州、太谷、介休、临汾、乡宁、长子、沁源等县的唐太宗庙；山西灵石县的公主圣母庙；陕西商州一带的裴晋公祠；江南一带宋景定年敕封的扬威侯天曹猛将之神刘猛将军庙；江苏海州一带的蒲神庙；江苏、山东一带的金姑娘娘庙；及明清时期在全国普遍建立的八蜡庙及刘猛将军庙等。1983 年，台湾著名学者陈正祥著《中国文化地理》曰：八蜡庙原为祭祀农作物害虫的综合神庙，后来逐步演变为专门祭祀蝗虫的庙，农民建立蝗神庙的目的，带有一点贿赂性，希望蝗虫接受了礼物或红包，不再来吃他们的庄稼。但是很多地方的蝗虫并不领情，收受了礼物或红包后仍然吃掉农民的庄稼，对这些不识相的蝗虫，只好改用武力除治了，直到南宋时，传说中有一位勇敢的捕蝗英雄刘猛将军出现了，刘猛将军可以驱除蝗虫，因此有些地方又逐渐建立刘猛将军庙，就是想用武力消灭蝗虫。有些县用八蜡庙施于礼，用刘猛将军庙施于兵，两庙同时并存，这显然是"先礼后兵""双管齐下"的周密驱蝗考量。清乾隆十八年（1753 年），近畿天津等州县蝗，御史曹秀先请制御文以祭，举八蜡礼，并诏州县募捕蝗，毋藉吏胥。上曰："蝗害稼，惟实力捕治，此人事所可尽。"罢八蜡礼，行刘猛庙。直隶总督奏报沧州等处蝗，用以米易蝗办法分路设立厂局，凡捕蝗一斗给米五升，村民踊跃搜捕，取得了消灭蝗灾的良好效果，同时也加快了刘猛将军庙的建设步伐。咸丰七年（1857 年），顾彦辑《治蝗全法》主张，"且须一面祷，即一面捕，不可稍缓"。充分表达了当时人民对于捕蝗与祭祀的心态，沧州是全国蝗灾严重发生的主要区域，因此辖区各县均建有以刘猛将军庙为主的蝗神庙。

2. 沧州与刘猛将军庙的建立　据民国版《青县志》载："刘猛将军庙，将军讳承忠，元末授指挥，勇于捕蝗，以战死王事，明洪武封为刘猛将军。清康熙五十七八年间，蝗灾屡见，守道李维钧默祷有应，因题请令各州县建庙，春秋奉祀，永为民佑。"

康熙五十七八年间，沧州、静海、青县等处的蝗灾，引起了时任直隶总督李维钧的注意，于是他写了一篇《降灵录》，光绪版《永年县志》记载李维钧《降灵录》曰："庚子（康熙五十九年）仲春，刘猛将军降灵自序：'吾乃元时吴川人，吾父为元顺帝时镇西江名将，吾后授指挥之职，亦临江右剿余江淮群盗，返舟凯还，值蝗孽为秧，禾苗憔悴，民不聊生，吾目击惨伤，无以拯救，因情极自沉于河，后有司闻于朝，遂授猛将军之职，荷上天眷念愚诚，列入神位'，将军自叙如此。已亥年（康熙五十八年，1719 年）沧、静、青等处飞蝗蔽天，维钧时为守道，默以三事祷于将军，蝗果不为害，甲辰（雍正二年，1724 年）春，事闻于上，遂命江南、山东、河南、陕西、山西各建庙，将军讳承忠，将军之父讳甲。"

光绪版《畿辅通志·诏谕》曰："雍正三年（1725 年）七月谕：旧岁，直隶总督李维钧奏称，畿辅地方每有蝗蝻之害，土人虔祷于刘猛将军庙，则蝗不为灾。朕念切恫瘝，凡是之有益于民生者，皆欲推广行之。且御灾捍患之神载在祀典，即大田之诗亦云：'去其螟螣及其蟊贼，无害我田稚，田祖有神，秉畀炎火。'是蝗蝻之害，古人亦未尝不借神力以为之驱除也。曾以此密谕数省督抚留意，以为备蝗之一端。"《清史稿·礼志》也载："若直省御灾捍患，有功德于民者则锡封号，建专祠，所在有司秩祀如典。世宗朝，各省祀猛将军元刘承忠，先是直隶总督李维钧奏：'蝗灾，土人祷猛将军庙，患辄除。'于是下各省立庙祀。"

这些记载说明了无论雍正皇帝的诏谕，或者《清史稿·礼志》，或者李维钧的《降灵录》，或者《青县志》的记载，都证明了清代在全国轰轰烈烈建立和推行刘猛将军庙，都是与沧州有关的。沧州、青县等处飞蝗蔽天，当时为守道的李维钧默以三事祷于刘猛将军庙，一求蝗飞入海，二求为民所捉，三求蝗虫自灭。后经广大人民的奋力捕打，捕捉蝗虫 7 300 多口袋，蝗不为灾。李维钧落了个"默祷有应"的赞誉。雍正二年（1724 年），京畿大蝗，已升为直隶总督的李维钧又乘机向雍正皇帝介绍说："畿辅地方，每有蝗灾，土人虔祷于刘猛将军庙，则蝗不为灾。"雍正皇帝认为，只要有益于民生者，皆应推广。于是在雍正三年谕旨各省，要求把祈祷于刘猛将军庙，作为灭蝗的一种措施。一道圣旨下，全国兴起了建立刘猛将军庙的热潮。据考查沧州 12 州县，建立刘猛将军庙的达 12 个，占考查总数的100％，其中雍正二年前建立的仅 2 处，由此可见，沧州如此多的刘猛将军庙主要还是通过雍正皇帝旨意而建立起来的。

　　3. 沧州刘猛将军庙的分布　沧州历代都是蝗虫发生重灾区，在人民饱受蝗灾之苦的同时，随着迷信活动的增多，沧州刘猛将军庙的建立也在全国名列前茅。在沧州 14 部旧县志的记载中，建有刘猛将军庙或八蜡庙者达 14 州县，占全市的 100％，其中建有刘猛将军庙者 13 县，建八蜡庙者 1 县（见沧州地区蝗神庙分布表）。

　　民国版《南皮县志·金石》刊登乾隆三十三年五月南皮知县张曾份书《重修刘猛将军庙记》曰："南皮城隍庙西，地不数武，刘猛将军庙在焉，断垣颓瓦其基仅存，亦不知其所建始，夫郊圻之封百里，百姓以亿万计，岁事不常水旱疾疫，昆虫之灾有不免焉，司事者其聪明正直，诘戎伏奸以死王事，而又以捕蝗保其疆宇，去其螟螣及其蟊贼，时无灾害，盖自元明以来，州县之祀将军者五百年矣。"

　　乾隆版《沧州志·祠庙》载：刘猛将军庙：在州治内，国朝乾隆三年建。将军讳承忠，元人，勇于捕蝗，康熙五十七八年间，屡遭蝗灾，守道李维钧默祷有应，因题请令各州县建庙，春秋奉祀永为民佑。

　　乾隆版《河间府新志·祠祀》载：刘猛将军庙：在城西北隅八蜡庙前，雍正初河间县知县奉文建，神主驱蝗蝻，若世好蚄庙者，故令州县祠祀。

　　乾隆版《河间县志·坛庙》载："刘猛将军庙：在城西隅。《降神录》载，神名承忠，吴川人，元末授指挥，弱冠①临戎，兵不血刃，盗皆鼠窜，适江淮千里飞蝗遍野，挥剑追逐，须臾，蝗飞境外，后因鼎革自沉于河，有司奏请遂授猛将军之号，雍正二年奉敕建庙。"

　　乾隆版《献县志·坛庙》载：刘猛将军祠：在县南，雍正二年立，按《降灵录》，神名承忠，吴川人，元末授指挥，扫荡群盗，适江淮飞蝗遍野，将军挥剑追逐，须臾尽出境外，后因鼎革沉于河，有司奏授猛将军之号，世遂以其神主蝗，雍正二年以请敕郡县建庙祀之。

　　乾隆版《任邱县志·祭典》载：刘猛将军祝文：惟神，英钟往代，灵赫圣朝，驱除蝗孽，扫荡虫妖，螟螣不作，蟊贼潜消，勤我农事，保我禾苗，民以丰裕，盛德斯昭，敬陈牲帛，来格是邀，尚飨。

　　光绪版《东光县志·祀典》载：刘猛将军：附八蜡庙祀。按《降灵录》，神名承忠，吴川人，元末授指挥，弱冠临戎，兵不血刃，盗皆鼠窜，适千里飞蝗蔽野，挥剑追逐，须臾，蝗飞境外，后因鼎革自沉于河，有司奏请遂授猛将军之号，世以其能驱蝗故神而祀之；再按汪沆《识小录》云：相传刘猛将军名锐，即宋将刘锜弟，殁而为神，驱蝗江淮有功，本朝雍正十二年诏有司岁以冬至后第三戊日及正月十三日致祭。

　　光绪版《吴桥县志·坛庙》载：刘猛将军庙：合建在南门外东南关街路北，用大王庙地基与大王神位并祀，同治十三年建。旧制刘猛将军庙在东南关，创建莫考，岁久尽圮。国朝咸丰七年移建刘猛将军庙于城隍庙内，今合建一庙。

　　同治版《盐山县志·坛庙》载：刘猛将军：在县治东南，雍正二年奉敕建。

　　民国版《交河县志·祀典》载：刘猛将军庙：在东关街外。

---

　　①　弱冠：《礼记》二十曰弱，古代男子 20 岁行冠礼，弱冠指 20 岁左右的男子。

民国版《沧县志·坛庙》载：刘猛将军庙：在八蜡庙内，乾隆三年建。

乾隆版《肃宁县志·坛庙》载：蜡神庙，旧在许疃村，康熙五十二年改置治东。

咸丰版《庆云县志·祀典》载：八蜡庙在县城内儒林街西，岁以十二月朔日祭，附祀刘猛将军。

4. 沧州刘猛将军庙的祭祀活动　《献县志》载："刘猛将军庙祝文：刘猛将军之神，曰惟神，英钟往代，灵赫圣朝，驱除蝗孽，扫荡虫妖，螟螣不作，蟊贼潜消，勖我农事，保我禾苗，民以丰裕盛德敬。"《任邱县志》载：刘猛将军庙祭仪：行一跪三叩礼；祭品：陈设帛、爵、羊、豕，杂以果品。祭期：戊日及七月初七日致祭。《盐山县志》载：刘猛将军庙祭期，岁以春秋仲月上戊日为民祈报，又十二月初八祭。《东光县志》载：刘猛将军：附八蜡庙祀。雍正十二年诏有司岁以冬至后第三戊日及正月十三日致祭。《吴桥县志》载：刘猛将军庙：仅按蜡祭始于伊耆氏而流传既久，荒远难稽，乾隆十年廷臣有议修复者，奉特旨停罢，但各府州县旧有庙祀春秋报赛，顺民俗以祈神佑，未便废撤，亦有其举之之义也。《沧县志》载：刘猛将军庙，在八蜡庙内，按蜡者，索也，岁十二月大索群物而享之也，每于腊月朔日致祭，旧列祀典。

沧州针对蝗灾而进行的祭祀活动，自元明以来已有三五百年的历史，但刘猛将军庙的祭祀效果如何呢？《交河县志》载：宋崇宁二年（1103年），河北诸路皆蝗，命有司醑祭勿捕，及至官舍之馨香来焉，而田间之苗已无矣。康熙年间，顾文渊作《驱蝗词》："山田早稻忧残暑，蝗飞阵阵来何许。丛祠老巫欺里氓，佯以坏佼身伛偻。曰此虫神能主，與神弭灾非漫举。东塍西垅请遍巡，急整旗伞动箫鼓。神之灵，威且武，献纸钱，陈酒脯，老巫歌，小巫舞。岂知赛罢神进祠，蔽天蝗又如风雨。里氓望稻空顿足，烂醉老巫无一语。"这些都生动表达了当时搞祭祀的情景与效果。但由于迷信思想在民间的根深蒂固，认为刘猛将军专事捍蝗，素为忠正卫民捍灾之神，《大清条例》和《大清通礼》又都有专祭要求，直到道光四年（1824年）有了蝗灾，还是令属官陈设帷帐，祭祀蝗神。

沧州地区蝗神庙分布表

县名	蝗神庙名称	又名	建立时间	建立地点	资料来源
沧州	刘猛将军庙		乾隆三年建	在州治内	乾隆版《沧州志·卷之四》
沧县	刘猛将军庙		乾隆三年建，光绪十三年重修	东门外	民国版《沧县志·卷四》
南皮	刘猛将军庙	八蜡庙	元明有祭祀乾隆三十三年重修	在城隍庙二门外	民国版《南皮县志·卷二》
青县	刘猛将军庙		康熙末建，同治十一年重修	一在八蜡庙前，一在双庄巢	民国版《青县志·卷之四》
河间	刘猛将军庙		雍正二年奉敕建庙	城西	乾隆版《河间县志·卷二》
献县	刘猛将军庙		雍正二年奉敕建庙	县城南	乾隆版《献县志·卷一》
交河	刘猛将军庙		雍正二年建庙	东关外	民国版《交河县志·卷首》
盐山	刘猛将军庙		雍正二年奉敕建庙	城东南八蜡庙左	同治版《盐山县志·卷之二》
庆云	刘猛将军庙	八蜡庙	光绪七年重修赐匾额	在八蜡庙中	光绪版《畿辅通志·卷一一一至一一三》
东光	刘猛将军庙		雍正十二年奉敕建庙		光绪版《东光县志·卷五》
吴桥	刘猛将军庙	大王庙	同治十三年重修	南门外，与大王神位并祀	光绪版《吴桥县志·卷三》

（续）

县名	蝗神庙名称	又名	建立时间	建立地点	资料来源
南皮	刘猛将军庙	八蜡神庙	乾隆三十三知县张曾份重修	县城隍庙外	民国版《南皮县志·卷二》
任丘	刘猛将军庙				乾隆版《任丘县志·卷之四》
肃宁	八蜡庙	蜡神庙			乾隆版《肃宁县志·卷四》

民国期间，祭祀蝗神庙的活动，受到了广大学者的严厉批评。有些地方的蝗神庙逐渐被拆除，中华人民共和国成立后，随着社会的进步和治蝗技术的提高，蝗灾已逐渐被人们有所控制，蝗神庙也就随之一去不复返了。

5. **刘猛将军是谁的讨论**　沧州各县几乎都建有刘猛将军庙，但刘猛将军是谁？历史上有没有这个人？沧州各县县份不多，但争论却很激烈。《青县志》以为：刘猛将军讳承忠，元末授指挥，勇于捕蝗而战死王事，明洪武封为刘猛将军，沧州、河间、任丘、盐山从之；《献县志》以为：刘猛将军一为元代刘承忠，一为宋代刘锜；《东光县志》认为：神名一为刘承忠，世以其能驱蝗故神而祀之，一为宋将刘锜弟刘锐，殁而为神，驱蝗江淮有功；《南皮县志》知县张曾份乾隆三十三年五月《重修刘猛将军庙记》载：盖自元明以来，州县之祀将军者五百年矣，以为刘猛将军为宋代刘锜；《吴桥县志》以为蜡祭始于伊耆氏而流传既久，荒远难稽，但各府州县旧有庙祀春秋报赛，顺从民俗以祈神佑，肃宁从之；据《交河县志》考证：按汉刘猛，琅琊人，灵帝时为尚书令，见《尚友录》；王阮亭《居易录》，南宋刘宰，字平国金坛人，绍熙元年进士，所到多惠政，以正直为神，驱蝗保稼；《降灵录》，神名承忠吴川人，元末授指挥，适千里飞蝗蔽野，挥剑追逐，须臾，蝗飞境外，后因鼎革自沉于河，有司奏请遂授猛将军之号，《大清通礼》从之；宋坤《灵泉笔记》云，宋景定四年封刘锜为扬威候天曹猛将，有敕书云飞蝗入境，渐食稼禾，赖尔神灵，翦灭无余；汪沆《识小录》谓，刘锜弟名锐，殁而为神，以驱蝗江淮有功故祀之，《姑苏志》亦从其说；《宁津县志》载，南宋刘漫塘死为蝗神，俗呼莽刘。以上各说名籍各别，要皆刘姓，世之所祀不知何从，俟考。《交河县志》在对汉以后数位传说中的刘氏蝗神考证后仍不得结果，只能以"不知何从，俟考"结束。民国版《辞源》刘猛将军名下，一为《畿辅通志》载之元代刘承忠，一为《怡庵杂录》载之宋代刘锜。直至1986年2月北京晚报《百家言》讨论刘猛将军是谁，22日赵洛以为刘猛实是南宋刘锜。4月17日，苏勇则追随《辞源》认为刘猛将军因地而异，一为宋代刘锜，一为元代刘承忠。

1986年8月9日，《沧州日报·民间传说》韩学行报道：河北沧州东部中捷农场境内有一座高台，数十年前，这座高台上还有一座庙宇，这便是"蚂蚱神"——刘猛将军庙。刘猛将军庙，又称蝗神庙、蚂蚱庙。据这里的老者讲：过去这座庙宇青砖绿瓦，红门红窗，庄重而典雅，庙内供有形象逼真的刘猛将军泥像。相传此庙是为汉将刘猛所建，刘猛十六岁从军，多次出征，奋战沙场，英勇杀敌，屡建奇功，不久，便被封为将军。有一年，渤海滩一带发生了蝗灾，飞蝗遍野，禾稼一空，百姓上书朝廷，皇上便派刘猛将军率兵前来灭蝗。刘猛将军到渤海滩一看，果真了不得，蝗虫聚似山丘，涌如波涛，不禁大惊失色，急忙率兵昼夜捕打，蝗虫只是有增无减，刘猛直打得筋疲力尽，口吐鲜血。刘猛走到那里，大批大批的蝗虫就跟随到那里，不离不散。刘猛看着这漫天涌来的蝗虫，急恨交加，毫无对策，又觉得灭不了蝗虫回去无法交差，于是把心一横，打马直奔渤海，成群成群的蝗虫也随之而去，渤海涌起三米巨浪，刘猛不见了，所有的蝗虫也被巨浪卷进了海底，蝗灾消除了。后人寄予刘猛将军能消除蝗灾，便在武帝台上修建了这座"蚂蚱神"庙，以祷人寿年丰。

中捷农场刘猛将军庙遗址　刘金良摄

　　6. 刘猛将军新解释　　光绪版民国抄本《安国县新志稿》载："刘猛将军不见正史，《畿辅通志》据《灵异录》盖出，缺乏依据"，仅案："刘，杀也；猛，与蜢同，为蝗类。刘猛将军，谓杀蝗将军耳。"又据献县、任丘县志载："刘猛将军，曰惟神。"《辞海》释：惟"思；想"之意，就是思维、想象的意思。由此看来，刘猛将军并无其人，只不过是一位人们想象中能杀蝗消灾的偶像罢了。

　　随着日月的流失，社会的进步，蝗灾已被人们所控制，"蝗神庙"也就随之一去不复返了，因此，刘猛将军是谁已不重要了。

（四）沧州治蝗工作的战略转变

1973 年的蝗虫防治工作

　　1. 夏蝗防治工作概况　　1973 年，全区夏蝗共发生 67.61 万亩，其中海兴、黄骅、南大港、中捷发生夏蝗 65.1 万亩，任丘白洋淀等零散蝗区发生蝗虫 2.5 万亩。沿海蝗区蝗虫密度之高是近些年少有的，其中每平方丈有群居型蝗蝻达成百上千头的 3.14 万亩。4 月上旬，中捷在崔家泊调查，每方丈平均有卵 12 块，每块有卵 50～100 粒。4 月下旬，黄骅调查，夏蝗已始见出土，5 月中旬已到出土盛期。5 月 25 日，黄骅在黄灶洼、南大港在拦江洼检查，3 龄蝗蝻都已占 80％以上，密度很大，一脚能踩死几十头，一农民一天捕捉蝗蝻 104 斤，每斤有蝻 9800 头左右。总之，1973 年夏蝗发生的特点是面积大、密度高和出土不齐。

　　为了进一步搞好 1973 年蝗虫的防治工作，在 4 月份全区治蝗会议上，领导作出了用飞机治蝗的决定，省支援我区两架飞机帮助消灭夏蝗主力。飞机防治面积 30.41 万亩，并要求 6 月 10 日前全面完成灭蝗任务。5 月 27 日，两架飞机分别降落到黄骅和海兴农用飞机场，地区派遣刘金良和顾云长二人，分别进驻黄骅和海兴县参加治蝗工作。

1973 年夏蝗发生除治情况统计表

单位：万亩

单位	发生情况						除治情况		
	面积	每平方丈虫口密度					面积	其中	
		2 头以下	2～4 头	5～10 头	10～50 头	50 头以上		飞机治	人工治
海兴	33.7	12.3	16.2	3.2	2.0		15.02	13.12	6.9
黄骅	9.5	0.5	5.0	1.2	0.9	1.9	9.53	7.34	2.19
中捷	4.8	0.5	1.1	1.5	1.46	0.24	4.52	3.52	1.0
南大港	17.1	7.5	5.5	1.5	1.6	1.0	10.63	6.43	4.2
任丘	2.51	1.81	0.7						
合计	67.61	22.61	28.5	7.4	5.96	3.14	44.7	30.41	14.29

5 月 28 日，飞机治蝗正式开始，至 6 月 14 日结束，18 天中两架飞机共飞行 195 架次，喷药 195 吨，其中海兴 82 架次，黄骅 48 架次，南大港 42 架次，中捷 23 架次。

黄骅农用机场使用的是"运五" 8022 号双翼飞机，机长董世文，另有 5 名工作人员，负责飞机维修、空中通讯等工作。飞机治蝗按飞机飞行每小时 340 元计算，飞行时间的计算，是从飞机滑跑开始，至飞机降落冲程结束时为止。

黄骅机场工作人员由南大港、黄骅、中捷 3 个单位共同组成，进驻机场的有 3 单位防蝗指挥部的领导各 1 人，防蝗技术人员 7 人，气象人员 1 人，保卫人员 1 人，卫生员 1 人，后勤管理员 6 人，炊事员 3 人，共 22 人。另外负责装卸农药的民工 150 人，在蝗虫除治的现场还有侦查员 25 人，信号员 75 人。

5 月 27～28 日，飞机机组人员和防蝗指挥部领导及技术人员共同视察了蝗区环境，5 月 29 日，正式开展喷药除治，至 6 月 14 日，共工作 17 天。飞行 116 架次。防治 17.3 万亩。空中用时总计为 2 196 分钟，架次最长用时为 6 月 6 日的滕庄子喷药 53 分钟，一般一架次用时为 15～20 分钟。

黄骅机场飞机治蝗打药时间表

5 月 29 日，从 5 时至 10 时，8 架次；

5 月 30 日，从 4 时 34 分至 17 时 30 分，20 架次；

5 月 31 日，从 4 时 37 分至 9 时 40 分，11 架次；

6 月 2 日，从 4 时 40 分至 9 时 50 分，10 架次；

6 月 5 日，从 8 时 10 分至 17 时 20 分，12 架次；

6 月 6 日，从 4 时 50 分至 11 时 30 分，8 架次；

6 月 7 日，从 4 时 42 分至 9 时 20 分，8 架次；

6 月 8 日，从 5 时 21 分至 7 时 30 分，5 架次；

6 月 9 日，从 4 时 30 分至 12 时 00 分，10 架次；

6 月 10 日，从 5 时 10 分至 17 时 00 分，15 架次；

6 月 14 日，从 4 时 50 分至 11 时 00 分，9 架次；

5 月 27～28 日、6 月 6 日，视察蝗区 3 架次。

2. 飞机除治后的扫残及秋蝗除治工作　　夏蝗除治工作，除飞机除治外，沿海还另有 15 万亩蝗区需要人工进行除治，但到 5 月 26 日，全区仅除治了 1.04 万亩，只占应治面积的 7％。6 月 14 日飞机治蝗结束后，其他需人工进行防治的面积还很大，目前虫龄大部已经达五龄，有些已羽化为成虫，扩散的趋势已出现。尤其海兴，7 万亩需人工除治的蝗虫几乎未有行动，中捷 1 万亩的除治任务，仅除治 250 亩。在地区领导的督促下，全区进入了全力以赴的扫残阶段，6 月中旬，地区及时发出要彻底扫残的电报通知，黄骅县一方面发动学生捕捉蝗虫，一方面动员下洼打草的、下洼放羊的都要进行扫残拾零。岐口张巨河 8 000 亩蝗区，原来残蝗每亩 7～8 头，最多 30 余头，发动近千名学生扫残，捕捉蝗虫 4.5 万头，残蝗密度降到每亩 4 头以下。全区又先后投入劳力 4 000 余人，400 多架喷粉器，10 余台动力机，人工除治 14.3 万亩，扫残拾零 30 余万头。才圆满完成了夏蝗的防治任务。

1973 年 7 月 16 日，南大港已见秋蝗出土，7 月 24 日，南大港在张网口一带检查，一龄为 30％；二龄 60％；三龄 10％。8 月 3 日，在拦江大洼检查，见到不少飞子，每亩在 4 头以上，集中处有 10 多头。张网口一带二至四龄蝗蝻平均每平方丈在 10 头以上。另外还见到 2 头刚羽化为成虫的雌蝗。南大港计划 8 月 6 日动手除治。面积为 7 500 亩。

全区秋蝗发生 42.23 万亩。需要除治的 14.25 万亩，实际除治 11.1 万亩，用工 1 000 余人，动力机 20 台，手摇喷粉器 600 余架，完成了秋蝗除治工作。

3. 全年治蝗工作的财政投入　　1973 年省下达我区夏蝗防治经费 16 万元，4 月 23 日，沧州地区农、财两局下达了关于夏蝗经费的通知，其中黄骅 2.5 万元，海兴 5.5 万元，献县 0.1 万元，中捷 0.7 万元，南大港 1 万元，共计 9.8 万元。5 月 11 日，又增发黄骅 1.5 万元。地区预留飞机使用飞行费 3.7 万元，其他 1 万元。

7 月 25 日，省又下达我区秋蝗防治经费 5.5 万元，地区全部下达，其中黄骅 1.3 万元，海兴 0.6 万元，中捷 1.2 万元，南大港 2 万元，任丘 0.4 万元。

走地面机械化治蝗的道路

1973 年的夏蝗防治工作结束后，地区植保站与各县科技人员对飞机治蝗工作及时进行了交流分析。认为今年飞机治蝗还是存在漏治、空治和飞行过高等老毛病。南大港在除治拦江一带蝗虫时，由于信号员行动不一致，导致漏治 4 000 余亩，增加飞机复治 3 架次，加上黄骅一部分蝗区，共复治 5 000 余亩。另外，喷药期拖得太长，飞机视察蝗区也好，或风或雨，或机场与信号员的联系不畅等原因也好，黄骅片除治区域从 5 月 27 日开始视察，到 6 月 14 日结束，共用时 19 天，实际作业只有 11 天，到 6 月中旬才治完，6 月 15 日检查，蝗虫就已大部羽化为成虫。飞机作业过程中，或由于中捷沟渠的树木影响，或黄骅、南大港穿港路两侧高压线的影响，总之，在飞机作业中，有时未达到飞机撒药高度 7 米的要求，有的还会高于 15 米，严重影响到了防治质量。

1964 年 7 月，河北省农业厅曾在《治蝗参考资料》中刊登过郭尔溥"蝗虫的发生规律及防治方法"的文章，郭老指出："1964 年，我看了几个县，普遍存在着飞机远距离飞行、盲目喷药的问题，特别是麦收后，蝗虫高度集中在春苗地和一部分有杂草的地方，零星分散，这样环境还坚持大面积飞机喷粉，收益面积估计不到 20％，浪费很大。今后在麦收后治蝗，应停止飞机作业。"看来，飞机治蝗的缺陷是由来已久的。

1973 年，"文化大革命"尚未结束，沧州地区植保站也刚刚成立，要担负起整个沧州地区的防蝗任务，一切都得从零开始。今后沧州的治蝗道路怎样走，大家都在看着沧州地区植保站。全年蝗虫防治工作结束后，地区植保站在黄骅召开过一次蝗情汇商会，参加会议的人员有王振民、顾云长、王民新、刘金良等，南大港迟宗洲、黄孝运；中捷刘维廉、王子惠；黄骅骆元祯、陈匡羽、李炳文；海兴刘德森、吴广才等也参加了这次会议。这次会议的宗旨是：今后的治蝗工作由常年使用飞机治蝗，将转向为地面机械化治蝗，今后尽量不再依赖飞机，从而实现沧州治蝗战略的重大转变。王振民指着南大港飞机喷药的照片说："我参加了60 年代的治蝗工作，那时治蝗主要靠飞机除治，由于我区飞机跑道及设施不好，加之夏蝗除治期间风多风大，飞机经常不能正常作业，有时连续半个月都不能除治，推迟了防治期，蝗虫主力不能及时消灭，扫残时多数已是成虫，不易捕捉，又会造成下代蝗虫的大发生。现在我们使用的'运五'飞机不够灵活，不能挑治，往往几千亩的蝗虫机治面积，就得除治上万亩，空治面能达 50%～70%，造成了浪费。为了避免这个现象，唯一的办法就是用动力机挑治，实现沧州地区治蝗的重大战略转变。"王振民副站长的要求是：在今后的治蝗工作中，要做到三点：一是抓好防蝗站建设，组织一支良好的防蝗队伍；二是将一些防蝗费用，主要用于购买拖拉机、动力机等治蝗机械；三是我们大家要共同努力，走出一条地面机械化治蝗的道路来。这次会议的精神，得到了省、地领导的大力支持。走地面机械化治蝗的道路，实现了沧州治蝗战略的重大转变，上下达成了共识。从 1974 年开始，沧州治蝗就要走地面机械化治蝗的道路了。

为了配合这次会议的精神，沧州地区农业局在 1974 年 3 月 30 日发出的《1974 年夏蝗防治工作意见》中要求："沿海蝗区的黄骅、海兴、中捷、南大港要把防蝗站迅速恢复充实起来，发挥其积极的作用。同时，要逐渐完善地面治蝗机械化的力量。有关县（场）要合理配备机务人员，对现有动力机械的使用管理，建立严格制度，确定专人管理保养，以发挥地面治蝗机械化的能力。"

1974 年 4 月 9 日，河北省农业局、财政局联合下文指出："防蝗费开支项目包括机械购置费、机械维修费。"为我区走地面机械化治蝗道路，能购买机械提供了很大帮助。

1974 年，为了搞好地面机械化治蝗工作，地区植保站还下基层搞示范。

1974 年南大港动力机械试验报告

项目	作业人员	作业时间	用药数量	除治面积	亩用药量	死亡率	每亩成本
拖拉机拖带大型喷粉器	3 人	6 小时	2.5%六六六 2 100 斤	2 100 亩	1 斤	96.6%	0.1 元
拖拉机带背负式动力机	3 人	6 小时	2.5%六六六 1 350 斤	1 300 亩	1.1 斤	97.3%	0.104 元
手摇喷粉器	3 人	6 小时	1%六六六 135 斤	90 亩	1.5 斤	90%	0.15 元

1974 年 12 月 31 日，沧州地区农业局在《1974 年治蝗工作总结及 1975 年夏蝗发生趋势》"充分发挥地面动力机械作用"一节中写道：

我区今年在地面动力机械治蝗方面，搞了较大面积的示范，沿海蝗区两个县和两个农场，使用动力喷粉机20台，搞了10万亩机械化治蝗示范。实践证明使用动力机械治蝗具有操作方便、机动灵活、可以挑治、受气候和环境影响较小、用工少、工效高、费用省、杀虫效果好等优点。南大港农场使用"丰收一号"四马力动力喷粉机，采取人抬、小车载、75马力链轨拖拉机载等多种形式的动力机械治蝗示范，都取得了良好效果。平均每亩喷2.5%六六六1斤，杀虫效果均在95%以上。工效比手摇喷粉器分别提高5倍、10倍、26倍，每亩费用（包括油料、药剂、民工生活补助）只合两角左右，为我区今后大搞地面机械化治蝗提供了经验。参加治蝗的群众说："地面机械化，治蝗好处大，省工又省药，杀虫效果高。除治三龄盛，时间争主动，主力消灭后，扫残正适龄"（扫五龄蝻）。沿海要大搞地面机械化灭蝗，为我区防蝗工作创路子、打基础。

1975年10月3日，为巩固两年来地面机械化治蝗成果，沧州地区农业局给沧州地革委农办《关于购置拖拉机，扩大动力机械治蝗面积的请示》的报告，为基层防蝗站购买治蝗机械：

我区是全国重点蝗区，蝗区面积原有500万亩，"文革"前，沿海及河泛蝗区每年都须进行两次飞机治蝗，不仅给国家造成了极大开支，而且飞机"空治"面积大，浪费较多，加之受气候条件的影响，往往贻误战机，造成危害。

近年来，我们在沿海蝗区搞了拖拉机带动力机喷粉器治蝗示范，工效高，效果好。既节约开支，受天气的影响又小。河北省对我区进行地面机械化治蝗的评价很高，非常支持。为加速压缩蝗区并逐步消灭蝗害，我们计划扩大动力机械化灭蝗面积。最近省拨给我区除蝗经费一部，经我局研究，购买12～20马力拖拉机7台，动力机40台，特申请核批。

1974 年夏蝗发生除治统计表

单位：万亩，台，万斤

单位	发生情况						除治情况			动力机数	拖拉机数	使用农药
	发生面积	每平方丈虫口密度					除治面积	其中				
		2头以下	2～10头	11～30头	30～100头	百头以上		动力机治	人工除治			
献县	15.2	14.9	0.3	—	—	—	0.5	—	0.5	—	—	1.0
盐山	0.5	0.3	0.2	—	—	—	0.4	—	0.4	—	—	0.7
青县	0.3	0.2	0.1	—	—	—	0.1	—	0.1	—	—	0.2
任丘	6.0	5.0	0.9	0.1	—	—	1.7	—	1.7	—	—	2.8
黄骅	6.2	4.7	1.4	0.1	—	—	6.2	1.4	4.8	6	2	3.3
海兴	14.7	11.9	2.7	0.1	—	—	2.8	1.4	1.4	4	6	4.8
中捷	4.2	0.6	3.4	0.1	0.1	—	3.6	1.3	2.3	4	2	10.6
南大港	21.0	16.6	3.3	0.9	—	0.2	12.4	2.2	10.2	6	1	5.6
合计	68.1	54.2	12.3	1.3	0.1	0.2	27.7	6.3	21.4	20	11	29.0

1974 年秋蝗发生除治统计表

单位：万亩，台，万斤

| 单位 | 发生情况 | | | | | 除治情况 | | | 动力机数 | 拖拉机数 | 使用农药 |
| | 发生面积 | 每平方丈虫口密度 | | | | 除治面积 | 其中 | | | | |
		2 头以下	2～10 头	11～30 头	30 头以上		动力机治	人工除治			
黄骅	5.21	4.95	0.26	—	—	4.99	0.24	4.75	2	2	1.17
海兴	17.35	12.21	5.12	0.02	—	5.14	4.9	0.24	4	1	7.8
中捷	7.9	2.1	5.8	—	—	5.8	1.5	4.3	4	—	9.13
南大港	21.09	20.19	0.9	—	—	4.5	1.5	3.0	4	1	4.46
献县	19.02	16.2	2.82	—	—	2.82	—	2.82			12.28
合计	70.57	55.65	14.90	0.02	—	23.25	8.14	15.11	14	4	34.84

1976 年 5 月 10～15 日，经省农办批准，河北省防蝗工作会议在沧州召开，省局农业组组长许永常主持了会议。会议用两天时间参观了黄骅、海兴、中捷、南大港等单位的蝗情和动力机械化治蝗的准备工作。给予沧州机械化治蝗很大的鼓舞。

8 月 25 日，省农业厅在下达除虫与治蝗经费的通知中指出：治蝗费包括喷粉器、拖拉机、摩托车的维修。测报费，可以购置轻骑。

1976 年，沧州地区已拥有动力机 97 台，地面机械化灭蝗面积达到 16.4 万亩，占总除治面积的 50%，除治效果达 95% 以上。

1977 年，在海兴县搞了 1 万亩用 4049 原油，超低容量喷雾灭蝗试验，也取得了杀虫95% 以上的良好效果。经过 1977—1978 年的努力工作，全区在地面机械化治蝗方面，以取得了重大进步，形成了一套完整的治蝗方式和管理方法。

1978 年，以地面机械化治蝗为主题的根除蝗虫综合技术，获沧州地区科技成果奖励大会一等奖。以此为荣，广大防蝗人员高兴地总结了不少顺口溜。

南大港侦查员顺口溜

地面机械化，治蝗好处大，省工又省药，杀虫效率高。

除治三龄盛，时间争主动，主力消灭后，扫残正适龄。

黄骅侦查员顺口溜

初生蝗蝻要巧打，主力猛攻三龄盛，扫残适龄要彻底，

环环工作不能松，以上三点做好了，消灭蝗害定取胜。

中捷侦查员顺口溜

狠治夏蝗，底码要清。及早动手，巧打初生。堵窝消灭，省药省工。

三龄盛期，猛打猛攻。动力喷粉，最有效能。限期消灭，别进五龄。

主力消灭，不能放松。发动群众，再扫残虫。消灭蝗害，定能取胜。

组建一支全年使用的防蝗员队伍

治蝗工作，没有群众参加是不行的，中华人民共和国成立初期的治蝗工作都是号召农民志愿参加，没有报酬。到 1957 年，河北省农业厅规定，在内涝蝗区治蝗，农业社所出动治蝗民工，国家不予补助；但在大片芦苇荒地治蝗之远征民工，国家每人每天补助 6 角，补助

费是交生产队还是归个人，由农业社讨论决定。还规定：长期侦查员全年使用期间不得超过6个月。每人每月生活补助24元。1963年河北省农、财两厅有下文改为侦查员全年使用7个月，农田蝗区每人每月生活补助20元，荒洼蝗区每人每月补助30元。过去的侦查员都是处于招之即来，查完就走的状态。由于侦查员的频繁更换，每年上来的侦查员都是新手，只简单训练半个月就下洼查蝗，不少人就是摸不着头脑，影响侦查质量。

从1974年开始，全区筹划并组建的一支全年使用的防蝗员队伍设想，初见成效。1974年3月30日，地区农业局在夏蝗防治工作意见中提出：对长期侦查员，可本着万亩一人的原则配备。先后被各县聘为全年使用的长期侦查员有近100人。他们即是蝗情侦查员，又是蝗虫发生时的治蝗员，在农闲期间，他们修理机械，还是农业机械的维修员。已成为各县防蝗站离不开的一支队伍。这只近百人的防蝗队伍，到1984年，已有近30人转为国家正式职工，其中一些人先是以工代干，而后提拔为了治蝗干部。

1975年，为了使侦查员更好侦查蝗情，掌握蝗情，黄骅还将9万亩的重点蝗区黄灶大洼，分成14个小洼块教侦查员掌握，分别是：九臣子、汗江、小四甲、大脑谷、盐滩、长江、岐口九道口子、老碑河、牛场、四江、陈头、四五道口子、苗圃场、周青庄小洼。南大港将水库区划分为刘虎庄科、李家地、唐角、井架子、大清洼、小清洼、官洼、闫家房子、九臣子9个洼块。海兴县蝗区有付赵、杨埕、小山、苏基、朱王、丁村、赵毛桃7乡，和青锋、青先、明泊洼3个农场，有蝗洼53块，仅付照乡就有郭家洼、赵江、王皂、东岭子、付照南洼、王家坟、孟大洼、毕家洼、庙子、姜家河、蔡家洼、盘洼西等12个洼块。侦查员按洼块查蝗、记载蝗情，则大大提高了侦查质量。中捷则把侦查重点放到了各分场的沟埝上和崔家泊等蝗区。

1976年，全区确定全年使用的长期侦查员指标是：黄骅25人，海兴40人，中捷10人，南大港20人，献县10人，任丘10人。青县2人。

1973年至1984年间6县场陆续长期使用的防蝗人员

中　捷：龚宝谭、于曰江、孙云章、王月德、邵明忠、刘小虎、于曰胜

南大港：王玉甫、李怀良、田桂林、刘中河、刘香福、刘金栋、王景福、刘长河、
　　　　董传良、董树森、刘荣华、张汝斌、王金瑞、李大方

黄　骅：刘振江、张尚全、张玉祥、于深海、杨长旗、刘德俊、马永录、蔡树齐

海　兴：张占凯、王金德、邢长元、张万青、李景坡、仉金斗、高保发、陆瑞清、
　　　　孟庆顺、丁保珠、姜玉荣、刘世岩、付景明、沈振东、王建刚、魏吉德、
　　　　韩宝秀、刘子宽、许保松、齐惠亭、呼汝静、李连海、张月清、姚志刚、
　　　　孙世峰、鲍长明、刘向春、孙长青、刘德明

献　县：齐增辉、王德明、李瑞生、刘振胡、刘坤岩、于西华、于深涛

任　丘：李志英、张志武、李珠、王巨、刘进甫

沧州全年使用长期侦查员的做法，也得到了领导的认同与支持。

1977年，为稳定防蝗员队伍，地区农业局在防蝗工作总结中指出：我区的治蝗任务还很大，对侦查员，要根据任务大小，适当留用一部分，治蝗机械较多的单位，可适当挑选一些机务人员，搞好冬季的机械维修工作。

1979年5月8日，国家农委转发农业部《关于继续加强我国飞蝗防治工作的报告》指出："沿海、滨湖、河泛等蝗区，因村稀人少，可按过去规定，设长期侦查员。"

1980 年 9 月 17 日，在河北省农业局下达的"农业企、事业单位职工个人防护用品发放问题的通知"中，将防蝗员列入农业事业单位职工序列，正式发放国家职工使用的防护用品。

1981 年 3 月 30 日，河北省农财两局联合发文指出：农场防蝗侦查员经费要按全年安排，每人一年不超 500 元。

1984 年 5 月 13 日，河北省农财两厅在《关于下达 1984 年防蝗专用经费的通知》中又指出：防蝗员使用本着忙时用，闲时不用的原则，沿海、水库及洼淀蝗区侦查员使用期限由长期使用改为使用 8 个月（4～11 月），每人每月 60 元包干；监视区侦查员使用期限 4 个月，每人每月 50 元包干。才结束了以后全年使用侦查员的历史。

做好治蝗前的一切物资准备

"联查承包机械化，稳定队伍有准备"这是近几年我区防蝗工作取得较好成绩的主要经验。可见做好治蝗前的一切物资准备工作是多么重要。

联查，就是在夏蝗除治前和秋蝗除治后，组织科技人员对全区进行两次大检查，摸清底数；承包，就是尽量将联查后确定的防治任务承包给知根知底的防蝗员；机械化，就是尽量用动力机进行挑治；稳定队伍，就是尽量将防蝗员全年使用，不要老更换，能更好掌握蝗虫动态；有准备，就是备足每年的防蝗用药，检修好治蝗机械。

1975 年，省站调拨给黄骅、海兴 40 马力拖拉机各 1 台；海兴购买 55 马力拖拉机 1 台。1976 年，为海兴防蝗站盖房及办电，特从防蝗费划拨 3.2 万元；还为海兴购置摩托 1 部，献县购置 1 部，地区购置 1 部，购置济南轻骑 4 部；1977 年，地区统一购置背负式动力喷粉喷雾器 40 台。1978 年，省站为海兴站购置防蝗汽车 1 部。1979 年，黄骅站购置防蝗汽车 1 部；海兴打机井 1 眼，改制大型动力喷粉机 3 部。1980 年，地区站购置防蝗汽车 1 部，黄骅在黄灶管养场建药库 3 间，任丘购置摩托 1 辆。1981 年，地区拨南大港防蝗站搬迁费 2 万元，地区用 6.5 万元统一购置了农药。1982 年，黄骅站购置 55 马力拖拉机 1 辆。

1983 年 10 月统计，全区已有大型动力机械 77 台，其中背负式动力喷粉喷雾机 62 台，拖拉机 9 辆，其中大马力拖拉机 3 辆，汽车 5 辆，摩托 8 辆，

1973—1993 年国家投入治蝗经费情况

年份	投入经费	年份	投入经费	年份	投入经费
1973 年	21.5 万元	1980 年	21.6 万元	1987 年	38 万元
1974 年	25.6 万元	1981 年	20.5 万元	1988 年	22.5 万元
1975 年	20 万元	1982 年	16 万元	1989 年	24.7 万元
1976 年	35 万元	1983 年	28 万元	1990 年	25.1 万元
1977 年	44 万元	1984 年	15 万元	1991 年	66.5 万元
1978 年	18 万元	1985 年	18.7 万元	1992 年	31 万元
1979 年	31.5 万元	1986 年	48 万元	1993 年	13 万元

1983 年 6 月，南大港申请搞 8.5 万亩除治夏蝗承包责任制治蝗试点。地区认为，随着沧州地面机械化治蝗能力的提高，侦查员队伍的稳定，以及治蝗物资的充足准备，南大港把夏蝗除治任务承包给防蝗员完全可以试试。南大港防蝗员承包后，仅用 9 天时间，完成了全部治蝗任务，防治效果达 99%，比原计划除治日期不但提前了 6 天，而且还节省劳力 2 428

个，节省治蝗农药 2 万公斤。是月，河北省农业厅龚邦铎副厅长率治蝗专家郭尔溥等人，到南大港农场检查了承包治蝗情况，也肯定了他们的作法。1984 年 3 月，全国植保总站在沧州再次召开《全国治蝗工作座谈会》，农牧渔业部在批转全国植保总站《1984 年全国治蝗工作座谈会纪要》中对南大港农场实行的承包责任制治蝗办法给予了充分肯定，并建议在全国各地进行试点，创造经验，积极推广。

地面机械化治蝗突显历史性六大亮点

至 1976 年，我区进入了实行地面机械化治蝗的新阶段，地面机械化治蝗的规模越来越大，形式越来越多。沧州地区植保站研究总结出的《根除蝗虫综合技术》，获 1978 年沧州地区科技成果奖励大会一等奖。由于在改治并举根除蝗害综合技术的研究中取得的科技成果，还获得中共河北省委、河北省"革委"的奖状。

1979 年 3 月 13 日，农业部在沧州召开全国治蝗工作座谈会，农业部植保局裴温局长、中国科学院动物研究所治蝗专家陈永林等人到海兴县参观了地面治蝗机械的研制情况，检查了沿海蝗区的治蝗工作，对沧州沿海的机械化治蝗，给予了很高评价。5 月 8 日，国家农委转发农业部《关于继续加强我国飞蝗防治工作的报告》指出："沿海蝗区洼大人稀，动员组织周围社队人工防治比较困难，除大面积发生需要使用飞机防治外，较小面积和点片发生，应积极发展地面机械防治。"要求各地"逐步实现治蝗机械化、现代化"。从 1974 年至 1994 年，我区虽然经历了很多次大的蝗虫发生，都没有使用过飞机治蝗。沧州走地面机械化治蝗的道路坚持 20 多年，不但大量减少了防蝗经费的投入，取得了较好的经济效益和社会效益，而且还突显了历史性的六个亮点：

（1）农业部在 1979 年和 1984 年两次在沧州召开全国治蝗工作座谈会，不但向全国介绍了沧州的治蝗经验，还提高了沧州治蝗上的知名度。

（2）根除蝗虫综合技术获沧州地区科技成果奖励大会一等奖。还获得中共河北省委、河北省"革委"的奖状；1985 年蝗虫调研工作，获河北省科技成果四等奖。

（3）在 1984 年国庆节期间，河北省委、省政府特邀沧州地区以防蝗内容，参加《河北省经济建设成就展览》，给予沧州地区防蝗站很高的荣誉。

（4）1985 年天津市大港区飞蝗起飞，迁入沧州，引起国务院的高度重视，而与天津相邻的沧州沿海蝗区，却是近些年蝗虫发生较轻的一年；1986 年 1 月 7 日，沧州日报以飞蝗铺天盖地，粮草未受损失为题，将沧州治蝗工作列为 1985 年沧州农业十大新闻之一。

（5）沧州地区防蝗站为提高侦查员的技能，于 1986 年编印了《东亚飞蝗研究文献汇编》一书，发全区防蝗人员在工作中学习参考。该书由马世骏院士、邱式邦院士、钦俊德院士、曹骥院士、吴福桢教授、陈永林教授等 6 名全国知名的昆虫学专家写了序和序言、题词及后记。一时成为防蝗战线上轰动全国的一件大事。

（6）经过 20 年的治蝗，在长期防蝗工作中做出成绩的防蝗人员，得到了各级政府的表扬，其中海兴县防蝗站防蝗员王金德 1983 年被授予河北省劳动模范称号，防蝗员王玉甫、沈振东、龚宝谭等人 1990 年被农业部评为全国治蝗先进工作者。

（五）南大港农场水库 1981 年夏蝗发生为什么会变轻

进入 20 世纪 80 年代以后，由于天气变化异常原因，致使南大港水库退水干枯，蝗情回升严重。据南大港防蝗站 1980 年秋残蝗调查，9 万余亩的水库蝗区全都布满了蝗虫，一般密度几十头/亩，多的地方高达几千头至上万头/亩。秋残蝗从 9 月中下旬开始产卵，至 10 月中旬结束，一般落卵量 4～5 块/平方米，多者达数百块/平方米，经地区组织多次联查，南大港水库内的残蝗密度之大，落卵量之高，都为中华人民共和国成立以来所罕见，1980 年 10 月 21 日和 11 月 30 日，地区农业局曾两次发出南大港水库 1981 年夏蝗将严重发生的警报，要求南大港农场做好大打蝗虫歼灭战的准备。

但是，又由于天气的影响，越冬蝗卵出现了大量死亡现象，1981 年 3 月下旬调查蝗卵死亡率为 49.6%，4 月中旬上升为 59.5%，5 月上旬调查高达为 91.6%。死亡原因主要是蝗卵失水干瘪，其次是天敌寄生和鸟类食害。蝗卵的大量死亡，使蝗情变化很大，南大港水库的蝗情变为轻发生，只在局部地方出现了 6 小片群居性蝗蝻，总面积还不足 10 亩，发生情况与所做出的预报截然不同。

造成南大康水库区蝗情变化的原因很多，主要有下面 4 点：

1. **南大港库区秋残蝗产卵偏晚，气温偏低，蝗卵的质量差**　蝗卵产于地下，需在土中发育，在适宜条件下蝗卵发育到第 5～7 天，必须从地下吸足足够的水分，可形成防止水分再蒸发的次生保护组织——浆膜表皮，这样的蝗卵才能抵抗外界不良环境而安全越冬。1980 年由于倒春寒关系，夏蝗出土晚，发育慢，并影响到了秋蝗产卵期的推迟，在秋蝗产卵期间，从 10 月中旬开始，气温又降到了蝗虫正常发育起点线以下，尤其 10 月下旬，平均气温比历史平均值低 2.7℃，5 厘米地温比历史平均值低 2.3℃，造成了蝗卵的大量死亡。地区农业局 1980 年 10 月 23 日调查库区死亡的雌虫 100 头，全部都含有未产出的卵块，由于气温低、旱情重、产卵晚、产卵浅（平产率占 30%），不少蝗卵很难吸足水分形成次生保护组织——浆膜表皮，这样的蝗卵卵内水分蒸发速度快，易干瘪，质量差，死亡率高。

2. **蝗卵孵化期又遇到了很不利的干旱条件**　每年 4～5 月份，南大港库区越冬蝗卵开始进入出土期，当蝗卵进入胚熟期以后，它的次生保护组织——浆膜表皮就会变薄或消失，失去了保护体内水分的作用，如在湿润的环境下，蝗卵会继续发育并出土，但在干旱条件下极易失水而死亡。据南大港气象站 1981 年 4～5 月气象资料，南大港总降水量为 23.5 毫米，为历史同期平均值的 42%，气温偏高 0.1～1.3℃，蒸发量多 60.6～63.9 毫米，出现了严重干旱，0～5 厘米土壤含水量降到 2.5%～4.7%，5～10 厘米土壤含水量仅为 10.3%，离蝗卵发育最低需要 15% 的要求相差很远，蝗卵孵化期遇到了严重干旱，是造成蝗卵大量死亡的主要原因。

3. **天敌食害严重**　在南大港 4 月份的蝗卵死亡率调查中，发现中国雏蜂虻幼虫食害蝗卵的情况非常严重，中国雏蜂虻幼虫食害蝗卵占蝗卵死亡总数的 16.3%。中国雏蜂虻幼虫耐旱性极强，据试验，在干旱条件下能存活 60 余天，卵块中只要有一头中国雏蜂虻幼虫，即能将卵块中全部蝗卵吃掉，加之鸟类、蜘蛛类、蚂蚁类、鼠类等天敌的食害，天敌食害占蝗卵死亡率的 30% 以上，比每年都高。

4. **勉强出土的蝗蝻在干旱条件下生存艰难**　由于不同龄期的蝗蝻上颚发育程度不同，对所食植物的柔软程度要求也不同，初孵化的蝗蝻，只能食用非常柔嫩的植物才能较好的发育，在 1981 年 4～5 月份严重干旱下，库区的芦苇生长缓慢，枯黄和干尖的很多，地里适宜蝗蝻食用的柔嫩植物较少，又造成了刚孵化的蝗蝻大量死亡，南大港库区从 5 月 4 日开始见到一龄蝗蝻，到 5 月 16 日调查，仍未见到二龄蝗蝻，5 月 23 日调查，一龄蝗蝻仍占 98%，调查中到处可见干瘪的一龄蝗蝻尸体，在一小片蝗蝻群中，还发现了蝗蝻互相蚕食的现象。

室内试验，在干旱条件下蝗蝻蜕皮困难，50％左右的蝗蝻蜕皮后产生致残情况，有的后足胫节折断，有的触角残缺不全，有的翅芽变形，有的腹部萎缩，有的停食时间过长，这些都加大了蝗卵的死亡率。

摘录沧州地区行政公署农业局《关于1981年夏蝗防治工作总结》

1981年7月25日

（六）沧州沿海蝗区近年来东亚飞蝗发生情况、特点及今后防治意见

第一、全区概述

沧州地区东临渤海，地势低洼，苇草丛生，地广人稀，气候温和，雨量集中，自然条件非常适宜东亚飞蝗大发生，千年以来，这里一直是历史上有名的老蝗区。根据我区各县县志记载，自194年至1947年的1753年当中，见诸史籍的蝗灾记载有193年，平均每9年纪录1次。

中华人民共和国成立后，党中央和人民政府非常关心我区的治蝗工作，1951年6月在沧州大地上首次使用了飞机治蝗，成为治蝗史上的伟大创举。自1951年以来，到1979年间，我区发生夏秋蝗50次，其中较大发生30次，总计发生面积达4 717.5万亩次。1958年以前，基本上是以人工扑打与人工药剂除治为主；1959年至1966年基本上是以飞机防治为主，最多时一年使用飞机13架，8年当中除治1 969万亩次，其中飞机除治987万亩次，占总除治面积的50％以上；1967年至1979年间，我区认真总结了过去飞机治蝗的经验和教训，制定了"改治并举"的治蝗方针，并根据不同蝗区的情况，改造蝗虫发生的适宜环境，同时通过根治海河、农田基本建设、开荒改土、植树造林等措施，基本扭转了沧州的洪涝局面，使全区410万亩蝗区得到不同程度的改造。1979年后，全区的宜蝗面积稳定在100万亩左右，每年发生蝗虫的面积在50万亩左右，除治面积在20万亩左右，同时虫口密度也比过去大大降了下来。

第二、沧州沿海蝗区飞蝗发生情况及特点

从近几年飞蝗发生情况看，黄骅、海兴、中捷、南大港四县场的苇洼和水库区已成为我区飞蝗发生的重点，因此沿海蝗区的飞蝗发生情况，在我区有很大的代表性。

1. **近年来沿海蝗区飞蝗的发生情况** 我区沿海有大片的苇洼荒地，到处有飞蝗喜食的芦苇、马绊草等禾本科植物，人烟稀少，处女地多，很少有外来的干扰，沿海蝗区的气候、食料和环境，都很适宜飞蝗的生存和发展，历史上这里一直是飞蝗的发生基地。中华人民共和国成立后，虽经过大面积的改造，到1979年，仍有宜蝗面积80万亩，每年蝗虫发生面积都在30万～40万亩，除治面积在20万亩左右。1979年以来，我区沿海飞蝗发生除治情况如下表。

2. **近年来沿海蝗区飞蝗的发生特点** 据近年来沿海蝗区飞蝗发生情况分析，沿海蝗区飞蝗发生特点有以下几点：

（1）夏蝗发生重于秋蝗。飞蝗在我区一年发生两代，每年5～7月为夏蝗发生期，8～10月为秋蝗发生期，夏、秋蝗的发生程度，由于受自然条件的影响不同，而发生程度也有所不同。中华人民共和国成立后，我区有5次秋蝗大发生，严重程度均比夏蝗为重，尤其1965年，全区秋蝗发生283.5万亩，比夏蝗发生面积多126万亩，成为我区秋蝗发生最为严重的一年。1979年以来，沿海蝗区夏蝗发生一直重于秋蝗，一般年份夏蝗发生面积为30万～40

万亩，秋蝗发生则为 20 万～30 万亩，虫口密度，夏蝗每平方丈 2 头以上的应治面积占发生面积百分比 5 年平均为 44.2%，而秋蝗为 19.8%，在这 5 年当中，沿海蝗区出现过 3 次高密度群居型蝗蝻群，都发生在夏蝗时期，最高密度每平方丈可达百头、千头，甚至万头，而秋蝗最高密度每平方丈只有 30 头左右，一般密度在 2～10 头之间。

近年来沿海蝗区东亚飞蝗发生除治情况统计表

单位：万亩

年份	夏　蝗				秋　蝗				备　注
	发生程度	发生面积	应治面积	除治面积	发生面积	应治面积	除治面积	秋残蝗情况（每亩头数）	
1979	偏重	37.12	17.6	17.88	28.9	6.24	6.39	30 头以上 1.21 万亩	夏蝗出现高密度群居型蝗蝻 570 亩
1980	中等发生	39.98	21.95	20.85	32.5	7.75	5.78	百头以上 2.3 万亩	
1981	轻发生	29.52	7.85	8.35	22.3	2.01	0.71	30 头以上 0.56 万亩	夏蝗出现 6 小片群居型蝗蝻不足 10 亩
1982	中等发生	30.61	10.92	6.99	32.3	6.11	1.75	30 头以上 4.75 万亩，百头以上 2.37 万亩	
1983	严重发生	42.91	23.89	17.45	32	7.91	0.6	百头以上 7 万亩	夏蝗出现高密度群居型蝗蝻 5 万亩

（2）飞蝗发生严重程度受自然条件和人为除治的影响较大。我区沿海蝗区原有宜蝗面积 250 余万亩，经过兴建农场、兴修水利、植树造林等改造蝗区措施，将宜蝗面积压缩至 80 万亩左右，这些宜蝗面积面貌如旧，和过去没有显著变化，发生程度仍受自然条件的影响，我区在沿海蝗区建有 4 个专业的治蝗机构，有一定的治蝗物资储备，每年都要对蝗虫进行除治，因此飞蝗在这里的生存，除受自然条件的影响外，亦受人为除治活动的控制。

天气对飞蝗卵的孵化及发生程度有很大的影响。

试验证明，飞蝗卵要完成胚胎发育，必须从土壤中吸收足够的水分，未吸足水分的蝗卵，遇旱会因失水而干瘪，死亡率高；吸足水分的蝗卵，在即将孵化时遇旱也会因失水而死亡，因此飞蝗在产卵期和孵化期，与土壤中的水分含量关系密切，土壤中的水分含量主要受天气的影响。

1980 年秋，沿海 4 县场秋残面积 42.16 万亩，每亩 6 头以上列入下代防治计划的面积 18.5 万亩，其中每亩百头、千头以上的残蝗面积有 2.3 万亩，11 月份调查，南大港水库卵量一般每平方丈达百块，最高每平方丈达 2 000 多块。地县各级都认为 1981 年夏蝗势必会严重发生，但由于蝗虫产卵期遇旱，所产蝗卵瘪瘦而质量不高，横产或产在草叶上的不少，这些蝗卵，在来年孵化期准备出土急需水分时又遇旱，5～10 厘米土层土壤含水量仅有 2.5%～10.3%，致使大量蝗卵干瘪死亡，南大港 5 月上旬调查，蝗卵死亡率已达 92%，蝗情急转由严重发生趋势而变为轻发生。

1982 年秋，沿海 4 县场秋残蝗密度又很多，面积 42.46 万亩，每亩 6 头以上列入下代防治计划的面积 23.26 万亩，其中每亩百头、千头以上的残蝗面积有 2.37 万亩，产卵量与

1980 年近似。但在 1983 年春的蝗卵孵化期，遇到了适宜蝗卵孵化的气候条件，4～5 月降水量达到 101.3 毫米，尤其在 4 月下旬和 5 月下旬两次降了透雨，使蝗卵大部能吸足水分而孵化出土，且出土很整齐，造成了沿海蝗区近 20 年来的蝗虫严重发生。

人为除治活动能控制住飞蝗的猖獗发生。

由于人为除治活动，大大降低了虫口密度，限制了飞蝗的群居和迁飞条件，控制了飞蝗的猖獗发生。在人为除治蝗虫方面，多年来我区一直采用"狠治夏蝗，抑制秋蝗"的策略，为了达到狠治的目的，1980 年以前，我们曾确定了每亩残蝗 3 头以上为下代防治计划，将夏蝗的防治指标下降到每平方丈 1 头以上，都起到了较好的效果，使我区蝗虫一直被控制在较低密度阶段。1980 年以后，我们已掌握了一整套地面机械灭蝗技术，组建了一支完整的治蝗队伍，才恢复了国家规定的防治指标，并在沿海蝗区实行了间歇防治办法，尤其在 1982 年，夏蝗每平方丈 2 头以上的应治面积 10.92 万亩，实际除治了 7 万亩，秋蝗由于积水、草高茂密及放宽防治指标试验等原因，除治面积只有应治面积的 29%，致使秋残蝗高密度的集中产卵，造成了 1983 年夏蝗的严重发生，但由于准备充分，在人为除治的作用下，迅速消灭了蝗虫，没有造成扩散、起飞和为害，并大大减轻了秋蝗的发生程度。

（3）飞蝗在沿海蝗区的发生特点仍然是"水来蝗退，水退蝗来"。"先涝后旱，蚂蚱成片"，中华人民共和国成立前，在我区各县县志记载的这种情况甚多，中华人民共和国成立后的 1954 年我区沥涝，1955 年的蝗虫发生面积猛增 6.5 倍，1963—1964 年，我区特大洪涝后的蝗情更是达到中华人民共和国成立后的最严重程度。根治海河以后，我区洪涝问题基本得到了解决，但沿海蝗区地势低洼，尤其海兴、黄骅、南大港内的三大水库的蓄水、退水情况，仍对蝗情起到很大作用。水库蓄水后即变水库为聚宝盆，产鱼、产虾又产苇，水库一旦脱干，蝗虫即随退水向库区内迁飞产卵，又使水库变了飞蝗发生基地蝗虫窝子。近几年从沿海蝗区蝗虫发生情况看，飞蝗"水来蝗退，水退蝗来"的特点仍很突出，如南大港水库总面积 9.5 万亩，1978 年 6 月之前全部蓄水，库区蝗虫发生面积为零，1979 年 6 月库区退水 3.5 万亩，夏蝗发生 1.5 万亩，1980 年 6 月水库全部脱干，蝗虫发生 5 万亩，1981 年以后，飞蝗发生面积已扩大到全水库区。南大港如此，黄骅、海兴的水库蝗区蝗虫发生规律亦是如此。

第三、关于今后飞蝗防治工作的建议

1. **推广"承包责任制"治蝗办法**　1983 年南大港除治夏蝗由于采取了"承包责任制"治蝗办法，取得了彻底消灭夏蝗的良好成绩，同时还为国家节省了农药、劳力和资金，在当前不断放宽农村政策的时候，义务治蝗政策较难落实，实行"承包责任制"治蝗，则是搞好飞蝗防治工作的较好措施，我区今年计划全面推广这一办法。

2. **继续采用"狠治夏蝗，抑制秋蝗"的策略**　"狠治夏蝗，抑制秋蝗"，是《1973 年全国治蝗工作座谈会纪要》中提出的治蝗策略，纪要中说："狠治夏蝗，抑制秋蝗。狠治夏蝗，必须巧打初生，猛攻主力，彻底扫残。根据残蝗集中沟边、堤埝等环境产卵的特点，应进行带药侦查，反复查治，把蝗蝻消灭在点片阶段，不使扩散。对大面积蝗虫，要掌握有利时机，大打人民战争，把主力消灭在三龄以前，并要彻底扫残。"为什么要狠治夏蝗：首先夏蝗发生一般重于秋蝗；其次夏蝗发生前有较长的时间做好灭蝗的准备工作；第三夏蝗除治期间苇草较小，干旱少雨，便于机械化作业等环境条件较好，而秋蝗卵期短，除治准备仓促，加之草高茂密、降雨较多、蝗洼积水等不利条件，往往只能进行挑治。为了最大限度地消灭蝗虫，只有对夏蝗进行狠治，才能除治的彻底，才能抑制住秋蝗的发生。

3. 加强沿海蝗区的组织建设和物质建设　当前沿海蝗区 4 县（场）共有汽车 4 辆，大小拖拉机 7 辆，摩托车 7 辆，动力喷粉器 55 部，手摇喷粉器 120 架，另外还有一支 80 多人的防蝗队伍，这些对消灭蝗虫，控制蝗害起到了巨大作用。1974 年至 1983 年当中，我区采用的地面机械灭蝗技术已经取得很大成效，尤其在 1983 年除治夏蝗当中，动力机械除治面积已经达到 97%，不仅除治及时，而且效果很好。在今年的蝗虫防治工作中应更好地发挥地面机械灭蝗作用，组织领导好这支队伍，加强技术力量，加强组织建设和物质建设。

4. 间隔防治与放宽防治指标的商榷　实行间隔防治，重点挑治的策略，早在 1965 年 3 月，农业部在《关于转发治蝗工作座谈会纪要的通知》中指出："重点挑治、武装侦查、带药侦查、边查边治的方法，都是针对点片蝗虫进行防治的好办法，可因地制宜推广。"前人对此亦有报道。我区实行间隔除治与放宽防治指标的试验，是从 1980 年开始的，1980 年秋蝗发生 42.8 万亩，达到防治指标的有 11.3 万亩，除治上采取了重点普治和大面积挑治的方法，仅除治了 7.62 万亩，及时消灭了秋蝗。任丘县将防治指标放宽到 5 头，通过观察，蝗情并无变化。1981 年放宽防治指标的试验扩大到沿海蝗区，选择海兴孟大洼、付赵南洼；黄骅周青庄洼、苗圃场洼 4 个苇洼荒地蝗区，每个洼定点观察 1 000 亩，夏蝗发生期对每平方丈有蝗 2～5 头的 4 000 亩观察点没有进行除治，秋蝗发生时都比较轻，也没有进行除治。1982 年夏蝗发生时，才对此 4 洼进行了防治，查秋残蝗时除孟大洼残蝗较多外，其他蝗区隔年除治一次均可行。据此试验，1983 年 3 月 16 日，地区农业局在《1983 年夏蝗发生趋势和防治安排意见》中制定了"区分不同环境条件分类指导，区别对待"的治蝗方案，即："黄骅、南大港的老蝗区和中捷农场崔家泊、海兴水库、付赵公社部分大洼的防治指标仍采用每平方丈 2 头以上外，其他地块的防治指标均可放宽到 5 头，西部农田蝗区县的除治工作尽量结合农业措施和农田除虫工作把飞蝗消灭掉，建议献县和任丘把今年夏蝗监视工作搞好，为间歇防治提供经验。"

从沿海蝗区近几年蝗虫发生情况和野外调查来看，间歇除治与放宽防治指标问题应该看成一个整体，蝗虫发生地的治与不治，在当前蝗情变化的情况下，可以不单纯的以防治指标来确定，应区分不同环境类型及蝗区改造的不同历史背景等综合因素来决定。老蝗区、重点蝗区防治指标要严些，以达到狠治的目的；一般荒地蝗区可以放宽些，但每平方丈不得超过 5 头；对已改造好的农田蝗区，尤其对多年都没有发生过较重蝗虫的蝗区，可大力推行间歇除治的策略，一般年份不除治或只少部分挑治，只在较严重发生的年份再组织力量除治，也就是说要分类指导，区别对待。

1984 年 3 月 13 日

（七）中华人民共和国成立后的第一次飞蝗跨省迁飞纪实

引　言

1986 年 2 月 6 日，国务院办公厅国办发〔1986〕12 号文件指出："去年九月天津北大港水库出现了东亚飞蝗起飞的严重情况。飞蝗在河北省黄骅、盐山、献县[①]、孟村四个县和两

---

① 献县未遗落迁飞蝗虫，献县应更正为沧县。

个国营农场降落，有十几万亩芦苇被吃光，一万多亩农田受害。遗蝗范围东西宽六十华里，南北长二百余华里，面积二百五十万亩左右。这是中华人民共和国成立以来第一次出现蝗虫起飞，如不采取紧急措施，不仅在经济上将造成重大损失，而且会影响我国的国际声誉。"这次东亚飞蝗起飞，不仅是中华人民共和国成立后我国的第一次飞蝗的跨省迁飞，而且也是国务院办公厅第一次以正式文件下达的防治蝗虫的紧急通知，国家对这次蝗虫迁飞情况的重视程度，可见一斑。刘金良作为这次严重事故的见证人，同时参加了在这次事故发生后的调查，参加了向农牧渔业部电告蝗情的起草和组织补救等工作，现将其保存的有关资料以纪实的形式整理出来，以供后人更多地了解这次事件的真实情况。

发 现 蝗 情

1985年9月20日下午5时30分，黄骅县防蝗站站长李长敦突然接到岭庄乡乡长滕金生打来的电话："李站长吗？不好了，岭庄乡闹蝗虫了，现在正飞着，黑压压的一片，数量真大。"李长敦深深吸了一口气，说："你在乡政府等我，我这就过去看看。"说完，骑上摩托就上了岭庄。一看，蝗虫还真不少。晚上7时，黄骅县农业局还接到了毕孟、仁村、周青庄、滕庄子等9个乡镇的蝗情报告，7时半，李长敦和农林局局长紧急向县政府夏向臣副县长作了汇报。8时，县政府一方面向正在沧州开会的主管农业的李振伦副县长和地区行署以及地区农林局汇报蝗情，一方面安排县防蝗站连夜通知各乡镇调查蝗虫迁飞情况。一场追踪蝗虫迁飞情况的战役以及由此引发出来的事情，连夜在黄骅县开展了起来。

沧州地区行署在得知这一蝗情后，立即责令地区农林局局长刘苍池连夜赶赴黄骅县了解蝗情。21日凌晨2时，刘苍池局长和李振伦副县长从沧州来到了黄骅，并听取了县防蝗站的蝗情汇报，决定早晨一上班，立即召开地、县两级蝗情分析会。早7时，地区植保站站长徐景洲、技术员刘金良和县防蝗站站长李长敦、技术员李树林、刘俊祥以及地、县两级农林局局长等人，在李振伦副县长的主持下，蝗情分析会准时在黄骅县招待所召开。会议议题主要有：①这次发现的蝗虫是哪里起飞的？在黄骅县遗落了多大面积？又向哪里飞去了？②对当前农业生产有什么影响？③怎样向省和农业部汇报？④安排调查及其他补救措施等。

黄骅县农林局掌握的各乡汇报的蝗情如下：

岭庄乡：据滕金生汇报，20日下午5时30分，发现有一群蝗虫向南迁飞。

毕孟乡：据齐保轩汇报，20日下午5时，有蝗虫由西向东迁飞，高10余米，飞行约1小时，未发现蝗虫降落。

仁村乡：新黄南排干以北6万亩地，不同程度地降落了蝗虫。

周青庄乡：20日发现了飞蝗飞过，有个别蝗虫落下来。

滕庄子乡：20日下午飞蝗飞过了道安、李官庄等几个村。

官庄乡：有7个村发现蝗虫，共600亩，每亩约600多头。

李村乡：有人发现蝗虫迁飞，但没发现降落。

吕桥乡：20日下午5时，发现蝗虫由东北向西南迁飞，未见落下。

齐家务乡：20日下午3、4时，有些群众发现飞蝗由东北向西南迁飞，据分析，可能是由天津大港区刘岗庄子苇洼飞来的，刘岗庄子到齐家务来卖蝗虫的人说，他们那儿蝗虫非常多。

地、县两级技术人员在听了汇报及看了各乡送上来的蝗虫标本和自己在现场采到的蝗虫标本后都认为：这些标本都是很典型的东亚飞蝗群居型个体，沧州不可能有这样的蝗虫，从蝗虫遗落现场和蝗虫标本上看，蝗虫起飞的事实是确定无疑的。认为：蝗虫起飞，就意味着蝗灾的出现，责任重大，应尽快地向省农业厅和农牧渔业部汇报，但是，一旦汇报上去，领导就会很快下来人检查，我们应作好详细汇报的准备。地区农林局和县政府领导都同意了大家的分析，达成了以下共识：①由地区刘金良同志负责起草向农牧渔业部全国植保总站及省农业厅汇报的蝗情电报，并尽快用《全国农业病虫测报电码》形式发出去；②由李振伦副县长负责，组织黄骅县的蝗虫调查，查找蝗源及被害状，并调查这次起飞蝗虫的遗落地点。由地区植保站负责，组织全区的蝗虫调查，主要是查清这次起飞蝗虫的遗落面积；③由刘金良负责在南大港查找蝗源和被害状，以及这次蝗虫的迁飞情况；④由于迁飞蝗虫严重威胁着当前的农业生产，而遗落情况又不明，地区农林局应紧急向行署汇报，并尽快组织好向上级派来检查蝗情人员的汇报材料。

向全国植保总站及省农业厅通报蝗情的电报全文如下：

北京　全国植保总站

石家庄　省植保总站

"据黄骅县汇报，9月20日傍晚，有9个乡发现一个群居型飞蝗迁飞群体自北部向南部低空迁飞。9月21日我区研究普查迁飞降落情况，请速电告河北邻省注意迁飞过境情况。此迁飞群体是由外省迁入我区的。"

沧州地区植保站

（1985年9月21日上午10时22分由黄骅县邮局同时发出）

9月21日下午，沧州地区对是否有蝗虫起飞迁移的蝗源以及蝗虫迁飞情况，进行调查的工作全面展开。只用了一天半的时间，从调查资料的初步分析，就已明确了：①这个群居型飞蝗迁飞群体不是从沧州地区起飞的；②这个群居型飞蝗迁飞群体的虫源是从天津市的大港区起飞的；③这次蝗虫迁飞群体，分两股从黄骅县最北边的红海和西巨官进入沧州。并有了充分的依据。部分调查资料证据如下。

1. 这个群居型飞蝗迁飞群体的虫源不在沧州　东亚飞蝗起飞迁移的最大特点是高密度、群居型，刚飞走的蝗虫只不过是蝗虫起飞地蝗虫的一小部分，蝗虫起飞就意味着蝗灾的发生，起飞地必然会遗留大量未飞走的蝗虫和被害植物。但从沧州调查情况看，沧州主要蝗区残蝗数量很少，没有发现群居型蝗虫，无被害状，植被覆盖度达100%，不具备蝗虫起飞的特点。如南大港农场，残蝗最高密度每亩11～30头，面积1.9万亩，21日下午调查水库，植被茂密，无被害状，500米内只见到散居型飞蝗6头，不可能是蝗虫起飞地；黄骅县残蝗最高密度每亩31～60头，面积仅5 000亩，水库内植被茂密，无被害状，且飞蝗极少，飞蝗主要分布在陈头苇洼以西的荒地，也不具备蝗虫起飞的特点（表1）。

表1　黄骅、南大港东亚飞蝗迁入前秋残蝗调查表

单位：万亩

项目 县别	调查日期	残蝗面积	环境			密度（头/亩）		
			苇荒地	农田	特殊环境	6～10	11～30	31～60
南大港	9月上旬	6.11	4.32	1.79		4.21	1.9	
黄 骅	9月中旬	6.6	5.6	0.7	0.3	4.2	1.9	0.5

2. 这次蝗虫起飞的发源地在天津大港区　据调查，群众反映靠近沧州的天津大港区沙井子和刘岗庄苇洼蝗虫非常的多，《天津日报》还报道："蝗虫密集的地方，每平方米可上万

头。"具备蝗虫起飞的条件，南大港防蝗站刘金栋等人去刘岗庄苇洼，还亲眼目睹了这天蝗虫起飞的过程，群众的反映主要有：

（1）周青庄乡农业技术员于金桐反映说：20日去天津二号院办事，12时半左右，在沙井子东穿港公路上由西向东行驶，在公路北边有一片蝗虫向西迁飞，高15米，看不到边，老多了，汽车开10余分钟才过完。

（2）周青庄乡党委书记王殿英反映说：我外甥女叫黄本芬，是天津大港区远景三队人，8月底上我这儿来说：这几天太累了，6人包1 000亩苇洼，叫蝗虫吃坏了，天天去苇洼轰蚂蚱。

（3）周青庄乡交通助理员徐恒月反映说：天津大港区蚂蚱太多了，我表哥王彦荣是大港区沙井子一大队人，前几天还给我送来一袋子蝗虫。

（4）周青庄乡农业技术员于金桐反映说：15日去大港区医院看护病人，见天津日报上说蝗虫治下去了，没想到现在飞起来了。当即拿出了报纸。全文如下：

大港苇洼发现秋蝗，有关部门积极除治蝗情得到控制

本报讯最近，大港水库地区发现大面积秋蝗，有关部门正组织力量进行除治。截至昨天，灭蝗面积已达2万多亩，蝗情得到控制。

这次秋蝗发生在大港水库西南部的苇洼之中，总计三万余亩，平均密度达每平方丈30～50头。蝗虫密集的地方，每平方米可上万头。大港区防蝗站于8月初首先发现这些蝗虫，并及时报告有关部门。区政府立即召开紧急灭蝗会议，广泛发动蝗情严重的沙井子、太平村、徐庄子、赵连庄等乡的干部群众，大力灭蝗。目前，蝗情已得到有效控制。

原载1985年9月15日《天津日报》

（5）南大港农场防蝗站刘金栋反映说：20日下午2时，我和王景福正在天津刘岗头庄苇洼捉飞蝗，入苇洼如入蝗虫群，每一捕虫网都可捕五六个飞蝗，最多一网可捉二三斤。亲眼目睹了蝗虫盘旋、起飞的过程。

3. 这个蝗虫起飞群体，分两股从我区黄骅县最北边的红海、西巨官迁入沧州

（1）红海大队支部书记李新河反映说：20日下午2时左右看到蝗虫从红海飞过，从北向南飞，两小时才过完，在红海没降落。

（2）南大港二分场武宝生反映说：9月20日下午我在王徐庄东洼干活，约4时看到天上过蝗虫，有30米高，从北向南飞，很大一片。

（3）南大港二分场技术员刘起凤的爱人反映说：20日下午在六截地干活，见天上有蝗虫由北向南飞，黑压压的一大片，10多分钟才过完，有一些蝗虫落了下来。

（4）南大港招待所服务员反映说：20日晚招待所院内和四周蝗虫多极了，有很多人捉，一会儿就捉几瓶子。

（5）南大港防蝗站刘香福反映说：20日下午在四截地干活，4时许，见空中一片蝗虫像散云，由东北向西南迁飞，最高10几米，低的只从高粱头上飞过。

（6）黄骅县招待所服务员反映说：21日清晨院内见到一些蝗虫，树上也落了不少蝗虫。

（7）仁村乡政府秘书反映说：21日早晨发现地里降落了不少蝗虫，每平方丈有100多头，政府大院内也不少，还捉了2瓶送县农业局鉴定。

（8）周青庄乡吴家堡、西窑场、官地村村民反映说：21日下地干活见地里蝗虫比前两

天多多了，个大，明显是飞蝗落下来的。

（9）周青庄乡秘书反映说：20日下午见到一个蝗群由北向南飞，汽车行驶六七分钟才看到尾。

（10）周青庄乡副乡长刘金昌反映说：我是齐家务乡西巨官人，20日回家探亲，下午4、5时，见到一大片蝗虫由北向南飞，有十多米高，黑压压的一大片。村里人都说蝗虫是从天津刘岗头庄飞来的。

（11）齐家务乡秘书反映说：20日下午3、4时，有些群众发现飞蝗由东北向西南迁飞，据分析，可能是由天津大港区刘岗庄子苇洼飞来的，刘岗庄子到齐家务来卖蝗虫的人说他们那儿蝗虫非常多。

（12）李村乡秘书反映说：他们那儿发现了迁飞蝗虫，但没落下。

（13）官庄乡吕郭庄支书韩富贵反映说：20日下午5时多，发现蝗虫从北向南飞，黑压压一片，没落下。

（14）吕桥乡秘书反映说：20日下午5时，发现蝗虫由东北向西南迁飞，未见落下。

（15）岭庄乡乡长滕金生反映说：20日下午5时30分，发现有一群蝗虫向南迁飞，黑压压一片，数量很多，有不少落了下来。

（16）滕庄子乡秘书反映说：20日下午飞蝗路经道安、李官庄等村，有一些蝗虫落了下来。

（17）毕孟乡乡长齐保轩反映说：20日下午5时许，发现天上有一个蝗群迁飞，黑压压一片，约1个小时，没见有落下的。

调查蝗虫遗落情况

东亚飞蝗远距离迁飞现象在中华人民共和国成立后很少发生，尤其是跨省迁飞，这是中华人民共和国成立后的第一次，必然会引起各级领导的高度重视。9月21日上午的蝗情电报发出去以后，下午，地区行署就向各县发了查蝗传真，要求各县紧急查蝗，观察蝗虫迁飞动向，检查蝗虫遗落情况，并及时报告。9月22日下午，省植保总站杨志中副站长就带领马跃辉、李炳文等5人就到达了黄骅，听取了地、县两级防蝗人员的调查汇报，调查了蝗虫遗落情况，对黄骅县及时发现、及时汇报蝗情的举动和沧州地区及时查清蝗源地的做法表示满意。23日上午，杨志中副站长留下马跃辉、李炳文二人协助沧州继续查清蝗虫遗落情况，率其余人员返回省厅汇报。下午7时，农牧渔业部全国植保总站李玉川处长率高级农艺师王炳章、王润黎等5人到达黄骅，当晚听取了沧州的汇报。对沧州地区情况掌握准，反馈及时给予了充分的肯定，要求沧州地区一定要查清这批蝗虫的去向，查清这些蝗虫的遗落情况和扩散情况。9月24日上午10时，李玉川处长率农牧渔业部全体人员去天津检查蝗情，并留下了王炳章等人协助天津治蝗。9月25日，省农业厅顾问刘原生在沧州地区农林局副局长梁志敏的陪同下，到沧州黄骅、南大港调查蝗情，并到蝗群迁飞经过的乡镇检查蝗虫遗落情况。认为，沧州地区从20日晚发现蝗虫，到农牧渔业部去天津指挥灭蝗，仅三天多时间，如此快地掌握蝗情，当好领导参谋，充分反映出沧州地区领导、群众对飞蝗危害性的高度重视和对蝗虫起飞的分析、鉴别能力，你们沧州立了一功。

9月27日，根据农牧渔业部全国植保总站王炳章的指示，经地区农林局副局长贾春堂委派，由沧州地区植保站刘金良同志负责押送40吨灭蝗农药送往天津大港区，支援天津的灭蝗工作。同时，黄骅县也对齐家务乡两万多亩遗落蝗虫比较多的地方进行了药剂除治，其他县也组织了除治工作。

9月下旬，沧州地区植保站认真调查了沧州东部几个县的迁飞蝗虫遗落情况，除黄骅、南大港外，在海兴、盐山、孟村等县也都查到了由天津飞过来的群居型飞蝗标本。这些县的遗落蝗虫大多在每亩6～7头。据孟村县农林局副局长马彦青反映，原来在城关镇见到了不少迁飞来的蝗虫，而到9月底就很少了，很可能分散了。但从他们抓到的蝗虫标本中，还是鉴定出2头群居型蝗虫标本。在盐山县，我们从城关镇、大付庄，一直检查到庆云乡，见到的蝗虫不是很多，但在大付庄的一个大洼中，还是查到了3头很典型的群居型飞蝗。在庆云乡，始终没有查到群居型飞蝗。可以判断，天津飞蝗飞到了我区黄骅、海兴、盐山、孟村四县和中捷、南大港两个农场，遗蝗密度是越往南越少。

9月30日，沧州地区农林局向行署报告了蝗群飞越我区及蝗虫遗落情况，全文如下：

沧州地区行政公署农林局

关于蝗群飞越我区及其遗落情况的报告

行署：

9月20日晚，黄骅县农林局报告，有大蝗群经过岭庄子、滕庄子乡上空，由北向南迁飞。接到报告后，地区农林局长刘苍池同志和植保站的同志，连夜赶赴黄骅调查了解，确证是群居型飞蝗飞过。因关系重大，立即于9月21日上午向农牧渔业部和省农业厅发了紧急密电。下午向专员作了汇报，并再次向农牧渔业部、省农业厅电话作了详细汇报。行署21日下午向各县发了传真电报，要求各县做好普查，并观察蝗群去向。农牧渔业部植保总站的负责同志和专家，省农业厅厅长刘原生同志和省植保总站的负责同志等13人分别于22日至25日先后来到我区黄骅县、南大港农场，调查了解蝗群进入我区的地点和迁飞路线，重点调查了我区秋蝗发生情况，并到蝗群迁飞过的乡、村调查遗落的虫量，并观察了天津北大港飞蝗的发生和危害情况。根据调查确定飞蝗起飞基地不是我区，是天津市大港区。而蝗群迁飞经过我区的所有地方都遗落了不少蝗虫。情况简要报告如下：

一、蝗群迁飞情况

据各县场报告和访问不少群众证实，9月20日下午2时左右，在黄骅县北部的周青庄乡、齐家务乡、官庄乡发现有几股大蝗群由北进入我区，断断续续地一直到4～5时才过完。途经我区黄骅县、南大港农场、孟村县、盐山县、中捷农场、海兴县西部和沧州市的沧县，于当日夜间由盐山县进入山东省。蝗群密度刚进入我区时，遮天蔽日，分好几层，到盐山、孟村南部时密度明显下降，据盐山县大付庄乡群众说："约10厘米远一个，成行向南飞。"说明蝗群可能大部分遗落在我区境内。

二、蝗源基地问题

（1）7月底我区黄骅、南大港两个重点蝗区县场，做了全面的秋蝗发生情况普查，共发生秋蝗10.35万亩，虫口密度较低，一般每平方丈4～6头，其中有1 500亩每平方丈11～30头，9月13日前后又进行了秋残蝗调查，两县场残蝗面积12万亩，虫口密度一般为每亩最高不足30头。农牧渔业部和省农业厅负责同志和专家到我区重点蝗区调查时，也未发现蝗虫明显危害的症状。据此我区不可能是蝗群起飞的原始基地。

（2）据天津日报 9 月 15 日报道，大港区发生蝗虫 3 万亩，最高密度每平方米万头以上，除治了 2 万亩，说明天津市大港区蝗虫发生相当严重，稍有漏查、漏治，就有起飞的可能。

（3）农牧渔业部植保总站的领导同志、专家和我省农业厅刘原生厅长、省植保总站的同志、我区梁志敏副局长等于 9 月 24～26 日到天津市北大港调查时，蝗虫仍成群成群地在港内苇洼飞来飞去，并见到当地干部群众去除治蝗蝻。听大港区负责同志介绍，北大港飞蝗发生面积约达 20 万亩。据大港区农业局负责同志讲，他用手一抓，就抓到 98 头蝗蝻，可见虫口密度之大。大港区当地干部群众也说，9 月 20 日下午 1 时左右大群的蝗虫从港内往南飞去。

根据以上情况，农牧渔业部、河北省农业厅的同志和我们一致认为，天津市的北大港是这次蝗虫起飞的原始基地。

三、飞蝗在我区的遗落情况

蝗群经过我区 4 个县 2 个农场，近 50 个乡，东西宽 60 余华里，南北长 220 余华里，面积达 250 余万亩土地上，程度不同地遗落下了飞蝗。据地区植保站和各县植保站初步调查，遗落的飞蝗一般达 20～30 头，少的每亩 6～7 头。黄骅齐家务乡有两万多亩，每亩遗落达千头以上，黄骅岭庄乡、仁村乡、滕庄子乡，孟村的赵河乡、肖庄子乡，盐山的马村乡，海兴的赵毛陶乡，每亩遗落量都在 20～30 头之间。现在大秋作物尚未收完，遗落在我区的飞蝗情况尚未完全查清，现正继续调查，总的看来，遗落的飞蝗数量越靠北越大。

四、对遗落飞蝗的除治意见

今年我区土蝗发生较重，再加上此次遗落下来的飞蝗，势必对秋播麦苗造成危害，因此从现在开始需抓好以下工作：

（1）组织防蝗员全面查清飞蝗的遗落范围和虫口密度。

（2）按国家规定蝗虫密度每亩超过 10 头的要进行扫残，因遗留的飞蝗活动力大，应主要采取人工捕打的方法。

（3）对密度特别大，每亩遗落达千头以上的，要采取撒毒饵和人工捕打相结合的方法，压低虫口密度，减轻危害。

（4）大秋作物收获后即是 10 月中旬，应进行全面查残，摸清底数，为明年蝗虫除治工作打下基础。

五、需要解决的问题

飞蝗是社会性害虫，没有区域性。根据国家规定，我区 250 万亩飞蝗遗落调查，需要 300 多个查蝗员，每个查蝗员一切费用在内，每月需 80 元，此项费用需 2.4 万元。另外不少地方需进行除治，农药费需 3 万元。交通运输费需 1.5 万元。人工捕打采取收购方式，捉一头一分钱，此项预计需 3 万元。共计需款 9.9 万元。如地方财力不足，请省政府给予支持。

以上报告当否。请批复。

1985 年 9 月 30 日

抄报：农牧渔业部植保总站、省政府办公厅、省农业厅、省财政厅

抄送：地区财政局、地区供销社

针对这个报告，地区行署副专员赵维椿 10 月 3 日进行了批复，批复全文如下：

1. 此报告不能在行署没批复前抄报国务院部、省，这是起码常识，如需向上级反映情况，就不要写请行署批复的内容。此件是官话，也是违犯行文原则的。

2. 飞蝗，应由上级负担大部灭蝗费用。可以行署名义上报。

3. 需要各县（有遗蝗的县）做的工作，一定要说死抓严，如明年哪个县起飞飞蝗，要严格追查主管县长的责任。

4. 地区可考虑拿一点费用。

赵维椿
10 月 3 日

10 月 5 日，地区行署向省政府发出了请求拨发除治蝗虫资金的请示报告，全文如下：

沧州地区行政公署请求省拨发除治蝗虫资金的请示

沧署字〔1985〕118 号

省政府：

9 月 20 日下午 2 时左右，有几股大蝗虫群由天津市边境，从黄骅县的周青庄、齐家务、官庄等乡进入我区，经黄骅县、中捷农场、南大港农场、海兴县、孟村县、盐山县，于当日夜间进入山东省。蝗群最大的约 5 平方千米，小的有 1～2 平方千米。蝗虫迁飞的地域，东西宽 60 余华里，南北长 220 余华里，面积达 250 万亩。据调查，这些地区内跌落了大量的飞蝗，虫口密度高的每平方丈达千头以上，少的也有二三十头。目前，我区秋作物尚未收完，小麦已经陆续出苗。这批蝗虫不仅威胁着当前的农业生产，如不及时除治，明年产卵以后，将可能出现更严重的后果。

最近，行署对除蝗工作进行了安排部署，有关县正在发动群众，采取喷洒药物和人工捕打相结合的方法进行除治。除了这批飞蝗以外，前段时间，黄骅、海兴、盐山等县发生了较大面积的土蝗，除治中消耗了一批资金和药物。当前仍未全部控制为害，继续除治面临的问题是资金不足。根据国家防蝗规定，我区 375 万亩的飞蝗遗落调查，需要 300 多个查蝗员，费用资金 24 000 元。购买农药、交通运输、人工捕捉等费用需 175 000 元。两项共计需资金 199 000 元。由于我区今年部分县、乡遭受风雹、沥涝灾害，集资有一定困难，除地区自筹一部分外，请省政府解决 10 万元。

当否，请批复。

河北省沧州地区行政公署
1985 年 10 月 5 日

1985 年 10 月 8 日，河北省植保总站召开全省蝗情汇报会，省农业厅顾问、原农业厅厅长刘原生作了重要指示，要求沧州地区一定要认真搞好 1986 年的治蝗工作，力争用 2～3 年的时间消除这次迁飞蝗虫的影响。根据会议记录，刘原生厅长的讲话精神整理如下：

刘原生顾问在全省蝗情汇报会上的讲话（记录稿）

蝗虫防治工作在国际上还没有完全解决。中华人民共和国成立后，在周总理的

关怀下，总算把蝗虫控制住了。9 月 21 日，省农业厅接到沧州的电报后，仇玉林厅长就说必须要下去人，查清飞蝗是从哪里飞来的？又飞到哪里去了？总站说已下去人了。我是 22 日知道这件事的，问怎么回事，都说不清楚，23 日晚上，去沧州的人回来了，只说蝗虫是天津飞来的，报纸上都公布了，但飞到哪去了，遗落多大面积？还是说不清楚。24 日下午，我决定去沧州看看。25 日，在沧州看了南大港农场和黄骅县的滕庄子乡、岭庄乡和仁村乡，大体上都有一些遗落蝗虫，天气好时，向前走，就能见到飞的蝗虫，分析每亩在 10 头以上，仁村可能在几十头。我问黄骅县，有什么理由说蝗虫不是我们的？黄骅县说得有理有据，于是，我决定去天津大港区蝗虫发生地看看。26 日，到达大港区，当地干部群众人人皆知蝗虫是 20 日中午 12 时以后起飞的，先是一大群，越积越多，下午 2 时后，蝗群就向南飞去了。至下午 5、6 时，就飞到河北省孟村、盐山了。到大港水库去看，问当地群众蝗虫飞走了多少，有的说飞走了 1%，也有的说飞走了 10%。但蝗虫到底飞到哪去了，应再向南追查下去，否则资料不完整，仇玉林厅长从北京打电话来，还要求一定要认真对待。

从我们河北讲，我们抓得很及时，见电报就下去了，沧州领导也都动起来了，尤其黄骅，抓得很认真。蝗灾作为植保上的重要灾害，要有垂直反应，一方面向当地政府反映，另一方面可以越级垂直上报。这次天津飞蝗对我们的影响，很可能 2～3 年才能消除，恢复到原来的治蝗成果。要立足于今年的夏蝗防治，做好一切准备工作，连续除治 2～3 年，力争早日消除这次天津飞蝗对我们的影响。

根据省农业厅的要求，地区植保站再次组织全区技术力量对东部几县蝗虫遗落情况进行了调查，并派人于 10 月 20 日到山东省乐陵县了解蝗情，据乐陵县植保站王玉昌谈：9 月 25 日，山东省农业厅下达了调查迁飞蝗虫的电报通知，28 日乐陵县召开了各乡技术员会议，安排部署了调查蝗虫降落情况，乐陵县植保站还在全县老蝗区组织了周密调查，都没有发现有飞蝗降落情况，到 10 月 20 日，也没有接到各乡的汇报，今年乐陵蝗虫数量很少。看来，天津大港区飞蝗主要降落在沧州了。据 10 月中下旬的调查，全区秋残蝗面积已达 223.95 万亩，比天津大港区蝗虫迁飞前增加了 6 倍多（见表 2、表 3）。

10 月下旬，省财政厅根据沧州地区行署的请示报告，以（85）冀财农字第 107 号文件拨给沧州地区除蝗经费 10 万元，主要用于这次迁飞蝗虫的调查和除治工作。为使防蝗费发挥更好作用，根据赵维椿副专员于 11 月 2 日关于"请重点使用，别撒胡椒面，没有防治活动的县，不必给钱"的批示意见：地区农林局将防蝗补助费很快分配了下去，这些经费对我区及时查清天津迁飞蝗虫的遗落情况发挥了很大的作用。分配情况见表 4。

表 2　沧州地区 1985 年 9 月上中旬秋残蝗调查

单位：万亩；头/亩

蝗区县（场）	残蝗面积	苇荒地	农田	特殊环境	6～10 头	11～30 头	31～60 头	61～100 头
黄骅	6.6	5.6	0.7	0.3	4.2	1.9	0.5	0.0
海兴	15.63	15.63	0.0	0.0	10.23	3.7	1.5	0.2
中捷	2.85	2.0	0.0	0.85	2.6	0.25	0.0	

（续）

蝗区县（场）	残蝗面积	苇荒地	农田	特殊环境	6～10头	11～30头	31～60头	61～100头
南大港	6.11	4.32	1.79	0.0	4.21	1.9	0.0	
献县	2.4	0.0	2.0	0.4	1.72	0.68	0.0	
任丘	2.0	2.0	0.0	0.0	0.5	1.5	0.0	
合计	35.59	29.55	4.49	1.55	23.46	9.93	2.0	0.2

摘自沧州地区植保站 1985 年防蝗工作总结。

表3 沧州地区1985年10月中下旬秋残蝗调查

单位：万亩；头/亩

蝗区县（场）	残蝗面积	苇荒地	农田	特殊环境	6～10头	11～30头	31～60头	61～100头	100头以上
黄骅	106.62	28.0	64.52	14.1	34.46	38.42	17.02	8.75	7.97
海兴	51.33	23.33	28.0	0.0	27.23	12.0	7.05	3.35	1.7
中捷	6.3	1.65	0.0	4.65	4.65	1.65	0.0		
南大港	9.3	6.5	1.8	1.0	2.7	3.65	2.95	0.0	
盐山	32.0	17.25	14.75	0.0	17.75	10.75	3.5	0.0	
孟村	14.0	0.0	14.0		5.0	9.0	0.0		
任丘	2.0	2.0	0.0	0.0	0.5	1.5	0.0		
献县	2.4	0.0	2.0	0.4	1.72	0.68	0.0		
合计	223.95	78.73	125.07	20.15	94.01	77.65	30.52	12.1	9.67

摘自沧州地区植保站 1985 年防蝗工作总结。

表4 沧州地区行署农林局关于防蝗补助经费的分配意见

单 位	补助数量	用 途
黄 骅	4 万元	除治费，防蝗员生活补助费，药械维修和购置费，交通运输费
南大港	0.3 万元	除治费，防蝗员生活补助费，药械维修费
海 兴	1 万元	防蝗员生活补助费，药械维修费
盐 山	1 万元	除治费，防蝗员生活补助费，药械购置费
孟 村	0.7 万元	除治费，防蝗员生活补助费，药械购置费
中 捷	0.3 万元	防蝗员生活补助费，药械维修费
地 区	2.7 万元	交通和农药费、药械购置费
合 计	10 万元	

飞蝗铺天盖地，粮草未受损失

　　天津大港区飞蝗起飞事件发生以后，由于领导的重视，主管部门情况掌握准确，积极组织了除治，蝗虫虽然很多，但沧州农业生产粮草均未受到损失。

　　1986 年 1 月 7 日，《沧州日报》发表"1985 年十大农业新闻"，对这次飞蝗迁飞情况的报道为：

飞蝗铺天盖地，粮草未受损失

1985 年 9 月 20 日，飞蝗铺天盖地直落我区东部几个县、场，涉及面积达 220 万亩。地区农业局立即向省农业厅和中央农牧渔业部进行汇报，并火速组织人工捕杀和药剂除治，几天工夫，就消灭了飞蝗，保住了粮、草、芦苇，免遭损失 100 万元。农牧渔业部对灭蝗工作"情况掌握准，反馈及时"给予了充分肯定。

1986 年 3 月 14 日，沧州地区行政公署下达沧署字〔1986〕16 号"关于认真搞好今年夏蝗防治工作的通知"，通知中对这次迁飞蝗虫的总结中这样写道：

1985 年 9 月，从天津市大港区起飞的飞蝗大部分遗落在我区黄骅、盐山、孟村、海兴、中捷、南大港四县二场，由于各地及时准确掌握蝗情，积极组织群众除治，使我区农业生产未受损失。

1986 年 3 月 26 日，黄骅县农林局给县政府"关于搞好今年蝗虫防治工作的建议"中，对迁飞蝗虫的影响同样是这样写的：

1985 年 9 月从天津市大港区起飞的飞蝗大部分遗落在我县境内，由于我们及时准确地掌握蝗情，积极组织群众除治，使我县农业生产未受损失，但是，所迁入的飞蝗和本地虫源已产卵于地下，预计今年夏蝗有可能大发生，为确保农业丰收，防止飞蝗在我县为害和起飞，打好除治夏蝗这一仗，特提几点意见……

1986 年 3 月 20～22 日，沧州地区植保站刘金良同志应邀参加了由农牧渔业部主持召开的全国治蝗工作会议。会上，天津市大港区农业局聂本超副局长汇报说："1985 年大港区秋蝗发生 18.9 万亩，密度高，面积大，最高密度每平方米达万头，集中连片，来势很猛，有 13 万亩芦苇叶被吃光，1 万多亩庄稼受灾，局部庄稼被吃成光杆。"所讲的受灾情况与国务院办公厅〔1986〕12 号文件相一致。国务院办公厅〔1986〕12 号文件中讲到的受灾情况，是指天津市大港区的受灾情况而非沧州。河北省农业厅 1986 年 4 月 22 日第 20 期《河北农业》简报，刊登《黄骅县对防蝗工作领导重视，措施得力》的文章，曾提到："1985 年 9 月 20 日天津北大港蝗虫起飞，给黄骅县带来极大影响，大量蝗虫散落到黄骅境内造成部分农田、苇子绝收。"这可能是一个误会，刘金良同志曾给省农业厅去信更正过。

从上述资料中可以充分说明，天津大港区迁飞蝗虫虽然遗落在沧州的数量很多，但没有给沧州农业生产造成损失，也反映出沧州的治蝗工作比较扎实，蝗灾发生后，在各级领导的关怀下，利用多年积累的治蝗经验，及时掌握蝗情，主动出击，积极除治，保住了沧州粮草未受损失。

积极除治，争取早日消除影响

沧州地区东临渤海，气候温和，环境条件十分适宜东亚飞蝗的发生，自古以来，沧州就是全国著名的老蝗区之一。中华人民共和国成立后，党中央非常重视沧州的治蝗工作，1951 年首次在沧州使用飞机治蝗，成为新中国治蝗史上的创举。1959—1966 年，全区使用飞机治蝗 1969 万亩次，为防止飞蝗为害发挥了很大作用。以后，在中央"改治并举、根除蝗害"的治蝗方针指引下，沧州地区加大了蝗区改造力度，先后改造蝗区面积 400 余万亩，至 1980 年以后，沧州的蝗区面积已稳定在 100 万亩以下，主要分布在黄骅、海兴、中捷农场、南大港农场的蓄水库区。1983—1984 年，沧州夏蝗大发生，达近 20 年来最严重的程度，但是在沧州各级政府的领导下，加之沧州逐渐完善起来的防蝗策略、队伍建设、查蝗办法和治

蝗技术，使蝗情很快得到了有效控制，取得了较好的成绩。1985 年，沧州飞蝗发生面积仅
50.18 万亩，其中夏蝗发生面积 23.25 万亩，秋蝗发生面积 26.93 万亩，最高密度每平方米
3 头以上的仅 200 亩，是近年来最轻的一年。和紧靠沧州的天津市大港区相比，1985 年沧州
农业免遭损失达 100 万元。

9 月 20 日，天津市大港区飞蝗起飞，大部分遗落在沧州，据调查，遗落的蝗虫一般每
亩在 20～30 头，少的每亩 6～7 头，黄骅县齐家务乡有 2 万亩原来没有蝗虫，天津飞蝗降落
后，每亩达千头左右。受此影响，沧州的残蝗面积增加了很多，据 10 月中下旬调查，全区
残蝗面积已达 223.95 万亩，比飞蝗迁飞前增加了 6 倍多。根据全区的查残结果，沧州预计
1986 年夏蝗将是中等偏重发生年，发生面积预计 200 余万亩，除治 160 万亩左右，任务非
常严重。为了早日消除天津大港区迁飞蝗虫对沧州的影响，必须立足于 1986 年，努力搞好
夏蝗除治工作的物资准备，尤其是经费，为此，1985 年 12 月 16 日沧州地区农林局就向省
农业厅发出了"关于 1986 年夏蝗防治费的申请报告"，全文如下：

河北省沧州地区农林局文件

（85）沧署农呈请字第 25 号

关于 1986 年夏蝗防治费的申请报告

省农业厅：

我区是老蝗区，在省农业厅领导关怀下，近几年防蝗工作取得了一些成绩。尤
其今年，在省"分区管理，把握重点，不使为害"的精神指导下，我区夏蝗仅除治
5.23 万亩，秋蝗没有除治。

今年 9 月 20 日，天津市大港区飞蝗起飞，大部分遗落在我区的黄骅、海兴、
孟村、盐山等县及南大港、中捷农场境内，遗落面积达 223.95 万亩，其中每亩 10
头以下的 94.01 万亩，每亩 10 头以上的面积 129.44 万亩。初步预计明年夏蝗发生
面积 202.75 万亩，除治面积约 160 万亩。黄骅县有可能出现较大群居型蝗群，明
年夏蝗防治任务很大。

据上述蝗情分析，我区明年尚需购置各种灭蝗农药 1 500 吨，农药费 54.94 万
元；防蝗员 160 人，民工 1 600 人，需款 13.43 万元；购置背负式动力机 230 台，
需款 9.35 万元；灭蝗机械和交通工具等维修费 2.6 万元；治蝗租车费 3.75 万元；
各种燃油费 2.45 万元；办公费等其他开支 2.71 万元；蝗区勘察费 1 万元；海兴县
和中捷农场防蝗站更新汽车、拖拉机、修机井、电话等专项申请 6.6 万元；地区统
一安排取代六六六试验，宣传防蝗资料，汽车维修用油等 1.37 万元，总计需款 98
万元。除争取地区财力解决一部分外，特请省厅早日安排，给予支持，以便提前做
好准备，确保把明年夏蝗防治工作搞好。

河北省沧州地区农林局

1985 年 12 月 16 日

由于沧州是全省的老蝗区，1985 年又是近些年蝗虫发生最轻的一年，为国家减少很多
经费，这次天津飞蝗给沧州治蝗工作增加了很大困难，省厅在 1986 年防蝗费分配上，给予
了沧州很大的照顾，全省全年 80 万元防蝗费，分给沧州 39 万元，占全省总数的 48.75％
（见表 5）。

表5　1986年河北省农财两厅下达沧州防蝗专项经费情况

下达日期	全省总数	下达沧州金额	占全省的百分率
4月29日	50万元	21万元	42%
7月29日	30万元	18万元	60%
合　计	80万元	39万元	48.75%

为了搞好1986年的治蝗工作，在争取经费的同时，沧州地区行署还加强了对治蝗工作的领导，赵维椿副专员亲自抓治蝗。1986年2月6日，国务院办公厅转发农牧渔业部关于做好蝗虫防治工作紧急报告的通知下达以后，赵维椿副专员不但要求农业局认真学习，还签发了沧州地区行政公署《关于认真搞好今年夏蝗防治工作的通知》的重要文件，并组建了以赵维椿副专员为主任的防蝗指挥部。

赵维椿副专员1986年3月4日在国务院办公厅转发《农牧渔业部关于做好蝗虫防治工作紧急报告》的通知上的批示

农业局：

　　此件请你们学习一下。

　　春天治蝗，势在必行，请按文件要求和我区实情，立即研究，拿出具体除治办法。工作部署、药械来源及准备、除治任务几时完成的要求，要限时完成。然后汇总工作向省反馈。此工作不能忽视。

赵维椿

3月4日

1986年3月14日，沧州地区行政公署下达沧署字〔1986〕16号"关于认真搞好今年夏蝗防治工作的通知"，全文如下：

沧州地区行政公署关于认真搞好今年夏蝗防治工作的通知

沧署字〔1986〕16号

各县、市人民政府，行署有关部门：

　　1985年9月，从天津市大港区起飞的飞蝗大部分遗落在我区黄骅、盐山、孟村、海兴、中捷、南大港四县二场，由于各地及时准确掌握蝗情，积极组织群众除治，使我区农业生产未受损失。但是，所迁入的飞蝗和本地虫源已产卵于地下，今年夏蝗很有可能大发生。为确保农业丰收，防止飞蝗在我区起飞，各县务必提高警惕，加强领导，打好除治夏蝗这一仗。现将有关事项通知如下：

　　一、加强对防蝗工作的领导。去年天津大港区的飞蝗起飞，国务院和农牧渔业部非常重视，要求严密监视及时除治。因此，有关县（尤其是黄骅和南大港农场），应将此项工作列入重要议事日程。组织农林、水利、交通、气象、商业、供销等有关部门成立防蝗指挥部，由分管县长任指挥部主任。有关乡也要相应的成立治蝗领导小组，负责本地区的查治任务。3月底前，各县将防蝗指挥部人员名单报地区农林局。

　　二、组织治蝗队伍，开展蝗情侦查。各县要按蝗区面积配备一定的侦查员，抓紧对他们进行培训。黄骅、海兴和南大港农场应恢复原防蝗站的编制，加强防蝗站的建设，充实技术人员，配备必要的施药器械和交通工具。并立即组织人员开展蝗情侦查工作，首先把去秋遗蝗产卵的地点、密度搞清楚，作出今年夏蝗发生趋势预报，随时向地区农林局反馈。从 4 月底开始要及时转入查蛹，准确掌握蝗虫出土时间、出土密度和龄期变化。

坚决把夏蝗消灭在三龄以前，绝不能遗留后患，让蝗虫起飞。调查情况要及时向地区农林局汇报。

三、做好一切灭蝗前的准备工作。在 4 月底以前，各县应尽快将本地全部灭蝗农药、药械进行清理，维修好机械，短缺的立即购置。

去秋，省下达我区的灭蝗经费已分配到各县，由地区统一购置的农药、药械也将分配下去，各县一定要保证专款专用，不准挪用，财政部门要监督执行。

四、贯彻"谁受益谁治蝗"的原则。省农业厅去年将全省划为分几个类型区，我区划为"监视区"的和东部有关县的农田蝗区，其除治费用应由乡、村受益单位自筹，贫困乡、村，县财政可酌情给以补助。

五、继续推广"承包责任制"治蝗。这是我区 1983 年在全国首创的治蝗经验，近几年来取得了很大成绩，受到了各级领导的重视，今年在除治夏蝗中应继续推广这一经验。凡实行"承包治蝗"的单位，应将治蝗承包方案和承包合同书报地区农林局备案，以利监督、落实。

河北省沧州地区行政公署

1986 年 3 月 14 日

1986 年 4 月 21 日，沧州地区行政公署下达沧署通字〔1986〕12 号"关于建立防蝗指挥部的通知"，全文如下：

沧州地区行政公署关于建立防蝗指挥部的通知

沧署通字〔1986〕12 号

各县、市人民政府、行署有关部门：

根据今年防蝗工作的需要，确定建立防蝗指挥部，其组成人员如下：

指挥部主任：赵维椿（行署副专员）

副　主　任：梁志敏（农林局副局长）

成　　　员：陈立新（交通局副局长）

刘建普（水利局副局长）

金守礼（商业局副局长）

吴香普（供销社副主任）

刘顺明（气象局副局长）

防蝗指挥部办公室设在地区农林局。办公室主任由梁志敏同志兼任。

河北省沧州地区行政公署

1986 年 4 月 21 日

据 5 月中下旬的调查，全区夏蝗发生 158.63 万亩，治蝗任务很重，但多年来，沧州地区已积累了一整套除治蝗虫的基本经验，概括起来就是"联查承包机械化，稳定队伍有准备"十四个字。联查，就是抓好"两头联查"，在夏蝗防治前和秋蝗防治后这个两头，地区植保站组织全区精干力量，对全区主要蝗区进行认真的摸底调查；地面机械化和承包责任制治蝗办法是沧州防蝗工作中的成功经验，均受到过农业部的推广；稳定队伍，就是从地区到县，防蝗站要稳定，专职防蝗干部要稳定，防蝗员要稳定；有准备，就是在防治前一定要做好药械的准备工作。通过这些措施，达到"狠治夏蝗，抑制秋蝗"的目的。1986年除治夏蝗，我们更是认真实行了这些经验。在5月28日至6月1日夏蝗除治前的联查时，引起了国家农牧渔业部和省农业厅的高度重视与关怀，农牧渔业部农业局副局长张世贤、处长周继汤、陈立辉，全国植保总站副站长李吉虎、高级农艺师王润黎等7人；省农业厅副厅长龚邦铎，省植保总站副站长杨志中、陆庆光，综合防治科副科长马跃辉等8人参加了这次联查，先后检查了我区东部6个蝗区县、场。联查后，农牧渔业部农业局副局长张世贤亲自下达了"情况已明，决心要大，紧急部署，立即除治"的治蝗动员令。通过各级治蝗专家的集体会诊，不但使我区在治蝗当中稳稳抓住了有利时机，而且还解决了很多治蝗中存在的问题。如盐山县原计划除治8.6万亩蝗虫，大家根据蝗情，向盐山县提出了"点片挑治"的意见，结果盐山县仅除治了4万亩蝗虫就圆满完成了治蝗任务。又如，在联查中发现海兴县蝗虫较多，中捷农场还有不少高密度群居型蝗蝻，但他们农药准备不足，地区及时为中捷调入2.5%六六六粉22吨，为海兴县调入敌马粉20吨、六六六粉140吨，及时解决了灭蝗农药不足的问题。又如，各县反映治蝗当中缺少技术人员进行指导，联查后龚邦铎副厅长指示省、地植保站联合组成一个调查组，在治蝗当中到各县巡回检查，加强技术指导，协助各县搞好治蝗工作。在治蝗物资准备方面，我们借助《人民日报》1986年4月16日关于"中国农业生产资料公司希望各级农资部门加强与农业部门的联系，及时备足农药资源，做好农药供应工作"的新闻报道。主动与地区农资公司联系，5月上旬，地区农业生产资料公司农药科孙文生科长向地区植保站提供了300余吨灭蝗农药的供货单，并采用"先使用，后付款"的结账方式，以最低的价格，最快的速度来支援灭蝗工作。至5月底，全区已备各种治蝗农药520吨，新购背负式动力机210台。通过大家的共同努力，1986年除治夏蝗91.93万亩，打药499.4吨，圆满完成了除治夏蝗的任务。至1988年，全区夏蝗发生75.52万亩，是1986年夏蝗发生面积的47.6%，至1989年，全区夏蝗仅发生60.49万亩，是1986年夏蝗发生面积的38.1%，通过2～3年的努力，我区不但消除了天津大港区迁飞蝗虫的影响，在防治蝗虫当中，我们又积累了很多宝贵的经验。

表6　1986年除治夏蝗物资准备情况

单位：吨，台

物资 县别	2.5%六六六粉	1%六六六粉	4%敌马粉	50%敌马合剂	新购背负式动力机
黄　骅	45		20	5.8	70
海　兴	30	150	30		51
南大港	22		20	0.2	5
中　捷	23	2.0	10	1.0	13
盐　山			10	2.0	24
孟　村			10	1.0	14
献　县		50			
机动数		68	20		33
合　计	120	270	120	10	210

蝗 灾 的 教 训

蝗灾，作为一种严重危害农作物的社会性虫灾，自中华人民共和国成立后就备受党和人民政府的关注，下大力气组织多学科力量攻关，研究根除蝗害问题。在周总理的关怀下，经过广大科技人员的共同努力，蝗灾终于被中国人民所控制，中华人民共和国成立后从未发生过东亚飞蝗大规模的跨省迁飞现象。但是，由于气候的影响，以及"文革"的干扰，使治蝗工作受到了严重影响，造成了飞蝗的反弹与回升。为了解决这个问题，1979 年 4 月，农业部召集江苏、安徽、山东、河南、河北、天津、内蒙古、新疆等省、自治区、直辖市主管治蝗工作的同志对治蝗工作专门进行了讨论和研究。5 月，国家农委转发农业部《关于继续加强我国飞蝗防治工作的报告》，明确指出："治蝗工作是一项长期的任务，要牢固树立常备不懈的思想。我国尚有 1 500 万亩蝗区没有改造，这些蝗区主要集中在人烟稀少的沿海、滨湖和河泛区。改造这些蝗区不像以往改造内涝蝗区容易，在侦查蝗情和防治工作上也比以往困难。而且蝗虫发生与气候条件极为密切，就是已改造的蝗区如连续几年干旱，蝗虫仍会发生危害。旧的蝗区改造了，还会出现新的蝗区。因此，应教育干部群众充分认识治蝗工作的反复性、艰巨性和长期性。只要存在着蝗虫发生的适生环境，蝗虫就会发生，在蝗虫的适生环境未改变之前，治蝗工作就不能停止。任何松懈麻痹思想，都会给我国的农业生产造成危害和损失。"

1979 年全国治蝗工作会议以后，治蝗工作虽然有了一些新的起色，但有些地区仍然存在着麻痹思想，对治蝗工作的长期性和艰巨性认识不足，撤销或合并了治蝗机构，致使专业治蝗队伍不够稳定，给治蝗工作带来了一定困难。为此，农业部于 1984 年 3 月，再次召开全国治蝗工作座谈会提高认识，加强对治蝗工作的领导。再次指出：对局部蝗区，控制蝗害是一个长期而艰巨的任务，决不能掉以轻心。但是，1985 年 9 月，天津大港区蝗虫还是起飞了，这是一次严重的事故，教训是深刻的。为了吸取教训，我以王国净同志在《人民日报》上发表的文章"蝗灾的教训"结束本文，以利今后在治蝗工作中不断取得好成绩。

蝗灾的教训（王国净）

某市属 4 个县有一个治蝗基地，在过去的数十年里，每年有关机构拨款 1 万元作为治蝗经费，从未发生过蝗虫灾害。年年 1 万，久而久之，县、乡政府感到与蝗虫相安无事，便逐渐放松了警惕，将 1 万元治蝗经费派作其他用场，错过了治蝗有利时机。

结果几十年未见到过的"壮观场面"再次出现：蝗虫肆虐千里，庄稼惨遭天祸。一急之下，市里匆忙拿出 30 万元专款紧急治蝗，接着又追加投资 60 万元巩固"战绩"。

蝗灾终于被治服了，损失巨大，教训深刻，而留给人们更多的是思考。违反客观规律，不持科学态度，仅凭侥幸心理办事，便是酿成这成悲剧的原因。类似情况并非绝无仅有，真切地希望各条战线、各行各业的领导同志，能够从这件事件中汲取教训，对一切不测事件尽可能做到防患于未然，切不可存有侥幸心理。

原载《人民日报》1986 年 1 月 15 日第五版

（八）东亚飞蝗蝗蝻种群密度与型变的关系

东亚飞蝗 [*Locusta migratoria manilensis* （Meyen）] 是世界性的一大害虫。它具有散居型、中间型和群居型三种形态，各型之间可随其密度的增减而互相转变。1921 年 Uvarov

就论述过蝗虫因其密度不同可产生群居型，首先创立了蝗虫型变说。1951 年 Key 也述及型变是由于其他原因所引起的对密度过剩的迁徙。Kennedy（1961）、内田（1972）等亦认为高密度可促进型变。但何种密度可导致型变，尚未见报道。为了探讨蝗蝻种群与型变的关系，研究其随密度变化而出现的不同生态型变规律，我们于 1988—1990 年对这一问题进行了研究，旨在为蝗虫防治提供理论依据。

一、材料和方法

东亚飞蝗蝗蝻由 1988 年 3 月采自平山岗南水库蝗区的蝗卵孵化而得，3 年所养蝗蝻均为该蝗卵繁殖的后代。饲养蝗蝻采用底面积为 1 平方米，高 0.8 米的木质尼龙纱饲养笼，置于沿海蝗区的黄骅市苇洼田中，笼内自生禾本科杂草，以供其取食。待饲养笼内蝗蝻发育至一龄时，按照试验设计，每笼（每平方米）分别放入 4、10、15、20、30、40、60、80、100 和 150 头，共 10 个处理，重复 3 次以上，连续 3 年观察了夏蝗在饲养笼内的变化情况。笼内蝗蝻性比为 1∶1。试验笼内蝗蝻管理做到：①保持笼内蝗蝻密度，发现死虫立即取出，并用形态一致，龄期相同的同性蝻补齐；②保持笼内饲料充足，不足时补喂新鲜芦叶或禾本科杂草 2～3 次，逐日清除笼内粪便和残料；③逐日调查并记载各试验笼内的蝗蝻蜕皮和型变情况。

除试验笼观察外，还结合进行野外调查。于夏蝗期，分别选沿海蝗区的黄骅市黄灶洼和河泛蝗区的献县张村，随机取样，对每平方米有蝗蝻 1.0、2.2、12.1、27.8、和 500.0 头等 5 种不同密度的生态型分布情况进行调查，与试验笼内结果相对照。

二、研究结果

1. 每平方米试验笼内有虫 4 头的处理，从一龄发育至成虫均不出现群居型个体，仅在成虫期出现 10％的中间型个体。

2. 有虫 10 头以上的各笼处理，均在二龄蝻期出现群居型个体，所占比例随密度增加而增长，到三至四龄蝻期，群居型个体比例达最高值。

3. 有虫 10 头的处理，在蝗蝻不同龄期可能出现群居型个体，但不稳定变幅较大。

4. 有虫 15 头以上，80 头以下的处理，到五龄蝻期群居型个体数量有所下降，下降趋势随密度增高而幅度变小。

5. 有虫 80 头以上的处理，到四至五龄蝻期群居型个体稳定在同一水平上，其中 100 头以上的处理全部为群居型，但进入成虫期后可出现 1.0％～5.3％中间型个体，使群居型个体略有下降。

6. 试验笼处理表明，同一龄期，处理密度不同，群居型个体所占比例也不同，二者呈指数回归关系：$y = ax^b$，式中，y 为群居型所占比例百分比，x 为处理密度。

7. 野外调查表明，田间蝗蝻密度每平方米达 10 头以下时，不会出现群居型个体；超过 10 头时，则有一定比例群居型个体产生，与试验笼观察结果基本一致。

三、小结与讨论

三年的研究，明确了东亚飞蝗蝗蝻的种群密度与型变的关系。当田间每平方米蝗蝻密度在 4 头以下时，在蝗虫的任何发育期均不产生群居型个体，但到成虫期会有中间型个体出现；达 10 头以上时，会出现群居型个体，其比例随虫口密度的增加而增加；达 80 头时，有 90％以上群居型个体产生。按理论公式计算，每平方米有蝗蝻 5 头时，由二龄蝗蝻发育至成虫，所出现的群居型个体比例分别为 6%、9%、7%、7.7% 和 5%。因此，当沿海荒洼蝗区田间蝗蝻密度平均每平方米 2 头以下，样点最高密度不超过 10 头时，如无群居型个体出现，可不进行防治，列为监视区，密切注意蝗情变化。反之，应积极组织开展药剂防治。河北省沧州地区应用这一研究结果，科学指导夏蝗防治，每年节省治蝗费达 31.9 万元。同时，减少了用药避免了污染。今后应对其型变的机制进行研究。（刘金良　张书敏　刘俊祥　李树林　王振庄　李建成　赵文臣）

原载《华北农学报》，1992（4）：142-143

（九）根本解决蝗灾的办法在哪里

——先进设备未必能从根本上取得最佳效果

沧州东部几个县、市、场的蝗虫至今已连续 5 年偏重发生，和往年一样，沧州市依然采用了大面积飞机喷药灭蝗的办法，基本防止了蝗虫成灾的问题。省、市领导在亲自督战飞机灭蝗的同时，提出了一个尖锐的问题——对于蝗灾，有没有一个彻底的解决办法？

办法有，就是生态综合治理法，即针对蝗虫的生长、产卵、孵化特性，采用综合方法，创造破坏其生长各环节的环境，在根本上达到遏制其大密度发生的效果，且优化了生态环境，可谓一举多得。这一办法是沧州师专孟德荣老师和市农业局刘金良高级农艺师到黄骅、南大港考察了蝗区后提出来的。目前，记者采访孟老师时，听他讲述了关于蝗灾防治的一些见解。

沧州东部蝗虫为何连年偏重发生

据介绍，蝗虫连年大暴发的原因，主要还是干旱。

由于气候连年持续干旱，干旱又使春季地温回升较快，有利于蝗虫的胚胎发育和孵化出土。

也是由于干旱，使蝗卵的霉变率低，蝗卵天敌寄生率低。由于蝗卵被自然界破坏较少，从而孵化率就较高。

三是暖冬气候使蝗卵越冬死亡率低。冬季是包括蝗卵在内所有虫卵的关口，过低的温度会造成一些虫卵死亡。但暖冬却降低了这种死亡率。

四是遗留残蝗密度高。飞机喷药灭蝗后还应选择那些残蝗密度较高的区域进行扫残。很显然，我们在这方面做得还不够。

还有一个问题也与干旱有关，即干旱导致水库干涸，农田耕作粗放或撂荒面积增大，这样使得适宜蝗虫生长、产卵、孵化的面积增大了。

此外，天敌的锐减，其控制作用微弱，生境没有得到治理也是重要原因。农药成为唯一控制手段后，蝗虫大发生的潜势并没有得到根本扭转，一遇适宜气候，蝗虫连年发生就成为必然。

如果干旱、扫残力度不足等问题依然存在，那么，日后蝗虫偏重发生的可能性还是不小的。因此，我们必须找出一个从根本上解决的办法。

了解蝗虫的生活习性，是制定克蝗方法的基础

蝗虫喜欢把卵产在植被稀疏的地方，要求土壤的硬度相对高一些，相对干燥些。其胚胎发育的起点温度是 15℃，孵化的最适宜温度是 25～30℃。孵化适宜土壤湿度为 18%～22%。

蝗虫的食谱主要是禾本科和莎草科植物，沧州市东部地区禾本科植物主要有玉米、高

梁、小麦、谷子、芦苇、狗尾草、马绊草、茅草等；莎草科主要有薹草、莎草等。对于红薯、花生、向日葵、苜蓿的茎、叶等，它不喜欢吃。

在它的天敌中，天敌鸟类有麻雀、普通燕鸻、环颈鸻、白额燕鸥、小云雀等；天敌爬行类主要有丽斑麻蜥（俗称车虎溜子、蝎虎子）等；天敌两栖类主要有青蛙和蟾蜍类；天敌昆虫类有雏蜂虻、拟麻蝇、虎甲、芫菁、螳螂等。此外，蜘蛛、寄生线虫、真菌等也是蝗虫的天敌。

据此，我们可以制定生态综合防治措施。

水库蝗区蓄水绿化，铲除蝗虫重要的滋生地

水库，有水是聚宝盆，无水便是蝗虫窝。沧州东部地区水库、水坑众多，但由于近些年来连续干旱，使大多数坑塘干涸、荒废，从而成为蝗虫产卵、孵化的理想场所。如像海兴的杨埕水库、南大港水库以及各种坑塘都浸上水，就可以减少蝗虫的繁殖地。

如果沧州东部的水库、坑塘都蓄上水，不仅蝗虫少了，有利于芦苇生长，促进渔业生产，可以取得很好的经济效益，又可以招引益鸟，从而进一步控制蝗虫，还可以发展旅游。既有经济效益，又有社会效益，兼有生态效益。

记者了解到，今年沧州市飞机灭蝗的投入在数百万之多，如果用这笔钱还给水库浸水，会有相当好的效果。

水库浸水以后，蝗虫产卵场所可能上移至岗坡，因此，一定要注意搞好岗坡上的植树造林，增加植被盖度。在这方面，要注意乔、灌木结合。

乔、灌结合是为了增加湿度，降低温度。绿化上去了，鸟也飞来了，地表的菌类、线虫等蝗虫天敌也会多起来，从而发挥天敌对蝗虫的控制作用。

孟老师说，在灌木的选择上，要注意选择那些抗碱、耐旱的品种，如紫穗槐、红荆条、柽柳、枸杞、酸枣等。

这样，蓄水和绿化相结合，就会把水库的蝗虫滋生地铲除掉。对碱荒地、耕作粗放的农田进行综合治理，恶化蝗虫食物源和生长场所。在沧州东部，有大量的耕作粗放的农田、碱荒地，这些都是蝗虫适宜生长的场所。如何化废为宝呢？孟老师认为可采取三项措施，一是大力发展技术上已经成熟的苦咸水养殖技术，二是调整现在的种植结构，三是宜林地区进行绿化。

海兴、黄骅、中捷、南大港具备开挖水库、发展苦咸水养殖的条件。苦咸水养殖池的作用和水库类似，同样是灭蝗和三重效益兼得的大好事。从长远看，如果南水北调至沧州市以后，这些池可以蓄淡水，进行淡水养殖和灌溉，改造农田，如遇洪涝，还可以发挥其泄洪作用。

调整种植结构，就是在蝗虫严重发生地，改变以往的种植品种，如高粱、谷子等，改种芝麻、红薯、棉花、花生、苜蓿等，恶化蝗虫的食物条件。要特别强调种苜蓿，它抗碱耐旱，具有较高的经济效益。各地要借沧州市东部重点发展饲草业、畜牧业的政策，加大苜蓿的种植面积。

此外，撂荒地也应根据情况，进行绿化。

保护野生动物，保护蝗虫的天敌

加强鸟类和蛙类的保护，对于沧州市东部已是一个很迫切的任务。

蝗虫天敌减少的原因一个是干旱——蛙类产卵繁殖场所、鸟类的饮水源减少，土壤里蝗虫寄生的线虫减少。

第二是农药、除草剂的使用。农药会杀死那些蝗虫的天敌昆虫，那些捕食性天敌如鸟、蛙、蜥蜴，吃了这些被毒杀的蝗虫或其他昆虫后造成二次中毒死亡，即使不死亡，也可能会因为生理影响，导致繁殖失败，最终使天敌数量减少。

第三是人为活动的影响。破坏植被，破坏环境，导致天敌栖息、繁殖场所减少甚至丧失，更不用说那些捕猎、毒杀、破坏鸟巢、鸟卵、捕捉青蛙等行为了。

因此，我们必须对中小学生和农民加强教育，不要捕杀野生动物，在选择农药时尽量选择那些低毒、低残留的品种，使它们对天敌的不利影响降到最低。

执法部门一定切实坚决打击各种捕猎鸟类和蛙类的不法行为，要教育消费者养成不食用野生鸟类和蛙类的文明习惯。

大自然自己有维持生态平衡的能力，那就是循环的食物链，如果我们把这一生物链完整地还给大自然，蝗虫不会持续、长期偏重发生的。

飞机喷药治蝗的生态代价

孟老师说，飞机灭蝗只能作为一个应急措施，而不应该视为治本之策。从长远看，它带来了环境问题，恶化了这一地区的生态环境，导致天敌数量进一步减少，陷入蝗虫暴发的恶性循环。因此它只是治标之策，真正的治本之法，就是扶持大自然自身的平衡能力，把一个健全的生态环境还给大自然。这样，我们人类可以"无为而治"。

原载《沧州晚报》，2002 年 6 月 28 日第七版

（本报记者　李宗兆、魏志广）

五、治蝗书选

（一）《捕蝗必览》（清）陆曾禹撰

注：此书原载《钦定康济录·卷之四》，鄂尔泰总阅，乾隆四年（1739 年）刊。该资料来源于中国农业科学院图书馆。

捕　蝗　总　论

小雅大田之诗曰："去其螟螣，及其蟊贼，无害我田稚，田祖有神，秉畀炎火。"其后姚崇遣使捕蝗，即引此诗为证，然其说未详，而其法亦未大备，世云：蝗有蒸变而成者，有延及而生者。不知延及而生，实始于蒸变而成，若致力水涯，不容蒸变，祸端绝矣。既成之后，非多人不能扑灭。古人言：法在不惜常平义仓米粟，博换蝗蝻，虽不驱之使捕，而四远自辐辏矣。尚克减迟滞，则捕者气沮，诚哉是言也。故将蝗之始末盛衰条分于后，盖知之详，则治之切，以助为政者之万一耳。

1. **蝗之所自起**　蝗之起，必先见于大泽之涯及骤盈骤涸之处。崇祯时徐光启疏：以蝗为虾子所变而成，确不可易。在水常盈之处，则仍又为虾，惟有水之际，倏而大涸，草留涯际，虾子附之。既不得水，春夏郁蒸，乘湿热之气，变而为蝻，其理必然。故涸泽有蝗，苇地有蝗，无容疑也。

任昉《述异记》云：江中鱼化为蝗，而食五谷。《太平御览》云：丰年蝗变为虾。此一证也。《尔雅翼》言：虾善游而好跃，蝻亦好跃。此又一证也。有一僧云：蝗有二须，虾化者须在目上，蝗子入土孳生者，须在目下，以此可别。

2. **蝗之所由生**　蝗既成矣，则生其子，必择坚垎黑土高亢之处，用尾栽入土中，其子深不及寸，仍留孔窍，势如蜂窝。一蝗所下十余，形如豆粒，中止白汁，渐次充实，因而分颗，一粒中即有细子百余。盖蝻之生也，群飞群食。其子之下也，必同时同地，故形若蜂房，易寻觅也。

老农云：蝻之初生如米粟，不数日而大如蝇，能跳跃群行，是名为蝻。又数日群飞而起，是名为蝗。所止之处，喙不停啮，故《易林》名为饥虫。又数日而孕子于地，地下之子，十八日复为蝻，蝻复为蝗。循环相生，害之所以广也。

3. **蝗之所最盛**　蝗之所最盛而昌炽之时，莫过于夏秋之间。其时百谷正将成熟，农家辛苦拮据，百费而至此，适与相当，不足以供一啖之需，是可恨也。

按春秋至于胜国，其蝗灾书月者，一百一十有一，内书二月者二，书三月者三，书四月者十九，书五月者二十，书六月者三十一，书七月者二十，书八月者十二，书九月者一，书十二月者三[①]。以此观之，其盛衰亦有时也。

4. **蝗之所不食**　蝗所不食者，豌豆、绿豆、豇豆、大麻、苘麻、芝麻、薯蓣及芋、桑。水中菱、芡，蝗亦不食。若将秆草灰、石灰二者等分为细末，或洒或筛于禾稻之上，蝗则不食。

有王祯《农书》及吴遵路诸事可考，植之，不但不为其所食，而且可大获其利。

5. **蝗之所自避**　良守之所在，蝗必避其境而不入，故有牧民之责者，果能以生民为己任，省刑罚，薄税敛，直冤枉，急赈济，洗心涤虑，虽或有蝗，亦将归于乌有，而不为害矣。

如卓茂、宋均、鲁恭诸君子，载在前集，皆斑斑可考也。

6. **蝗之所宜祷**　蝗有祷之而不伤禾稼者，祷之未始不可，如祷而无益，徒事祭拜，坐视其食苗，其祷也，不亦大可冷齿耶。

万历四十四年六月，丹阳有蝗从西北来，蔽天翳日，民争刲羊豕祷于神，有蒲大王者，尤号灵异，凡祷之家，只啮竹树荚芦，不及五谷。有一朱姓者，牲酹悉具，见蝗已过，遂止而不祷，须臾蝗复回，集于朱田，凡七亩，尽啮而去，邻苗不损一颗，其事亦可异也。至于开元四年，山东大蝗，祭拜之，而坐视其食苗，此一祷也，不可谓愚之至哉。

7. **蝗之所畏惧**　飞蝗见树木成行，或旌旗森列，每翔而不下，农家若多用长竿，挂红白衣裙，群然而逐，亦不下也。又畏金声炮声，闻之远举。鸟铳入铁砂或稻米，击其前行，前行惊奋，后者随之而去矣。

凡蝗所住之处，片草不存，一落田间，顷刻千亩皆尽，故欲逐之，非此数法不可。以类而推，爆竹流星，皆其所惧，红绿纸旗，亦可用也。

8. **蝗之所可用**　蝗若去其翅足，曝干，味同虾米，且可久贮而不坏，以之食畜，可获重利。

---

① 见（明）徐光启《农政全书·除蝗疏》。

（明）陈龙正曰：蝗可和野菜煮食，见于范仲淹疏中。崇祯辛巳年（1641 年）嘉湖旱蝗，乡民捕蝗饲鸭，鸭最易大而且肥。又山中人养猪，无钱买食，捕蝗以饲之。其猪初重止二十斤，旬日之间，肥而且大，即重五十余斤。始知蝗可供猪鸭，此亦世间之物性，有宜于此者矣。又有云：蝗性热，积久而后用更佳。

9. **蝗之所由除** 蝗在麦田禾稼深草之中者。每日清晨，尽聚草梢食露，体重不能飞跃，宜用筲箕、栲栳之类，左右抄掠，倾入布囊，或蒸或煮，或捣或焙，或掘坑焚火倾入其中，若只掩埋，隔宿多能穴地而出。

蝗在平地上者。宜掘坑于前，长阔为佳，两旁用板或门扇等类，接连八字摆列。集众发喊，手执木板，驱而逐之，入于坑内。又于对坑用扫帚十数把，见其跳跃往上者，尽行扫入，覆以干草，发火烧之。然其下终是不死，须以土压之，过一宿乃可。一法先燃火于坑内，然后驱而入之。《诗》云：去其螟螣，及其蟊贼，毋害我田稚，田祖有神，秉畀炎火。此即是也。

蝗若在飞腾之际。蔽天翳日，又能渡水，扑治不及，当候其所落之处，纠集人众，各用绳兜兜取，盛于布袋之内，而后致之死。

此上三种之蝗，见其既死，仍集前次用力之人，畀向官司，或钱或米，易而均分。否则有产者或肯出力，无产者谁肯殷勤？古人立法之妙，亦尝见之于累朝矣。列之于后。

10. **蝗之所可灭** 有灭于未萌之前者。督抚官宜令有司，查地方有湖荡水涯及乍盈乍涸之处，水草积于其中者，即集多人，给其工食，侵水芟刈，敛置高处，待其干燥，以作柴薪。如不可用，就地烧之。

有灭于将萌之际者。凡蝗遗子在地，有司当令居民里老，时加寻视。但见土脉坟起，即便去除，不可稍迟时刻，将子到官，易粟听赏。

有灭于初生如蚁之时者。用竹作搭，非惟击之不死，且易损坏。宜用旧皮鞋底，或草鞋旧鞋之类，蹲地掴搭，应手而毙，且狭小不伤损苗种。一张牛皮，可裁数十枚，散于甲头，复可收之。闻外国亦用此法。

有灭于成形之后者。既名为蝻，须开沟打捕，掘一长沟，沟之深广各二尺。沟中相去丈许，即作一坑，以便埋掩。多集人众，不论老幼沿沟摆列，或持扫帚，或持打扑器具，或持铁锸，每五十人用一人鸣锣，蝻闻金声，则必跳跃，渐逐近沟，锣则大击不止，蝻惊入沟中，势如注水，众各用力，扫者自扫，扑者自扑，埋者自埋，至沟坑俱满而止。一村如此，村村若此，一邑如是，邑邑皆然，何患蝻之不尽灭也。

〖谨案〗四法果能行之，于未成、将成、已成之后，丑类自灭，何至蝗阵如云，荒田如海，但穷民非食不生，苟不厚给，活其身家，谁肯多人合力，不尽灭之而已哉，虽然，给之厚矣，有司若不亲加料理，乌知弗为吏胥之所侵食也。故扑除之法有二：一在责重有司，一在厚给众力。敢录前人之善政，以为后世之芳规，视之者，幸无忽焉。

• 责重有司之例

（唐）开元四年夏五月，敕委使者详察州县勤惰者，各以名闻。

〖谨案〗有此明诏，有司尚敢因循而不捕乎。故连岁蝗灾而不至大饥者，罚在有司故也。

（宋）淳熙敕：诸蝗初生若飞落，地主邻人隐蔽不言，耆保不即时申举扑除者，各杖一百，许人告报，当职官承报不受理，及受理而不亲临扑除，或扑除未尽，而妄申尽净者，各加二等。

　　〖谨案〗此敕初责地主邻人，未尝不是末重当职官员，尤为敦本之论，得捕蝗之要法，所欠
　　　　者，耆保诸人，告而能捕者，绝无赏给，尚无以为鼓舞之道耳。

　　（明）永乐九年，令吏部行文各处有司，春初差人巡视境内，遇有蝗虫初生，设法捕扑，
务要尽绝。如或坐视，致令滋漫为患者，罪之。若布、按二司不行严督所属巡视打捕者，亦
罪之。每年九月行文至十月，再令兵部行文军卫，永为定例。

　　〖谨案〗此则专罪有司之不力，而又委其任于布、按，噫，法至是而无以加矣。昔徐光启疏
　　　　中有云：主持在各抚按，勤事在各郡邑，尽力在各小民，美哉数语也。又陈芳生有
　　　　云：捕蝗之令，当严责其有司，盖亦一家哭何如一路哭之意，古之良吏，蝗不入
　　　　境，有事于捕，已可愧矣，捕复不力，虽严罚岂为过耶，斯言诚可采也。

　　· 厚给捕蝗之例

　　（晋）天福七年，飞蝗为灾，诏有蝗处不论军民人等，捕蝗一斗者，即以粟一斗易之，
有司官员，捕蝗使者，不得少有掯滞。

　　〖谨案〗捕蝗一斗，得粟一斗，非捕蝗而捕粟矣，小民何乐而不为，有司若果奉行，蝗必尽
　　　　捕而无疑矣。

　　（宋）熙宁八年八月，诏有蝗蝻处，委县令佐，躬亲打扑，如地方广阔，分差通判职官、
监司提举分任其事，仍募人得蝻五升或蝗一斗，给细色谷一斗，蝗种一升，给粗色谷二升。
给银钱者，以中等值与之，仍委官烧瘗，监司差官覆按，倘有穿掘打扑，损伤苗种者，除其
税，仍计价，官给地主钱数。

　　〖谨案〗此诏给谷既云详尽，而又偿及地主所损之苗，不但免税，而且偿其价数，噫，捕蝗
　　　　而至此诏，可云无间然矣。

　　绍兴间，朱熹捕蝗，募民得蝗之大者，一斗给钱一百文，得蝗之小者，每升给钱五
百文。

　　〖谨案〗蝗蝻有大小之分，贤者别之最清，盖害人之物，除之宜早，不可令其长大而肆毒
　　　　也，故捕蝗者，不可惜费。得蝗之小者宁多给之，而勿吝也。盖小时一升，大则岂
　　　　止数石，文公给钱，大小迥异，不可为捕蝗之良法欤。

　　（明）万历四十四年，御史过庭训山东赈饥疏内有云：捕蝗男妇，皆饥饿之人，如一面
捕蝗，一面归家吃饭，未免稽迟时候，遂向市上买面做饼，挑于有蝗去处，不论远近大小男
女，但能捉得蝗虫与蝗子一升者，换饼三十个。又查得崮山邻近两厂，领粮饥民一千零二十
名，令其报效朝廷，今后将彼地蝗虫或蝗子，捕半升者方给米面一升，以为五日之粮。如
无，不准给与。

　　〖谨案〗过御史何见之不广，而责效甚速也。尹铎之保障晋阳，冯欢之焚券薛地，何尝责其
　　　　必报，然亦未尝不报也。今过御史命人担饼易蝗，亦云小惠，且崮山饥民，升数之
　　　　粟，必令有蝗而始给彼。老弱残疾，艰于行动，力不能捕蝗者，不尽死于此疏耶。

　　凡欲行捕蝗之法，可见不外严责有司，厚给捕者而已，但二者相因为用，缺一不可。要
知捕蝗易粟，官亦易于励众，众亦乐于从官，若使不准开销，于何取给，不亦仍成画饼耶，
故天子不可惜费，近臣不可蒙蔽，君臣一体，朝野同心，再法十宜而力行之，何患乎蝗之不
除，而蝻之不灭哉。

　　一宜，委官分任。

　　责虽在于有司，倘地方广大不能遍阅，应委佐贰、学职等员，资其路费，分其地段，注

明底册，每年于十月内，令彼多率民夫，给以工食，芟除水草，于骤盈骤涸之处及遗子地方，搜锄务尽。称职者申请擢用，遗恶者记过待罚。

二宜，无使隐匿。

向系无蝗之地，今忽有之，地主邻人果即申报，除易米之外，再赏三日之粮，如敢隐匿不言，被人首告，首人赏十日之粮，隐匿地主各与杖警，即差初委官员速往搜除，无使蔓延获罪。

三宜，多写告示。

张挂四境。不论男妇小儿，捕蝗一斗者，以米一斗易之。得蝻五升者，遗子二升者，皆以米三斗易之，盖蝻与遗子小而少故也。如蝗来既多，量之不暇遍，秤称三十斤作一石，亦古之制也，日可称千余斤矣。惟蝻与子，不可一例同称，当以文公朱夫子之法为法也。

四宜，广置器具。

蝗之所畏服者，火炮、彩旗、金锣及扫帚、栲栳、筲箕之类。乡人一时不能备办，有司当为广置，给与各厂社长，分发多人，令其领用，事毕归缴，庶不徒手彷徨，此即工欲善其事，必先利其器之意也。

五宜，三里一厂。

为易蝗之所，令忠厚温饱社长、社副司之，执笔者一人，协力者三人，共勤其事，出入有簿，三日一报，以凭稽察。敢有冒破，从重处分。使捕蝗易米者，无远涉之苦，无久待之嗟，无挤踏之患。

六宜，厚给工食。

凡社长、社副、执笔等人，有弊者既当重罚，无弊者岂可不赏，或给冠带，或送门匾，或免徭役，随其所欲而与之。其任事之时，社长、社副、执笔者共三人，每日各给五升；斛手二人，协力者一人，每日共给一斗。分其高下，而令人乐趋。

七宜，急偿损坏。

因捕蝗蝻，损坏人家禾稼，田地既无所收，当照亩数，除其税粮，还其工本，俱依成熟所收之数而偿之。先偿其七，余三分看四边田邻所收而加足，勿令久于怨望。

八宜，净米大钱。

凡换蝗蝻，不得插和秕谷糠秕。如或给银，照米价分发，不许低昂。如若散钱，亦若银例，不许加入低薄小钱。巡视官应不时访察，以办公私。

九宜，稽察用人。

社长、社副等有弊无弊，诚伪何如，用钟御史拾遗法以知之。公平者立赏，侵欺者立罚，周流环视，同于粥厂，其弊自除。

十宜，立参不职。

躬亲民牧，纵虫杀人，倪若水见诮于当时，卢怀慎遗讥于后世。飞蝗尚不能为之灭，饥贼岂能使之除？司道不揭，督抚安存？甚矣，有司之不可怠于从事也。

〖谨案〗蝗之为害，甚于水旱，民之不能去尽者，以无良法故也。今以十所阐发蝗之生灭，以十宜细说蝗之可除，曷勿事之。且古之圣王，川泽有禁，山野有官，既不滥杀，其肯纵恶，此即驱虎豹蛇龙之意也。

（宋）王荆公罢相镇金陵。是秋，江左大蝗。有无名子题诗赏心亭曰：青苗免疫两妨农，天下嗷嗷怨相公，惟有蝗虫感盛德，又随钧斾过江东。荆公一日饯客，至亭上，览之不悦，命左右物色之，竟莫能得。

　　〖谨案〗古云：瑞不虚呈，必应圣哲，妖不自作，必候昏淫。荆公恃才妄作，天怒人怨，乖

　　　　　戾之气随之而行。势所必有，不思扑灭蝗蝻，反欲捕捉诗人，即或得之，亦不过江

　　　　　左之诗人，而能捕天下后世之诗人哉，识见不达，新法可知，怨者多矣。

钱穆甫为如皋令，会岁旱，蝗大起，而泰兴令独给郡将云：县界无蝗，已而蝗亦大起。郡将诘之，令辞穷，乃言县本无蝗，盖自如皋飞来。仍檄如皋，请严捕蝗，无使侵邻境。穆甫得檄，书其纸尾，报之曰：蝗虫本是天灾，实非县令不才，既是敝邑飞去，却请贵县押来。未几，传至郡下，无不绝倒。

　　〖谨案〗二令皆可罢也。当此飞蝗食稼，困害良民之际，不思自罪，敬警格天。一欲委罪于

　　　　　人，一以批辞为戏，则其平日之政，必不善矣，可受百里生民之寄乎。

贺德邵号戎奄，湖广荆门人，为诸生时，徒步入城，路过麻城，拾遗金二百两，留三日，待其人来，举而还之。后宰临邑，遇荒旱设法赈济，全活数万人。邻境之蝗蝻云湧，而临邑独无，人皆异之，至今从祀不绝。

　　〖谨案〗仰不愧于天，俯不怍于人，始可为政。贺君昼返遗金，岂来暮夜，此蝗蝻之所以不

　　　　　入其境也。如以有为无除之不急，其为害也，不特伤稼，且将食人，宁独蔽天而

　　　　　已哉。

（明）顾仲礼，保定人，幼孤事母至孝。遇岁凶，负母就养他郡，七年始归。时蝗虫遍野，食其田苗，仲礼泣曰：吾将何以为养母之资乎。言未几，狂风大起，蝗虫尽被吹散，苗得不伤。

　　〖谨案〗人知官清，则蝗不入其境。不知人孝，则风亦能吹之而散。所以忠孝感神，捷如桴

　　　　　鼓，怨天尤人者，徒自增其罪戾耳。

（二）《捕蝗图说一卷　要说一卷》

（清）钱炘和辑　咸丰六年（1856 年）刻本

　　本文选自《四库未收书辑刊》·拾辑·四册，四库未收书辑刊编纂委员会编，北京出版社，2000 年，国家图书馆存书。

　　窃炘和滇南下士，通籍后，分发川省，备员十稔，调任畿疆守津九载，深悉民风。本年春蒙恩超擢，旬宣竞业，自持未尝稍懈惟是，直隶虽素淳厚，近因水旱频仍，兵差络绎，户鲜盖藏，民多菜色，亟求图治之方，庶几，俱臻丰稔。乃入春后，雨泽频沾，来牟有庆，六月，即患雨多，交秋又复燠旱，永定决口，黄水横流，患旱患虫不一而足。正深焦灼，忽于七月二十六日申酉之间，又有飞蝗自西南而来，飞过经时停落何方，未据州县具报，已分委确查。但民瘼攸关，颇深忧惧。兹查有旧存捕蝗要说二十则，图说十二幅，语简意赅，实捕蝗之要诀。爰付剞劂，通行查办，俾各牧令有所依据，仿照扑捕，或亦消患未萌转歉为丰之一助云尔。

　　　　　　　　　　咸丰六年七月抄直隶布政使司钱炘和并识

　　"捕蝗图说"十二幅（选用民国四年王亿年《捕蝗纪略》绘制之图）。

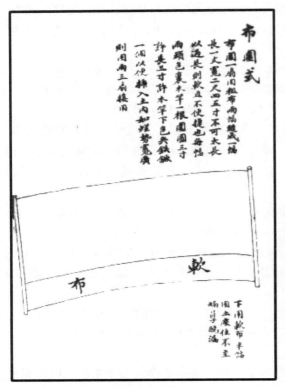

布围式

布围一扇用粗布两幅缝成一幅
长一丈宽二尺四五寸不可太长
以逐长则欹且不便走捷每幅
两头包裹木竿一根围三寸
许长三寸许下包夹铁镰
一扇以便捧入土内如蝗势宽广
则围两三扇接用

下用软布牢缚
用土庆住不走
蝗卒脱逃

软
布

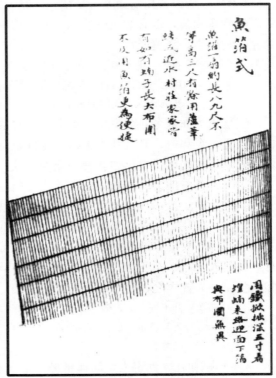

鱼笤式

鱼笤一扇则长八九尺不
等高三尺有除用芦苇
结成近水村庄家家省
有如有蝻子长大布围
不及用鱼笤更为便捷

用铁镰拔深五寸高
蝗蝻来城迎而下笤
与布围无异

抄袋式

有翅之蝗露尚未乾
虽不能飞提则跳去
者用小鱼斗及菱角
小口袋抄之

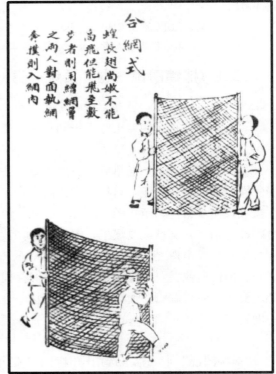

合网式

蝗长翅尚嫩不能
高飞但能飞丈数
步者则用绘绸胃
之两人对面执网
奋扑则入网内

人穿式
蝗性迎人用幼童
在圍中迎面奔走
則蝗撲人跳躍如
此數次則悉入坑
内

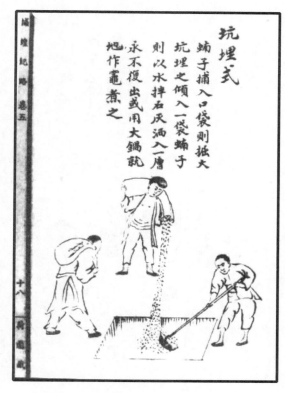

坑埋式
蝻子捕入口袋則掘大
坑埋之傾入一袋則蝻子
則以水拌石灰洒入一層
永不復出或用大鍋就
地作竈煮之

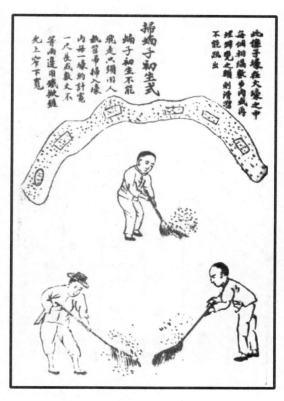

此係手壩在大壤之中
每個相隔數步内或用
壩捕兒之類則滑習
不能跳出
掃蝻子初生式
蝻子初生不能
飛走只須用人
執箒帚掃壤
内每一壞約計寬
一尺長成數丈不
等兩邊圍鐵鍬雞
光上窄下寬

撲半大蝻子布圍式
此用布圍與箔同
蝻子來路已淨則
空而亦合圍撲之

撲半大蝻子菹圍式

兩面圍菹徬掘大坑
中用子埝前用夫圍
打空一面迎風以待其
未刊蝗時入圍

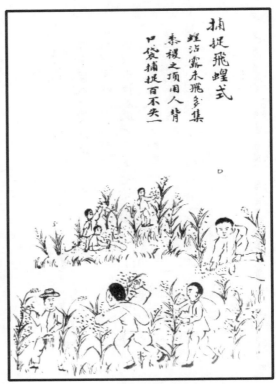

捕捉飛蝗式

蝗沾露未飛多集
黍穄之頂用人背
口袋捕捉百不失一

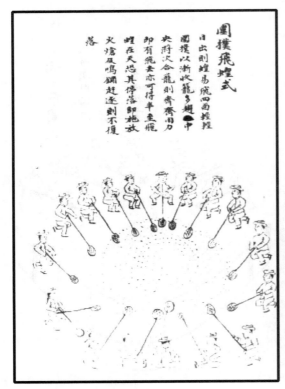

圍撲飛蝗式

日出則蝗易飛四面撲捉
圍撲以漸收籠多趕中
央將次合籠則齊齊用刀
即有飛去亦可得半至蝗
蝗在天恐其停落即地放
火熔及鳴鑼趕逐則不復
落

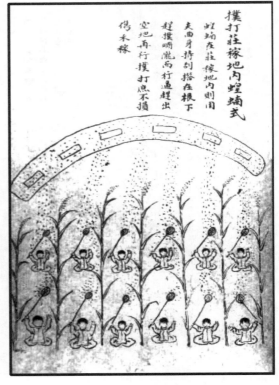

撲打莊稼地內蝗蝻式

蝗蝻在莊稼地內則用
夫曲身持刮搭在根下
趕撲晒隴而行遇趕出
空地再行撲打愿不損
傷禾稼

"捕蝗要说"二十则。

——辨蝗之种

蝗蝻之种有二。其一则上年有蝗遗生孽种，次年一交夏令即出土滋生；其一则低洼之地鱼虾所生之子，日蒸风烈变而为蝗。大抵沮洳卑湿之区最易产此，唯当先事预防庶免滋蔓贻害。

——别蝗之候

飞蝗一生九十九子。先后二蛆，一蛆在下一蛆在上，引之入土，及其出也。一蛆在上一蛆在下推之出土，出土已毕则二蛆皆毙。大抵四月即患萌动，十八日而能飞交，白露西北风起则抱草而死，其五六月间出者，生子入土又十八日即出土，亦有不待十八日而即出土者，如久旱竟至三次，第三次飞蝗生子入土，则须待明岁五六月方出。

——识蝗之性

蝗性顺风。西北风起则行向东南，东南风起则行向西北，亦间有逆风行者，大约顺风时多。每行必有头，有最大色黄者领之，使行扑捕者刨坑下箔，去头须远，若惊其头，则四散难治矣。蝗性喜迎人，人往东行，则蝗趋西去，人往北去，则蝗向南来，欲使入坑，则以人穿之。蝗喜食高粱、谷、稗之类，黑豆、芝麻等物，或叶味苦涩或甲厚有毛，皆不能食。

——分蝗之形

蝗初出土，色黑如烟，如蚊如蟻，渐而如蚁如蝇，两三日渐大，日行数里至十余里不等，并能结球渡水。数日后，倒挂草根，蜕去黑皮，则变而红赤色，又十余日再倒挂草根，蜕去红皮，则变而为淡黄色，即生两翅。初时，两翅软薄，跳而不飞，迨上草地晾翅，见日则硬，再经雨后溽热熏蒸，则飞扬四散矣。至间有青色、灰色，其形如蝗者，此名土蚂蚱，又谓之跳八尺，不伤禾稼，宜辨之。又蝗蝻正盛时，忽有红黑色小虫来往阡陌，飞游甚速，见蝗则啮，啮则立毙，土人相庆，呼为气不愤，不数日内，则蝗皆绝迹矣。

——买未出蝻子

蝗虫下子多在高埂坚硬之处，以尾插入土中，次年出土，虽不能必其下于何处，然亦可略约得之。每年严饬护田夫刨挖，大抵有名无实，惟有收买之法，每蝻子一升给米一斗，庶田夫可以出力。

——捕初生蝻子

蝻子初生形如蚊蚁，总因惰农不治，以致滋蔓难图，应乘其初出时用扫帚急扫，以口袋装之，如多，则急刨沟入之，无不扑灭净尽。

——捕半大蝗蝻

蝻子渐大，必须扑捕，雇夫既齐，五鼓时鸣金集众，每十人以一役领之，鱼贯而行至厂，于蝗集甚厚处所，或百人一围，或数百人一围，视蝗之宽广以为准。每人将手中所持扑击之物彼此相持，接连不断，布而成围，则人夫均匀，不至疏密不齐。既齐之后，席地而坐，举手扑打，由远而近，由缓而急，此处既净，再往彼处，一处毕，事稍休息，以养民力，自可奋勇趋事。

——捕长翅飞蝗

蝗至成翅能飞则尤为难治，惟入夜则露水沾濡不能奋飞，且漏夜黎明率众捕捉，及天明日出则露干翅硬见人则起，宜看其停落宽厚处所，用夫四面圈围扑击，此起彼落，此重彼轻，不可太骤，不可太响，则彼向中跳跃，渐次收拢逼紧，一人喝声，则万夫齐力，乘其未起奋勇扑之，则十可歼八，否则惊飞群起，百不得一矣。交午则雌雄相配，尽上大道，此时亦易扑打，宜散夫寻扑，不必用围。

——布围之法

蝗蝻来时，骤如风雨，必须迎风先下布围，如无布围，则取鱼苇箔代之，但箔稍疏，间有乘隙而过者，宜用人立于箔后，手持柳枝，视蝗集箔上即随手扫之，围圈既立，网开一面，以迎蝻子来路，如在正北下围，则东西面用人围之，正南则空之，以待其来，来则顺风趋箔，尽入沟坑之中。

——人穿之法

围箔立后，争趋箔中，但其行或速或缓，亦有于围中滚结成团，不复飞跳者，则宜用人夫由北飞奔往南，彼见人则直趋往北，人夫至南，则沿箔绕至北面，再由北飞奔往南，如此十余次或数十次，则咸入瓮中矣。

——刨坑之法

蝻子色变黄赤时，跳跃甚速，宜多挖壕坑，先察看蝻子头向何处，即于何处挖壕，但不可太近，以近则易惊蝻子之头，彼即改道而去，且恐壕未成而蝻子已来，则将过壕而逸也。其壕约以一尺宽为率，长则数丈不等，两旁宜用铁锹铲光，上窄而下宽，则入壕者不能复出。壕深以三尺为率，一壕之中再挖子壕，或三四个，四五个不等，其形长方，较大壕再深尺余，或于子壕中埋一瓦瓮，凡入壕蝻子皆趋子壕，滚结成球，即不收捉，亦不能出。

——火攻之法

飞蝗见火则争趋投扑。往往落地后，见月色则飞起空中。则迎面刨坑，堆积芦苇举火其中，彼见火则投，多有就灭者，然无月时则投扑方多。

——分别人夫

人夫有老幼之殊，强弱之别，灵蠢之分，万不能尽使精壮丁夫前来应命，必须亲为检择，驱使得宜。如刨坑挖壕则须强壮，彼此轮流用力；衰老者则使之执持柳枝，看守布箔，勿使蝻子偷漏；幼小者令入围穿跑，使蝻子迎人入瓮；手眼灵敏者，使之守瓮，满则装载入袋，如此区分，则各得其用矣。

——齐集器具

器具不全，则事倍而功半。刨坑下箔，需用铁锹、木掀、铁锄、铁镐；围打蝻子，则需用布帐、苇箔及水缸、瓦瓮；扑打则需用鞋底、刮搭、竹扫帚、杨柳枝；网取飞蝗，则需用大鱼网、小鱼罾及菱角抄袋、粗布口袋。每人须另携带干粮并带水稍，每百人派二人汲水供饮，不致临时病渴。

——论斤赏钱

重赏之下必有勇夫，每日所雇之夫给与钱文，如大片蝗蝻已净，其零星散漫不能布围者，即酌量蝗势多寡限定斤数，此一日或扑或捕，至晚总须交完几斤方足定数。此数之外，再多一斤，给钱或十文五文，再多二斤，给钱或十文二十文，如此，则扑捕倍切勤奋矣。

——设厂收买

设厂择附近适中之地，最宜庙宇。有蝗处少则立一厂，有蝗处多则立数厂，或同城教佐，或亲信戚友搭盖席棚，明张告示，不拘男妇大小人等，于雇夫之外，捕得活者或五文一斤，或十文一斤，或二三十文一斤，蝗多则钱可少，蝗少则价宜多，男妇人等闻重价收买，则漏夜下田争趋捕捉，较之扑打，其功十倍。一面收买，一面设立大锅，将买下之蝗随手煮之，永无后患。亦可刨坑掩埋，但恐生死各半，仍可出土，不如锅煮为妙，但须随时稽察，恐捕得隔邻之蝗争来易米，则邻邑转安坐不办，将买之不胜其买矣。

——查厂必亲

行军之法，躬先矢石，则将士用命。捕蝗亦然，每日必须亲身赴厂，骑马周历，跟随一二仆从，毋得坐轿携带多人虚应故事，到厂后，既设立围场，即宜身入围中，见有扑打不用力、搜捕不如法及器具不利，疏密不匀者，随时指示明白告戒，怠惰者惩戒之，勤奋者奖赏之。饮食坐立均宜在厂，如此，则夫役见本官如此勤劳，自然出力，若委之吏役家丁，彼既不认真办理，亦必不得法，终属无益。

——祈祷必诚

乡民谓蝗为神虫，言其来去无定，且此疆彼界或食或不食如有神，然有蝗之始，宜虔诚致祭于八蜡神前默为祷，祝令民共见共闻。如不出境，则集夫搜捕，务使净绝根株，亦以尽守土之职耳。

——勿派乡夫

乡村愚民既有私心，又多懒惰，捕蝗本非所乐，若再出票差，经乡保派拨，势必需索使费，派报不公，且穷苦黎民亦难枵腹从事。宜捐廉办理，人给大制钱四十文或五十文，俾有两餐之资，则自乐于从事矣。

——勿伤禾稼

农民最畏捕蝗，首在伤损禾稼，宜晓示明白，如有践踏田禾者，立即惩治。先从高粱、糜、稷丛中哄出空闲处所，然后扑击，如一望茂密别无隙地，则用鞋底刮搭（用旧鞋底，前后夹以竹片以绳缚之，扑击最为得力，乡民谓曰刮搭），从高粱根下扑之，勿致有损，庶百姓退无后言。

（三）《布墙捕蝻法》

（清）任丘令任宏业撰
道光二十五年

裁白布二段，宽二尺二三寸，长一丈一尺，联为一幅，横披作墙。又于墙根添布半幅备用。两头各缝一木杆，中间分置三杆，相去二尺五寸零。一墙共有五杆，竿头加以铁尖，用时扎地作眼，然后以木杆插入，稳立不动。其墙根下幅之布，软铺在地，随取土石压住，不使有缝。盖因蝗子体小，乘隙即逃，全赖半幅软布围障固密，始得便于捕捉。此墙排立，可方可圆，大小随施，长短任意。每两头相接之处，用夫拖住，免致欹斜。凡蝻子初发，状若蚂蚁，如盖簟地而不大。只须用布墙数幅，就地围作一城，遣三四小童进内，各持箕帚扫入簸箕，尽数取出，为功甚速。如蝻子初长，状如苍蝇，行走成片，就于地头先掘一壕，以布墙围壕作城，三面缘障，独留一面。用夫各执小柳条顺势驱蝻，奔投壕内，随即捕收装入布袋，以完为度。如蝻子已长生鞍，跳跃蔓延，宽长不及掘壕，速取布墙，左右分夫排立地头，两墙夹合，互叠七八尺，中留夹道，道口埋瓦瓮，或大瓦盆。用夫驱蝻，逼入夹道。蝻子争跳欲出，堆高尺许。墙外预备人夫，手垂墙内，拦住蝻子，捧取入袋。有逸出者，随在瓮盆，用夫深捉，纳入袋中。尚有跳出瓮盆之外者，预遣数童排立，手指括拾，见即扑杀。虽长行数里，只要多置布墙，逐段分捕，无不净尽。此项布墙，地方官须多置数十幅，以应急需。若村镇中有巨商富户，情愿捐置数幅，左近地亩，遇有蝻子萌动，使种地之人借此布墙，立即围捕，以之除害保禾，且省官役滋扰，于农事大有裨益。

原载（清）陈仅《捕蝗汇编·成法四证》道光二十五年重刻本

（四）《治蝗书》①

（清）陈崇砥撰
清同治十三年

《治蝗书》序

予读绎萱太守所为《治蝗书》，采古今人成说，证以历官所亲见之端，力行之政。凡蝗之卵生、化生，未出、始出，至于能飞、骤聚，莫不穷其形状，而治蝗之人与器欤，所以用之之法，亦莫不备焉，又虑民之囿于俗说，而为之破其惑，又虑官之玩其事而为之反复其议论，比之，赤子襁褓，偏虮虱啼号痛痒，而莫为之扪捉，斯真为民父母之言。予不禁废书而叹曰：人之与天相为感召，故古之善为政者，蝗不入境，政之不善，而蝗生焉，况又漠然置之乎。夫仁人心也，古之称仁政者，无他推，此心加诸民而已，民父母我，而我不能视如赤子诚求，所以保之是无仁心，然有是心而不能备其法，则亦不以为政，此乃为之叙促。太守刻之，以广其传。

同治十三年正月元日

黄彭年书

《治蝗书》目录

治蝗论一

蝗为旱虫，故飞蝗之患多在旱年，殊不知其萌孽则多由于水，水继以旱，其患成矣。考之《埤雅》，"蝗即鱼卵所化，春鱼遗子如粟，埋于泥中，明年水及故岸，则皆化为鱼，如遇干旱，水缩不及故岸，则其子久搁为日所暴，乃生飞蝗"。蔡伯喈亦云：蝗，腊也，当为灾则生，故水处泽中数百或数十里一朝蔽野，而食禾粟，苗尽复移，虽自有种，其为灾，云是鱼子化为之。此化生之蝻孽也，然其初生甚小，每当春末夏初，潜伏沮洳之地，人迹罕到，最易滋长，十有八日便长翅能飞，飞而配合遗子，十有八日便已萌动为蝻。《尔雅》蝝，蝮、蜪，郭璞注：蝗子未有翅者。郎瑛《七修类稿》，所谓蝗才飞即交，数日产子如麦门冬，后

---

① 《治蝗书》：清河间知府陈崇砥撰。陈崇砥，字亦香，又字绎萱，福建侯官人，平生事迹载在《清史稿·循吏传》中。陈崇砥从咸丰三年起到光绪元年去世，前后有二十多年在直隶省各地做官，因地方上的蝗灾极大，所以著成此书，书中的治蝗方法很详细，并附有十幅治蝗图。陈崇砥于同治十二年任河间知府，十三年完成本书，并由保定莲池书局发行。此次采用的是光绪六年潋喜斋刻本，国家图书馆藏书。

· 198 ·

数日，中出如黑蚁子，即所谓蝝也。又云：旋生翅羽，其飞止跳跃，所向群往，无一反逆者。《玉堂闲话》曰：蝗之为孽，沴气所生，其卵盈百，自卵及翼，凡一月而飞，羽翼未成，跳跃而行，谓之蝻。此卵生之蝻孽也。惟《七修类稿》云：子出之后即钻入地中，来年禾秀时乃出。此说近误。《春秋》宣十五年，蝝生，杜预谓：蝝子以冬而生，遇寒而死。未云复钻地中。罗大经《鹤林玉露》曰：蝗产子入地，腊雪凝冻，入地愈深或不能出。其非出后复钻入地。可知大约鱼子所化，多在春夏，倘扑捕不力，致成飞蝗，势必生生不已，若在夏末秋初随生随出，比及秋杪地气渐寒则生而不出，必待春暖方能萌动，冬得大雪，则地凝冽，其子当因冻而坏，故不复出。凡治之之法，须分三等，未出为子，既出为蝻，长翅为蝗。治蝗不如治蝻之易，治蝻不如治子之易，然治之，于旱象已成之后，又不如治之于水潦方退之时，亦清夫其源耳。故曰蝗蝻之患，始于水，而成于旱，留心民隐者，办之宜早办也。

治蝗论二

吾人服官，亦惟是懔官方顾考成而已，抑亦有一片慈祥恺悌之怀动于中，所不能已乎。夫水旱之灾，天降之地成之，诚无可如何矣，而循良之吏，犹且百计图维，竭尽心力，往往有至诚感动，卒以消弭于无形者，况蝗蝻昆虫也，岂人力真不足御乎，特恐有其法，而无其心耳。查例载：凡有蝗蝻之处，文武大小官员率领多人，公同及时捕捉，务其全净。又云：直省滨临湖河低洼之处，须防蝻子化生，每年于二三月早为防范，实力搜查，一有蝻种萌动，即多拨兵役人夫及时扑捕，或掘地取种，或于水涸草枯之时纵火焚烧。又云：地方遇有蝗蝻，州县官轻骑减从，督率佐杂等官，处处亲到，偕民扑捕，随地住宿寺庙，不得派民供应。又云：地方官扑捕蝗蝻需用民夫，不得委之胥役、地保科派扰累。又注云：直隶省老幼男妇自行捕蝻一斗给米五升。其立法可谓备矣，然或行之不力，而转以累民。盖飞蝗遗子多在坚硬之地，挖掘为难，一斗遗种，几费人工，往返换米，又耽时日，倘再留难挑剔，而交者更观望不前。至扑捕蝗蝻，莫不急于求多，若令其送验给赏，势必压前待后，及至捆载送官，半多臭腐，发乡掩埋，又费人力，此办理所以不善也。故必官亲赴乡，随时随地督率查验，则无此病。然或以事属繁重，虽轻骑减从，而分路弹压督催，不能不多拨兵役，按例发给工食，乃或稍失觉察，则此辈之叫嚣坠突有甚于蝗，亦不可不防其弊。然则何为而可，曰官亲赴乡随处设厂，广延绅衿耆老，分司其事，联络主伯亚旅，同任其劳，指陈利害，明定赏罚，不必多派兵役，而民自力，不必琐屑查验，而民不欺，则事成而弊绝矣。噫，蝗蝻之食民食，犹之虮虱之喝人血，譬如吾有赤子，褓褓遍虮虱，啼号呵痒，莫自为计，吾能不为之扪捉殆尽而后已乎。抑何不视百姓如吾赤子而为之怦怦心动耶。

治蝗论三

愚哉，民之惑鬼神也；伤哉，民之畏官吏也；拙哉，民之惜小利而终酿大害也。盖蝻之初生，乡人皆呼为神虫，恐干神怒，咸相戒不敢扑打，渐至滋蔓难图，为害实甚。遂欲扑之，其可尽乎，独不思能除虫者谓之神。其神也，而纵虫为害耶！纵虫为害，岂犹得称为神耶？八蜡神也，《礼》之祝蜡曰：昆虫毋作，此祈神，以制昆虫之不作也。田祖，神也，《诗》曰：以迓田祖。又曰：田祖有神，秉畀炎火，言田祖能去螟螣蟊贼，方为有神也。今谓虫为神，何愚之甚乎。故必安设驱蝗捍灾神位，以祛其惑，亦神道设教之说也。夫蝻孽萌动之初，本易扑除，第无人督率，不免存此疆彼界之见，未肯齐力，致贻后患。倘及早报官亲往督捕，势必及早扑灭，无如蚩蚩者氓，既畏官长之供应，复畏吏胥之绎骚，匿不肯报，甚至官已闻知，传保甲查问，犹复妄具业已净尽甘结，希图了事，及至养痈成患，又复纷纷报灾，转指为他处飞来，不已晚乎。惟地方官素有恩义加民，先事出示恺恻晓谕，开之以诚，孚之以信，行之以廉，民又何靳而不报哉。且治蝗必广开壕沟，壕成必聚众驱扑，时值青苗遍野，每惜数陇之地，不肯弃而开壕，又惜方长之苗，恐遭众人践踏，因循玩愒，望其自徙，不知此物当佩鞍之后，如二三眠之蚕，其食最馋，东亩食尽，荐食西畴，终朝之间，如风卷叶，乃悔向所惜，而不毁之于人者，今则悉毁于蝻，而祸犹未已也。欲破其成见者，当于设厂之初，明定乡约，按照贫富，酌剂盈虚，富户之地被践，自可毋须调剂，官量为给奖，以示优异，贫民之地被践，则约其所损之数，官为酌给价值，以示体恤，则小民自无所惜矣。然使父母斯民者，皆能随时随处念切民依，斯事无不举，政无不行矣，治蝗其小焉者已。

治蝗出示设厂说

每岁二月，按例先出告示于河岸及被水之区，饬民间搜寻蝻种，翦除芜秽。若年内有飞蝗停落，冬腊少雪，并令于旱地坚硬处所一并搜寻，如法制治，报官查验，当堂给赏。如有蝻孽蠕动，责成保甲速报，立给重赏，违者责惩，一面轻骑减从，驰赴蝻生之处，度地设厂，订立章程。厂所离蝻所不可过远，多则分厂，净则撤厂。每厂延致公正绅耆二三人，总司其事。大约每地五亩出夫一人，每十人中择一人为夫长，每百人择一人为百夫长，一人为副百长。一切应用器具，如口袋、锨、锄、锅灶及柴薪之类，均由司事者筹借齐整。将百夫长、副百长、夫长及各民夫花名编成一册，某人借出某物若干，即于本人名下注明，绅衿之家许其雇人及子弟替代，务须一律遵办，如有阻扰及推诿不到者，轻则议罚，重则详革究治。厂中用黄纸大书驱蝗捍灾之神位，粘于壁间，安设香案，官为拈香一次，各绅董每日拈香一次，早晚鸣锣集众点齐赴地扑灭后，即备办供品合乡拈香，将黄纸焚化。官长随时稽查，勤者事后颁给花红匾额，惰者立时责惩枷示。若遇飞蝗停落，事出仓猝，一面急速鸣锣，按地出夫，如法赶捕，一面飞速报官，切勿互相观望，任其蚕食，亦勿但事驱逐，贻害他人，果能同心齐力，御蝗蝻如御寇盗，又何患不就扑灭哉。

治化生蝻子说

水潦之后，鱼虾遗子多依草附木，每在洼下芜秽之区，春末夏初遇旱则发。宜先时于水退处所，刈草删木取为薪蒸，必芟柞净尽，再用竹耙细细梳剔一遍，使瓦砾沙石悉行翻动，即用火焚烧草根，若边旁有水，并将瓦砾等物弃之于水，则子无所附，自然渐灭矣。

治化生蝻子图（一）

治化生蝻子图（二）

治卵生蝻子说

凡飞蝗遗子，必高埂坚硬之地，深约及尺，有筒裹之如麦门冬，虽有孔可寻，而刨挖甚属费手，不如浇之以毒水，封之以灰水，则数小儿之力便可制其死命。其法用百部草煎成浓汁，加极浓碱水、极酸陈醋，如无好醋，则用盐卤匀贮壶内。用壮丁二三人，携带童子数人，挈壶提铁丝赴蝗子处所，指点子孔，命童子先用铁丝如火箸大，长尺有五寸，磨成锋芒，务要尖利，按孔重戳数下，验明锋尖有湿，则子筒戳破矣。随用壶内之药浇入，以满为度，随戳随浇，必遍而后已，毋令遗漏。次日再用石灰调水按孔重戳重浇一遍，则遗种自烂，永不复出矣，如遇雨后，其孔为泥水封满，亦可令童辈详验痕迹，如法照办。

治卵生蝻子图

捕蝻孽说一

化生蝻孽，出有先后，故大小不一。卵生蝻孽，初生如蝇，各堆孔口又如蚁封，出则迸出。捕之之法，均以开壕为先，其初生三五日内，不能为害，不可视为易除遽行扑打，盖一扑即散，藏于草根、土隙不可收拾矣。惟趁此时速行开壕围之，壕成则此物亦渐长行，必结队所向群往，便易驱捕。凡开壕不可迫近蝻孽，若相连太近，壕未成，蝻以他徙矣。故必视蝻孽处所，就其所向，相离数十步开之，视蝻孽之多寡定壕之长短，大约左右前面均相离数十步，后面不开亦可。壕宽四尺，深三尺，壕底每间三尺开一子坑，方约尺余，深一尺。壕之两旁宜直竖，不宜斜坡，用细土磨撒，使跃入不能复出。所开之土悉堆外向，内向宜平，便顺势跃入，无所阻挡矣。

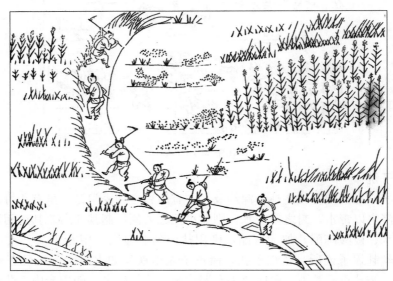

捕蝻孽图（一）

捕蝻孽说二

壕成之后合力驱除，视蝻孽之多寡。定人数之多寡。大约两陇用一人，一字排列，前后分为两队，一人在旁鸣锣，第一队由后面离蝻孽数步排齐，其宽阔须过于蝻，以便两旁包抄。每人携木棍二根，长约三尺，下系敝屣各一，弯身徐步驱逐。每锣鸣一声，齐举一步，务要整齐，切勿疾行，切勿扑打，盖疾行必迈越而过，遗漏者多；扑打则惊跃乱奔，分头四散。离壕愈近，则所积愈厚，锣更缓鸣，行亦加缓，两旁之人渐渐包抄，可以尽驱入壕。间有未尽，二队继之。第二队离前队约十余步，排列一如前队，惟所执各用柳枝，背负空口袋，随扑随逐，既至壕边，顺用柳枝扫入壕内。壕外不可立人，盖此物最黠，一见有人，便相率回头，不肯入壕。前队及壕，先行潜伏壕外，俟后队到齐，一半跃入壕内，装入口袋。一半守壕不使复出，前队分布壕外，往来搬运口袋。如地内尚未净尽，多则绕至后面如法再逐，少则略歇半日，待其复聚再如前法治之。

捕蝻孽说三

驱捕蝻孽，须先备大锅数口，于壕外掘灶安置。一面驱捕，一面烧沸汤以待，既经捕获，用口袋倒入锅内，死即漉出，随倒随漉。净尽之后，即用筐挑入壕内，用原土填埋，壕既填平，复免臭秽，且可粪田，亦一举两得之一法也。

治骤来蝻孽说

如蝻孽骤来，势如风雨，则如钱香士方伯所辑《捕蝗要诀》内载：用苇箔法，当蝻骤来时，迎风先插鱼苇箔，或用布围，或用门板，分布两面，以迎蝻子来路，并于前面赶掘短壕，以阻其去路。如在正北来，则东西面用人守布箔围之，正南开短壕以待其来，则顺风趋箔尽入壕中。如有乘隙而过，则箔后之人视蝻集箔上，用柳枝扫之。然此系骤来急治之法，少则可用，若不能净，及遍地而来，仍以赶开长壕为得法。

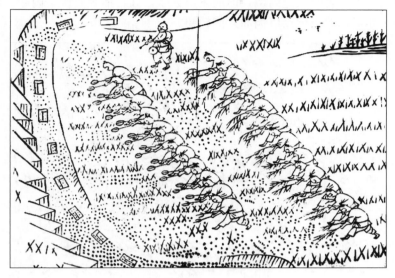

捕蝻孽图（二）

捕蝻孽图（三）

捕飞蝗说

　　飞蝗之害较蝻孽为烈，捕捉之法亦较蝻孽为难，且突如其来，为时则又甚仓猝。尝见飞蝗停落之处，多有掀土驱逐究之，所飞不远，害不终除，且细土撒入苗心，亦恐受伤。按《尔雅翼》载：农家下种，以原蚕矢杂禾种之，或煮马骨和蚕矢溲之，可以避蝗。又任纯如观察《捕蝗撮要》云：用秆草灰、石灰等分为末，洒于禾稻之上，蝗亦不食。以上诸法或有不便，则惟有率众捉捕为得计。捕之之法，或早间趁其露翅未干，或午时乘其配合成对，究不如先将桐油煎成粘胶，各用笊篱或栲栳、簸箩等类将油匀铺里面，系以长柄，多割谷莠、柳枝相随，或就地上，或就穗上，取势一罩，则两翅粘连，其中即随手拔出，串入谷莠，随串随罩，比之早午两时空手捉捕，所获不啻倍蓰。若停落高粱之上，即将笊篱斜缚竿上亦可照用，仍须烧锅煮之。若蝻长翅尚嫩，但能飞至数步，如《捕蝗要诀》内载：用两人各执缯网，对面奔扑法亦可，然仍须涂以桐油方能粘翅。

埋蝻孽图

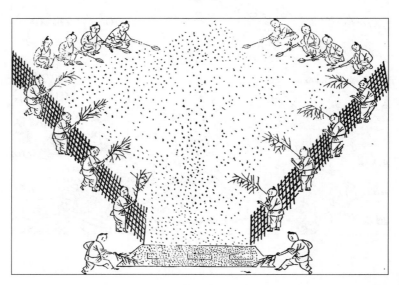

治骤来蝻孽图

焚飞蝗说

飞蝗食禾，顷刻之间已尽数亩，夜间尤甚，必须夜以继日极力捕除，令其速灭。然白昼月夜尚可捕捉，若遇黑夜，则惟火攻一法。其法，于飞蝗所向之地，如自东飞来，则所向在西，自北飞来，则所向在南，大抵西南向为多，间亦有自东北至者。相隔百余步，视蝗多寡刨数大坑。每坑约相隔二十余步，围圆六七丈，周围深五六尺，中间宽一二丈，深三四尺。

用极干柴草堆积中间一齐点烧明亮。随集数十百人，多带响器、鞭炮，潜至蝗停后面，一时齐响，驱令前飞，一见飞飏，众响俱寂，惟用柳条拂扫禾间，令其尽起。此物飞起，见火即投，火烈烧翅，便坠坑内。坑旁用人执柳条扑打，不令跃出，聚而歼旃不难矣。惟响声不宜太过，尤不可近坑，恐其闻声不敢扑火，复延害他处也。

捕飞蝗图

焚飞蝗图

六、治蝗文件选

（一）河北省农业厅关于黄骅县节约治蝗经验的通报

（63）农保字第 377 号

天津市农业局，重点蝗区专、县农业局：

黄骅县是我省历年发生蝗虫最多、蝗害最严重的地区。经过连年除治，危害已显著减轻，但由于近几年对节约治蝗抓得不够，除治面积不断增加，每年使用飞机除治夏蝗面积，都在40万亩以上，存在着较严重的浪费现象。

今年，该县经过贯彻节约治蝗精神，加强了治蝗工作的具体领导，采取了一系列的有力措施，使全县由原计划飞机除治40万亩，人工治20万亩，开支20多万元，下降到飞机除治10万亩，人工治1万多亩，开支七八万元，比原计划节约治蝗经费十几万元。不仅节约成绩极为显著，而且也总结了很有价值的工作经验，值得各地学习推广，他们的经验主要有三：

（一）领导同志深入蝗区核实蝗情。为了使飞机除治治的准，不浪费，该县采取了领导、专家、侦查员三结合核实蝗情的措施，指挥部主任邓秉忠副县长、农林局周成玉局长，和省农业科学院在该县搞治蝗试验的专家、农业大学师生及当地侦查员一起，深入到蝗区进行核实，这样，领导干部心中有数，便于决策。

（二）普遍推行"大面普查，定点取样，取小样，多取样"的侦查方法，大大提高了侦查工作的效率和效果。

这一侦查方法，是治蝗试验区内，针对目前蝗区密度变稀的新情况研究出来的，该县领导根据专家建议，进行了全面推广，这个方法有两大好处：①工作效率高，每人每天可查蝗1 500亩，面积大的蝗区，采用数人并排前进，100米一人，50米取一样，边查边记，侦查完毕当场统计结果，能够比较迅速、及时的全面澄清蝗情。②准确性大，每个样面积10平方尺（长5尺，宽2尺），样与样横距100米，纵距50米，每万亩取样数可达1 000个，由于取样较多，代表性大，比一般地区采用的重点抽查，取大样的侦查方法，准确性提高很多。

（三）积极执行两治（间歇治，点线治）策略。对大面积连片、密度较大的蝗虫，使用飞机除治，力争治好夏蝗，不治秋蝗；对点片零星发生的，坚决采用人工撒药挑治；对密度很稀的蝗虫，则暂不除治，采取定期普查与经常巡视相结合的办法，严密监视，俟集中后再作除治。

通过以上措施，有效地减少了不必要的除治和空治面积，实现了节约治蝗。

河北省农业厅

1963年6月15日

（二）国家农委转发农业部《关于继续加强我国飞蝗防治工作的报告》

国农（79）办字25号

河北、河南、山东、江苏、安徽、天津、新疆、内蒙古、湖北、广西、云南、西藏等省、自治区、直辖市革命委员会：

现将农业部《关于继续加强我国飞蝗防治工作的报告》发给你们，请参照执行。

去年中东、北非、美国西部发生了恐怖性蝗灾。我国由于近几年连续干旱，湖泊、河流水位下降，滩地增大，飞蝗也有回升。1978年夏、秋蝗发生面积达1 200余万亩，比1977年增加将近一倍。据调查，去年秋季残蝗面积大、遗卵多，今年夏蝗将可能大量发生。望各地提高警惕，加强领导，及早做好准备，切实把夏蝗治好，避免秋蝗暴发，造成被动。同时各地应抓好蝗区改造工作，制订改造蝗区的规划，并把这一规划纳入农业发展规划之内，争取早日根除我国的蝗害。

国家农委

1979 年 5 月 8 日

关于继续加强我国飞蝗防治工作的报告

国家农委：

　　根据去年中东、北非和美国西部发生恐怖性蝗灾和我国飞蝗回升扩展的情况。最近，我们召集江苏、安徽、山东、河南、河北、天津、内蒙古、新疆等省、自治区、直辖市主管治蝗工作的同志对治蝗工作专门进行了讨论和研究。大家认真总结了中华人民共和国成立以来的治蝗经验，分析了今年飞蝗发生趋势，检查了当前在治蝗工作中存在的问题，研究了今后进一步根除蝗害，加强治蝗工作的意见。现将情况报告如下：

　　中华人民共和国成立以来，在党中央毛主席的领导下，在周总理亲自关怀下，我国治蝗工作成绩巨大。经过建立专业治蝗队伍和群众运动相结合，大力进行防治，使旧社会遗留下来的飞蝗灾害基本上得到了控制，没有造成起飞危害。治蝗的技术水平也有提高。初期主要靠人工扑打，随着农药工业的发展很快转向了用化学农药防治，1951 年开始使用飞机治蝗。在 1959 年制订的"改治并举根除蝗害"的方针指导下，各个蝗区通过开垦荒地、植树造林等措施，大大压缩了飞蝗的适生面积。到 1978 年，全国已改造了 4 500 多万亩，比全国原有飞蝗区面积 6 000 多万亩减少了 75％。国外认为我国在短时间内控制了飞蝗灾害是一个奇迹，对我国的治蝗工作评价很高。

　　但近十余年来，由于林彪、"四人帮"的干扰破坏，大部分治蝗专业机构被砍掉，人员减少，治蝗飞机场也被破坏。河北省原有治蝗机场 13 个，现在能用的只有 6 个。1965 年以前，全国共有治蝗站 32 处、治蝗专业干部 329 人、蝗情长期侦查员 1 800 人。现在治蝗站只剩下 14 处、治蝗干部 127 人、长期侦查员 602 人，使治蝗工作受到严重影响。

　　特别值得注意的是，由于我们只看到治蝗的成绩，而对治蝗工作的反复性、长期性和艰巨性认识不足，强调得不够，在干部群众中滋长了一种盲目乐观、麻痹轻敌的思想情绪。好像我国的蝗灾已经解决，治蝗工作已经结束了！这是造成去年飞蝗回升的原因之一。江苏省泗洪县沿湖蝗区原有 84 万亩，蝗虫密度每平方丈有成千上万头。经过 20 年的积极改治，到 1970 年飞蝗面积只剩下 370 亩，每平方丈有蝗虫不足一头。但由于 1976—1977 年两年连续干旱，洪泽湖水位下降，大面积湖滩暴露，蝗虫向退水地区集聚，繁殖蔓延，去年秋蝗暴发 24 万亩。连三代散居型成虫也集中产了卵，这在过去是极少见的。山东省昌邑县沿海 20 万亩蝗区，改种水稻后消灭了蝗虫适生基地，但去年由于干旱无水，水稻不能种植，稻田又成了蝗虫适生地。事实证明，过去已改造的蝗区仍存在着很大的反复性，决不能看成一劳永逸。同时，在我们治蝗工作上出现了一些新的情况：一是中华人民共和国成立初期，治蝗主要在内涝农田蝗区，村庄集中，便于组织群众就地防治。现在治蝗，主要在沿海、滨湖和河泛区，离村较远，组织群众防治较困难；二是出现了新蝗区。据山东省去年普查，在黄河入海口又增加了 70 多万亩新蝗区。有些水库因连续干旱，库水下降，蝗虫适生滩地也有所增大；三是内涝蝗区的夹荒地、水渠、堤坝已成了蝗虫的适生基地。我国治蝗工作的成绩既要充分肯定，但对治蝗工作的反复性、长期性、艰巨性也要有足够的估计和认识，麻痹轻敌思想是没有根据的。

据调查，由于去年秋季残蝗面积大、蝗卵多，冬季以来气温偏高，今年天气预报，3~5月份仍偏旱，有利于蝗卵越冬和蝗蝻成活。预计东亚飞蝗将属大发生年份。发生面积约 780 万亩左右，比去年增大 250 余万亩，预测：

1. 洪泽湖蝗区，渤海湾沿岸的垦利、利津沿海蝗区和沿淮的阜南河泛蝗区，夏蝗将严重发生。泗洪等县将出现群居型蝗群。

2. 微山湖下级湖的微山和沛县，黄河滩地由武陟到东明一带，以及冀、津等地的水库、湖泊、洼淀蝗区，夏蝗也将偏重发生。

3. 内涝蝗区的夹荒地、渠道、堤坝等特殊环境，夏蝗将有高密度的点、线发生。

4. 新疆的亚洲飞蝗，将在博斯腾湖的小湖区偏重发生，局部地区可能出现高密度蝗群。

另外，湖北和广西曾因天气干旱，分别于 1961 年和 1963 年先后发生东亚飞蝗 100 多万亩和 46 万亩。近几年南方各省份持续干旱，也应提高警惕。西藏、云南两省、区，还应警惕沙漠蝗的侵袭。

为了更好地完成今年的治蝗任务，加快蝗区改造速度，彻底根除蝗患，巩固治蝗成果，保护我国农业生产的发展，当前需要做好以下几方面的工作：

1. 治蝗工作是一项长期的任务，要牢固树立常备不懈的思想。我国尚有 1 500 万亩蝗区没有改造，这些蝗区主要集中在人烟稀少的沿海、滨湖和河泛区。改造这些蝗区不像以往改造内涝蝗区容易，在侦查蝗情和防治工作上也比以往困难。而且蝗虫发生与气候条件极为密切，就是已改造的蝗区如连续几年干旱，蝗虫仍会发生危害。旧的蝗区改造了，还会出现新的蝗区。因此，应教育干部群众充分认识治蝗工作的反复性、艰巨性和长期性。只要存在着蝗虫发生的适生环境，蝗虫就会发生；在蝗虫的适生环境未改变之前，治蝗工作就不能停止。任何松懈麻痹思想都会给我国的农业生产造成危害和损失。

2. 继续贯彻"依靠群众，勤俭治蝗，改治并举，根除蝗害"的方针。飞蝗是迁飞性、暴食性和长远性的害虫，要正确处理好局部和全局、眼前和长远的关系。蝗区范围内的县、社、队以及国营农场、林场、油田和水库等管理部门都应积极参加治蝗工作。在治蝗季节要接受本地治蝗部门的技术指导，听从指挥。所需药械，按过去规定，已改造为农田的蝗区，由社队解决；沿海、滨湖、湖泛区的荒洼、堤埝由治蝗部门负责组织解决。今后在治蝗中，不仅要搞好当年的测报、防治，更重要的是要做好蝗区的改造工作。改造飞蝗的适生环境，是彻底根治蝗害的基本途径，各地应把改造蝗区的规划纳入整个农业发展规划。

3. 加强治蝗站的建设。重点蝗区的地、县两级要恢复和建立治蝗站，配备专职治蝗技术干部。新疆博斯腾湖地区应尽快建站，迅速摸清亚洲飞蝗发生规律。治蝗站的人员可在农业部门内部调剂解决。

要依靠群众，搞好治蝗工作。治蝗专业干部与社队的长期侦查员结成一支治蝗骨干力量，这是我国治蝗工作中一条成功的经验，应继续坚持。在原内涝农田蝗区，主要发动和组织社队群众进行查治。沿海、滨湖、河泛等蝗区因村稀人少，可按过去规定，设长期侦查员，在他们脱产期间，按照《六十条》精神和各地具体情况给予适当补贴。要做好侦查员的技术训练和思想教育工作，充分调动他们的积极性，做好治蝗工作。

4. 逐步实现治蝗机械化、现代化。使用动力药械治蝗工效高，效果好，成本低，节省劳力。沿海蝗区洼大人稀，动员组织周围社队大量人力进行防治比较困难，除大面积发生需要使用飞机防治外，较小面积和点片发生的应积极发展地面机械防治，各地应优先供应治蝗用的动力药械。有条件的地区应逐步配备一些拖拉机、交通工具和报话机等，以提高机械化的水平。六六六农药在蝗区已使用 20 多年，对环境污染严重，应逐步改用马拉松、乐果和杀螟松等高效低毒农药，并应尽量发展超低量喷雾防治。各地对已建造的飞机场、药库要抓紧进行维修，严加保护。

5. 治蝗经费的安排。飞蝗发生面积历年虽有所减少，但要根据治蝗工作的长期性、反复性和艰巨性的特点，合理安排。在冀、鲁、豫、苏、皖、津、新、蒙等飞蝗重点地区，防治飞蝗经费不宜大量压缩，而且应调剂，集中使用，特别是今年飞蝗严重发生的可能性很大，要尽可能恢复到较高年份的经费水平。各级农、牧业部门和财政部门对已安排的治蝗经费要管好、用好，不得挪作他用。

上述意见如无不妥，请转发各有关省、市、自治区研究执行。

农业部
1979 年 4 月 18 日

（三）河北省革命委员会农业局《河北省 1979—1985 年蝗区改造规划（草案）》

（此规划为 1979 年在沧州召开的全国治蝗会议上的汇报材料）

飞蝗是我省历史上一大自然灾害，据记载，自公元后 1 900 多年间，全省发生蝗灾 291 次。黄骅县 1917 年、1942 年、1943 年、1945 年的几次蝗灾，只周青庄、王徐庄、刘官庄、小辛庄 4 个村，就饿死 600 多人。旧社会闹蝗灾，真是"蝗飞蔽日，野无稼禾，民饥人相食，路死相枕籍"一片悲惨。中华人民共和国成立后，河北蝗区人民在党的领导下，认真贯彻"依靠群众，勤俭治蝗，改治并举，根除蝗害"的方针，实行专群结合，开展了规模宏大的灭蝗群众运动。29 年来，全省共动用治蝗劳力约达 6 000 多万日工，国家投入治蝗经费约 4 000 多万元，防治蝗虫的面积累计 13 100 多万亩次，改造蝗区约 1 700 多万亩。经过连年改治，目前我省蝗情发生了很大变化：①全省曾发生过飞蝗的 114 个县（市、场），已有 60 多个县（市、场）基本不再发生蝗虫。②治蝗任务由中华人民共和国成立初的几百万亩（最大一两千万亩以上），压缩到百万亩左右。③虫口密度由过去每平方丈数百头，上千上万头，下降到几十头，甚至几头。④随着防治水平和技术装备的不断提高，有效地解决了大面积蝗虫起飞危害的问题。

我省治蝗工作虽取得了很大成绩，但由于林彪、"四人帮"的干扰破坏，蝗区改造的步伐缓慢了，加上一些地方仍受旱、涝影响，最近有些地方蝗情又有回升现象，并且还出现了一些新蝗区，因此，全面根除蝗害仍是我省今后一个时期的艰巨任务。必须认真总结历史经验，坚持改治并举，常备不懈地努力作战。

全省原有宜蝗区（适宜东亚飞蝗发生的区域面积）2 000 多万亩，到目前，已经改造的有 1 700 多万亩，尚须改造的还有 320 多万亩，涉及 7 个地区 40 多个县（场），其类型和特点如下：

1. 沿海蝗区：主要分布在沧州、唐山两个地区的渤海沿岸地带。原有蝗区 420 多万亩，经过垦荒（包括建农场）、种植、兴修水利、蓄水养苇、植树造林等综合治理措施，已改造 310 多万亩，目前尚有宜蝗区 110 多万亩，约占沿海荒地 320 多万亩的 1/3，此类蝗区属于滨海沉积平原，海拔高程（大沽）一般在 2.5～5 米，年平均降水量为 600～700 毫米，土壤多为草甸土类，这里洼大村稀，天然植被多为芦苇、马绊，是飞蝗繁殖的老巢，蝗虫基本上年年发生，其范围主要有海兴、黄骅、丰南、滦南、乐亭5县和南大港、中捷、柏各庄3个农场（垦区）。

2. 河泛蝗区：原为永定河、滹沱河、漳卫河三大泛区。过去的特点是"汛冲河决地荒芜，三年两头闹蝗虫"，这里在历史上河道常变，一水一麦，荒滩有杂草，适宜蝗虫发生。经过多年河系治理，控制了洪水泛滥，滩地大部耕种和绿化，此类蝗区原有120多万亩，现已改造100多万亩。安次、永清、武强、饶阳4个县基本上摘掉了河泛蝗区的帽子，目前尚有献县、大名、魏县还有宜蝗区约13万亩。

3. 洼淀水库蝗区：原有宜蝗区147万亩，这里地势洼下，一般要夏秋蓄水，春季排灌，初夏水面缩小，大旱之年常易脱干，有的则拦洪不蓄或接客水，周围多种高秆作物，脱水区有矮草丛生，晚蓄早排，常易发生夏蝗，旱年连续脱水，散蝗迁入产卵，也会闹秋蝗。经过海河治理等措施，已改造120多万亩，现有宜蝗区35万多万亩，范围主要包括文安洼（文安县）、东淀洼（霸县）、白洋淀（安新）、衡水湖（衡水地区）以及邯郸、唐山地区的岳城、东武仕、邱庄等水库。（注：自1979年秋，平山岗南、黄壁庄两大水库也成为主要蝗区之一了。）

4. 内涝蝗区：主要分布于我省中、南部，主要是黑龙港地区的低洼农田。这里前旱、后涝的气候特点比较明显，一般年份正常耕种，遇雨水过大年份造成沥涝，积水不及时排出，会出现犁种潦耩麦田，加上一些河滩地、故河道、零星片荒，以及河堤埝埂等，形成飞蝗的适生环境，"先淹后旱，蚂蚱连片""头年闹水，来年闹蝗"，就是内涝蝗区蝗虫发生的特点和规律。此类蝗区全省原有1370万亩，经过治旱、排涝大搞农田基本建设，已改造蝗区1200多万亩，现还有宜蝗区160多万亩，其中荒地等特殊环境的约占一半左右，是目前此类蝗区蝗虫发生的中心地带，主要涉及30多个县。

要坚持"依靠群众，勤俭治蝗，改治并举，根除蝗害"的方针，加强领导，全面规划，大抓蝗区改造。我们设想：在继续控制蝗害的基础上，本着季节抓治，常年抓改，以垦荒、除涝为重点，综合治理，先易后难，先重点后一般，分期分批搞好蝗区改造的精神，对全省现有320多万亩宜蝗区，分别于1979年改造60万亩（占现有总蝗区面积的18%）；1980年改造82万亩（占25%）；1981年到1985年改造174万亩。奋战7年，力争在1985年内基本实现全省根除蝗害的战斗任务。根除蝗害的标准，经各地初步研究有3条：①普遍把蝗虫消灭在三龄以前，保证不扩散、不起飞、不为害，把残蝗压低到每亩3头以下；②内涝及洼淀地区要普遍消灭适生蝗虫的中心地带，做到遇涝、遇旱基本不再发生蝗虫；③沿海蝗区面积要压缩90%以上，其余部分亦不再大面积发生蝗虫。

对不同蝗区的改造进度提出要求如下：

1. 河泛蝗区：对已基本完成蝗区改造的永定河、滹沱河两个泛区的永清、安次、饶阳、武强县，要继续巩固已基本根除蝗害的成果。对于目前还在零星发生蝗虫的大名、魏县、献县所属河泛区的13万亩宜蝗区，1979年改造3.5万亩，1980年改造4万亩，下余5.5万亩在1981年至1985年内完成。

2. 内涝蝗区及洼淀水库蝗区：1979年改造39万亩，1980年改造57万亩，其余98万亩蝗区要在1981年至1985年内完成。范围包括：丰润、玉田、大城、任丘、献县、衡水、冀县、武邑、深县、故城、景县、隆尧、任县、宁晋、南宫、巨鹿、新河、广宗、平乡、威县、清河、临西、曲周、邱县、鸡泽、临漳、馆陶、清苑、高阳、雄县、蠡县、安新、霸县、文安、磁县、遵化等 37 个县。

3.沿海蝗区：对于现有海兴、黄骅、中捷、南大港、丰南、乐亭、滦南、柏各庄这 8 个县（农场）113 万亩老蝗区，要求 1979 年改造 17 万亩（占 15％），1980 年改造 21 万亩（占 18％），其余 70 多万亩于 1981 年至 1985 年内全部完成改造。

此外，油田所在地、县，还要注意埋设输油管道后出现的特殊环境中的蝗虫情况，并及时做好改治工作。

为保证上述规划的实现，还必须做好以下几项工作：

1.深入发动群众，加强宣传教育。根除蝗害是具有重大的经济意义、政治意义和科学意义的事情，是改造和利用大自然，造福于子孙万代的伟大事业。必须充分发动群众，才能顺利完成这一光荣任务，为此，蝗区各地应充分重视根除蝗害的宣传教育工作。解决当前比较普遍的"满足于蝗虫不起飞、不成灾"的低标准思想，和认为"有几头蚂蚱，成不了气候"的麻痹侥幸心理，充分调动广大干部群众的社会主义积极性，把被林彪、"四人帮"耽误的时间夺回来，为加强根除蝗害的步伐，奠定一个良好的思想基础。

2.逐级制定规划，把改造蝗区根除蝗害的任务，纳入整个经济建设计划。蝗区是发展农业、畜牧业、林业、水利、渔业和兴办农场、社队工副业的宝贵资源，因此，改造和利用蝗区涉及多部门，蝗区地、县农业局应积极主动的和有关部门密切联系，将根除蝗害的规划纳入当地整个经济建设计划，并且明确任务、作法、步骤和要求，统一规划，通力协作，把改造和利用蝗区的任务落实到有关单位和蝗区社队，以确保根除蝗害规划的预期能实现。

3.根除蝗害要一手抓治，一手抓改，实行改治并举。在治上，要继续推行"狠治夏蝗，抑制秋蝗，彻底扫残，不使回升"的策略，在此基础上做到长期监视，才能不使回升。在改上，要在蝗区内因地制宜、有计划地推行一垦（大力开荒造田），二管（管理苇田，管理水库），三建（扩建新建农场，建设稳产高产田，建设商品粮和经济作物基地），四结合（结合植树，结合发展绿肥—紫穗槐，结合平整土地，结合植苇养鱼消灭特殊环境），以垦荒、除涝为重点，是综合改造蝗区环境的有效措施。以巩固控制蝗灾的成果，达到根除蝗害的目的。

此外，还要注意做好土蝗的查治和适生地的改造工作。

4.加强治蝗工作的组织领导。蝗区各地、县（农场）农业部门，要把根除蝗害的工作列入重要议事日程，积极主动当好各级党政领导的参谋，取得他们的重视和支持。为了系统掌握旱、涝、蝗三者相关的蝗虫发生规律和防治情况，总结推广蝗区改造根除蝗害的经验，各主要蝗区都应加强专业机构的职能作用，要继续办好海兴、黄骅、丰南、中捷、南大港 5 个机械化的滨海治蝗站和内陆重点蝗区的植保站。凡有治蝗任务的地、县植保站和公社技术站，也都要确定专人、专责治蝗工作。对于洼大村稀、改治任务较大的蝗区，要像丰南、黄骅那样，以公社或蝗区为单位，设立防蝗侦查站，实行站（组）包片，人包段，建立蝗情档案，加强责任制，按万亩一人配齐侦查员，坚持季节防蝗，常年抓改，把"三查"防治，药械管理使用和蝗区改造的几项任务同时抓起来。蝗区的人民公社在治蝗季节，还要像安新县那样组织灭蝗专业队及时迅速的消灭蝗虫。

搞好联防，团结治蝗，是解决毗连地区蝗害问题的一条好经验，除继续做好本省蝗区地、县之间的联防工作外，沧州、廊坊、唐山 3 个地区（包括所在省属农场），还要与天津市搞好联防，加强协作，互通情报，互相支援，团结一致，共同完成边界地区的治蝗任务。

5. 充分作好根除蝗害的物资供应。各主要蝗区，除备足当年农药外，还应有适当的农药贮备。要继续发展超低量喷雾灭蝗新技术，近年来，已有十几个主要蝗区县（场），装备了一批机动治蝗药械和一些拖带交通工具，今后仍将有计划地再装备一些县。对于这些治蝗物资，要加强管理，并结合农机、工业等有关部门，及时做好维修、保养，充分发挥机械化灭蝗除虫的作用。对于拖拉机的使用，除了治蝗之外，还应支援社队垦荒，进行蝗区改造。为解决一些地方蝗区改造任务比较大，机具又不足的困难，拟有计划的再装备一些拖拉机和开荒机具，建议农业部增列一批拖拉机、汽车指标和蝗区改造的专项经费，支援各地，促进根除蝗害的工作。

河北省革命委员会农业局

1979 年 3 月 8 日

（四）农业部局发关于转发《河北省沧州地区围剿夏蝗战斗已经打响的报告》

（79）农业（植防）字第 59 号

江苏、安徽、河北、河南、山东、天津、内蒙古、新疆等省、自治区、直辖市农业（林）局：

现将《河北省沧州地区围剿夏蝗战斗已经打响的报告》转发给你们参考。

河北省沧州地区防治夏蝗贵在及时，他们的主要经验是：领导重视，亲自督战，情况明，措施有力，行动快，发现问题，及时解决，力争主动。

目前南方蝗区已基本消灭夏蝗主力。北方蝗区的河北、河南、山东、天津等省、市已进入夏蝗活动适期；要当机立断，组织力量，速战速决，一定要把夏蝗治好，并彻底扫残，抑制秋蝗发生。严防"麦倒蝗起"，贻误战机，造成危害或起飞。

1979 年 6 月 13 日

附件：

河北省沧州地区围剿夏蝗战斗已经打响的报告

6 月 3 日，黄骅等 6 个蝗区县（缺青县）汇报，发现夏蝗 44.39 万亩，比 5 月 30 日增多 18.11 万亩。密度每平方丈 1 头的 25.35 万亩，2 头的 9.99 万亩，2 头以上的 7.68 万亩，10 头以上的 1.07 万亩，100～200 头的 0.3 万亩。龄期以二龄比重大，约占 50%，一龄的占 44%，少数是三龄。分布在农田的（献县主要是麦田）13.5 万亩，苇洼的 11.46 万亩，荒地的 12.67 万亩，堤坡沟埝的 6.76 万亩。

今年夏蝗发生的特点是：出土晚，不整齐，分布零散，环境复杂，一般的密度偏稀，局部有高密度。

6 月 1 日下午行署下达除治夏蝗的紧急电告后，各有关县贯彻及时，措施具体，组织严密，行动迅速，7 个蝗区县都建立了治蝗领导小组。中捷农场接到电告后，场党委当即研究，确定常委贡增秋同志主抓，建立起治蝗领导小组，召集了农林、机务、商业、粮食、科研所的负责同志作了具体安排，6 月 2 日晨部署到各分场，决定 6 月 3 日起开展突击周，限期两天内将五分场的 4 500 亩蝗虫主力彻底消灭，10 日前全部结束战斗。截至 3 日晚全场已重点消灭刚出土的蝗蝻 50 片计 2 000 多亩。任丘县委书记李敏同志召集全体常委当即研究，并于 2 日上午在五官淀（重点蝗区）召开了各公社书记、主任参加的现场会，研究除治措施，并要求各公社以副书记为主建立 5～7 人的除虫灭蝗领导小组，当即开展逐洼逐块地普查。6 月 10 日前彻底消灭夏蝗。黄骅县阎清芬同志亲自抓，及时召开了蝗区公社书记会，各公社有一名副书记参加治蝗领导小组，6 月 1 日县农业局一名副局长带领 10 名干部，开赴重点高密度蝗区——黄灶大洼，2 日全面开展动力机灭蝗围剿战，对密度较大的万亩蝗虫片，要求 5 日前全部消灭在 2 龄阶段。

当前问题是有少数县对蝗情底码不清，上下联系不及时，措施不得力。海兴县付赵公社赵江大洼 8 200 亩发生蝗虫，其中 2～10 头的 4 200 亩，20～30 头以上的 2 500 亩，有 100 多亩每平方丈达到 100 头，已有 23% 的三龄，28% 的二龄，还没动手除治。另据献县汇报，因麦田坷垃多，麦棵密，虫龄小，不好查，对 3.4 万亩麦田采取抽点查蝻，所查平均密度 0.5～1 头，少数的 3 头左右，查得的密度可能偏稀，需特别提起注意，严防"麦倒蝗起"。

地区要求各县不要满足灭蝗战斗已经打响，必须继续加强蝗情侦查，有蝗必治，治必彻底，不使漏治。还未行动的县要扭转蝗情不清的状况，采取措施立即行动，争取主动。治后必须查效果，如仍够药治标准必须除治，治后扫残，保证达到"狠治夏蝗，抑制秋蝗"的目的。

（五）农牧渔业部批转《1984 年全国治蝗工作座谈会纪要》的通知

（84）农（保站）字第 4 号

河北、河南、山东、江苏、安徽、天津、陕西、山西省、直辖市农牧（渔、林）业厅（局）、新疆治蝗灭鼠指挥部：

最近，全国植保总站在河北省沧州召开了治蝗工作座谈会，对今后治蝗工作提出了具体意见。现将治蝗工作座谈会纪要发给你们，请参照执行。

1984 年 4 月 3 日

附件：如文

抄送：中国科学院动物研究所、中国农业科学院植物保护研究所、新疆哈密农业机械研究所。

1984 年全国治蝗工作座谈会纪要

1984 年 3 月 20～24 日，全国植保总站在河北沧州召开了全国治蝗工作座谈会，会议着重总结了近 5 年来的治蝗工作，交流了经验，分析了 1984 年夏蝗的发生趋势，安排了防治任务，讨论了进一步加强治蝗工作的意见。现将会议情况纪要如下：

一、当前蝗区变动的新情况

蝗虫是我国历史上严重危害农作物的一大害虫。中华人民共和国成立以来，在党和各级政府的领导下。在我国劳动人民和科学工作者的共同努力下，贯彻执行了"改治并举"的治蝗方针，使蝗害基本上得到了控制。中华人民共和国成立初期，我国蝗区面积达 6 000 多万亩，已改造 4 500 多万亩，还有蝗区面积 1 500 万亩左右。

党的十一届三中全会以来，农村普遍实行联产承包责任制，进一步放宽了政策，调动了广大农民的生产积极性。实行科学种田，精耕细作，使 400 多万亩内涝蝗区的蝗害得到了控制。由于近年来气候异常和人为因素的影响，蝗区出现了新的变化。如山东、河北、天津等省、市沿海蝗区，荒地面积大，村稀盐碱地多，生产条件差，耕作粗放，又遇持续干旱少雨，是蝗虫严重发生的主要地区；河南、山东的黄河滩地，由于河水水位不定，河滩经常变动，黄河入海口向渤海湾每年延伸数公里，使原有蝗区难以改造，新蝗区不断增加，在黄河尚未彻底治理以前，治蝗工作仍不能放松；安徽境内的淮河水系，因旱涝变化，蓄洪分洪道蝗区亦常有变动；江苏、山东、河北等地的湖泊、洼淀、水库由于旱涝变化水位不定，蝗害时有发生，正如当地群众所说"水来蝗退，水退蝗来"。上述蝗区虽然在 1979—1982 年间，蝗情相对比较稳定。但是 1982 年秋残蝗遗卵多，降雨适宜，致使 1983 年蝗情有所回升。山东、河北的沿海蝗区，河南、山东的黄河滩蝗区，又出现高密度蝗蝻群。因此，局部蝗区，控制蝗害是一个长期而又艰巨的任务，决不能掉以轻心。

二、1984 年夏蝗发生趋势预测

据 5 省 1 市去秋查残和今春查卵结果，预计夏蝗除新疆亚洲飞蝗发生较轻外，其他蝗区东亚飞蝗将中等偏重发生，局部蝗区将出现高密度蝗蝻群。据河南、山东、河北、江苏、安徽、天津等五省、市秋季残蝗面积为 764.93 万亩，其中每亩 6 头以上残蝗面积为 355.39 万亩。预计夏蝗发生面积为 594.5 万亩，计划防治面积为 347.8 万亩，其中飞机防治面积为 107.5 万亩。

会议认为，今年夏蝗重点发生地区为：①黄河滩及黄河入海口主要在山东的垦利、东明、长清县，河南的长垣、封丘、武陟等县；②沿海蝗区中，山东的寿光县，河北的黄骅县、海兴县、南大港农场等可能出现成片的高密度蝗蝻群。

今年严密监视，实行挑治的地区：主要是一些洼淀、湖库蝗区。这些地区虽然密度较稀，但局部夹荒地或小部分退水区，将出现点、线高密度蝗蝻群。

三、进一步加强治蝗工作的意见

为了进一步做好蝗区改造和蝗虫防治工作，与会代表提出了加强蝗虫防治工作的几点意见：

（一）提高认识、加强领导

1979 年全国治蝗工作会议以后，治蝗工作虽然有了新的起色，但是有些地区仍然存在麻痹思想。一些地方对治蝗工作的长期性和艰巨性认识不足，撤销或合并了治蝗机构，致使专业治蝗队伍不够稳定，给查治工作带来了一定的困难。这些情况应引起重点蝗区各级领导的重视，治蝗工作只能加强，不能削弱。要恢复和健全必要的治蝗组织和队伍，并解决好治蝗专业人员年龄老化、急需培养接班人的问题。还要妥善解决治蝗物资和交通工具。

（二）总结经验，积极推行治蝗承包责任制和岗位责任制

农村普遍实行联产承包责任制以后，各蝗区在查蝗治蝗中，积极试行了承包责任制，已取得一定经验。河北省丰南县、沧州地区南大港农场，实行划片承包治蝗的办法；山东省无棣县实行五定一验收（定面积、定指标、定遍数、定报酬、定奖罚、验收质量）；潍坊地区各有蝗县实行三级治蝗承包责任制（即县与公社订合同、公社与治蝗专业队或侦查员订合同，层层搞责任制），大大推动了治蝗工作的开展。实践证明，实行治蝗专业承包责任制，使治蝗人员责、权、利三者统一起来，从而调动了治蝗干部和侦查员的积极性，增强了责任心，提高了查治质量。同时为国家节约了经费，也适应了新形势。大家认为，查治蝗虫的新形势目前还刚刚开始，各地要在总结经验的基础上，进行试点，创造经验，积极推广。

（三）搞好蝗情侦查，改进防治策略

搞好蝗情侦查，正确掌握蝗情是搞好治蝗工作的关键。代表们指出，各地要迅速采取措施，在重点蝗区恢复和健全蝗情侦查和测报队伍，做好蝗情的监测工作。江苏重点蝗区，徐州、淮阴、扬州等 1980 年就恢复了治蝗站，并固定专人开展此项工作。河南省今年在长垣县、温县黄河滩蝗区，建立查蝗为主的病虫测报站。山东省组织力量在 1982 年冬和 1983 年春对蝗区进行了全面的勘查，绘出蝗区分布图 930 幅，并建立了档案，为改造蝗区和侦查蝗情及承包防治，打下了良好的基础。

在改进防治策略方面，河北省提出把全省蝗区重新划分为重点防治区、一般防治区和监测区，明确了治蝗工作的重点和有计划有步骤地推行间歇防治的策略，值得各地参考。代表们认为，当前各地可根据实际情况把沿海蝗区及黄河滩等蝗情严重发生的地区，列为重点防治区，把洼淀、湖库等蝗情不稳定的地区列为重点监视防治区，把已得到改造蝗情比较稳定的内涝蝗区列为监视区。因蝗情制宜，搞好治蝗工作。

会议期间，江苏省泗洪县介绍了放宽防治指标的试验，他们把防治指标由每平方丈 2 头放宽到 5 头，提高了经济效益。建议各地进一步试验，总结经验逐步推广。此外，在治蝗策略上，大家认为"狠治夏蝗，抑制秋蝗"，实行间歇防治等，应因地制宜推广应用。

（四）蝗药剂上，积极做好取代六六六的工作

去年国务院作出停产六六六的决定以后，必然带来治蝗药剂的改革。目前主要蝗区尚存有一部分六六六，用完为止。会议期间，新疆、天津、江苏、河南等省、自治区、直辖市介绍了应用马拉松油剂、敌百虫、稻丰散、敌马合剂等农药取代六六六粉剂。以及应用航空和地面超低容量喷雾技术的经验，各地可因地制宜选用药剂，进一步做好试验、示范和推广工作。

随着治蝗药剂的改革，施药器械也必须相应配合，各地应抓紧做好配套药械的准备与试验工作。会上新疆哈密农机所介绍了拖拉机牵引式 WCD–250 型弥雾机的使用情况，引起与会代表的重视。

（五）制定规划，为改造蝗区、根除蝗害做出贡献

会议要求各地在做好 1984 年夏蝗防治工作的同时，要进一步认真贯彻"改治并举"的治蝗方针，农业部门主动与水利、农垦、区划办等有关部门联系和协作，在制定"七五"、"八五"和长远规划中，在发展农业生产、兴修水利过程中，把改造蝗区的计划纳入长远规划中去，有计划、有步骤地对蝗区进行开发、利用和改造。初步规划要求，到 1990 年把现有蝗区面积再压缩四分之一，为改造蝗区、根治蝗害作出更大的贡献。

（六）国务院办公厅转发农牧渔业部《关于做好蝗虫防治工作紧急报告》的通知

国办发〔1986〕12 号

山东、河北、河南、江苏、安徽、山西、天津、新疆、内蒙古、陕西省、自治区、直辖市人民政府，国务院有关部门：

农牧渔业部《关于做好蝗虫防治工作的紧急报告》，已经国务院同意，现转发给你们，请遵照执行。有关情况请及时告农牧渔业部。

国务院办公厅

1986 年 2 月 6 日

关于做好蝗虫防治工作的紧急报告

国务院：

中华人民共和国成立以来，治蝗工作取得了很大成绩，蝗虫发生面积已从中华人民共和国成立初期的 6 000 万亩压缩到 1 000 多万亩，蝗区基本得到改造，控制了蝗灾。这项成绩在国际上影响很大。

近年来，有的蝗区由于干部思想麻痹，放松了对治蝗工作的领导，蝗虫又有滋生蔓延的苗头。1983 年开始，山东的长青、寿光、东明，河北的黄骅、岗南水库，河南的长垣、封丘，山西的芮城、永济，新疆塔城等地出现了大面积群居型蝗虫。特别值得注意的是，去年 9 月天津北大港水库出现了东亚飞蝗起飞的严重情况，飞蝗在河北省黄骅、盐山、献县[①]、孟村四个县和两个国营农场降落，有十几万亩芦苇被吃光，1 万多亩农田受害。遗蝗范围东西宽 60 华里，南北长 200 余华里，面积 250 万亩左右。这是中华人民共和国成立以来第一次出现蝗虫起飞，如不采取紧急措施，不仅在经济上将造成重大损失，而且会影响我国的国际声誉。

为了防止蝗虫起飞，并逐步根除蝗害，需要做好以下工作：

一、抓紧部署，狠治夏蝗，控制秋蝗。天津北大港蝗虫起飞是一个危险的信号，必须引起足够的重视，特别是：黄河出海口（山东东营市）、黄河滩（山东东明、河南长垣、封丘、兰考、中牟），沿海洼地（河北黄骅、海兴，山东寿光），水位不稳定的湖、库、洼淀（山东和江苏的微山湖、下汲湖，河北南大港、岗南水库，天津北大港、独流碱湖、七里海）及淮河分洪道等重点蝗区，开春后要立即组织治蝗队伍，侦查蝗情，争取在四、五月份备足药械，坚决把夏蝗消灭在三龄以前，抑制秋蝗，控制其危害，决不能让蝗虫起飞。

根治蝗害要贯彻"改治并举"的方针，农业部门要与水利、农垦等各有关部门密切协作，制订改造蝗区的规划，有计划、有步骤地对蝗区进行综合开发利用，彻底根除蝗害滋生的条件。

二、及时解决治蝗经费问题。治蝗工作带有救灾性质，大多数蝗区是国有荒滩、苇洼地，需要发动群众开展防治工作。地方财政部门对重点地区应在经费上给予必要的补助，用于购置药械。蝗害严重的地方经费确有困难的，可报上级财政部门酌情补助。

三、为了做好蝗情的监测和防治工作，各有关蝗区要加强重点治蝗站的建设，充实人员，配备必要的施药器械和交通工具。按蝗区面积配备必要的查蝗治蝗人员，组织好治蝗队伍。农业部门要抓紧进行技术培训，对新的治蝗人员要普遍培训一次。各级植保部门应坚持"开方卖药"，作好技术服务工作。

四、我部拟于近期召开有关省、自治区、直辖市主管部门领导、专家和技术人员参加的治蝗工作会议，落实治蝗任务，制订防治措施。

以上报告如无不妥，请批转蝗区有关省、自治区、直辖市参照执行。

农牧渔业部
1986 年 1 月 4 日

（七）农牧渔业部印发《全国治蝗工作会议纪要》的函

〔1986〕农（农）字第 13 号

各省、自治区、直辖市、计划单列市农牧渔业厅（局）：

---

① 献县：该县未遗落迁飞蝗虫，献县应更正为沧县。

现将《全国治蝗工作会议纪要》印发给你们，望各地认真落实纪要中提出的各项防蝗措施，做好今年的夏蝗防治工作。

附件：全国治蝗工作会议纪要。

中华人民共和国农牧渔业部

1986 年 4 月 10 日

抄送：财政部、水电部、商业部、化工部、中国民航局、国家气象局、中国科学院动物研究所、农业科学院植物保护研究所、河北省农林科学院植物保护研究所。

附件：

全国治蝗工作会议纪要

1986 年 3 月 22 日

为了贯彻《国务院办公厅转发农牧渔业部关于做好蝗虫防治工作紧急报告的通知》（国办发〔1986〕12 号）精神，部署今年的治蝗工作，农牧渔业部于 1986 年 3 月 20~23 日在天津召开了全国治蝗工作会议。参加会议的有山东、河北、河南、江苏、安徽、天津、陕西、山西、内蒙古、新疆等十省、自治区、直辖市农（牧、渔）业厅（局）、植保站、泗洪、东明、北大港区（县）防蝗站，商业部、水电部、化工部、中国民航局、国家气象局、中国科学院动物研究所、中国农业科学院植物保护研究所等单位的代表共 45 人。会议期间，代表们汇报了近年来各地防蝗工作的情况，对天津北大港蝗区进行了现场考察，研究了今年的防蝗工作。农牧渔业部朱荣同志出席会议并讲了话。会议纪要如下。

一、我国蝗虫防治工作情况、经验和问题

蝗害在我国历史上和水灾、旱灾并列为农业生产上三大自然灾害。1949 年前曾多次大发生，给人民造成了巨大损失。如 1942 年河南西华、安徽一带数十县蝗虫特大发生，蝗蝻盖地，农业无收成，民不聊生，外迁逃荒者数以千万计。中华人民共和国成立后在党和政府的领导下，采取"改治并举"方针，通过开垦荒地、治沙治碱、兴修水利、治理芦洼，大规模改造自然环境等，基本控制了蝗害，蝗虫发生基地大大减少。蝗虫面积由中华人民共和国成立初期的 6 000 多万亩降低到 1984 年的 1 500 多万亩左右，共治理了蝗区 4 500 多万亩，蝗区县由 300 多个减少到 149 个。我国治蝗工作成绩是突出的，经验是丰富的。在长期的治蝗斗争中，我们总结出了一套比较成功的治蝗措施。如河南省突击抓了内涝蝗区的综合治理工作，690 万亩内涝蝗区全部得到治理，改变了蝗区面貌。江苏省徐州地区，从 1958 年以来修筑大堤，控制湖水，稳定水位，堤外开沟排水，改旱作为水稻，使微山湖一百多万亩蝗区得到了改进；河北省沧州、唐山地区，山东省滨海蝗区也都得到了不同程度的改造，蝗虫防治技术也有了很大提高。各地由于坚持了"依靠群众，勤俭治蝗，改治并举，根除蝗害"的治蝗方针，使我国的治蝗工作获得很大的成绩，对保障农业丰收起了很大作用，在国际上也受到好评。

但是，近年来一些地方领导对治蝗工作的长期性和艰巨性认识不足，思想上有些麻痹，防治组织也不健全，放松了防蝗工作。以至于去年 9 月下旬，东亚飞蝗从天津北大港水库起飞，沿途经过河北省献县[①]、黄骅、沧州、海兴、盐山等 5 个县和 2 个国营农场，遗蝗范围东西宽 60 华里，南北长 200 余华里，蝗虫遗卵面积 250 万亩左右。这是中华人民共和国成

---

① 献县：该县未遗落迁飞蝗虫，献县应更正为沧县。

立 36 年以来蝗虫第一次起飞。这是一次严重的事故，应引起我们高度重视。要按照《国务院办公厅转发农牧渔业部〈关于做好蝗虫防治工作紧急报告〉的通知》的要求，采取一切有效措施，确保今后蝗虫不再起飞。

二、团结奋斗，再展宏图，为根除蝗害再做贡献

会议认为，为了有效地控制蝗害并保证蝗虫不起飞，今后应做好以下几项工作：

（一）进一步提高对治蝗工作的认识。会议认为，目前我国蝗区发生面积是基本稳定的，科学的治蝗技术也比较成功，各地都有控制蝗虫的成功经验。只要我们思想重视，措施得力，控制蝗害，保证蝗虫不再起飞是完全有可能的。但是也应看到我国目前还有蝗区 1 000 多万亩，老蝗区难以迅速改造，新蝗区又不断产生。如黄河中下游一段，包括河南省长垣、封丘县，山东省东明县的滚动河滩，黄河出海口山东东营市的泥沙沉淀，每年向外要延伸 3 华里，形成新的海滩蝗区。据山东有关部门估计，这类蝗区已达 70 多万亩。山西省运城地区、陕西省渭南地区，由于三门峡淤滩逐年扩大形成新的河泛蝗区。由于气候变化，旱涝交替，各地蓄水库洼不断变化，也形成一些新的蝗区，如河北省岗南水库、天津市北大港水库等。此外，近年来新疆、内蒙古、山西、河北等省（区）广大农牧区的土蝗；湖北、江苏、福建、广东等省的稻蝗也有明显回升。我们必须认识治蝗工作的艰巨性、长期性和复杂性，及时采取有力措施才能控制蝗害。

（二）加强领导，健全防蝗组织。为了加强对全国治蝗工作的领导，农牧渔业部成立治蝗领导小组，具体治蝗工作由全国植保总站负责。各重点蝗区要明确治蝗工作的负责人及工作小组。抓好蝗虫防治工作。要建立健全一支查蝗治蝗队伍，首先要调整和充实蝗区重点治蝗站和植保站的力量。中华人民共和国成立后我国治蝗工作获得成绩的一条重要原因就是建立了一支专业技术人员和群众相结合的查蝗治蝗队伍，这支队伍通过技术培训，在实践中提高了技术水平，在治蝗工作中做出了贡献。随着蝗区面积的逐年缩小，目前许多地方的治蝗队伍有所削弱，有些重点蝗区的治蝗队伍解体了，没有固定的治蝗人员。遇有蝗情时临时抽调人员，这些人员未掌握治蝗技术，临阵磨枪，仓促上阵，造成工作被动。会议认为，各重点蝗区原有的防蝗站要充实人员、设备和交通工具，新蝗区确有必要增设治蝗站的应迅速建立。设有植保站的蝗区要固定二至三名专职治蝗人员。不能胜任治蝗工作的要进行调整，要挑选思想好、身体好、有技术知识的青年补充治蝗队伍。在治蝗季节以前，要对治蝗人员普遍进行技术培训和考核，决不能滥竽充数，要妥善解决他们的待遇问题。各级治蝗组织要建立岗位责任制，明确分工，责任到人，分片包干，联系报酬。

（三）由于蝗区连片，省间、县间要加强联系和协作，互相支援，团结治蝗，共同搞好毗邻地区的治蝗工作。在联防范围内的各有关单位要随时互通情报。毗邻蝗区在蝗蝻出土、除治和查残时期应开展联查联防，杜绝漏洞和死角。

（四）在治蝗工作中要继续贯彻"改治并举"的方针，按不同类型蝗区进行分类指导，因地制宜采取不同的对策，狠治夏蝗、抑制秋蝗，集中力量把蝗蝻消灭在三龄盛期以前，保证蝗虫不起飞，对蝗虫发生密度高的地区，要在人力物力和财力上给予保证。

（五）关于治蝗经费问题，一些地方反映地方财政安排有困难。可按国务院办公厅文件第二条的规定，"地方财政部门对重点地区应在经费上给予必要的补助，用于购置药械。蝗情严重的地方经费确有困难的，可报上级财政部门酌情补助"。

（六）摸清蝗情制定治蝗工作规划。根据"改治并举"的治蝗工作方针，根除蝗害涉及水利、气象、农垦等许多部门，各地要做出规划，把治蝗工作纳入"七五"、"八五"规划中去。为了做好蝗区改造规划，农牧渔业部将在适当时间组织有关方面专家对蝗区进行一次全面考察，通过考察摸清情况，提出蝗区改造及综合开发规划。

（七）加强对蝗虫的监测工作，不断提高预测预报质量。全国植保总站负责发布蝗虫发生的趋势预报，各地要根据当地情况，按照"飞蝗预测预报办法"，认真做好预测预报工作，及时指导防治工作的开展。

（八）发扬愚公精神，搞好今年的治蝗工作。根据去年的秋蝗查残情况，预计今年夏蝗将是一个中等发生、局部严重的年份。全国估计夏蝗防治面积为 330 万亩左右，其中河北省 160 万亩，山东省 70 万亩，河南省 70 万亩，安徽省 15 万亩，天津市 20 万亩。新疆要注意做好塔城地区亚洲飞蝗的防治工作。其他有蝗省区要根据预测预报及时做好防蝗工作。为了做好今年夏蝗防治工作，各地要备足农药，修理和配备相应的施药器械，做好一切物资准备工作。各级植保部门坚持"既开方、又卖药"，做好技术服务工作。

会议代表一致表示，今年的治蝗工作已引起各级领导的重视，回去后要立即进行具体部署，抓紧落实各项治蝗措施，一定要把今年蝗虫防治工作做好，团结奋斗，再展宏图，为根除蝗害再做贡献。

卷之六

参 考 文 献

一、地方志中的蝗灾记载

《畿辅通志》

1. 东汉永兴元年（153年）

秋七月，郡国三十二蝗，冀州尤甚，诏在所赈给乏绝，安慰居业。

2. 北齐天保九年（558年）

秋七月，诏：瀛州等去年螽涝损田，免今年租赋。

原载《畿辅通志》卷一百八·恤政·光绪十二年版

3. 清康熙五十八年（1719年）

沧州、静海、青县等处飞蝗蔽天，力无所施，守道李维钧默以三事，祷于刘猛将军庙，果十三日不去，夜擒七千三百口袋，余皆不伤田间。

原载《畿辅通志》卷一一三·祀典·光绪十二年版

4. 清乾隆二十八年（1763年）

观音保前赴南皮、东光、吴桥一带再为搜查，遇有停落即亲督捕。

原载《畿辅通志》卷三·诏谕·光绪十二年版

5. 乾隆二十九年（1764年）

是年，交河①蝗，贷资籽种口粮。

原载《畿辅通志》卷一百八·恤政·光绪十二年版

6. 嘉庆七年（1802年）

六月，任丘等处间有飞蝗，著熊枚前赴任丘一带亲行详细查勘，如查有蝗蝻，仍遵前旨令该处百姓自行扑捕，或易以官米或买以钱文，务期迅速搜除净尽，勿致损伤禾稼。

原载《畿辅通志》卷四·诏谕·光绪十二年版

7. 道光元年（1821年）

五月，谕内阁：前据方受畴奏，沧州各属村庄俱有蝻孽萌生，当即降旨令该督严饬该地方官赶紧扑捕。六月，王引之奏请颁发《康济录·捕蝗十宜》交地方官仿

___

① 交河：旧县名，治所在今河北泊头市西交河镇。

照施行。捕蝗一事，先应禁止扰累，若地方官按亩派夫，胥吏复借端索费，践踏禾苗，则蝗孽未除而小民已先受其害。《康济录》内所载捕蝗十宜设厂收买，以钱米易蝗，立法最为简易，著将《康济录》各发去一部，交该府尹及该督抚各饬所属迅速筹办，务使闾阎不扰，将蝗蝻搜除净尽，以保田禾。

原载《畿辅通志》卷五·诏谕·光绪十二年版

《天津府志》

青县

1. 宋淳化元年（990 年）　　　七月，乾宁军蝗。
2. 大观八年（1114 年）　　　清州蝗。
3. 明嘉靖四十年（1561 年）　　蝗。
4. 万历十一年（1583 年）　　蝗。
5. 万历十七年（1589 年）　　蝗。
6. 万历十九年（1591 年）　　蝗。
7. 万历三十三年（1605 年）　　蝗。
8. 万历三十四年（1606 年）　　蝗。
9. 崇祯十三年（1640 年）　　旱，蝗，斗米值银一两五钱，人相食。
10. 清顺治十三年（1656 年）　蝗食麦。

沧州

1. 北齐天保元年（550 年）　　夏，诏瀛、沧等州往因螽水颇伤时稼，遣使分涂赈恤。
2. 唐开成二年（837 年）　　六月，沧州蝗。
3. 开成三年（838 年）　　河北等处蝗，草木叶皆尽。
4. 开成五年（840 年）　　夏，沧州等二十七处螟蝗害稼。
5. 宋淳化元年（990 年）　　七月，乾宁军蝗。
6. 淳化三年（992 年）　　夏，蝗抱草自死。
7. 元至元十九年（1282 年）　　河间等六十余处皆蝗，食苗稼草木俱尽，所至蔽日人马不能行，坑堑皆盈，饥民捕蝗以食或曝干而积之，又尽，则人相食。
8. 至大二年（1309 年）　　沧州、河间十八州县蝗伤稼，命有司赈之。
9. 明万历十二年（1584 年）　　沧州蝗。
10. 崇祯十三年（1640 年）　　蝗，人相食，死者略尽。
11. 清康熙十五年（1676 年）　　沧州旱，蝗。
12. 康熙十六年（1677 年）　　沧州旱，蝗。
13. 康熙十七年（1678 年）　　沧州旱，蝗。
14. 康熙十八年（1679 年）　　大旱，蝗蝻遍地，民多逃亡。

南皮

1. 唐开成二年（837 年）　　蝗。

2. 元大德八年（1304 年）　　　　　蝗。

3. 明嘉靖三年（1524 年）　　　　　蝗。

4. 万历三十六年（1608 年）　　　　蝗。

5. 天启五年（1625 年）　　　　　　蝗。

6. 清光绪八年（1882 年）　　　　　蝗子生。

盐山

1. 唐开元二年（714 年）　　　　　七月，蝗。

2. 开成元年（836 年）　　　　　　蝗，草叶皆尽。

3. 开成五年（840 年）　　　　　　夏，螟蝗害稼。

4. 元至大三年（1310 年）　　　　　七月，蝗。

5. 明嘉靖七年（1528 年）　　　　　夏，蝗。

6. 嘉靖九年（1530 年）　　　　　　夏四月，蝗，不为灾。

7. 嘉靖三十五年（1556 年）　　　　蝗，不为灾。

8. 万历十三年（1585 年）　　　　　大旱，飞蝗蔽空，特加赈恤，蠲夏麦之半。

9. 崇祯十一年（1638 年）　　　　　蝗。

10. 崇祯十二年（1639 年）　　　　　秋，蝗蝻遍野，食稼殆尽。

11. 崇祯十三年（1640 年）　　　　　至秋不雨，禾苗尽枯，飞蝗遍野，斗米银四金，木皮草根剥掘俱尽，人民相食。

12. 清顺治四年（1647 年）　　　　　旱，蝗。

13. 顺治十三年（1656 年）　　　　　蝗，飞蝗蔽天累日，不害稼。

14. 康熙三年（1664 年）　　　　　　秋，蝗遍野。

15. 康熙十一年（1672 年）　　　　　秋，旱，蝗，不为灾。

16. 康熙十七年（1678 年）　　　　　秋，蝗，不为灾。

庆云

1. 唐开成元年（836 年）　　　　　蝗，食草木叶皆尽。

2. 开成五年（840 年）　　　　　　夏，蝗蝻害稼。

3. 元至大三年（1310 年）　　　　　七月，无棣县蝗，大饥。

4. 明嘉靖四十三年（1564 年）　　　蝗，民饥，流移十之三。

5. 清康熙十一年（1672 年）　　　　秋，飞蝗蔽空，盘旋九十余日。

原载《天津府志》卷之十八·祥异·乾隆四年版

《重修天津府志》

1. 清道光元年（1821 年）　　　　　五月，天津、静海、沧州各属村庄俱有蝻孽萌生，著直隶总督、顺天府尹、山东巡抚各饬所属亲行查勘，赶紧搜除，其接壤之区务协力扑捕，不得互相观望，稽延时日，致令贻害田禾。六月，颁发《康济录·捕蝗十宜》交地方官仿照施行。《康济录》所载设厂收买、以钱米易蝗立法最为简易，饬所属迅速筹办，将蝗蝻搜除净尽，以保田禾。

原载《重修天津府志》卷一·诏谕·光绪二十五年版

《天津通志·大事记》

1. 清乾隆十七年（1752 年）
五月，盐山、庆云、沧州等县蝗蝻萌生，乾隆帝令侍郎胡宝前往天津、河间督率扑除；六月，青县、沧州等处募民捕蝗，收效颇高。

2. 乾隆十八年（1753 年）
四月，沧州等处蝗孽复萌，直隶总督奏报，已与长芦盐政分头查办；五月，沧州等处蝗，用以米易蝗办法分路设立厂局，凡捕蝗子一斗给米五升，村民踊跃搜捕。

3. 道光元年（1821 年）
五月，沧州等县蝗蝻相继萌生，道光颁发《康济录·捕蝗十宜》交天津等府指导治蝗。

原载《天津通志·大事记》生物灾害，天津社会科学院出版社，1994 年版

《沧州市志》

1. 北齐天保八年（557 年）　畿内八郡蝗灾。
2. 天保九年（558 年）　夏，河北蝗灾，差人夫捕杀。
3. 唐开成元年（836 年）
七月，镇、冀等州蝗虫成灾，此后四年蝗虫年年为害，延蔓到魏、博、易、定、沧、景等州，庄稼被毁，野草树枝皆尽。

4. 开成三年（838 年）　蝗灾，草木叶皆食尽。
5. 宋淳化元年（990 年）　七月，蝗蝻食尽禾稼叶。
6. 蒙古至元三年（1266 年）　真定、中都、河间等处蝗灾。
7. 元至元八年（1271 年）　六月，中都、河间、真定等地蝗灾。
8. 至元十九年（1282 年）
河间、沧州、献县、东光蝗食苗稼，草木皆尽，所至蔽日，人马不能行，填坑堑皆盈，饥民捕蝗以食或曝干而积之，又尽，则人相食。

9. 至元二十七年（1290 年）　四月，河北十七州蝗灾。
10. 大德五年（1301 年）　河间蝗灾。
11. 大德六年（1302 年）　河间路蝗灾。
12. 至大二年（1309 年）　蝗虫大发生，庄稼绝收。
13. 至治二年（1322 年）　河间、保定等路属县及诸卫屯田蝗灾。
14. 泰定元年（1324 年）　六月，河间蝗灾。
15. 至正十九年（1359 年）　四月，河间蝗灾，食尽禾稼草木，饥民捕蝗为食。
16. 明正统五年（1440 年）　五月，河间府蝗灾。
17. 成化九年（1473 年）　河间府蝗灾。
18. 万历十三年（1585 年）　大旱，飞蝗蔽空。
19. 崇祯十二年（1639 年）　秋，蝗蝻遍野，庄稼几乎吃光。
20. 清康熙十一年（1672 年）　夏，献县、交河等地蝗灾。

21. 乾隆十六年（1751 年） 六月，交河、河间蝗灾。

22. 乾隆二十八年（1763 年） 七月，沧州发生严重蝗灾。

23. 光绪十六年（1890 年） 沧州大蝗，居民捕蝗交官，每斗换仓谷五升，仓中积蝗如阜。

　　　　　　　　　　　　　原载《沧州市志》大事记，方志出版社，2006 年版

《沧州新志》

1. 宋淳化三年（992 年） 夏，蝗，抱草自死。

2. 明万历十二年（1584 年） 蝗。

3. 崇祯十三年（1640 年） 蝗，人相食，死亡略尽。

　　　　　　　　　　　　　原载《沧州新志》卷之十·灾祲，康熙十三年版

《沧 州 志》

1. 北齐乾明元年（560 年） 四月，诏：瀛沧等州往因螽水伤稼，遣使分涂赡恤。

2. 唐开成二年（837 年） 六月，沧州蝗。

3. 开成五年（840 年） 夏，沧州螟蝗害稼。

4. 宋淳化元年（990 年） 秋七月，沧州蝗。

5. 淳化三年（992 年） 秋七月，沧州蝗，未成灾，俄抱草自死。

6. 元至大二年（1309 年） 夏四月，沧州蝗。

7. 至治元年（1321 年） 秋七月，清池县蝗。

8. 明万历十二年（1584 年） 沧州蝗。

9. 崇祯十三年（1640 年） 沧州蝗，人相食。

10. 清康熙十五年（1676 年） 沧州旱，蝗。

11. 康熙十六年（1677 年） 沧州蝗。

12. 康熙十七年（1678 年） 沧州蝗。

13. 康熙十八年（1679 年） 沧州大旱，蝗，蝗蝻遍地，民多流亡，奉旨蠲钱粮。

　　　　　　　　　　　　　原载《沧州志》卷之十二·纪事，乾隆八年版

14. 康熙五十七年（1718 年） 沧州遭蝗灾。

15. 康熙五十八年（1719 年） 沧州屡遭蝗灾。

　　　　　　　　　　　　　原载《沧州志》卷之四·祠祀，乾隆八年版

《沧 县 志》

1. 北齐乾明元年（560 年） 四月，沧州螽、水伤稼，遣使恤灾。

2. 唐开成二年（837 年） 六月，沧州蝗。

3. 开成三年（838 年） 沧州螟蝗害稼。

4. 开成五年（840 年） 夏，沧州螟蝗害稼。

5. 宋淳化元年（990 年） 七月，沧州蝗蝻虫食苗。

6. 隆兴元年（1163 年） 沧州蝗。

7. 淳熙三年（1176 年） 沧州旱，蝗。

8. 景定四年（1263 年）　　　　　　六月，沧州蝗。

9. 元至元十九年（1282 年）　　　　沧州蝗，食苗稼草木叶俱尽，民捕蝗为食，曝干积之，尽，则人相食。

10. 大德十年（1306 年）　　　　　　四月，蝗。

11. 至大二年（1309 年）　　　　　　四月，沧州蝗。

12. 至治元年（1321 年）　　　　　　七月，清池县蝗。

13. 明洪武七年（1374 年）　　　　　沧州蝗。

14. 正统五年（1440 年）　　　　　　夏，沧州蝗。

15. 正统六年（1441 年）　　　　　　蝗，食野草木叶皆尽。

16. 嘉靖三年（1524 年）　　　　　　夏，旱，蝗。

17. 崇祯十一年（1638 年）　　　　　大旱蝗。

18. 崇祯十三年（1640 年）　　　　　沧州蝗，人相食。

19. 清康熙十五年（1676 年）　　　　旱，蝗。

20. 康熙十六年（1677 年）　　　　　沧州蝗。

21. 康熙十七年（1678 年）　　　　　沧州蝗。

22. 康熙十八年（1679 年）　　　　　大旱蝗，蝗蝻遍地，民多流亡。

23. 同治十一年（1872 年）　　　　　七月，蝗。

24. 光绪十二年（1886 年）　　　　　五月，蝻食麦。

25. 光绪十六年（1890 年）　　　　　五月，蝗大至，居民捕蝗交官，每斗换仓谷五升，仓中积蝗如阜。

原载《沧县志》卷十六·大事年表，民国二十二年版

《沧 县 志》

清乾隆二十八年（1763 年）　　　　七月，沧州严重蝗灾。

原载《沧县志》大事记，中国和平出版社，1995 年版

《兴济①县志书》

1. 明正统间（1436—1449 年）　　　蝗。

2. 嘉靖三年（1524 年）　　　　　　夏，蝗。

3. 嘉靖十二年（1533 年）　　　　　夏，飞蝗翳空。

4. 嘉靖三十年（1551 年）　　　　　蝗。

5. 嘉靖四十年（1561 年）　　　　　蝗。

6. 万历十一年（1583 年）　　　　　蝗。

7. 万历十七年（1589 年）　　　　　蝗。

8. 万历十九年（1591 年）　　　　　蝗。

9. 万历三十三年（1605 年）　　　　蝗。

10. 万历三十四年（1606 年）　　　　蝗。

---

① 兴济：旧县名，治所在今河北沧县兴济镇。

11. 崇祯十三年（1640 年）　　　　旱，蝗，斗米值银一两五钱。

12. 清顺治十三年（1656 年）　　　蝗食麦。

　　　　　　　　　　　　　　原载《兴济县志书》天文志·祥异，民国三十一年版

《青 县 志》

1. 北齐天保八年（557 年）　　　　大蝗。

2. 宋淳化元年（990 年）　　　　　七月，乾宁军蝗食禾。

3. 大观八年（1114 年）　　　　　清州蝗。

4. 明洪武七年（1374 年）　　　　蝗，饥。

5. 嘉靖三年（1524 年）　　　　　夏，蝗。

6. 嘉靖十二年（1533 年）　　　　夏，飞蝗翳空。

7. 嘉靖三十年（1551 年）　　　　蝗。

8. 嘉靖四十年（1561 年）　　　　蝗，连年饥馑，至人相食。

9. 万历十一年（1583 年）　　　　蝗。

10. 万历十七年（1589 年）　　　　蝗。

11. 万历十九年（1591 年）　　　　蝗。

12. 万历三十三年（1605 年）　　　蝗。

13. 万历三十四年（1606 年）　　　蝗。

14. 崇祯十三年（1640 年）　　　　旱，蝗，斗米值银二两，人相食。

15. 清顺治十三年（1656 年）　　　麦禾皆遭蝗食。

16. 康熙十一年（1672 年）　　　　蝗。

17. 康熙三十三年（1694 年）　　　蝗，不为灾。

18. 嘉庆四年（1799 年）　　　　　夏，蝗蝻初生遍野，忽一夕大风，次日蝗净尽。

19. 嘉庆七年（1802 年）　　　　　蝗。

20. 嘉庆八年（1803 年）　　　　　蝗，不为灾。

21. 道光二十八年（1848 年）　　　蝗、雨伤稼。

22. 咸丰六年（1856 年）　　　　　春，蝗。

23. 咸丰七年（1857 年）　　　　　蝻生。

24. 光绪二十六年（1900 年）　　　六月，飞蝗蔽空。

25. 民国二年（1913 年）　　　　　蝗，歉收。

26. 民国四年（1915 年）　　　　　蝗害稼。

27. 民国十二年（1923 年）　　　　旱，蝗，田禾半收。

28. 民国十七年（1928 年）　　　　秋，大蝗。

29. 民国十八年（1929 年）　　　　春，旱，蝗蝻生，伤麦禾。

　　　　　　　　　　　　　　原载《青县志》卷之十三·祥异表，民国二十年版

30. 清康熙五十七年（1718 年）　青县蝗灾屡见。

31. 康熙五十八年（1719 年）　　青县蝗灾屡见。

　　　　　　　　　　　　　　原载《青县志》卷之四·坛庙，乾隆八年版

《青县志》

1. 唐开成二年（837 年）	六月，蝗灾。
2. 宋熙宁元年（1068 年）	蝗灾。
3. 咸淳元年（1265 年）	闹蝗虫。

原载《青县志》自然灾害，方志出版社，1999 年版

《黄骅县志》

1. 唐开元二年（714 年）	七月，蝗虫成灾。
2. 开成元年（836 年）	蝗灾，草木叶俱食尽。
3. 开成五年（840 年）	夏，螟蝗成灾。
4. 宋淳化元年（990 年）	七月，旱，蝗蝻成灾，食尽草木叶。
5. 淳化三年（992 年）	七月，蝗成灾，蔽空遮日。
6. 淳熙三年（1176 年）	蝗灾。
7. 景定四年（1263 年）	六月，蝗灾。
8. 元至元十九年（1282 年）	蝗灾。
9. 至大二年（1309 年）	四月，蝗灾。
10. 明嘉靖三年（1524 年）	夏，旱，蝗灾。
11. 嘉靖三十五年（1556 年）	蝗灾。
12. 隆庆三年（1569 年）	六月，蝗灾。
13. 万历十三年（1585 年）	大旱，飞蝗蔽空。
14. 崇祯十一年（1638 年）	旱，蝗成灾。
15. 崇祯十三年（1640 年）	至秋久旱不雨，禾苗枯死，飞蝗遍野，斗米银四金，树皮草根剥掘俱尽，饥民食之，有甚者人相食。
16. 清顺治四年（1647 年）	旱，蝗成灾。
17. 康熙三年（1664 年）	秋，蝗遍地。
18. 康熙十七年（1678 年）	秋，蝗灾。
19. 康熙十八年（1679 年）	大旱，蝗灾。自十七年冬无雪，入春至夏末雨，蝗蝻遍地，人多流亡。
20. 民国三十二年（1943 年）	蝗灾。芦苇、庄稼叶俱被吃光，蝗群涌进村庄，吃光糊窗纸，甚至咬破婴儿的耳朵。

原载《黄骅县志》自然灾害，海潮出版社，1990 年版

21. 唐开成三年（838 年）	蝗灾。
22. 民国二十八年（1939 年）	是年，旱、蝗灾迭生，人民生活十分困难。
23. 民国三十四年（1945 年）	春，旱，蝗灾。

原载《黄骅县志》大事记，海潮出版社，1990 年版

《盐山县志》

1. 唐开元二年（714 年）	七月，蝗。

2. 开成元年（836 年）　　　　　蝗，草木叶皆尽。

3. 开成五年（840 年）　　　　　夏，螟蝗害稼。

4. 元至大三年（1310 年）　　　　七月，蝗。

5. 明嘉靖七年（1528 年）　　　　夏，蝗。

6. 嘉靖九年（1530 年）　　　　　夏四月，蝗，不为灾。

7. 嘉靖三十五年（1556 年）　　　蝗，不为灾。

8. 万历十三年（1585 年）　　　　大旱，飞蝗蔽空，特加赈恤，蠲夏麦之半。

9. 崇祯十一年（1638 年）　　　　蝗。

10. 崇祯十二年（1639 年）　　　　秋，蝗蝻遍野，食稼殆尽。

11. 崇祯十三年（1640 年）　　　　至秋不雨，禾苗尽枯，飞蝗遍野，斗米银四金，木皮草根剥掘俱尽，人民相食。

12. 清顺治四年（1647 年）　　　　旱，蝗。

13. 顺治十三年（1656 年）　　　　蝗，不为灾。

14. 康熙三年（1664 年）　　　　　秋，蝗。

15. 康熙十一年（1672 年）　　　　秋，蝗，不为灾。

16. 康熙十七年（1678 年）　　　　秋，蝗，不为灾。

17. 道光元年（1821 年）　　　　　夏，蝗，不为灾。

18. 咸丰六年（1856 年）　　　　　秋，蝗，不为灾。

原载《盐山县志》卷之五·风土志祥异，同治七年版

《盐山县志》

1. 东汉兴平元年（194 年）　　　夏，大蝗为灾。

2. 东晋大兴元年（318 年）　　　冀州蝗，食野草庄稼。

3. 北齐皇建元年（560 年）　　　四月，螽伤稼。

4. 宋淳化元年（990 年）　　　　七月，蝗蝻伤苗。

5. 淳化三年（992 年）　　　　　蝗，抱草死。

6. 金大定三年（1163 年）　　　蝗。

7. 大定十六年（1176 年）　　　蝗。

8. 蒙古中统四年（1263 年）　　蝗。

9. 元至元十九年（1282 年）　　蝗食草木尽，民捕蝗为食，又尽，人相食。

10. 大德八年（1304 年）　　　　蝗。

11. 至大二年（1309 年）　　　　大蝗，毁稼。

12. 明洪武二年（1369 年）　　　蝗灾。

13. 正统五年（1440 年）　　　　蝗食野草、树叶、果菜。

14. 正统六年（1441 年）　　　　蝗食野草、树叶、果菜。

15. 嘉靖三年（1524 年）　　　　夏，蝗为灾。

16. 万历三十六年（1608 年）　　蝗灾。

原载《盐山县志》自然环境，南开大学出版社，1991年版

《庆云^①县志》

1. 唐开成元年（836 年）	蝗，食草木叶皆尽。
2. 开成五年（840 年）	蝗蝻害稼。
3. 元至大三年（1310 年）	蝗，大饥，有父子相食者。
4. 明嘉靖四十三年（1564 年）	蝗，民饥，流移十之三。
5. 清康熙十一年（1672 年）	旱，蝗，俱免税十之二。
6. 康熙四十九年（1710 年）	蝗。
7. 乾隆三十三年（1768 年）	蝗。
8. 乾隆四十一年（1776 年）	蝗。
9. 乾隆四十二年（1777 年）	蝗。
10. 同治十一年（1872 年）	蝗，不为灾。

原载《庆云县志》卷之三·风土志灾异，民国三年版

《孟村回族自治县志》

1. 唐开成元年（836 年）	蝗灾，草木树叶皆尽。
2. 宋崇宁四年（1105 年）	境内蝗灾，野无青草。
3. 明嘉靖三年（1524 年）	夏，飞蝗成灾，民大饥。
4. 万历十三年（1585 年）	大旱，飞蝗蔽空。
5. 崇祯十二年（1639 年）	秋，蝗蝻遍野，食稼殆尽。
6. 崇祯十三年（1640 年）	大旱，飞蝗遍野，木皮树根剥掘俱尽，人相食。
7. 清顺治四年（1647 年）	大蝗。
8. 民国二十七年（1938 年）	秋，飞蝗遍地，庄稼多被吃光。

原载《孟村回族自治县志》大事记，科学出版社，1993 年版

《海兴县志》

1. 汉建元五年（前 136 年）	夏，蝗。
2. 元光五年（前 130 年）	秋，蝗。
3. 元光六年（前 129 年）	夏，蝗。
4. 元封六年（前 105 年）	秋，蝗。
5. 元始二年（公元 2 年）	夏四月，蝗。
6. 新天凤四年（17 年）	旱，蝗。
7. 东汉建武二十八年（52 年）	郡国八十蝗。
8. 建武三十一年（55 年）	郡国大蝗。
9. 永初四年（110 年）	青、冀等六州蝗。

① 庆云：旧县名，明永乐元年置，隶属河间府沧州。1958 年入盐山，1961 年复置，属沧州，1964 年划归山东德州，县治移至解家集，又称新庆云，老县城改称盐山县庆云镇。

10. 永初五年（111 年）　　　　　　九州蝗。

11. 永初六年（112 年）　　　　　　十州蝗。

12. 永兴元年（153 年）　　　　　　秋七月，冀州等郡国三十二蝗。

13. 熹平六年（177 年）　　　　　　夏四月，大旱，七州蝗。

14. 兴平元年（194 年）　　　　　　夏，大蝗为灾。

15. 魏黄初三年（222 年）　　　　　秋七月，冀州大蝗，饥。

16. 西晋建兴元年（313 年）　　　　蝗。

17. 东晋建武元年（317 年）　　　　秋七月，蝗。

18. 大兴元年（318 年）　　　　　　七月，蝗。

19. 大兴二年（319 年）　　　　　　八月，蝗。

20. 太元七年（382 年）　　　　　　五月，幽州蝗生，广袤千里。

21. 北齐天保八年（557 年）　　　　夏秋，蝗。

22. 皇建元年（560 年）　　　　　　四月，沧州[①]一带螽蝗害稼。

23. 唐贞观二年（628 年）　　　　　蝗。

24. 开元二年（714 年）　　　　　　七月，蝗灾。

25. 开元三年（715 年）　　　　　　七月，蝗灾。

26. 开元四年（716 年）　　　　　　夏秋，蝗。

27. 开元五年（717 年）　　　　　　夏秋，蝗。

28. 贞元元年（785 年）　　　　　　夏，蝗。

29. 开成元年（836 年）　　　　　　夏秋，蝗，草木皆尽。

30. 开成二年（837 年）　　　　　　六月，蝗。

31. 开成三年（838 年）　　　　　　蝗。

32. 开成四年（839 年）　　　　　　六月，旱，蝗食禾。

33. 开成五年（840 年）　　　　　　夏，螟蝗害稼。

34. 后晋天福八年（943 年）　　　　夏，旱，蝗大起。

35. 宋建隆三年（962 年）　　　　　旱，蝗。

36. 乾德二年（964 年）　　　　　　六月，蝗。

37. 乾德三年（965 年）　　　　　　七月，蝗。

38. 淳化元年（990 年）　　　　　　七月，沧州沿海一带蝗蝻食苗。

39. 淳化二年（991 年）　　　　　　七月，蝗。

40. 淳化三年（992 年）　　　　　　七月，蝗。

41. 大中祥符九年（1016 年）　　　蝗蝻继生，弥郊野，食民田殆尽。

42. 天禧元年（1017 年）　　　　　蝗。

43. 明道二年（1033 年）　　　　　蝗。

44. 熙宁五年（1072 年）　　　　　大蝗。

45. 熙宁六年（1073 年）　　　　　四月，蝗。

46. 熙宁七年（1074 年）　　　　　秋七月，蝗。

---

① 　沧州：旧州名，治所在今河北盐山千童镇，唐时迁治今河北沧县东南旧州镇。

47. 崇宁元年（1102 年）　　　　　蝗。

48. 崇宁二年（1103 年）　　　　　蝗。

49. 崇宁四年（1105 年）　　　　　大蝗，其飞蔽日。

50. 金大定三年（1163 年）　　　　三月，蝗。

51. 大定四年（1164 年）　　　　　蝗。

52. 大定五年（1165 年）　　　　　八月，蝗。

53. 大定十六年（1176 年）　　　　旱，蝗。

54. 蒙古中统四年（1263 年）　　　六月，蝗。

55. 至元四年（1267 年）　　　　　蝗。

56. 至元六年（1269 年）　　　　　六月，蝗。

57. 元至元十六年（1279 年）　　　四月，蝗。

58. 至元十九年（1282 年）　　　　蝗食禾稼、草木叶俱尽，所致蔽日碍人马不能行，填坑堑皆盈，饥民捕蝗为食或曝干积之，又尽，人相食。

59. 至元二十六年（1289 年）　　　夏秋，蝗。

60. 至元二十七年（1290 年）　　　夏四月，蝗。

61. 大德二年（1298 年）　　　　　全年蝗虫猖獗。

62. 大德五年（1301 年）　　　　　七月，蝗。

63. 大德六年（1302 年）　　　　　四月，蝗。

64. 大德八年（1304 年）　　　　　四月，蝗。

65. 大德九年（1305 年）　　　　　八月，蝗。

66. 大德十年（1306 年）　　　　　五月，蝗。

67. 大德十一年（1307 年）　　　　八月，蝗。

68. 至大元年（1308 年）　　　　　八月，蝗。

69. 至大二年（1309 年）　　　　　四月，大蝗为灾，庄稼被毁。

70. 至大三年（1310 年）　　　　　七月，大蝗灾，庄稼绝收，人相食。

71. 至治二年（1322 年）　　　　　蝗。

72. 至治三年（1323 年）　　　　　蝗。

73. 明洪武二年（1369 年）　　　　蝗灾。

74. 洪武七年（1374 年）　　　　　蝗。

75. 正统五年（1440 年）　　　　　蝗食野草、树叶、果菜。

76. 正统六年（1441 年）　　　　　蝗食野草、树叶、果菜。

77. 嘉靖三年（1524 年）　　　　　夏，蝗虫为灾。

78. 嘉靖七年（1528 年）　　　　　夏，蝗。

79. 嘉靖九年（1530 年）　　　　　夏四月，蝗。

80. 嘉靖十四年（1535 年）　　　　秋，蝗甚重。

81. 嘉靖二十五年（1546 年）　　　大蝗灾。

82. 嘉靖三十五年（1556 年）　　　蝗。

83. 嘉靖四十三年（1564 年）　　　蝗。

84. 隆庆三年（1569 年）　　　　　夏六月，大旱，飞蝗蔽空，蠲夏麦之半。

85. 万历十二年（1584 年）　　　　蝗。
86. 万历十三年（1585 年）　　　　大旱，飞蝗蔽空。
87. 万历三十六年（1608 年）　　　蝗灾。
88. 崇祯十一年（1638 年）　　　　蝗。
89. 崇祯十二年（1639 年）　　　　秋，蝗蝻遍野，食稼殆尽。
90. 崇祯十三年（1640 年）　　　　大，旱，蝗，人相食。
91. 清顺治四年（1647 年）　　　　旱，蝗。
92. 康熙三年（1664 年）　　　　　秋，旱，蝗。
93. 康熙六年（1667 年）　　　　　夏，蝗虫成灾。
94. 康熙十一年（1672 年）　　　　秋，旱，蝗。
95. 康熙十七年（1678 年）　　　　秋，蝗。
96. 康熙十八年（1679 年）　　　　夏，蝗。
97. 康熙四十九年（1710 年）　　　蝗。
98. 乾隆二十四年（1759 年）　　　蝗灾。
99. 乾隆三十三年（1768 年）　　　夏，蝗。
100. 乾隆四十一年（1776 年）　　　秋，蝗灾严重。
101. 乾隆四十二年（1777 年）　　　蝗。
102. 道光元年（1821 年）　　　　　夏，蝗。
103. 咸丰六年（1856 年）　　　　　七月，蝗。
104. 同治十一年（1872 年）　　　　蝗，不为灾。
105. 宣统三年（1911 年）　　　　　六月，蝗。
106. 民国四年（1915 年）　　　　　蝗灾害稼。
107. 民国十八年（1929 年）　　　　蝗。
108. 民国二十年（1931 年）　　　　蝗灾甚重。
109. 民国二十二年（1933 年）　　　发生大面积蝗灾。
110. 民国二十三年（1934 年）　　　夏秋，蝗灾。
111. 民国三十二年（1943 年）　　　发生严重蝗灾。
112. 民国三十八年（1949 年）　　　蝗害。

原载《海兴县志》自然灾害，方志出版社，2002 年版

113. 明万历四十五年（1617 年）　夏，庄稼被蝗虫吃尽，民大量外逃关东。
114. 清康熙十六年（1677 年）　　旱蝗。

原载《海兴县志》大事记，方志出版社，2002 年版

《东光县志》

1. 唐开成三年（838 年）　　　　沧、齐等州螟蝗害稼。
2. 宋淳化元年（990 年）　　　　七月，乾宁军、沧州蝗蝻损苗。
3. 隆兴元年（1163 年）　　　　　中都以南八路蝗。
4. 金大定十六年（1176 年）　　　中都、河北等十路旱，蝗。
5. 蒙古中统四年（1263 年）　　　六月，河间诸路蝗。

6. 元至元十九年（1282 年）　　　　蝗，食苗稼草木叶俱尽，民捕蝗为食，曝干积之，又尽，则人相食。

7. 大德十年（1306 年）　　　　四月，河间等郡蝗。

8. 至大二年（1309 年）　　　　四月，河间，沧州等处蝗，至八月，蝗蝻大作。

9. 明洪武七年（1374 年）　　　　河间诸路蝗。

10. 正统五年（1440 年）　　　　夏，河间蝗。

11. 正统六年（1441 年）　　　　河间大蝗，野无青草。

12. 正统七年（1442 年）　　　　河间大蝗，野无青草。

13. 正统十三年（1448 年）　　　　七月，县境飞蝗蔽天。

14. 嘉靖三年（1524 年）　　　　河间诸属旱，蝗。

15. 万历十一年（1583 年）　　　　蝗灾。

16. 万历三十四年（1606 年）　　　　六月，大蝗，食苗殆尽。

17. 天启五年（1625 年）　　　　夏，飞蝗蔽天。

18. 崇祯七年（1634 年）　　　　旱，蝗。

19. 清顺治四年（1647 年）　　　　七月，县境飞蝗蔽日，树木坠折。

20. 康熙十八年（1679 年）　　　　是年，旱，蝗。

21. 康熙二十八年（1689 年）　　　　旱，蝗蝻遍地。

22. 雍正十三年（1735 年）　　　　县境蝗。

23. 乾隆四十五年（1780 年）　　　　蝗蝻为灾，岁歉。

24. 乾隆五十六年（1791 年）　　　　旱，蝗。

25. 乾隆六十年（1795 年）　　　　旱，蝗。

26. 嘉庆四年（1799 年）　　　　蝗蝻为灾。

27. 嘉庆五年（1800 年）　　　　春，蝻子复生，四月初，被大风吹灭无迹。

28. 道光六年（1826 年）　　　　螟螣害稼。

29. 道光十八年（1838 年）　　　　五月，蝗，不为灾。

30. 咸丰八年（1858 年）　　　　六月，飞蝗过境无伤；七月，蝻子生，捕灭之。

原载《东光县志》卷十一·祥异，光绪十四年版

《东光县志》

1. 唐开成三年（838 年）　　　　蝗食草木叶皆尽。

2. 明嘉靖三年（1524 年）　　　　夏，旱，蝗。

3. 崇祯十三年（1640 年）　　　　旱，蝗，斗米价银二余，人相食。

原载《东光县志》卷之一·祺祥，康熙三十二年版

《东光县志》

1. 西晋永嘉四年（310 年）　　　　五月境内遭蝗灾。

2. 唐开元三年（715 年）　　　　境内遭大蝗灾，蝗虫飞则蔽天。

原载《东光县志》大事记，方志出版社，1999 年版

3. 东晋咸康四年（338 年）　　　　境内遭蝗灾。

4. 太元七年（382 年）　　　　　东光遭蝗灾。

5. 北齐天保元年（550 年）　　　东光遭蝗灾。

6. 宋淳化三年（992 年）　　　　蝗，俄抱草死。

7. 明正德九年（1514 年）　　　遭蝗灾。

8. 嘉靖三十九年（1560 年）　　飞蝗蔽天，食禾殆尽。

9. 万历十九年（1591 年）　　　夏，蝗食禾几尽。

10. 万历三十四年（1606 年）　　六月，境内大蝗，食苗殆尽。

11. 民国九年（1920 年）　　　　县境遭蝗灾。

12. 民国十六年（1927 年）　　　县境遭蝗灾。

13. 民国二十五年（1936 年）　　蝗为灾。

14. 民国三十一年（1942 年）　　境内飞蝗蔽天，禾苗树叶殆尽。

原载《东光县志》自然灾害，方志出版社，1999 年版

《南皮县志》

1. 唐开成二年（837 年）　　　蝗。

2. 宋淳化元年（990 年）　　　蝗害禾稼。

3. 熙宁七年（1074 年）　　　　河北旱，蝗，民多饿殍。

4. 崇宁三年（1104 年）　　　　大蝗，河北野无青草。

5. 崇宁四年（1105 年）　　　　连岁大蝗，野无青草。

6. 元大德六年（1302 年）　　　河间属县蝗。

7. 大德八年（1304 年）　　　　蝗。

8. 明嘉靖三年（1524 年）　　　六月，旱，蝗。

9. 万历三十六年（1608 年）　　蝗。

10. 天启五年（1625 年）　　　　蝗。

11. 清光绪八年（1882 年）　　　蝗子生。

12. 光绪十二年（1886 年）　　　四月，蝗子伤麦。

13. 民国八年（1919 年）　　　　东区有蝗。

14. 民国九年（1920 年）　　　　四月，东区蝻子繁生，县署令各村村正副督率扑打，未几大风作，蝻子不见。

15. 民国十年（1921 年）　　　　八月，南区飞蝗过境，不为灾。

16. 民国十七年（1928 年）　　　七月，飞蝗蔽天。

17. 民国十八年（1929 年）　　　四月，蝻子生，大风作，蝻子不见；六月，飞蝗自北来，不为灾。

18. 民国二十年（1931 年）　　　六月，飞蝗起，县令扑打，用钱收买，未几，蝻子生，又收买，共费洋五千余元，幸不为灾。

原载《南皮县志》卷十四·祥异，民国二十一年版

《南皮县志》

1. 清康熙十六年（1677 年）　　夏，蝗。

2. 康熙十七年（1678 年）　　　旱，蝗。

3. 康熙十八年（1679 年）　　　大旱，蝗蝻遍生，食禾殆尽。

原载《南皮县志》卷二·事纪，康熙十九年版

《南皮县志》

1. 民国二十五年（1936 年）　　双庙、五拨蝗灾严重。

2. 民国三十八年（1949 年）　　蝗灾面积 3 万多亩。

原载《南皮县志》历代虫灾统计表，河北人民出版社，1992 年版

《吴桥县志》

1. 唐开成三年（838 年）　　　河北等处蝗，草木叶皆尽。

2. 宋淳化三年（992 年）　　　沧州等州蝗，俄抱草自死。

3. 元泰定二年（1325 年）　　　德、景州等州县蝗。

4. 明正统五年（1440 年）　　　蝗。

5. 正统六年（1441 年）　　　　蝗。

6. 正统七年（1442 年）　　　　连岁蝗。

7. 正德九年（1514 年）　　　　河间诸州县蝗，食苗稼皆尽，所至蔽日，人马不能行，民捕蝗以食，或曝干积之，又尽，则人相食。

8. 嘉靖三十九年（1560 年）　　飞蝗蔽天，食禾殆尽。

9. 崇祯十四年（1641 年）　　　大旱，飞蝗蔽天，死徙流亡略尽。

原载《吴桥县志》卷十·灾祥，光绪元年版

10. 嘉靖十一年（1532 年）　　　蝗飞蔽天，邑候唐公往祝之。

原载《吴桥县志》卷十一·碑，光绪元年版

《吴桥县志》

1. 后赵建武四年（338 年）　　　大蝗。

2. 前秦建元十八年（382 年）　　大蝗。

3. 北齐天保元年（550 年）　　　蝗。

4. 元至元十九年（1282 年）　　　蝗食苗稼皆尽。

5. 泰定元年（1324 年）　　　　　蝗。

6. 明万历十九年（1591 年）　　　蝗食禾尽。

7. 清顺治四年（1647 年）　　　　飞蝗蔽日。

8. 乾隆九年（1744 年）　　　　　飞蝗自山东来。

9. 乾隆十六年（1751 年）　　　　飞蝗集境，捕不能尽，有鸟数千自西南来啄食之。

10. 民国九年（1920 年）　　　　旱，蝗。

11. 民国十八年（1929 年）　　　大蝗。

12. 民国三十一年（1942 年）　　飞蝗蔽天。

原载《吴桥县志》自然灾害，中国社会出版社，1992 年版

13. 唐开成元年（836 年）　　　　　蝗灾，庄稼树叶皆尽。

14. 宋咸淳二年（1266 年）　　　　　蝗灾。

原载《吴桥县志》大事记，中国社会出版社，1992 年版

《交河县志》

1. 东汉兴平元年（194 年）　　　　夏，大蝗。

2. 宋崇宁二年（1103 年）　　　　河北诸路皆蝗，命有司酺祭勿捕，及至官舍之馨香来焉，而田间之苗叶已无矣。

3. 隆兴元年（1163 年）　　　　　中都以南八路蝗。

4. 金大定十六年（1176 年）　　　河北旱，蝗。

5. 蒙古中统四年（1263 年）　　　六月，河间路蝗。

6. 元大德六年（1302 年）　　　　四月，河间属县蝗。

7. 大德十年（1306 年）　　　　　四月，河间等郡蝗。

8. 至顺元年（1330 年）　　　　　六月，河间、献、景诸州蝗。

9. 至正十九年（1359 年）　　　　五月，大蝗，直隶、京师飞蔽天日，所落坑堑皆平，人马难行，民大饥，都城银一锭易米八斗。

10. 明正统六年（1441 年）　　　　河间各属蝗。

11. 正统七年（1442 年）　　　　　河间各属蝗。

12. 嘉靖三年（1524 年）　　　　　六月，河间蝗。

13. 万历十六年（1588 年）　　　　蝗飞掩日，蝻子厚积数寸。

14. 万历四十八年（1620 年）　　　旱，蝗飞蔽日，害稼民饥。

15. 崇祯五年（1632 年）　　　　　旱，蝗飞掩日，横占十余里，树叶、禾秸俱尽。

16. 崇祯十一年（1638 年）　　　　旱，蝗害稼，民饥。

17. 崇祯十二年（1639 年）　　　　旱，蝗蝻大伤田稼，民饥。

18. 清顺治四年（1647 年）　　　　蝗飞掩日，落地厚尺余，禾秸尽食。

19. 顺治十六年（1659 年）　　　　蝗伤稼，民饥。

20. 康熙十一年（1672 年）　　　　蝗伤稼。

21. 乾隆五十六年（1791 年）　　　旱，蝗。

22. 乾隆六十年（1795 年）　　　　旱，蝗。

23. 民国四年（1915 年）　　　　　七月，旱，蝗，飞则蔽天，落则遍野，所至之处稼禾皆空，后蝗子出，为害更甚。

原载《交河县志》卷十·杂稽志祥异，民国五年版

《泊头市志》

清乾隆十六年（1751 年）　　　　六月，交河、河间等地发生蝗灾，数千只鸟从东南飞来，将蝗虫全部吃掉。

原载《泊头市志》大事记，中国对外翻译出版公司，2000 年版

《献 县 志》

1. 后赵石虎时　　　　　　　　　冀州大蝗。

2. 前秦苻坚时　　　　　　　　　幽州大蝗。

3. 北齐天保九年（558 年）　　　七月，诏：瀛州去年螽涝损田，免今年租赋。

4. 乾明元年（560 年）　　　　　四月，诏：瀛、沧等九州螽水伤稼，遣使赡恤。

5. 元至元十九年（1282 年）　　河间属县大蝗。

6. 至治二年（1322 年）　　　　河间等处水，蝗。

7. 明正统七年（1442 年）　　　五月，河间等府蝗。

原载《献县志》卷十八·祥异志，乾隆二十六年版

《新版献县志》

1. 北齐天保八年（557 年）　　　螽，涝。

2. 蒙古中统四年（1263 年）　　六月，蝗。

3. 至元二年（1265 年）　　　　蝗。

4. 至元三年（1266 年）　　　　蝗。

5. 元至元八年（1271 年）　　　蝗。

6. 大德六年（1302 年）　　　　四月，蝗。

7. 大德十年（1306 年）　　　　四月，蝗。

8. 大德十一年（1307 年）　　　五月，蝗；八月蝗。

9. 至大二年（1309 年）　　　　四月，蝗；八月复蝗。

10. 泰定元年（1324 年）　　　　六月，旱，蝗。

11. 泰定三年（1326 年）　　　　八月，蝗。

12. 天历二年（1329 年）　　　　夏，旱，蝗。

13. 至顺元年（1330 年）　　　　六月，蝗。

14. 明洪武七年（1374 年）　　　六月，蝗。

15. 正统五年（1440 年）　　　　夏，蝗。

16. 正统六年（1441 年）　　　　夏，蝗。

17. 成化九年（1473 年）　　　　六月，蝗。

18. 嘉靖三年（1524 年）　　　　六月，蝗。

19. 嘉靖三十九年（1560 年）　　飞蝗蔽天，食禾尽。

20. 万历十一年（1583 年）　　　蝗，不为灾。

21. 万历十九年（1591 年）　　　蝗，食禾几尽。

22. 清顺治四年（1647 年）　　　飞蝗蔽天。

23. 康熙十一年（1672 年）　　　旱，蝗。

24. 乾隆九年（1744 年）　　　　六月二十一日，飞蝗自山东至，翳空不下，凡二、四日乃绝，秋稔。

25. 乾隆十六年（1751 年）　　　夏，飞蝗集境，扑不能尽，有鸟自西南来，啄食之。

26. 道光四年（1824 年）　　　　蝗，林木皆食。

27. 道光五年（1825 年）　　　　蝗。

28. 咸丰六年（1856 年）　　　　七月，蝗。

29. 咸丰七年（1857 年）　　　　五月，蝗。

30. 咸丰八年（1858 年）　　　　六月，飞蝗至，不食苗。

31. 光绪十年（1884 年）　　　　蝗。

32. 光绪二十四年（1898 年）　　五月，蝗，不食禾。

原载《新版献县志》卷十九·故实志祥异表，民国十四年版

《献 县 志》

1. 后赵建武四年（338 年）　　　五月，大蝗灾。

2. 民国十一年（1922 年）　　　　秋，蝗灾。

3. 民国二十二年（1933 年）　　　大蝗灾。

4. 民国三十二年（1943 年）　　　蝗灾严重。

原载《献县志》历代蝗灾统计表，中国和平出版社，1995 年版

《河间府志》

1. 唐开元二年（714 年）　　　　七月，河北蝗。

2. 开成二年（837 年）　　　　　六月，沧州蝗。

3. 开成三年（838 年）　　　　　河北等处蝗，草木叶皆尽。

4. 开成五年（840 年）　　　　　夏，沧州等二十九处螟蝗害稼。

5. 宋淳化元年（990 年）　　　　七月，乾宁军蝗，沧海①蝗蝻食苗。

6. 淳化三年（992 年）　　　　　沧州等州蝗，俄抱草自死。

7. 元至元八年（1271 年）　　　　河间等路诸州县蝗。

8. 至元十九年（1282 年）　　　　燕南、河间等六十余处皆蝗，食苗稼草木俱尽，所至蔽日，碍人马不能行，填坑堑皆盈，饥民捕蝗以食或曝干而积之，又尽，则人相食。

9. 至元二十年（1283 年）　　　　四月，河间等路蝗。

10. 大德六年（1302 年）　　　　　四月，河间等路蝗。

11. 大德八年（1304 年）　　　　　四月，河间、南皮等八州县蝗。

12. 大德十年（1306 年）　　　　　四月，河间等路蝗。

13. 至大元年（1308 年）　　　　　八月，河间等路蝗。

14. 至大二年（1309 年）　　　　　沧州，河间十八处蝗。

15. 至大三年（1310 年）　　　　　七月，无棣等八州县蝗。

16. 至治三年（1323 年）　　　　　清池县蝗。

17. 泰定二年（1325 年）　　　　　德、景等州县蝗。

18. 泰定四年（1327 年）　　　　　河间等路蝗。

19. 至顺元年（1330 年）　　　　　河间诸路、献、景诸州屯田蝗。

20. 至顺三年（1332 年）　　　　　河间等处屯田蝗。

---

① 沧海：沧州之别称。

21. 明正统四年（1439 年）　　　河间州县蝗。
22. 嘉靖三年（1524 年）　　　　夏，蝗。
23. 嘉靖三十九年（1560 年）　　飞蝗蔽天，食禾穗殆尽。
24. 万历十九年（1591 年）　　　夏，大蝗，食禾几尽。
25. 崇祯十四年（1641 年）　　　大旱，飞蝗蔽天，夫妇父子相食，死亡略尽。
26. 清顺治四年（1647 年）　　　飞蝗蔽天。
27. 康熙十一年（1672 年）　　　旱，蝗。

原载《河间府志》卷之九·风俗志祥异，康熙十六年版

《河间府新志》

1. 后赵建武四年（338 年）　　河间诸郡大蝗，司隶请罪守宰。虎曰：此朕失政所致，司隶不进谠言而妄陷无辜者乎。
2. 前秦建元十八年（382 年）　河间郡大蝗，有司请下郡守廷尉，治其讨蝗不灭之罪。坚曰：灾降自天，非人力所可除，兰无罪也。
3. 北齐天保元年（550 年）　　四月，瀛州、东光等九州蝗水连伤时稼，遣使分涂赈恤。
4. 元至元十九年（1282 年）　河间诸州县蝗食苗稼草木皆尽，所至蔽日，人马不能行，民捕蝗以食或曝干积之，又尽，则人相食。
5. 清乾隆九年（1744 年）　　六月二十二日，飞蝗成群自山东来，凡三、四日，翛翛去，昼夜不绝，是秋，稔。
6. 乾隆十六年（1751 年）　　飞蝗集郡境捕不能尽，有鸟数千自西南来啄食之。

原载《河间府新志》卷十七·纪事，乾隆二十五年版

《河间县志》

1. 后赵建武四年（338 年）　　河间蝗。
2. 前秦建元十八年（382 年）　河间大蝗。
3. 北齐天保元年（550 年）　　螽，水伤稼，遣使赈恤。
4. 元至元八年（1271 年）　　大蝗。
5. 至元十九年（1282 年）　　大蝗，所致蔽日，碍人马不能行，饥民捕蝗为食，又尽，则人相食。
6. 至元二十年（1283 年）　　四月，蝗。
7. 大德六年（1302 年）　　　河间蝗。
8. 大德八年（1304 年）　　　河间蝗。
9. 大德十年（1306 年）　　　四月，河间蝗。
10. 至大元年（1308 年）　　　河间蝗。
11. 至大二年（1309 年）　　　河间大蝗，有司赈之。
12. 泰定四年（1327 年）　　　河间蝗。
13. 至顺元年（1330 年）　　　河间路屯田蝗。
14. 至顺三年（1332 年）　　　河间等处屯田蝗。
15. 明正统四年（1439 年）　　　河间县蝗。

16. 嘉靖三年（1524 年）　　　　　夏，蝗。
17. 嘉靖三十九年（1560 年）　　　飞蝗蔽天，禾穗殆尽。
18. 万历十九年（1591 年）　　　　夏，蝗食禾几尽。
19. 崇祯十四年（1641 年）　　　　蝗飞蔽天，人相食。
20. 清顺治四年（1647 年）　　　　是年，蝗。
21. 康熙十一年（1672 年）　　　　旱蝗，奉旨蠲免钱粮。
22. 乾隆九年（1744 年）　　　　　六月二十二日，飞蝗自山东来，凡三、四日，翛翛然，昼夜不绝，是岁，稔。
23. 乾隆十六年（1751 年）　　　　夏，飞蝗集境捕不能尽，有鸟数千自西南来啄食之。

原载《河间县志》卷一·纪事，乾隆二十五年版

《河间县志》

1. 北齐天保元年（550 年）　　　　蝗灾。
2. 唐贞元元年（785 年）　　　　　河北蝗。
3. 宋熙宁七年（1074 年）　　　　夏，蝗。
4. 熙宁九年（1076 年）　　　　　夏，蝗。
5. 元至顺二年（1331 年）　　　　蝗灾。
6. 明洪武七年（1374 年）　　　　蝗灾。
7. 宣德五年（1430 年）　　　　　蝗灾。
8. 正统五年（1440 年）　　　　　五月，蝗灾。
9. 景泰七年（1456 年）　　　　　五月，蝗灾。
10. 民国七年（1918 年）　　　　　蝗虫肆虐，十室九空，斗米千钱。

原载《河间县志》历年自然灾害实录，书目文献出版社，1992 年版

11. 元至正三年（1343 年）　　　　行盐之地，旱，蝗水灾相仍，百姓无买盐之资。

原载《河间县志》大事记，书目文献出版社，1992 年版

《肃宁县志》

1. 元至元八年（1271 年）　　　　河间等路州县蝗。
2. 大德十年（1306 年）　　　　　四月，河间等路蝗。
3. 至大二年（1309 年）　　　　　河间州县旱，蝗，伤稼，命有司赈之。
4. 明正统四年（1439 年）　　　　河间州县蝗。
5. 嘉靖三十九年（1560 年）　　　蝗蔽天，禾穗殆尽。
6. 万历十九年（1591 年）　　　　夏，大蝗，食禾几尽。
7. 崇祯十四年（1641 年）　　　　大旱，飞蝗蔽天，或夫妇、父子相食，死亡略尽。
8. 清顺治四年（1647 年）　　　　飞蝗蔽天。
9. 康熙四十五年（1706 年）　　　春夏，蝗。
10. 康熙四十七年（1708 年）　　　夏秋，蝗。

原载《肃宁县志》卷一，方舆祥异，乾隆二十一年版

《肃宁县志》

1. 东晋大兴三年（320 年）　　　河间蝗。
2. 太元七年（382 年）　　　　　河间蝗。
3. 北齐天保元年（550 年）　　　瀛、沧二州螽伤稼。
4. 宋咸淳二年（1266 年）　　　　河间蝗。
5. 元至顺元年（1330 年）　　　　河间属县连岁蝗。
6. 明洪武七年（1374 年）　　　　八月，河间属县蝗。
7. 宣德五年（1430 年）　　　　　六月，河间蝗。
8. 正统六年（1441 年）　　　　　六月，河间属县蝗，野无青草。
9. 景泰七年（1456 年）　　　　　五月，河间蝗。
10. 成化九年（1473 年）　　　　　河间蝗。
11. 弘治六年（1493 年）　　　　　河间蝗。
12. 嘉靖三年（1524 年）　　　　　六月，河间蝗。
13. 嘉靖十一年（1532 年）　　　　蝗蝻生。
14. 崇祯十三年（1640 年）　　　　五月，蝗。
15. 清康熙十一年（1672 年）　　　蝗。
16. 乾隆九年（1744 年）　　　　　六月，蝗从山东来，翳飞不下，凡三四日。
17. 咸丰八年（1858 年）　　　　　直隶各州县均蝗。
18. 民国四年（1915 年）　　　　　夏，蝗。
19. 民国十八年（1929 年）　　　　五月，蝗。

原载《肃宁县志》自然灾害，方志出版社，1999 年版

《任丘县志》

1. 后赵建武四年（338 年）　　　夏五月，大蝗，司隶请罪守宰。虎曰：此朕失政所致，委咎守宰岂罪己之意耶，司隶不进谠言，佐朕不逮，而欲妄陷无辜，可乎？
2. 前秦建元十八年（382 年）　　夏五月，蝗不为灾，刘兰捕蝗不灭，有司请下廷尉。坚曰：灾降自天非人力可除，此由朕之失，兰何罪。
3. 元至大二年（1309 年）　　　　蝗伤稼，民饥，命有司赈之。
4. 明正统间（1436—1449 年）　　蝗。
5. 嘉靖三年（1524 年）　　　　　夏，蝗。
6. 嘉靖七年（1528 年）　　　　　秋，蝗。
7. 嘉靖八年（1529 年）　　　　　大蝗。
8. 嘉靖十年（1531 年）　　　　　秋，大蝗，免田租之半。
9. 嘉靖十一年（1532 年）　　　　蝗，水，民饥，命有司赈之。
10. 嘉靖十五年（1536 年）　　　　夏，蝗，不为灾。
11. 嘉靖三十九年（1560 年）　　　夏，大蝗，蔽天，禾尽食。
12. 崇祯十四年（1641 年）　　　　旱，蝗飞蔽天，人相食。

13. 清康熙十一年（1672 年）　　　蝗。

原载《任丘县志》卷十·五行志，乾隆二十八年版

《任丘市志》

1. 西晋咸宁四年（278 年）　　　七月，蝗灾。
2. 元天历二年（1329 年）　　　蝗灾。
3. 明洪武七年（1374 年）　　　蝗灾。
4. 清咸丰八年（1858 年）　　　八月，蝗虫为灾。
5. 民国二十年（1931 年）　　　蝗灾。
6. 民国二十二年（1933 年）　　　蝗灾。
7. 民国二十三年（1934 年）　　　蝗灾。
8. 民国三十四年（1945 年）　　　七月，飞蝗，受灾面积 8 万亩。

原载《任丘市志》自然灾害，书目文献出版社，1993 年版

9. 北齐天保八年（557 年）　　　七月，蝗虫为灾。

原载《任丘市志》大事记，书目文献出版社，1993 年版

二、二十五史中的蝗灾记载

《汉书》（东汉）班固撰（唐）颜师古注

1. 汉建元五年（前 136 年）
　　五月，大蝗。（《武帝本纪》）
2. 汉元光六年（前 129 年）
　　夏，大旱，蝗。（《武帝本纪》）
3. 汉元封六年（前 105 年）
　　秋，大旱，蝗。（《武帝本纪》）
4. 汉元始二年（2 年）
　　秋，蝗，遍天下。（《五行志》）

《后汉书》（宋）范晔撰（梁）刘昭补志（唐）李贤注

1. 后汉建武二十八年（52 年）
　　三月，郡国八十蝗。（《五行志》）
　　注：中华书局《后汉书》校补记曰："光武时，郡国九十三，如八十蝗，蝗几遍全国矣。"
2. 后汉建武三十一年（55 年）
　　郡国大蝗。（《五行志》）
3. 后汉永初四年（110 年）
　　夏四月，六州蝗。（《安帝纪》）

注：《东观汉记》曰：司隶、豫、兖、徐、青、冀六州。

4. 后汉永初五年（111 年）

　　夏，九州蝗。（《五行志》）

注：《辞海》释，九州，"泛指全中国"。

5. 后汉永初六年（112 年）

　　三月，十州蝗。（《安帝纪》）

6. 后汉永兴元年（153 年）

　　秋七月，郡国三十二蝗。（《桓帝纪》）

7. 后汉熹平六年（177 年）

　　夏四月，大旱，七州蝗。（《灵帝纪》）

8. 后汉兴平元年（194 年）

　　夏六月，大蝗。（《献帝纪》）

9. 后汉建安二年（197 年）

　　夏五月，蝗。（《五行志》）

《晋书》（唐）房玄龄等撰　李淳风等考证

1. 晋永嘉四年（310 年）

五月，大蝗，自幽、并、司、冀，至于秦、雍，草木牛马毛鬣皆尽。（《五行志》）

2. 晋建兴五年（317 年）

司、冀、青、雍螽。（《五行志》）

3. 晋太兴元年（318 年）

八月，冀、青、徐三州蝗食生草尽。（《五行志》）

4. 晋咸康四年（338 年）

冀州八郡大蝗，司隶请坐守宰，季龙曰："此政之失和，朕之不德，而欲委咎守宰，司隶不进谠言，佐朕不逮，而归咎无辜，所以重吾之责，可白衣领司隶。"（《石季龙载记》）

5. 晋太元七年（382 年）

幽州蝗，广袤千里，坚遣其散骑常侍刘兰持节为使者，发青、冀、幽、并百姓讨之。所司奏刘兰讨蝗幽州，经秋冬不灭，请征下廷尉诏狱。坚曰："灾降自天，殆非人力所能除也，此自 朕之政违所致，兰何罪焉。"（《苻坚载记》）

《宋书》（梁）沈约撰

1. 晋永嘉四年（310 年）

五月，大蝗，自幽、并、司、冀至于秦、雍，草木牛马毛鬣皆尽。（《五行志》）

2. 晋太兴元年（318 年）

八月，冀、青、徐三州蝗食生草尽，（《五行志》）

《北齐书》（唐）李百药撰

1. 北齐天保八年（557 年）

自夏至九月，河北六州、河南十二州、畿内八郡大蝗。（《文宣帝纪》）

2. 北齐天保九年（558 年）

秋七月，诏："赵、燕、瀛、定、南营五州及司州广平、清河二郡去年螽涝损田，免今年租赋。"（《文宣帝纪》）

3. 北齐乾明元年（560 年）

夏四月，诏"河南、定、冀、赵、瀛、沧、南胶、光、青九州，往因螽、水，颇伤时稼，遣使分涂赡恤"。（《废帝本纪》）

《北史》（唐）李延寿撰

1. 北齐天保八年（557 年）

自夏至九月，河北六州、河南十三州，畿内八郡大蝗。诏："今年遭蝗处，免租。"（《齐本纪》）

2. 北齐天保九年（558 年）

秋七月，诏："赵、燕、瀛、定、南营五州及司州广平、清河二郡，去年螽、涝损田，免今年租税。"（《齐本纪》）

3. 北齐乾明元年（560 年）

夏四月，诏："河南、定、冀、赵、瀛、沧、南胶、光、南青九州往因螽、水颇伤时稼，遣使分涂赡恤。"（《齐本纪》）

《旧唐书》（后晋）刘昫等撰

1. 唐开元三年（715 年）

六月，山东诸州大蝗，飞则蔽景，下则食苗稼，声如风雨。紫微令姚崇奏请差御史下诸道，促官吏遣人驱、扑、焚、瘗，以救秋稼。从之。是岁，田收有获，人不甚饥。（《玄宗本纪》）

2. 唐贞元元年（785 年）

夏，蝗尤甚，东自海，西尽河陇，群飞蔽天，旬日不息，经行之处，草木牛畜毛，靡有孑遗。（《五行志》）

3. 唐开成二年（837 年）

六月，魏博、沧、德等州并奏蝗害稼。（《文宗本纪》）

4. 唐开成三年（838 年）

八月，魏博六州蝗食秋苗并尽。（《文宗本纪》）

《新唐书》（宋）宋祁、欧阳修撰

1. 唐武德六年（623 年）

先儒以为人主失礼，烦苛则旱，鱼螺变为虫蝗，故以属鱼孽。（《五行志》）

2. 唐贞观四年（630 年）

秋，观、兖、辽等州蝗。（《五行志》）

3. 唐开元三年（715 年）

七月，河南、河北蝗。（《五行志》）

4. 唐贞元元年（785 年）

夏，蝗，东自海，西尽河、陇，群飞蔽天，旬日不息，所至草木叶及畜毛靡有孑遗，饿馑枕道，民蒸蝗，曝扬去翅足而食之。（《五行志》）

5. 唐开成二年（837年）

六月，淄青、沧州蝗。（《五行志》）

6. 唐开成五年（840年）

夏，沧、齐、德等州蟓蝗害稼。（《五行志》）

《宋史》（元）脱脱等撰

1. 宋乾德三年（965年）

七月，诸路有蝗。（《五行志》）

2. 宋淳化元年（990年）

七月，乾宁军有蝗，沧州蝗蝻虫食苗，棣州飞蝗自北来，害稼。（《五行志》）

3. 宋淳化二年（991年）

秋七月，乾宁军蝗。（《太宗本纪》）

4. 宋淳化三年（992年）

秋七月，沧州蝗。（《太宗本纪》）

七月，沧州蝗，蛾抱草自死。（《五行志》）

5. 宋大中祥符九年（1016年）

八月，瀛州蝗，不为灾。九月，督诸路捕蝗。（《真宗本纪》）

6. 宋熙宁五年（1072年）

河北大蝗。（《五行志》）

7. 宋崇宁三年（1104年）

是岁，诸路蝗。（《徽宗本纪》）

8. 宋崇宁四年（1105年）

连岁大蝗，其飞蔽日，来自山东及府界，河北尤甚。（《五行志》）

《金史》（元）脱脱等撰

1. 金大定三年（1163年）

三月，中都以南八路蝗。（《五行志》）

三月，中都以南八路蝗，诏尚书省遣官捕之。（《世宗本纪》）

2. 金大定十六年（1176年）

是岁，中都、河北等十路旱、蝗。（《五行志》）

《元史》（明）宋濂等撰

1. 元中统四年（1263年）

六月，河间诸路蝗。（《世祖本纪》）

六月，河间蝗。八月，滨、棣等州蝗。（《五行志》）

2. 元至元二年（1265年）

是岁，河间蝗旱。（《世祖本纪》）

3. 元至元三年（1266 年）

是岁，河间蝗。（《世纪本纪》）

4. 元至元八年（1271 年）

六月，河间诸州县蝗。（《世祖本纪》）

六月，河间等路蝗。（《五行志》）

5. 元至元十六年（1279 年）

四月，大都十六路蝗。（《五行志》）

6. 元至元二十二年（1285 年）

夏四月，河间蝗。（《世祖本纪》）

7. 元至元二十九年（1292 年）

八月，以广济署屯田既蝗复水，免今年田租九千二百十八石。（《世祖本纪》）

注：广济署屯田，在今河北沧州、青县一带。

8. 元大德六年（1302 年）

夏四月，河间等路蝗。（《成宗本纪》）

四月，河间等路蝗。（《五行志》）

9. 元大德九年（1305 年）

八月，河间蝗。（《成宗本纪》）

八月，河间、南皮等县蝗。（《五行志》）

10. 元大德十年（1306 年）

夏四月，河间蝗。五月，河间蝗。（《成宗本纪》）

四月，河间等郡蝗。（《五行志》）

11. 元大德十一年（1307 年）

五月，河间等郡蝗。（《成宗本纪》）

12. 元至大二年（1309 年）

夏四月，河间等处蝗。六月，选官督捕蝗。八月，河间等处蝗。（《武宗本纪》）

八月，河间等郡蝗。（《五行志》）

13. 元至大三年（1310 年）

夏四月，盐山等县蝗。（《武宗本纪》）

14. 元至治元年（1321 年）

秋七月，清池县蝗。（《英宗本纪》）

七月，清池等县蝗。（《五行志》）

15. 元至治二年（1322 年）

十二月，河间属县及诸卫屯田蝗。（《英宗本纪》）

16. 元泰定元年（1324 年）

六月，河间等二十一郡蝗。（《泰定本纪》）

六月，河间等郡蝗。（《五行志》）

17. 元泰定二年（1325 年）

六月，河间等九郡蝗。十二月，宋董煟所编《救荒活民书》颁州县。（《泰定本纪》）

18. 元泰定四年（1327 年）

六月，河间属县蝗。八月，河间等路蝗。（《泰定本纪》）

19. 元天历二年（1329 年）

秋七月，河间属县蝗。（《文宗本纪》）

20. 元至顺元年（1330 年）

六月，河间诸路，献、景诸州蝗。秋七月，河间路诸屯田蝗。（《文宗本纪》）

21. 元至正二年（1342 年）

七月，河间运司申：去岁河间等路旱、蝗缺食，累蒙赈恤，民力未苏，食盐者少。（《食货志·盐法》）

22. 元至正三年（1343 年）

据河间运司申：行盐地方旱、蝗相仍，百姓焉有买盐之资。（《食货志·盐法》）

23. 元至正十九年（1359 年）

河间之临邑县蝗，食禾稼草木俱尽，所至蔽日，碍人马不能行，填坑堑皆盈，饥民捕蝗以为食，或曝干而积之，又尽，则人相食。（《五行志》）

《明史》（清）张廷玉等修

1. 明洪武七年（1374 年）

六月，河间蝗。（《五行志》）

2. 明宣德五年（1430 年）

六月，遣官捕近畿蝗。谕户部曰："往年捕蝗之使害民不减于蝗，宜知此弊。"因作《捕蝗诗》示之。（《宣宗本纪》）

3. 明正统五年（1440 年）

夏，河间蝗。（《五行志》）

4. 明正统六年（1441 年）

夏，河间蝗。（《五行志》）

5. 明正统七年（1442 年）

五月，河间蝗。（《五行志》）

6. 明景泰七年（1456 年）

五月，畿内蝗蝻延蔓。（《五行志》）

7. 明成化九年（1473 年）

六月，河间蝗。七月，真定蝗。八月，山东旱蝗。（《五行志》）

8. 明嘉靖三年（1524 年）

六月，河间蝗。（《五行志》）

《清史稿》（民国）赵尔巽等撰

1. 清顺治四年（1647 年）

九月，交河蝗，落地积尺许。（《灾异志》）

2. 清顺治十五年（1658 年）

三月，交河大旱、蝗，害稼。（《灾异志》）

3. 清康熙十一年（1672 年）

三月，献县、交河蝗。（《灾异志》）

4. 清康熙四十六年（1707 年）

肃宁蝗。（《灾异志》）

5. 清雍正十三年（1735 年）

九月，东光蝗。（《灾异志》）

6. 清乾隆九年（1744 年）

七月，献县蝗。（《灾异志》）

7. 清乾隆十六年（1751 年）

六月，交河蝗；河间蝗，有鸟数千自西南来，尽食之。（《灾异志》）

闰五月，直隶河间等州县蝗。（《高宗本纪》）

8. 清乾隆十七年（1752 年）

五月，直隶东光等四十三州县蝗。（《高宗本纪》）

9. 清乾隆十八年（1753 年）

六月，天津等州县蝗。（《高宗本纪》）

近畿蝗，秀先请御制文以祭，举蜡礼，州县募捕蝗，毋藉吏胥。上曰："蝗害稼，惟实力捕治，此人事所可尽。"罢蜡礼。（曹秀先传）

10. 清乾隆二十八年（1763 年）

秋七月，沧州等州县蝗。（《高宗本纪》）

11. 清乾隆三十三年（1768 年）

七月，庆云蝗。（《灾异志》）

12. 清乾隆五十六年（1791 年）

六月，东光大旱，飞蝗蔽天，田禾俱尽。（《灾异志》）

13. 清道光十八年（1838 年）

八月，东光蝗，不为灾。（《灾异志》）

14. 清咸丰六年（1856 年）

三月，青县蝗。（《灾异志》）

15. 清咸丰七年（1857 年）

春，青县蟓蚜生。（《灾异志》）

三、其他文献中的蝗灾记载

《文献通考》

1. 唐开成二年（837 年）　　　　六月，沧州蝗。

2. 开成五年（840 年）　　　　　夏，沧州螟蝗害稼。

3. 宋淳化二年（991 年）　　　　六月，乾宁军蝗，七月，沧州蟓虫食苗。

4. 淳化三年（992 年）　　　　　七月，沧州等州蝗。

原载《文献通考》·物异考·蝗虫，商务印书馆，1936

《明会要》

明嘉靖三年（1524 年）　　　　　六月，河间蝗。

原载《明会要》卷七十·祥异三·蝗灾，中华书局，1956

《古今图书集成·蝗灾部汇考》

1. 唐开成二年（837 年）　　　六月，沧州蝗。
2. 开成五年（840 年）　　　　夏，沧州蝗害稼。
3. 宋淳化元年（990 年）　　　七月，乾宁军蝗，沧州蝗蝻食苗。
4. 淳化二年（991 年）　　　　秋七月，乾宁军蝗。
5. 淳化三年（992 年）　　　　秋七月，沧州等州蝗。
6. 大中祥符九年（1016 年）　　八月，瀛州蝗，不为灾。
7. 蒙古中统四年（1263 年）　　六月，河间蝗。
8. 元至元二年（1265 年）　　　是岁，河间蝗。
9. 至元三年（1266 年）　　　　河间蝗。
10. 至元八年（1271 年）　　　六月，河间蝗。
11. 大德二年（1298 年）　　　四月，燕南属县蝗。
12. 大德六年（1302 年）　　　四月，河间蝗。
13. 大德九年（1305 年）　　　八月，河间、南皮蝗。
14. 大德十年（1306 年）　　　四月，河间蝗。
15. 大德十一年（1307 年）　　五月，河间蝗。
16. 至大二年（1309 年）　　　四月，河间蝗，八月，河间蝗。
17. 至大三年（1310 年）　　　四月，盐山蝗。
18. 至治元年（1321 年）　　　七月，清池县蝗。
19. 至治二年（1322 年）　　　河间蝗。
20. 泰定元年（1324 年）　　　六月，河间蝗。
21. 泰定二年（1325 年）　　　六月，河间蝗。
22. 泰定四年（1327 年）　　　六月，河间蝗，八月，河间蝗。
23. 天历二年（1329 年）　　　七月，河间蝗。
24. 天历三年（1330 年）　　　六月，河间蝗，献县蝗。
25. 至正十九年（1359 年）　　八月，大都、河间皆蝗，食禾稼草木俱尽，所至蔽日，碍人马不能行，填坑堑皆盈，饥民捕蝗以为食或曝干积之，又尽，则人相食。清河蝗飞蔽天。
26. 明成化九年（1473 年）　　六月，河间府蝗。

原载《古今图书集成》·蝗灾部汇考，中华书局，1934

《中国历代天灾人祸表》

1. 宋淳化元年（990 年）　　　沧州蝗蝻食苗。
2. 咸淳二年（1266 年）　　　河间蝗。

3. 元大德二年（1298 年） 四月，燕南属县蝗。

4. 大德六年（1302 年） 四月，河间蝗。

5. 大德九年（1305 年） 八月，河间、南皮蝗。

6. 大德十年（1306 年） 四月，河间蝗。

7. 至大二年（1309 年） 八月，河间蝗。

8. 至治元年（1321 年） 七月，清池县蝗。

9. 泰定元年（1324 年） 六月，河间蝗。

10. 明洪武七年（1374 年） 六月，河间蝗。

11. 正统五年（1440 年） 夏，河间蝗。

12. 正统六年（1441 年） 夏，河间蝗。

13. 正统七年（1442 年） 五月，河间蝗。

14. 成化九年（1473 年） 六月，河间蝗。

15. 嘉靖三年（1524 年） 六月，河间蝗。

16. 清顺治十五年（1658 年） 交河旱、蝗伤稼。

17. 乾隆二十八年（1763 年） 交河蝗。

原载《中国历代天灾人祸表》·国立暨南大学丛书·
卷 1～9，1939

《中国历代蝗患之记载》

1. 东汉兴平元年（194 年） 交河蝗。

2. 建安二年（197 年） 交河蝗。

3. 宋崇宁二年（1103 年） 交河蝗。

4. 金大定十六年（1176 年） 交河蝗。

5. 蒙古中统四年（1263 年） 交河蝗。

6. 元大德九年（1305 年） 河间、南皮蝗。

7. 大德十年（1306 年） 河间蝗。

8. 大德十一年（1307 年） 河间蝗。

9. 至大二年（1309 年） 河间、任丘蝗。

10. 至大三年（1310 年） 盐山蝗。

11. 至治二年（1322 年） 河间蝗。

12. 泰定元年（1324 年） 河间蝗。

13. 泰定二年（1325 年） 河间蝗。

14. 泰定四年（1327 年） 河间蝗。

15. 天历二年（1329 年） 河间蝗。

16. 至顺元年（1330 年） 交河、河间蝗。

17. 至正十九年（1359 年） 交河蝗。

18. 明洪武七年（1374 年） 河间蝗。

19. 正统五年（1440 年） 河间蝗。

20. 正统六年（1441 年） 河间蝗。

21. 正统七年（1442 年）　　　　河间蝗。
22. 成化九年（1473 年）　　　　河间蝗。
23. 嘉靖三年（1524 年）　　　　河间蝗。
24. 嘉靖七年（1528 年）　　　　任丘蝗。
25. 嘉靖八年（1529 年）　　　　任丘蝗。
26. 嘉靖十年（1531 年）　　　　任丘蝗。
27. 嘉靖十一年（1532 年）　　　任丘蝗。
28. 嘉靖十五年（1536 年）　　　任丘蝗。
29. 嘉靖三十九年（1560 年）　　任丘蝗。
30. 万历十年（1582 年）　　　　交河蝗。
31. 万历十六年（1588 年）　　　交河蝗。
32. 万历三十八年（1610 年）　　任丘蝗。
33. 万历四十八年（1620 年）　　交河蝗。
34. 崇祯五年（1632 年）　　　　交河蝗。
35. 崇祯十一年（1638 年）　　　交河蝗。
36. 崇祯十二年（1639 年）　　　交河蝗。
37. 崇祯十四年（1641 年）　　　任丘蝗。
38. 清顺治四年（1647 年）　　　交河、河间蝗。
39. 顺治十六年（1659 年）　　　交河蝗。
40. 康熙十一年（1672 年）　　　任丘、交河蝗。
41. 乾隆二十九年（1764 年）　　交河蝗。
42. 乾隆五十六年（1791 年）　　交河蝗。
43. 乾隆六十年（1795 年）　　　交河蝗。
44. 嘉庆七年（1802 年）　　　　交河蝗。
45. 1915 年　　　　　　　　　　交河蝗。
46. 1929 年　　　　　　　　　　沧县、河间、吴桥、任丘、交河蝗。
47. 1931 年　　　　　　　　　　盐山蝗。
48. 1933 年　　　　　　　　　　献县、任丘、沧县、东光、河间、交河、青县、肃宁、盐山蝗。

　　　　　　　　　　　　　　　原载《中国历代蝗患之记载》·浙江省昆虫局年刊第 5 号，1935

卷之七

沧州治蝗图片

一、蝗区类型及其分布

图7-1　沿海蝗区（黄骅市黄灶大洼）

图7-2　沿海蝗区（黄骅市李官庄水库）

图7-3　沿海蝗区（黄骅市滕南大洼）

图7-4　沿海蝗区（南大港水库）

图7-5　沿海蝗区（南大港水库周边）

图7-6　沿海蝗区（海兴县杨埕水库）

图7-7　洼淀蝗区（南皮县大浪淀周边）

图7-8　河泛蝗区（献县子牙新河河畔）

图7-9　农田蝗区（苇荒地）

图7-10　农田蝗区（夹荒地）

图 7-11　农田蝗区（撂荒地）

二、东亚飞蝗生活史

图 7-12　东亚飞蝗卵块

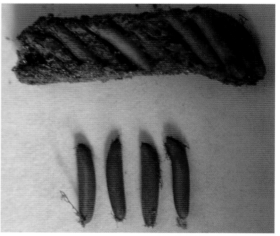

图 7-13　东亚飞蝗卵粒

图 7-14　刚孵化出土的东亚飞蝗蝗蝻

图 7-15　东亚飞蝗不同龄期的蝗蝻

图 7 - 16　东亚飞蝗蝗蝻（散居型）

图 7 - 17　东亚飞蝗蝗蝻（散居型）

图 7 - 18　东亚飞蝗蝗蝻（群居型）

图 7 - 19　东亚飞蝗群居型蝗蝻群

图 7 - 20　正在取食的东亚飞蝗群居型蝗蝻群

图 7 - 21　刚完成羽化的东亚飞蝗成虫

图7-22　东亚飞蝗雌成虫（散居型）　　　　图7-23　东亚飞蝗雄成虫（散居型）

图7-24　东亚飞蝗雌雄成虫（群居型）　　　　图7-25　东亚飞蝗成虫交尾

图7-26　东亚飞蝗雌成虫产卵

三、东亚飞蝗调查监测

图 7-27　中国科学院学部委员、生态学家侯学煜教授在沧州蝗区考察（刘金良摄，1981）

图 7-28　农业部防蝗专家王炳章、王润黎在黄骅县查蝗卵（刘金良摄，1983）

图 7-29　农业部防蝗专家王炳章在海兴县查蝗（刘金良摄，1983）

图 7-30　农业部防蝗专家王润黎在南大港农场查蝗（1983）

图 7-31　农业部及河北省、沧州市领导在海兴县调查蝗情

图 7-32　河北省防蝗专家张长荣、李炳文在南大港农场查蝗

图 7 - 33　沧州地区防蝗站技术员在南大港农场
　　　　　查蝗（1983）

图 7 - 34　南大港农场防蝗站技术人员春季
　　　　　查蝗卵（1981）

图 7 - 35　黄骅县侦查员侦查蝗情

图 7 - 36　海兴县侦查员侦查蝗情

图 7 - 37　南大港农场侦查员侦查蝗情（1983）

图 7 - 38　南大港农场防蝗员在趟水查蝗（1984）

图 7－39　技术人员在南大港水库周边进行夏蝗监测

图 7－40　技术人员对夏蝗发生情况进行调查

图 7－41　技术人员对夏残蝗进行调查

图 7－42　技术人员对秋蝗发生情况进行调查

图 7－43　技术人员对秋残蝗情况进行调查

图 7－44　技术人员在冬前进行挖卵调查

图 7 - 45　农业部蝗虫考察组专家在冬前进行挖卵调查　　图 7 - 46　技术人员在春季挖卵调查蝗卵发育进度

四、东亚飞蝗的发生

图 7 - 47　"蚂蚱剩"的传说——摘自 1990 年版
《黄骅县志》

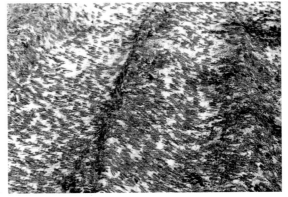

图 7 - 48　黄骅县高密度蝗群聚集
（农业部，《中国治蝗减灾》）

图 7 - 49　黄骅县高密度蝗群聚集
（农业部，《中国治蝗减灾》）

图 7 - 50　1998 年南大港水库夏蝗大发生

图 7 - 51　1999 年海兴杨埕水库夏蝗大发生

图 7 - 52　2000 年黄骅李官庄水库夏蝗大发生

图 7 - 53　2001 年黄骅黄灶大洼夏蝗大发生

图 7 - 54　2001 年南大港水库夏蝗大发生（蚂蚱上树）

图 7 - 55　2002 年黄骅市夏蝗高密度群居型蝗蝻

图 7 - 56　2007 年盐山县夏蝗高密度群居型蝗蝻

图 7-57　2008 年黄骅市李官庄水库群居型夏蝗蝻　　图 7-58　2008 年黄骅市李官庄水库群居型夏蝗蝻

图 7-59　一把抓住数十头蝗蝻　　　　　　图 7-60　一脚踩死几十头蝗蝻

五、东亚飞蝗防控

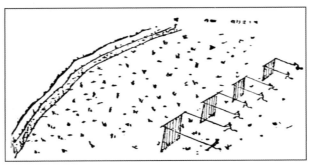

图 7-61　驱蝻入沟图

（摘自吴福桢先生《中国的飞蝗》）

附注：1933 年，河北省大蝗，盐山县人民使用"幼蝻驱捕器"除治蝗蝻颇为便利，既不伤害庄稼，且能驱除蝗蝻净尽。吴福桢等在农业部中央农业实验所特刊第五号上发表《民国二十二年全国蝗患调查报告》的论文中，不但画了《驱蝻入沟图》，而且对该图中使用的"幼蝻驱捕器"也作了详细的介绍。1951 年，吴福桢撰写了《中国的飞蝗》一书，书中收入了河北盐山人民使用的"幼蝻驱捕器"。本图采用的是吴福桢 1951 年撰《中国的飞蝗》一书中的插图。

图中的"幼蝻驱捕器"做法，系用长杆三根，拣最长之一根作上面之横梁，其余二根系于左右两端，再于横梁上每隔 4～5 厘米均匀拴细绳，以长约 1.5 米的秫秸与细绳相接，使其活动。用时，令二人举起，使秫秸下垂，在发生蝗蝻之处向前方蝗虫沟徐徐行走，则秫秸随高就低，无隙不到，虽田禾稠茂亦能驱净，且对田禾无伤，即禾叶下潜藏之蝗蝻，亦不能遗漏，诚驱蝻之良具也。

图 7 - 62　火烧蝗蝻现场（郭尔溥提供）

图 7 - 63　挖封锁沟消灭蝗蝻（郭尔溥提供）

图 7 - 64　挖封锁沟消灭蝗蝻（郭尔溥提供）

图 7 - 65　毒饵治蝗（郭尔溥提供）

用 2.5％六六六粉 1 千克（或 0.5％六六六粉 5 千克）与麦麸 50 千克混合均匀加水 50 千克，再搅拌均匀后于傍晚撒入有蝗之处，随配随撒，不使过夜

图 7 - 66　喷粉灭蝗队在出发蝗区途中

图 7 - 67　献县人工背负喷雾器喷雾灭蝗（邹振富摄，1994）

图 7 - 68　南大港农场用运五型飞机喷粉灭蝗
（刘金良摄，1973）

图 7 - 69　黄骅县用手摇喷粉器喷粉灭蝗
（刘金良摄，1973）

图 7 - 70　手摇喷粉器喷粉灭蝗
（郭尔溥提供）

图 7 - 71　黄骅县用四人抬大型喷粉器喷粉灭蝗
（刘金良摄，1973）

图 7 - 72　黄骅县用 12 马力拖拉机拖带喷粉器
喷粉灭蝗（刘德全摄，1973）

图 7 - 73　南大港农场用 55 马力拖拉机拖带大型
动力机喷粉灭蝗

图 7-74 中捷农场用 12 马力拖拉机悬挂自制
喷粉器喷粉灭蝗

图 7-75 海兴县用 55 马力拖拉机悬挂自制喷
粉器喷粉灭蝗（刘金良摄，1979）

图 7-76 海兴县用 55 马力拖拉机悬挂自制喷粉
器喷粉灭蝗（刘金良摄，1979）

图 7-77 南大港农场用 40 马力拖拉机悬挂喷粉器
喷粉灭蝗（刘金良摄，1981）

图 7-78 南大港农场用 55 马力拖拉机拖带大型
喷粉器喷粉灭蝗（刘金良摄，1983）

图 7-79 南大港农场用双排汽车携带喷粉器
喷粉灭蝗（孙锡生摄，1999）

图 7-80　海兴县农用飞机喷雾灭蝗
（孙锡生摄，1999）

图 7-81　海兴县轻型飞机超低容量喷雾灭蝗
（赵元柱摄，1998）

图 7-82　南大港农场用蜜蜂轻型飞机喷雾灭蝗
（孙锡生摄，1999）

图 7-83　海兴县驻军部队协助用背负式动力机喷
雾灭蝗（赵元柱摄，1999）

图 7-84　海兴县驻军部队协助用背负式动力机喷
雾灭蝗（赵元柱摄，1999）

图 7-85　"运五"飞机在进行灭蝗作业
（寇奎军摄，2001）

图 7-86 R44 型直升机在进行灭蝗作业
（寇奎军摄，2004）

图 7-87 贝尔农用型直升机飞赴作业区进行飞防
（寇奎军摄，2006）

图 7-88 灭蝗飞机正在飞赴作业现场
（寇奎军摄，2009）

图 7-89 正在加装生物农药微孢子虫的灭蝗飞机
（寇奎军摄，2009）

图 7-90 2013 年河北省飞机治蝗启动仪式现场
（张志强摄，2013）

图 7-91 植保无人机在进行灭蝗作业
（寇奎军摄，2016）

图 7-92　高射程喷雾机防蝗作业现场
（寇奎军摄，2007）

图 7-93　人工利用机动喷雾器进行防蝗作业
（海兴提供）

图 7-94　蝗虫地面应急防治专业队进行灭蝗作业
（黄骅提供）

图 7-95　大型防蝗机械作业现场
（寇奎军摄，2014）

图 7-96　使用烟雾机进行人工地面应急防治
（南大港提供，2008）

图 7-97　地面应急防治专业队在水中进行防蝗作业
（南大港提供，2008）

图 7-98 东亚飞蝗化学药剂防治效果调查
（黄骅提供）

图 7-99 生物农药绿僵菌防治示范区
（黄骅提供）

图 7-100 绿僵菌中毒死亡的蝗虫（黄骅提供）

六、蝗区改造与生态控制

图 7-101 蝗区改造——献县兴修水利建造子牙
新河节制闸（1983）

图 7-102 改造蝗区——黄骅县兴建的盐场一角
（1984）

图 7 - 103　改造蝗区——中捷农场兴建的苹果园
　　　　　　一角（1984）

图 7 - 104　蝗区改造——精耕细作改造内涝
　　　　　　农田蝗区（1984）

图 7 - 105　蝗区改造——植树造林改变生态环境
　　　　　　（1984）

图 7 - 106　蝗区改造——南大港水库蓄水
　　　　　　植苇（1983）

图 7 - 107　沿海蝗区中捷农场小麦丰收
　　　　　　（1984）

图 7 - 108　生态控制——蓄水养苇养鱼
　　　　　　示范区（南大港）

图 7-109 生态控制——南大港管理区示范区
种植苜蓿

图 7-110 生态控制——黄骅市蝗虫生态
治理示范区

图 7-111 生态控制——黄骅市示范区（廖家洼）
种植苜蓿

图 7-112 生态控制——黄骅市示范区枣棉间作

图 7-113 生态控制——海兴县蝗虫生态
治理示范区

图 7-114 生态控制——海兴县示范区进行
棉花播种

图7-115　生态控制——海兴示范区棉花长势喜人　　图7-116　生态控制——海兴示范区棉花喜获丰收

七、蝗虫天敌

图7-117　蚂　蚁

图7-118　蜘　蛛

图7-119　豆芫菁

图7-120　蚂蚁正在捕食蝗蝻

图 7 - 121　蜘蛛正在捕食蝗蝻

八、防蝗体系建设

图 7 - 122　沧州市蝗灾地面应急防治站

图 7 - 123　沧州市蝗灾地面应急防治站防蝗综合楼

图 7 - 124　沧州市蝗灾地面应急防治站一角

图 7 - 125　沧州市蝗灾地面应急防治站实验室一角

图 7-126　河北黄骅治蝗机场

图 7-127　河北黄骅治蝗机场跑道

图 7-128　南大港蝗灾地面应急防治站

图 7-129　海兴县蝗灾地面应急防治站

图 7-130　蜜蜂-11 轻型飞机（1997 年
沧州市植保站购置）

图 7-131　黄骅市植保站购置的植保无人机

图 7-132　黄骅市植保站购置的植保侦查机

图 7-133　防蝗动力机械——天拖 7200 型拖拉机

图 7-134　大型防蝗机械——"6HW-50 型高射
程喷雾机"

图 7-135　图像编辑设备

图 7-136　蝗虫监测设备——手持 GPS 定位仪

图 7-137　蝗虫监测设备——车载 GPS 定位仪

图 7-138　新一代蝗虫监测设备——北斗定位仪

九、防蝗农药

图 7-139　化学农药——锐劲特

图 7-140　生物农药——微孢子虫

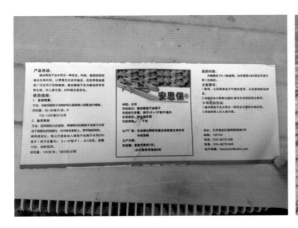

图 7-141　生物农药——微孢子虫标签

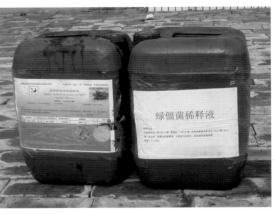

图 7-142　生物农药——绿僵菌

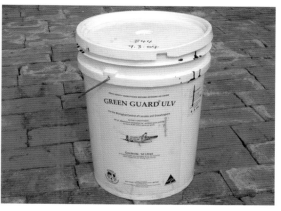

图 7 - 143　生物农药——绿僵菌　　　　图 7 - 144　生物农药——绿僵菌（澳大利亚进口）

十、领导关怀

图 7 - 145　1984 年全国治蝗工作座谈会在
　　　　　　沧州地区召开

图 7 - 146　1999 年全国夏蝗防治工作会议在
　　　　　　海兴县召开

图 7 - 147　2003 年 6 月农业部杜青林部长
　　　　　　视察沧州蝗虫防控工作

图 7 - 148　宋恩华副省长陪同杜青林部长视察
　　　　　　生态控制示范区

图 7 - 149　杜青林部长听取河北省和沧州市
关于蝗虫防控情况的汇报

图 7 - 150　2005 年 6 月农业部范小建副部长
莅临沧州视察夏蝗发生防控工作

图 7 - 151　2005 年 6 月农业部范小建副部长
视察海兴杨埕水库飞防现场

图 7 - 152　2007 年农业部危朝安副部长视察
沧州蝗虫发生防控情况

图 7 - 153　2007 年农业部危朝安副部长查看
防蝗药械

图 7 - 154　全国农业技术推广服务中心夏敬源主任
视察黄骅治蝗专用机场

图 7 - 155　2016 年全国农业技术推广服务中心钟天润
副主任莅临沧州调研蝗虫发生防控工作

图 7 - 156　全国农业技术推广服务中心杭大鹏书记
视察河北黄骅治蝗机场

图 7 - 157　2008 年河北省农业厅刘大群厅长莅临
沧州调研蝗虫发生防控工作

图 7 - 158　2017 年河北省农业厅魏百刚厅长
莅临沧州调研蝗虫发生防控工作

图 7 - 159　河北省农业厅张文军副厅长视察蝗情

图 7 - 160　河北省农业厅段玲玲副厅长陪同全国农业
技术推广服务中心钟天润副主任视察蝗情

图书在版编目（CIP）数据

沧州蝗虫灾害史 / 张志强，刘金良，寇奎军主编 .
—北京：中国农业出版社，2017.12
ISBN 978 - 7 - 109 - 23692 - 9

Ⅰ.①沧… Ⅱ.①张… ②刘… ③寇… Ⅲ.①蝗科-
植物虫害-历史-沧州 Ⅳ.①S433.2

中国版本图书馆 CIP 数据核字（2017）第 313158 号

中国农业出版社出版
（北京市朝阳区麦子店街 18 号楼）
（邮政编码 100125）
责任编辑 张 利 穆祥桐

北京通州皇家印刷厂印刷　新华书店北京发行所发行
2017 年 12 月第 1 版　2017 年 12 月第 1 次印刷

开本：787mm×1092mm 1/16　印张：18.25
字数：436 千字
定价：125.00 元
（凡本版图书出现印刷、装订错误，请向出版社发行部调换）